D1717503

Zukunftstechnologie
Tissue Engineering
Von der Zellbiologie zum künstlichen Gewebe

Herausgegeben von
W. W. Minuth, R. Strehl, K. Schumacher

Bitte beachten Sie auch folgende Titel

R.Schwarz, M. Wenthe, H. Gasse

Histologie Lernprogramm

2002
ISBN 3-527-30636-6

B.Alberts, D. Bray, J. Lewis, M. Raff, K. Roberts, P. Walter

Molekularbiologie der Zelle

December 2003
ISBN 3-527-30492-4

R.I.Freshney, R. Pfragner

Culture of Human Tumor Cells

April 2003
ISBN 0-471-43853-7

**Deutsche Forschungsgemeinschaft (DFG)
Forschung mit menschlichen Stammzellen /
Research with Human Embryonic Stem Cells
Denkschrift / Memorandum**

March 2003
ISBN 3-527-27219-4

R.D.Schmid

Taschenatlas der Biotechnologie und Gentechnik

2001
ISBN 3-527-30865-2

P.J.Quesenberry, G.S. Stein, B. Forget, S. Weissman

Stem Cell Biology and Gene Therapy

1998
ISBN 0-471-14656-0

Zukunftstechnologie Tissue Engineering

Von der Zellbiologie zum künstlichen Gewebe

Herausgegeben von
W. W. Minuth, R. Strehl, K. Schumacher

WILEY-VCH GmbH & Co. KGaA

Herausgeber

Prof. Dr. Will W. Minuth
Universität Regensburg
Institut für Anatomie
Universitätsstrasse 31
93053 Regensburg

Dr. Raimund Strehl
Universität Regensburg
Institut für Anatomie
Universitätsstrasse 31
93053 Regensburg

Dr. Karl Schumacher
Universität Regensburg
Institut für Anatomie
Universitätsstrasse 31
93053 Regensburg

Wichtiger Hinweis:
Forschung und klinische Tätigkeit erweitern permanent unsere Kenntnis. Soweit in diesem Buch deshalb eine Dosierung oder Applikation angesprochen wird, so darf der Leser darauf vertrauen, dass diese Angaben dem Wissensstand bei der Fertigstellung des Buches entsprechen. Dennoch gilt für jeden Benutzer, die Beipackzettel der verwendeten Präparate und Medizinprodukte zu überprüfen und in eigener Verantwortung Empfehlungen für Dosierung und Kontraindikationen in den jeweiligen Ländern zu beachten.

Finden der Literatur zu den Suchbegriffen
Da auf dem Gebiet der Zellbiologie und des Tissue Engineering ein enorm großer und vor allem ein sehr schneller Wissenszuwachs zu verzeichnen ist, haben wir anstatt Literaturreferenzen zu jedem Kapitel eine Reihe von Suchkriterien zusammengestellt. Anhand dieser ausgewählten Stichworte kann in jeder medizinischen oder biologischen Datenbank wie z. B. PubMed oder Biological Abstracts stets die aktuelle Literatur zum Thema abgerufen werden.

Bibliografische Information
Der Deutschen Bibliothek
Die Deutsche Bibliothek verzeichnet diese Publikation in der Deutschen Nationalbibliografie; detaillierte bibliografische Daten sind im Internet über <http://dnb.ddb.de> abrufbar.

© 2003 Wiley-VCH Verlag GmbH & Co. KGaA, Weinheim

printed in the Federal Republic of Germany
gedruckt auf säurefreiem Papier

Satz Mitterweger & Partner Kommunikationsgesellschaft mbH, Plankstadt
Druck strauss offsetdruck GmbH, Mörlenbach
Bindung Grossbuchbinderei J. Schäffer GmbH & Co. KG, Grünstadt

ISBN 3-527-30793-1

Vorwort

Warum zu dieser Zeit dieses Buch? Einiges ist zusammen gekommen. Bei der Umstrukturierung unseres Labors mussten wir aufräumen, ordnen und archivieren. Viel interessantes Material aus vergangenen Tagen war aus ganz unterschiedlichen Gründen liegen geblieben, nicht weiter geführt und deshalb auch nicht veröffentlicht worden. Beim Sichten der Daten und Bilder stellten wir fest, dass wir aus nicht gelungenen Experimenten eigentlich viel mehr gelernt hatten als aus Versuchen, deren Daten nahtlos in das gerade gewählte Versuchsdesign passten. Wenn wir auf Schwierigkeiten gestoßen waren, haben wir nicht aufgegeben. Immer wieder stellten wir neue Fragen und führten weitere Experimente durch, bis wir zu logischen Erklärungen kamen.

Hinzu kam, dass wir im Laufe der Jahre viele Kurse für Zell- und Gewebekultur sowie Tissue Engineering für Teilnehmer aus dem In- und Ausland durchgeführt haben. Unsere Kursteilnehmer stellten dabei häufig so interessante und grundlegende Fragen, die aber mit Hilfe der bisher geschriebenen Bücher ungenügend oder gar nicht beantwortet werden konnten. Zur Lösung der Probleme waren intensive Recherchen in Datenbanken notwendig. Die Antworten zu diesen vielen Fragen haben wir skizziert, strukturiert und als Basiswissen in den vorliegenden Text eingearbeitet.

Obwohl wir täglich Studenten in mikroskopischer Anatomie ausbilden, ist uns beim Schreiben des vorliegenden Textes immer mehr klar geworden, wie wenig über die Entwicklung von funktionellen Geweben bekannt ist. Aber gerade dieser Aspekt hat zukünftig eine enorm große Bedeutung für die Herstellung von Gewebekonstrukten aus adulten Zellen oder aus Stammzellen bei der Anwendung am Patienten. Aus einzeln vorliegenden Zellen müssen sozial agierende Zellverbände hergestellt und als funktionelle Gewebe dem Patienten implantiert werden. Dabei darf es keine Gesundheitsgefährdung geben.

Dieses Buch stellt theoretische Grundlagen und experimentelle Konzepte vor, die den Einstieg in das neue Gebiet des Tissue Engineering ermöglichen sollen. Darüber hinaus soll das Buch Studenten, technischen Mitarbeitern und jungen Wissenschaftlern/innen Einblicke in die faszinierende Welt von entwicklungsfähigen Zellen und Geweben geben. Wir müssen uns darüber im Klaren sein, dass wir erst am Anfang einer sehr spannenden und zukunftsorientierten wissenschaftlichen Entwicklung stehen. Deshalb müssen wir uns erst darauf einrichten, viel Neues über die Entwicklung von Geweben zu lernen. Nach genügender experimenteller Erfahrung wird sich noch im Laufe dieser Dekade das Tissue Engineering von einer rein empirischen zu einer analytisch reproduktiven Wissenschaft verändern. Wir werden lernen, die Gewebeentwicklung Schritt für Schritt zu überblicken und sie experimentell zu simulieren. Neben den molekularbiologischen Abläufen einer Gewebeentwicklung werden die epigenetischen Faktoren des Mikroenvironments dabei eine sehr große Rolle spielen. Außerdem müssen wir uns darauf einstellen, dass mit den Methoden der Zellkultur kein funktionelles Gewebe generiert werden kann.

Will W. Minuth, R. Strehl, K. Schumacher   Regensburg im Februar 2003

Inhaltsverzeichnis

1
Entwicklungsvorgänge

Zell-, Gewebe- und Organkulturen sind heute aus der biomedizinischen Forschung nicht mehr wegzudenken. Dies hat ganz unterschiedliche Gründe. Zum einen wurden in den letzten Jahren enorme Fortschritte bei der Klärung molekular- und zellbiologischer Vorgänge mithilfe kultivierter Zellen erzielt, zum andern ist die industrielle Produktion von vielen Medikamenten und Antikörpern ohne die verschiedenen Zellkulturen nicht mehr vorstellbar. Schließlich werden kultivierte Zellen immer wieder als eine mögliche Alternative zu Experimenten an Tieren in die Diskussion gebracht.

Alle Zellen unseres Organismus können mit den zur Verfügung stehenden modernen Methoden heute aus Geweben isoliert werden. Zudem können so gut wie alle Zellen heutzutage ohne größere Schwierigkeiten sowohl in analytisch kleinem wie auch im technisch großem Maßstab für die unterschiedlichsten Aufgaben kultiviert werden. Die Größenskala reicht von einzelnen Zellen in einem hängenden Tropfen bis zu Bioreaktoren mit tausenden von Litern Kulturmedium. Bei diesen Techniken kann man auf einer inzwischen circa 50jährigen experimentellen Erfahrung mit Zellkulturen aufbauen. Schlagworte für die moderne industrielle Anwendung und die damit verbundenen Arbeiten sind Cell culture engineering, Metabolic engineering, Bioprocessing genomics, Viral vaccines, Industrial cell culture processing, Process technology, Cell kinetics, Population kinetics, Insect cell culture, Medium design, Viral vector production, Cell line development, Process control und Industrial cell processing. Allerdings geht es bei fast allen diesen Vorhaben um eine spezielle Art der Kultur. Die jeweiligen Zellen sollen sich so schnell wie möglich vermehren, um mit hoher Effizienz ein Bioprodukt wie z.B. ein Medikament oder einen Impfstoff zu synthetisieren. Für alle diese Arbeiten wurde im Lauf der letzten Jahre eine breite Palette an innovativen Geräten entwickelt. Zudem sind Anwendungen so gut optimiert, dass in den nächsten Jahren kaum noch Effizienzsteigerungen zu erwarten sind. Informationen zu diesem speziellen Themenkomplex stehen zudem in einer großen Auswahl an bisher erschienenen Büchern zur Verfügung.

Ganz anders muss das Arbeiten mit Gewebekulturen und damit das Tissue Engineering gesehen werden. Hierbei geht es um den Erhalt bzw. um die Herstellung von funktionellen Geweben und Organteilen auf der Basis von kultivierten Zellen. Diese Konstrukte sollen zur Unterstützung der Regeneration, als Implantate oder als bioartifizielle Module am Krankenbett genutzt werden. Beim Tissue Engineering handelt es sich um eine vergleichsweise junge Technik, die auf einem erst ca. 10 - 15 Jahre alten Erfahrungsschatz aufbauen kann. Ganze Wissenschaftszweige aus dem Bereich der Biomaterialforschung, den Ingenieurwissenschaften, der Zellbiologie, der Biomedizin und den einzelnen Disziplinen in der Chirurgie müssen hier eng zusammen arbeiten.

Einerseits wurden in den letzten Jahren beachtliche Fortschritte bei der Herstellung von artifiziellen Geweben mit den gegenwärtig zur Verfügung stehenden Methoden gemacht. Andererseits ist es dennoch eine Tatsache, dass die hergestellten Konstrukte noch nicht die notwendige gewebespezifische Qualität aufweisen. Leberparenchymzellen in bioartifiziellen Modulen z. B. zeigen nur einen Bruchteil ihrer ursprünglichen Entgiftungsleistung, implantierte Pankreasinselzellen verlernen mit der Zeit ihre Fähigkeit zur Insulinsynthese, Nierenepithelien wollen die benötigte Barriere- bzw. Transportfunktion nicht aufrecht erhalten und Knorpel- bzw. Knochenkonstrukte bilden eine zu wenig belastbare extrazelluläre Matrix. Zudem kommt es häufig vor, dass Proteine von den Gewebekonstrukten gebildet werden, die untypisch sind und bei der medizinischen Anwendung Entzündungen, ja sogar Abstoßungsreaktionen hervorrufen können.

In der Öffentlichkeit wird von den Medien meist der Eindruck erweckt, dass schon in den nächsten Tagen fast sämtliche bisher unheilbare Krankheiten mit einer Zelltherapie, dem Tissue Engineering oder dem Bau eines Organs therapiert werden können. Bevorzugt sollen dazu Stammzellen verwendet werden. Im Rampenlicht stehen ganz besonders die embryonalen Stammzellen, deren zukünftige Bedeutung in diesem Zusammenhang noch völlig offen ist und deren zellbiologischen Fähigkeiten kritiklos zu begeistern scheinen. Bei genauerer Betrachtung jedoch wird klar, dass die meisten Kenntnisse bisher an pluripotenten Stammzellen des hämatopoetischen Systems gewonnen wurden. Weitaus weniger Erfahrungen sind über die embryonalen Stammzellen bei Versuchs- und Nutztieren bekannt, ganz wenig und wirklich überprüfte experimentelle Daten gibt es zu den embryonalen Stammzellen des Menschen. Die in dieser Hinsicht gewonnenen Ergebnisse erscheinen neuerdings oft wenig euphorisch und offenbaren eine Menge an noch ungelösten Problemen.

Vergleichsweise wenig Kenntnis gibt es bisher auch zur Entwicklung von totipotenten Stammzellen des Menschen. Hier wird die internationale Forschung erst innerhalb des kommenden Jahrzehnts zeigen, ob die Versprechungen vieler Biotechfirmen einer kritischen Analyse wirklich standhalten. Mit isolierten Stammzellen allein kann man bei der Regeneration von funktionellen Geweben zunächst nichts bewirken. Stammzellen müssen wie alle anderen Gewebezellen zuerst einmal in genügender Menge vermehrt werden, dann soziale Zellverbände bilden und sich durch heute noch viele unbekannte Mechanismen zu spezialisierten Geweben entwickeln. In einem entstehenden Organismus laufen diese Entwicklungsvorgänge wie selbstverständlich ab. Versucht man dagegen unter in- vitro-Bedingungen diese Vorgänge zu simulieren, so stellt man fest, dass sich mit den heutigen Strategien noch recht unvollständige Eigenschaften in den Konstrukten entwickeln.

Zukünftiger Themenschwerpunkt beim Tissue Engineering ist es deshalb aus unserer Sicht herauszufinden, wie funktionelle Gewebe in Kultur generiert werden können und wie die Ausbildung von Eigenschaften individuell gesteuert werden kann.

Artifizielle Gewebe werden nur dann für den Menschen eine sinnvolle Therapieform darstellen, wenn ohne dem Patienten zu schaden damit eine Erkrankung überwunden werden kann. Dabei muss das hergestellte Gewebe die notwendigen funktionellen Eigenschaften als Regenerationsgewebe, Implantat oder Biomodul aufweisen.

Jeden Tag haben wir in der Makroskopischen sowie in der mikroskopischen Anatomie mit allen Arten von funktionellen Geweben des erwachsenen Organismus zu tun. In Bereichen des erwachsenen Organismus und damit am Endpunkt der Entwicklung kennen wir uns naturgemäß aus. Zahlreiche gesicherte Erkenntnisse gibt es auch zur frühembryonalen Entwicklung des Menschen, da viel über die Entwicklung der Urgewebe in den Keimblättern des Embryo gearbeitet wurde. Jeder Zeitpunkt und Ort der Entstehung eines bestimmten Gewebes oder Organs ist genau untersucht worden. Überraschend wenig ist dagegen über die Entwicklungsmechanismen in den entstehenden funktionellen Geweben bekannt. Die Kenntnis über diese Entwicklung allerdings beinhaltet den Schlüssel zur Herstellung von optimalen artifiziellen Geweben.

Die einzelnen Datenbanken sind wenig ergiebig, wenn Daten zur funktionellen Gewebeentstehung abgefragt werden. Es mag überraschen, aber wir konnten auch kein Buch über die Vorgänge bei der funktionellen Gewebeentstehung finden. In jünster Zeit sind jedoch auf diesem Gebiet verstärkte Aktivitäten zu beobachten. Es gibt verschiedene Ansätze, die Entstehung der Grundgewebe mit ihren funktionellen Facetten molekularbiologisch zu erklären. Treibende Kraft dafür sind sicherlich die Stammzellen. Es hat sich gezeigt, dass sich auch diese Zellart nicht automatisch zu den einzelnen funktionellen Geweben entwickelt. Nur die genaue Kenntnis über die spezifische Entwicklungsphysiologie kann zur Generierung von optimalen Geweben führen.

Im Bereich der regenerativen Medizin gibt es faszinierende und noch völlig ungeklärte Fragen, warum sich z. B. manche Zellen in einem Organismus ein Leben, Monate oder Wochen lang nicht teilen, während andere Zellen innerhalb von Tagen erneuert werden. Häufig liegen beide Vorgänge sogar unmittelbar benachbart in den einzelnen Geweben vor. Dies kann nicht allein auf die Wirkung von Wachstumsfaktoren und morphogene Substanzen zurückgeführt werden. Vielmehr muss das jeweilige Mikromilieu und die Zellinteraktion einen wesentlichen Einfluss auf das individuelle Regenerationsverhalten haben. Dies bedeutet, dass zukünftig der Blick für die Entwicklungsbedürfnisse von Geweben neu geschärft und entsprechend erweitert werden muss.

[Suchkriterien: Cell culture; Organ culture; Tissue culture; Tissue Engineering]

2
Zellen und Gewebe

2.1
Die Zelle

Sowohl natürliche Gewebe wie auch künstliche Gewebekonstrukte bestehen aus vielen verschiedenen zellulären Elementen und der dazugehörenden spezifischen extrazellulären Matrix (ECM). Dabei müssen die Zellen untereinander vielzellige Verbände bilden und in hohem Maß mit der extrazellulären Matrix interagieren. Bevor man an die Herstellung von künstlichen Geweben denkt, ist es deshalb notwendig ein grundlegendes Wissen über Zellen und natürliche Gewebe zu haben. Im Folgenden können aus verständlichen Gründen allerdings nur einige wichtige Aspekte der mikroskopischen Anatomie vermittelt werden.

2.1.1
Die Zelle als funktionelle Einheit

Zuerst sollen Zellen des Menschen als kleinste funktionelle Einheit des Lebens schematisch vorgestellt werden. Als typische Eigenschaft einer lebenden Zelle wird generell angegeben, dass sie adäquat auf Reize, wie z. B. auf Hormone reagiert. Ein weiteres typisches Charakteristikum ist, dass sich ihre Zellzahl durch Teilung in regelmäßigen Zeitabständen verdoppelt. Diese Aussage trifft auf alle embryonalen sowie auf Zellen des reifenden Organismus zu. Für Zellen in einem Gewebe des erwachsenen Organismus dagegen gibt es spezifische Unterschiede. Zellen in der Darmschleimhaut werden innerhalb weniger Tage erneuert, während sich Parenchymzellen in der Leber oder der Niere nur nach Jahren teilen. Herzmuskelzellen und Neurone teilen sich normalerweise ein Leben lang nicht mehr.

Der menschliche Körper besitzt etwa 1×10^{13} in enger sozialer Gemeinschaft lebende Gewebezellen. Zusätzlich finden sich 3×10^{13} Blutzellen, die zum großen Teil in isolierter Form in der Blutbahn nachgewiesen werden. Die Zellgröße variiert dabei sehr stark. Der Durchmesser von Gliazellen (Nervengewebe) beträgt ca. 5 µm, der von Spermien 3–5 µm, von Leberzellen 30–50 µm und der einer menschlichen Eizelle 100–120 µm.

Ebenso wie die Größe ist die Gestalt von Zellen sehr variabel angelegt. Zwischen Kugel- oder Spindelformen und der streng geometrischen Gestalt von Zellen in Epi-

Abb. 2.1: Schematische Darstellung einer Zelle mit ihren Organellen. Dargestellt sind Zellkern (1), Plasmamembran (2), endoplasmatisches Retikulum (3), Golgi Apparat (4), Mitochondrien (5), Sekretgranula (6), Mikrovilli (7) und Zentriolen (8).

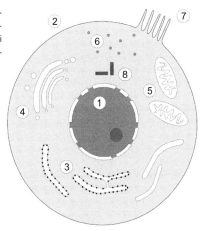

thelien werden alle Übergänge vorgefunden. Die Zelloberflächen können sowohl glatt als auch reliefartig gestaltet sein, zudem können individuelle Oberflächenvergrößerungen von einzelnen Mikrovilli bis hin zum spezialisierten Bürstensaum ausgebildet sein. Eine tierische oder menschliche Zelle ist von einer selektiv permeablen Plasmamembran umgeben (Abb. 2.1). Im Innern befindet sich das Zytoplasma mit dem Zellkern (Nukleus) und den anderen lebenswichtigen Organellen. Lichtmikroskopisch können nach einer Färbung die überwiegend basophilen Zellkerne leicht von dem meist azidophilen Zytoplasma unterschieden werden.

2.1.2
Plasmamembran

Die Plasmamembran ist eine biologische Membran, die physikochemische Kompartimente gegeneinander abgrenzt. Sie besteht aus einer Phospholipid-Doppelschicht, wodurch unpolare Moleküle wie O_2 und CO_2 frei diffundieren können. Sie stellt eine Barriere für Elektrolyte, Aminosäuren und Zuckermoleküle dar. Im Elektronenmikroskop erscheint sie als trilaminäre Struktur dunkel – hell – dunkel. In dieser Lipiddoppelschicht sind zahlreiche Proteine eingebaut, die u. a. durch gezielte Transportaufgaben oder als Hormonrezeptoren eine Mittlerfunktion für den Informationsaustausch zwischen dem Zytoplasma und dem Zelläußeren haben. Eine Zellmembran ist jedoch keine mechanisch feste und damit starre Struktur, sondern eine fluide, viskose und damit recht fragile Umhüllung. Sowohl die einzelnen Phospholipide als auch die Membranproteine sind mehr oder weniger frei in dieser Schicht beweglich. Neben den Phospholipiden gibt es noch andere Lipidmoleküle in der Doppelschicht, wie z. B. das Cholesterin, das einer gewissen Stabilisierung dient.

In der äußeren Lipidschicht sind in der Plasmamembran viele Glykolipide und Glykoproteine enthalten, deren Zuckerreste nach außen ragen und eine eigene Schicht bilden, die als Glykokalix bezeichnet wird. Die in die Plasmamembran eingebauten Proteine bestehen aus integralen und assoziierten Membranproteinen, die jeweils hydrophobe und hydrophile Anteile enthalten. Die hydrophoben Anteile dienen zur Verankerung in der Lipidschicht, während die hydrophilen Anteile in den Extrazellulärraum oder aber ins Zytoplasma hineinreichen. Bei vielen dieser Proteine handelt es sich um Glykoproteine. Funktionell kann es sich z. B. um Transportproteine für Elektrolyte oder Aminosäuren, Rezeptorproteine für Hormone oder auch um Verankerungsproteine handeln.

Eine Hauptaufgabe der Plasmamembran ist ihre Funktion als Diffusionsbarriere. Sie kontrolliert über viele aktive oder passive Transportvorgänge, welche Moleküle in die Zelle hinein oder heraus gelassen werden. Eine weitere Aufgabe der Plasmamembran speziell bei Gewebezellen ist die Kommunikationsfähigkeit. Über die Plasmamembran können Zellen untereinander kommunizieren und dabei physiologisch-mechanische Zellkontakte durch Tight junctions oder Kommunikationskanäle über Gap junctions ausbilden. Dies dient sowohl einem kontrollierten Stoffaustausch, als auch der Zellerkennung oder der Signalverarbeitung. Diese Funktionen sind besonders wichtig, wenn sich aus einzelnen isoliert vorliegenden Zellen soziale Verbände entwickeln, aus denen dann funktionelle Gewebe entstehen.

2.1.3
Zellkern

Mit Ausnahme von Erythrozyten haben alle menschlichen Zellen einen Zellkern. Der wichtigste Bestandteil des Zellkerns sind die Chromosomen. In ihnen ist die gesamte genetische Information enthalten. Zudem ist der Zellkern das Steuerorgan für viele Zellfunktionen. Der Zellkern mit den einzelnen Chromosomen kann lichtmikroskopisch nur während der Interphase, also zwischen zwei Mitosen deutlich erkannt werden. Ebenfalls wird der Nucleolus nur in dieser Phase beobachtet. In der Regel besitzt eine Zelle nur einen Zellkern. Bei manchen Zellarten in speziellen Geweben kommen jedoch auch zwei oder auch mehrere Zellkerne vor. Dies ist bei Leberparenchymzellen, Osteoklasten und in der quergestreiften Muskulatur zu erkennen.

2.1.4
Mitochondrien

Die Mitochondrien stellen die Kraftwerke der Zellen dar und sind Träger von Enzymen, die dazu dienen, Energie in Form von Adenosintriphosphat (ATP) zu gewinnen. Die charakteristischen Reaktionsprozesse in den Mitochondrien sind der Energie produzierende Zitronensäurezyklus und die β-Oxidation der Fettsäuren. An Stellen, an denen viele Mitochondrien innerhalb einer Zelle gefunden werden, ist davon auszugehen, dass sich auch hier Synthese- oder Arbeitsprozesse mit einem erhöhten Energiebedarf abspielen. Ein solcher Vorgang ist z. B. daran zu erkennen, dass die Plasmamembran stark aufgefaltet ist (Abb. 2.2). Innerhalb der Falten kommen viele Mitochondrien zu liegen. Physiologische Transportuntersuchungen an solchen Zellen haben gezeigt, dass an dieser Stelle auch vermehrt energieverbrauchende Transportpumpen eingebaut sind, die den erhöhten Stoffaustausch bewerkstelligen. Solche

Abb. 2.2: Histologische Darstellung einer exokrinen Drüse mit einem Streifenstück als Teil des Ausführungsganges. Die basale Plasmamembran ist stark aufgefaltet. In die Falten der Plasmamembran werden Mitochondrien eingesetzt, die die notwendige Energie für die an dieser Stelle ablaufenden Pumpvorgänge liefern. Die Zellkerne werden aufgrund der Membranfaltung in die luminale Zellseite gedrängt.

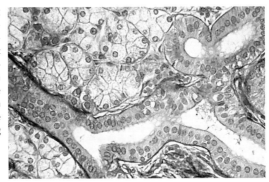

Vorgänge sind z. B. deutlich als morphologisches Korrelat an den Zellen des Streifenstücks in den Speicheldrüsen zu beobachten.

2.1.5
Endoplasmatisches Retikulum

Das endoplasmatische Retikulum spielt die entscheidende Rolle bei der Proteinbiosynthese. An freien Ribosomen (Polysomen) werden zytoplasmatische Proteine gebildet, während am endoplasmatischen Retikulum Proteine der Plasmamembran, sowie sekretorische Proteine entstehen. Im Zytoplasma liegen die Ribosomen entweder einzeln, oder in Form kleiner Ketten vor, die Polyribosomen genannt werden. Die Polyribosomen sind über einen Strang messenger-RNA (mRNA) miteinander verbunden. An solchen Polyribosomen wird beispielsweise das sauerstoffbindende Protein Hämoglobin gebildet. Die an der Bildung von Glyko- und Lipoproteinen beteiligten Ribosomen dagegen geben ihr gebildetes Produkt nicht einfach ins Zytoplasma frei, sondern reichen es in das Lumen des endoplasmatischen Retikulums weiter. Dabei handelt es sich um ein Membransystem, das mit Röhren und Zisternen netzartig die Zellen durchzieht. Zum Teil ist es mit besonders vielen Ribosomen besetzt und wird dann als raues endoplasmatisches Retikulum (rER) bezeichnet. Bei den Ribosomen handelt es sich um Makromoleküle, die aus Proteinen und Ribonukleinsäuren aufgebaut sind und nicht von einer Membran umhüllt werden.

2.1.6
Golgi-Apparat

In unmittelbarer Nachbarschaft zum endoplasmatischen Retikulum ist der Golgi-Apparat zu finden. Er besteht je nach Zelltyp aus unterschiedlich zahlreichen Dictyosomen und Golgi-Vesikeln. Die Dictyosomen oder Golgi-Felder erscheinen im elektronenoptischen Schnitt als Stapel von Membransäckchen, umgeben von zahlreichen Vesikeln. Im Golgi-Apparat werden die vom endoplasmatischen Retikulum kommenden Transportvesikel verarbeitet, in denen sich neu synthetisierte Proteine befinden.

Beispielsweise werden hier angelieferte Proteine mit speziellen Zuckermolekülen versehen. Daraus entstehen Glykoproteine oder Proteoglykane. Häufig erreichen Proteine erst durch diese Glykosilierung ihre biologischen Funktionen.

2.1.7
Endosomen, Lysosomen, Peroxisomen

Bei den Endosomen und Lysosomen handelt es sich um eine heterogene Organellengruppe, die den verschiedensten Stoffwechselprozessen dient. Lysosomen sind Membranbläschen mit einer sehr speziellen Enzymausstattung für die intrazelluläre Stoffaufarbeitung, Separierung und Verdauung. Die in den Lysosomen entstandenen Abbauprodukte können in das umgebende Zytoplasma weitergegeben oder gegebenenfalls wieder verwendet werden. Andererseits können die Lysosomen als Endspeicher nicht abbaubarer Restprodukte dienen. Sie werden dann als Residualkörperchen bezeichnet, die diagnostisch als Pigment- oder Lipofuchsingranula sichtbar werden. Wenn die Inhaltsstoffe der Lysosomen unkontrolliert ins Zytoplasma gelangen, können durch Autolysevorgänge die gesamte Zelle sowie die Nachbarzellen zerstört werden.

Peroxisomen kommen nicht in allen Zellen vor, andererseits sind manche Zellen wie Leberzellen oder Tubuluszellen der Niere besonders reich an Peroxisomen. Die wichtigste Funktion dieser Organellen besteht darin, dass sie Wasserstoffperoxid bildende Oxidasen und Katalasen enthalten. Sie spielen eine wesentliche Rolle bei der Glukoneogenese, im Fettstoffwechsel und bei verschiedenen Entgiftungsreaktionen.

2.1.8
Zytoskelett

Weitere sehr wichtige Bestandteile für die Zellen bildet das Zytoskelett (Abb. 2.3). Es besteht aus den Mikrotubuli, den Mikrofilamenten und den Intermediärfilamenten. Sie bilden ein Mikronetz- oder Trabekelwerk und fungieren als Skelett der Zelle.

Wichtige Proteine dieses Netzwerkes sind Tubulin, Aktin, Myosin, die vielen verschiedenen Keratine, die Nexine, Vimentin, Desmin und die Neurofilamente. Mikro-

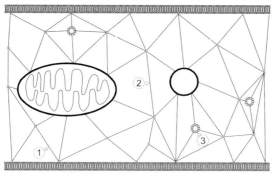

Abb. 2.3: Das Zytoskelett einer Zelle besteht aus Mikrofilamenten (1), Intermediärfilamenten (2) und Mikrotubuli (3). Durch die dreidimensionale Verknüpfung dieser Strukturen entsteht ein Trabekelwerk, in welches die einzelnen Zellorganellen wie z. B. Mitochondrien eingebaut sind. Dadurch werden in gleichartigen Gewebezellen die Organellen auch immer in der gleichen Position vorgefunden.

tubuli dienen dem gerichteten Transport von Molekülen innerhalb der Zelle. Neurone z. B. können Axone besitzen, die 1 m lang sind. Auch die Synapse als das Ende des Neurons muss vom Perikaryon gesteuert werden. Mit dem Mikrotubulussystem wird sicher gestellt, dass bei einer Transportgeschwindigkeit von bis zu 400 mm pro Tag auch der entfernteste Punkt der Zelle versorgt wird.

Mikrofilamente wie Aktin und Myosin sind in Zellen in unterschiedlicher Menge zu finden. Zellen, die Ausläufer bilden, ihre Form und Lage verändern, weisen besonders viele Mikrofilamente auf. Intermediäre Filamente wie z. B. die Zytokeratine bilden das Skelettsystem in Epithelzellen aus und verleihen dadurch der Zelle eine spezifische Eigengestalt und Stabilität.

2.1.9
Extrazelluläre Matrix

Die meisten Zellen bilden nicht nur ihre eigenen Organellen, sondern auch Proteine der umgebenden extrazellulären Matrix. Dabei handelt es sich um ein interaktives Gerüst, welches einerseits mechanische Stabilität verleiht und andererseits Zellverankerung sowie Zellfunktionen zu steuern vermag. Für den Aufbau einer extrazellulären Matrix synthetisieren die Zellen hauptsächlich hochmolekulare fibrilläre Proteine, die aus der Zelle herausgeschleust und in der nächsten Umgebung zu einem unlöslichen Geflecht zusammengesetzt werden. Bei Epithelzellen oder Muskelzellen ist dies die folienartige Basalmembran, während Bindegewebszellen ein dreidimensionales Netzwerk ausbilden, das als perizelluläre oder extrazelluläre Matrix (ECM) bezeichnet wird. Die Basalmembran und die perizelluläre Matrix bestehen im wesentlichen aus den gleichen Proteinfamilien, jedoch sind die Einzelkomponenten wegen der teilweisen Aminosäuresequenzdifferenzen unterschiedlich miteinander verwoben. Bestandteile der extrazellulären Matrix sind die verschiedenen Kollagene, Laminin, Fibronektin und die einzelnen Proteoglykane. Bei vielen Geweben ist die extrazelluläre Matrix weich, druck- und zugelastisch, während sie bei Sehnen, Knorpel und Knochen mechanisch stark belastbare Strukturen ausbildet.

2.1.10
Zellzyklus

Zur Entwicklung von Geweben und zum Ersatz von abgestorbenen Zellen bei der Regeneration im erwachsenen Organismus müssen sich die Zellen vermehren. Diese Proliferation vollzieht sich im Rahmen des Teilungszyklus (Abb. 2.4). Zuerst verdoppeln die Zellen ihren Inhalt und replizieren die DNA in der Interphase. Im Anschluss daran teilen sich die Zellen in der Mitose.

Eine Zelle in der Interphase ist anhand des meist deutlich mikroskopisch sichtbaren Nukleolus zu erkennen. Entschliesst sich eine Zelle zur Teilung, so erreicht sie die G_1-Phase, in der die Neubildung von wichtigen Bestandteilen wie z. B. RNA, Proteinen und Lipiden innerhalb von ca. 24 Stunden erfolgt. Zusätzlich kommt es zur Vergrößerung des Zellvolumens. In der nachfolgenden S-Phase wird die in der Zelle befind-

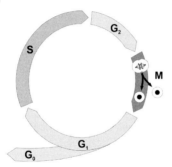

Abb. 2.4: Schema zum Zellzyklus, der sich in die G_0-, G_1-, S- und G_2-Phase gliedert. In der M-Phase findet die eigentliche Zweiteilung der Zelle statt.

liche DNA repliziert. Ist diese wichtige Phase abgeschlossen, so gelangt die Zelle in die G_2-Phase. Die Replikation der DNA wird abgeschlossen und alles wird für die eigentliche Zweiteilung der Zelle vorbereitet.

Die Mitose selbst dauert etwa 4 Stunden. In der beginnenden Prophase werden die DNA/Histonkomplexe kondensiert bis die 46 Chromosomen entstanden sind. An den entstehenden Zentriolen bildet sich die Mitosespindel aus. Die Kernhülle und der Nukleolus werden aufgelöst. Es erfolgt eine Phosphorylierung der Lamine in der Kernmembran, danach bilden sich wieder verwertbare Vesikel. In der Metaphase ordnen sich die Chromosomen dann in der Äquatorialebene, d.h. in der zukünftigen Teilungsebene, an. Jedes Chromosom besteht dabei aus zwei Schwesterchromatiden. Mikroskopisch lassen sich in diesem Stadium deutlich die kurzen und langen Abschnitte der einzelnen Chromosomen erkennen. Im weiteren Verlauf teilen sich die Chromosomen in die Schwesterchromatiden und werden während der Anaphase mithilfe von Motorproteinen entlang von Mikrotubuli zu den beiden Zentriolen transportiert. In der nachfolgenden Telophase werden neue Kernhüllen synthetisiert. Die Zellteilung selbst wird durch die Bildung eines Aktin- und Myosinringes beendet, der die Zelle in der Mitte durchschnürt. In dieser Phase der Zytokinese erhält jede Tochterzelle einen der neu gebildeten Zellkerne, die Hälfte des Zytoplasma und die notwendigen Organellen.

Je nach Gewebeart können sich Zellen relativ häufig binnen Tagen oder erst nach Monaten und Jahren teilen. Außerdem gibt es Zellen, die sich lebenslang nicht mehr teilen. Solche gerade nicht proliferierenden Zellen befinden sich in der G_0-Phase.

[Suchkriterien: Cell cycle mitosis division interphase]

**2.2
Gewebearten**

Die Entwicklung von Zellverbänden komplexer Organe spiegelt sich in den strukturellen und funktionellen Besonderheiten von Geweben wieder. Gewebe ist nicht nur eine Anhäufung von einzelnen Zellen, sondern besteht aus definierten zellulären und spezifischen extrazellulären Strukturen. Beide Anteile sind funktionell unersetzlich.

Erstaunlicherweise besitzt der Mensch nur vier verschiedene Grundgewebearten. Diese sind das Epithelgewebe, das Bindegewebe, das Muskelgewebe und das Nervengewebe. Daraus resultieren vier ganz verschiedene Funktionen, wie z. B. die Abgrenzung des Organismus gegen andere Kompartimente, Verbund von Strukturen, Bewegung sowie Steuerung.

Kein Organ des Körpers besteht nur aus einem Grundgewebe, fast alle benötigen alle vier Grundgewebe in einer spezifischen Anordnung, damit ihre speziellen Funktionen wirksam werden können. Beispielhaft ist hier das Gefäßsystem zu erwähnen. Es besteht aus Epithelgewebe, welches das Gefäßrohrlumen auskleidet, aus glattem Muskelgewebe, um den Durchfluss verändern zu können, aus Nervengewebe, zur Steuerung der Durchflussmenge und aus Bindegewebe, welches die einzelnen Strukturen miteinander verbindet und das Gefäßrohr in die Umgebung einbaut. Gewebe können aus gleichartigen oder auch aus recht unterschiedlichen Zellen bestehen. Besonderes Merkmal ist, dass in den einzelnen Geweben benachbarte Zellen klar definierte, teils sehr enge, teils auch lockere soziale Kontakte zur Aufrechterhaltung spezifischer Funktionen ausbilden.

Typischerweise findet man in den Geweben viele freie Zellen wie Leukozyten, Plasmazellen und Makrophagen, die auf Abbauprodukte der Zellen, Antigene oder bakteriellen Befall reagieren und somit im Dienst der immunologischen Abwehr stehen. Dementsprechend sind in den gesunden Geweben wenige dieser Zellen zu beobachten, während bei Erkrankungen die Zellzahl drastisch zunimmt.

[Suchkriterien: Tissue muscle epithelium connective neural]

2.2.1
Epithelgewebe

Die Epithelien bestehen aus geometrischen, räumlich besonders eng verbundenen Zellen, die auf einer flächenhaften Basalmembran verankert sind (Abb. 2.5). Zwischen den Epithelzellen wird so gut wie keine Interzellularsubstanz gefunden.

Epithelgewebe bildet eine Vielzahl biologischer Barrieren. Damit ist die zentrale Funktion des Epithelgewebes im Organismus schon beschrieben. Es bedeckt Oberflächen in Form von dicht nebeneinander liegenden Zellen und bildet dadurch eine Barriere zwischen den luft- oder flüssigkeitsgefüllten Kompartimenten des Körpers. Allein das Epithelgewebe entscheidet deshalb auf zellulärer Ebene, was vom Körper aufgenommen oder abgegeben wird. Es reguliert die Gas- oder Flüssigkeitsaufnahme bzw. die Abgabe über aktive oder passive Transportmechanismen. Der epitheliale Zellverband ist lückenlos und mit Ausnahme der Stria vascularis im Innenohr gefäßlos.

Epithelzellen sitzen mit ihrer basalen Zellseite einer Basalmembran auf. Die Basalmembran ist das strukturelle Element, welches das Epithelgewebe von dem darunter liegenden Bindegewebe trennt. Ist diese Barriere funktionell nicht mehr intakt, so können z. B. Karzinomzellen das epitheliale Kompartiment verlassen und in das darunter liegende Bindegewebe infiltrieren.

An ihrer Oberfläche können die Epithelzellen unterschiedliche Zelldifferenzierungen ausbilden. Einerseits weisen sie eine mehr oder weniger glatte Oberfläche auf, andererseits können sie einen dichten Mikrovillisaum zur Oberflächenvergrößerung oder bewegliche Kinozilien zum Transport tragen. Kennzeichen aller Epithelien ist die Zellpolarisierung. Dies bedeutet, dass jede Zelle eine dem Lumen zugewandte und eine der Basalmembran zugewandte Seite hat, woraus funktionell eine Polarisierung und damit eine Abgabe bzw. eine Aufnahmeseite des Gewebes hervorgeht.

2.2.1.1 Baupläne von Epithelien

Oberflächen auskleidende Epithelien können einschichtig, mehrreihig oder mehrschichtig sein. Die in den epithelialen Verbänden vorkommenden Zellen können ganz unterschiedliche Formen haben. Sie können flach, platt oder kubisch sowie zylindrisch geformt sein. Einschichtige Epithelien zeichnen sich dadurch aus, dass alle Zellen Kontakt mit der darunter gelegenen Basalmembran haben. Abgeflachte Epithelzellen bilden die typische Zellform von Plattenepithelien, welche in Gefäßen vorkommend als Endothelzellen bezeichnet werden.

Gefäßendothelzellen sind in der Regel permanent dem Blutstrom ausgesetzt und brauchen daher eine besonders feste Verankerung mit der Basalmembran (Abb. 2.6). Auf ihrer Oberfläche besitzen sie Adhäsionsmoleküle für Leukozyten in Form von Selektinen. Diese wiederum können Zuckermoleküle auf Leukozyten binden und somit das Verlassen dieser Zellen aus der Blutbahn einleiten. Weiterhin besitzen Endothelzellen kontraktile Filamente, womit sie die Breite ihrer Interzellularspalten in gewissem Ausmaß regulieren können. Endothelzellen bilden zudem Stickstoffmonoxid (NO), welches zu einer Tonusverminderung in den glatten Muskelzellen der Gefäßmedia und dadurch zu einer Durchströmungszunahme führt.

Plattenepithelien kommen aber auch außerhalb von Gefäßen vor. So kleiden sie z. B. den Alveolarraum in der Lunge aus und garantieren durch ihre sehr flache Zellform eine möglichst kurze Diffusionsstrecke für Kohlendioxid und Sauerstoff. Darüber hinaus wird diese Epithelform sowohl im dünnen Teil der Henle'schen Schleife in der Niere als auch im auskleidenden Epithel der serösen Pleura- oder Peritonealhöhlen vorgefunden.

Isoprismatische Epithelien sind lichtmikroskopisch daran zu erkennen, dass ihre Zellbreite gleich der Zellhöhe ist (Abb. 2.5 A). Isoprismatische Zellen sind u. a. in renalen Tubulusstrukturen oder Speicheldrüsen vorzufinden und stehen hier durch Transportprozesse im Dienste der Harnaufbereitung bzw. der Speichelproduktion.

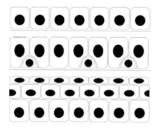

Abb. 2.5: Bauplan von einschichtigen, mehrreihigen und mehrschichtigen Epithelien. Typisch für alle Epithelien ist, dass die Zellen besonders enge Nachbarschaftsbeziehungen zueinander haben und auf einer Basalmembran verankert sind. A. Schematische Darstellung eines isoprismatischen Epithels. Die basale Seite einer jeden Zelle ist auf der Basalmembran verankert, die apikale Plasmamembran grenzt an das Lumen. Die lateralen Zellgrenzen haben Kontakt zu den Nachbarzellen. B. Beim mehrreihigen Epithel sind mehrere Zelltypen vorhanden. Alle Zellen sind auf der Basalmembran verankert, aber nicht alle erreichen das Lumen. C. Beim mehrschichtigen Epithel hat nur die basale Zellschicht Kontakt zur Basalmembran.

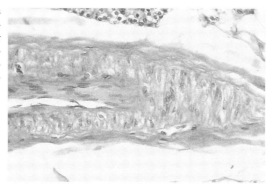

Abb. 2.6: Mikroskopische Ansicht des Schrägschnittes einer Arteriole. Zu erkennen ist das Lumen links in der Mitte, welches mit einem Endothel ausgekleidet ist. In der Media der Gefäßwand sind zahlreiche glatte Muskelzellen zu sehen.

Ebenso werden isoprismatische Zellen in den Follikeln der Schilddrüse als Hormonspeicher und -spender nachgewiesen. Säulenepithelien sind dagegen höher als breit und kleiden z. B. das Lumen des ganzen Dünn- und Dickdarmes als Enterozyten aus, wo sie der Nahrungsaufnahme dienen.

Mehrreihige Epithelien haben mit einschichtigen Epithelien gemeinsam, dass alle Zellen Kontakt mit der Basalmembran haben (Abb. 2.5 B). Sie unterscheiden sich jedoch von den einschichtigen Epithelien, da nicht alle Zellen die Epitheloberfläche erreichen, wodurch die Zellen und ihre Zellkerne auf unterschiedlichem Höhenniveau liegen. Im mehrreihigen Epithel der Atemwege z. B. sind als Sonderausstattung luminal bewegliche Kinozilien vorhanden, deshalb wird es auch als Flimmerepithel bezeichnet (Abb. 2.7).

In mehrschichtigen Epithelien sind die Zellen in drei unterschiedliche Ebenen übereinander geschichtet (Abb. 2.5 C). Basalzellen sind auf der Basalmembran verankert und haben keinen Kontakt mit der Epitheloberfläche. Aus dieser Basalzellschicht regeneriert sich permanent und ein Leben lang das Epithel aus Stammzellen. In der über den Basalzellen gelegenen Intermediärzone und dem luminal gelegenen Stratum superficiale haben die Zellen keinen Kontakt mehr mit der Basalmembran. Die Oberflächenzellen grenzen an die Epitheloberfläche, wo sie in gewissen Zeiträumen abgeschilfert werden. In mehrschichtigen Plattenepithelien sind die Oberflächenzellen abgeflacht, ihre Zellausrichtung liegt im Gegensatz zu den Basalzellen parallel

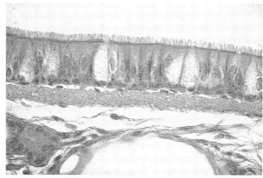

Abb. 2.7: Histologische Abbildung eines mehrreihigen Flimmerepithels im Atemtrakt. Das Epithel grenzt an die luftführende Straße. Die mit Kinozilien besetzte luminale Epithelseite dient der Säuberung und befördert Schmutzpartikel in Richtung Mundhöhle.

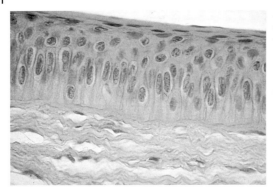

Abb. 2.8: Histologische Abbildung des mehrschichtigen unverhornten Epithels der Mundhöhle. Die Epithelzellen bilden eng benachbarte Zellverbände. Dadurch entsteht eine biologische Barriere zwischen der luminalen und basalen Epithelseite.

zur Oberfläche. Die Basalzellen sind in der Regel iso- bis hochprismatisch. Zellen der Intermediärzone verlieren diese Orientierung, sie werden polygonal und ihre Zellkernausrichtung parallelisiert sich immer mehr zur Epitheloberfläche. Die Schleimhäute der Mundhöhle bis zum unteren Drittel der Speiseröhre (Abb. 2.8), aber auch die Vagina sowie Übergangsbereiche des Urogenital- oder Verdauungstraktes zur äußeren Haut weisen diese mehrschichtigen Plattenepithelien auf.

Im Gegensatz zu den mehrschichtigen Plattenepithelien wie z. B. der Mundschleimhaut weist das mehrschichtige Plattenepithel der äußeren Haut eine Verhornung auf. Das mehrschichtige Plattenepithel der Haut zeigt Besonderheiten durch den dynamischen Verhornungsprozess, welcher im Stratum granulosum beginnt. Die zur Regeneration befähigten Basalzellen liegen im Kontakt zur Basalmembran. Allerdings kommen sie hier nicht alleine vor, sondern sind benachbart mit Melanozyten, die durch ihr Pigment zur Braunfärbung der Haut führen. In der Intermediärzone findet sich zunächst das Stratum spinosum. Das stachelartige Aussehen dieser Zellschicht ist bedingt durch das zahlreiche Vorkommen von Fleckdesmosomen, in die Bündel von kondensierten Zytoskelettanteilen einmünden. Diese zellulären Besonderheiten dienen dem Schutz von Scherkräften, die auf die äußere Haut einwirken können. Im darüber beginnenden Stratum granulosum sind zytoplasmatische Keratohyalingranula, die im hohen Maße das Protein Filagrin beinhalten, schon lichtmikroskopisch zu erkennen. Neben der Quervernetzung von Proteinen erfahren die oberflächlichen Zellen einen Organellabbau einschließlich des Kerns. Letztendlich bestehen die Zellen des oberflächlich gelegenen Stratum corneums nur noch aus dicht gepackter Hornsubstanz, die von einer modifizierten Zellmembran begrenzt werden. Neben den Melanozyten finden sich noch Langerhans-Zellen, die immunologische Aufgaben wahrnehmen.

Ein weiteres mehrschichtiges Epithel ist das Übergangsepithel, auch Urothel genannt, welches auf seiner luminalen Seite dem Harn ausgesetzt ist. Biologisch aggressive Substanzen, wie der Harnstoff, und der wechselnde pH des Urins haben dazu geführt, dass die Oberflächenzellen besonders ausgeprägte Tight junctions aufweisen sowie auf ihrer luminalen Zellseite kondensierte Zytoskelettelemente besitzen. Diese bestehen aus Aktin und Intermediärfilamenten sowie Uroplakin. Die oberflächlich gelegenen Deckzellen haben eine polygonale Zellform und stielförmige

Zellausläufer, die die Basalmembran erreichen sollen. Hierdurch unterscheiden sie sich wesentlich von den anderen mehrschichtigen Plattenepithelien. Der Name Übergangsepithel rührt daher, dass das Epithel abhängig vom Füllungszustand unterschiedlich gedehnt werden kann und dadurch auch sehr unterschiedliche Zellhöhen aufweist.

[Suchkriterien: Tissue epithelial morphology histology]

2.2.1.2 Drüsen

Drüsen entstehen dadurch, dass Zellen von Oberflächenepithelien in das darunter liegende Bindegewebe hineinknospen. Bildet die Drüse einen Ausführungsgang, so spricht man von einer exokrinen Drüse (Abb. 2.9 A, 2.9 B). Verliert der ausgewachsene Epithelteil jedoch seinen Kontakt mit dem ursprünglichen Oberflächenepithel, kann die im Bindegewebe verbleibende Epithelinsel ihre Sekrete nur an das Interstitium und an Kapillaren abgeben. Man spricht dann von der Bildung einer endokrinen Drüse und einer inneren Sekretion, wobei das Sekret Hormone beinhaltet (Abb. 2.9 C).

A

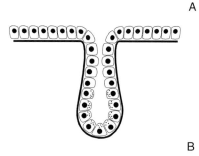

B

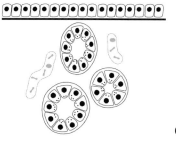

C

Abb. 2.9: Schematische Darstellung der Bildung von Drüsen. A. Exokrine und endokrine Drüsen bilden sich aus einem einschichtigen embryonalen Epithel. B. Durch Einsenkung des Epithels in das darunter liegende Bindegewebe entsteht ein Drüsenschlauch. Behält das Lumen Kontakt zur Oberfläche, dann handelt es sich um eine exokrine Drüsenbildung. C. Verlieren die eingesenkten Epithelzelle den Kontakt zum Lumen, so entsteht daraus einen endokrine Drüse. Gleichzeitig werden vermehrt Kapillaren in diesem Bereich ausgebildet.

Drüsengewebe besteht aus Epithelzellen, welche ein Sektret bilden und dieses aus der Zelle ausschleusen. Immer steht die basale Zellseite in nahem Kontakt mit Blutgefäßen, da sie zahlreiche Nährstoffe aus dem Blut für die Synthese aufnehmen müssen. Die Sekretabgabe erfolgt bei den Speicheldrüsen auf der luminalen Seite des Azinusepithels, während bei endokrinen Drüsen das gebildete Hormon immer in Richtung Kapillare abgegeben wird.

Wenn eine Verbindung zwischen dem ins Bindegewebe eingewachsenen Epithelgewebe und dem Oberflächenepithel bestehen bleibt, kann das in den Drüsenendstücken gebildete Sekret in einen Ausführungsgang geleitet werden. Zusätzlich kann das gebildete Sekret durch spezielle Zellen im Ausführungsgang in seiner Wasser- und Elektrolytzusammensetzung ähnlich wie in der Niere modifiziert werden. Dieser Vorgang ist z. B. im Streifenstück der Ausführungsgänge der Parotis möglich (Abb. 2.10). Die Zellen der exokrinen Drüsen sind polarisiert, denn sie nehmen Stoffe aus dem Interstitium über die basale Zellseite auf, bilden daraus Sekretprodukte, welche dann an der luminalen Seite in den Ausführungsgang abgegeben werden. Dabei können ganze Organe wie die Mundspeicheldrüsen rein exokrine Funktionen haben.

Neben rein exokrinen Funktionen können auch endokrine Leistungen in einem Drüsenorgan anzutreffen sein. Das klassische Beispiel ist hier die Bauchspeicheldrüse mit den endokrinen Langerhans-Inseln, die Insulin und Glukagon an das Gefäßsystem abgeben, um damit den Zuckerstoffwechsel zu regulieren. Andererseits bilden die exokrinen Drüsenanteile des Pankreas Verdauungsenzyme wie Amylase und Lipase, die dann nach Vereinigung der Ausführungsgänge zum Ductus pancreaticus in den Zwölffingerdarm abgegeben werden.

Die Drüsenendstücke von exokrinen Drüsen werden je nach Art der gebildeten Sekrete in seröse, muköse oder gemischt sero-muköse Endstücke eingeteilt. Die Epithelzellen der Drüsen zeigen entsprechende histologische Besonderheiten (Abb. 2.10). Die Zellen der serösen Endstücke besitzen einen runden Zellkern, der in der Mitte der Zelle liegt. Das Zytoplasma stellt sich in den Routinefärbungen rötlich homogen dar. Das seröse Sekret ist dünnflüssig und enzymreich. In den Zellen von mukösen Drüsenzellen ist der Zellkern dagegen deutlich abgeflacht und liegt nahe der basalen Zellseite. Das Zytoplasma erscheint schaumig und weißlich. Das Sekret ist visköser und enzymärmer als das seröse Sekret. In manchen Endstücken

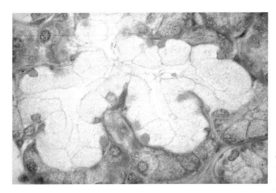

Abb. 2.10: Lichtmikroskopische Ansicht einer Speicheldrüse, die aus mukösen und serösen Azini aufgebaut ist.

Abb. 2.11: Histologische Darstellung einer Schilddrüse. Das Epithel bildet ballonförmige Follikel, die in ihrem Lumen mit Kolloid gefüllt sind.

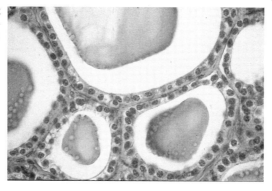

sitzen seröse Drüsenkappen den mukösen Anteilen auf. Diese Bereiche werden dann als "von Ebner'sche Halbmonde" bezeichnet.

Sekrete werden von den Drüsenzellen in ganz unterschiedlicher Form abgegeben. Der merokrinen Form der Sekretabgabe liegt die Exozytose zugrunde. Dabei fusionieren die intrazellulären Sekretvesikel mit der luminalen Plasmamembran, wobei das Sekret nach außen abgegeben wird, ohne dass strukturelle Zellanteile der Zellmembran verloren gehen. Bei der apokrinen Form der Sekretabgabe wird das Sekret mit dem apikalen Zellanteil abgestoßen. Dieser Prozess geht also mit strukturellen Zellanteilverlusten einher. Bei der holokrinen Sekretionsform gehen die Drüsenzellen durch Apoptose zugrunde, wodurch die Freisetzung der dicht in der Zelle verpackten Sekrete erfolgt.

Die Drüsenendstücke können unterschiedlich geformt sein. Prinzipiell können sie eine röhrenartige Form aufweisen oder sie sind gewunden und röhrenartig. In azinösen Endstücken ist das Endstück beerenartig aufgetrieben. Es können auch beide Formen mit einem gemeinsamen großen Ausführungsgang in einer Drüse angetroffen werden. Man bezeichnet dies als zusammengesetzte Drüsen.

In der Regel sind die Hormon bildenden, also die endokrinen Drüsenzellen nicht polarisiert. Eine Ausnahme bildet hier die Schilddrüse, die als endokrine Drüse polarisierte Epithelzellen aufweist (Abb. 2.11). Hier dient die Polarisierung allerdings der Speicherung von Hormonen, die bei Bedarf wieder mobilisiert und ins Interstitium abgegeben werden können.

[Suchkriterien: Glands morphology histology mucous serous seromucous]

2.2.1.3 Epithelien zur Sinneswahrnehmung

Sinnesepithelien sind epitheliale Zellverbände, die Reize aufnehmen und fortleiten können. In der Retina stehen sie im Dienste des Sehens, im Innenohr im Dienste des Hörens, als Geschmackszellen (Abb. 2.12) vermitteln sie das Schmecken, in der Oberschicht der Haut dienen sie als Mechanorezeptoren und im Bereich des Nasendaches sind sie als Riechepithel ausgebildet.

Grundsätzlich muss bei den im Sinnesepithel integrierten Rezeptoren zwischen primären und sekundären Sinneszellen unterschieden werden. Primäre Sinneszel-

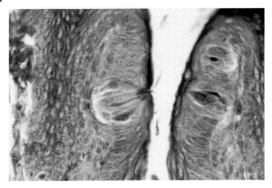

Abb. 2.12: Histologischer Ausschnitt aus dem Oberflächenepithel der Zunge mit integrierten Geschmacksknospen.

len nehmen an einer Zellseite einen Reiz auf und leiten die Erregung über eigene Zellfortsätze weiter. Dieses Kennzeichen trifft z. B. auf die Riechzellen zu (Abb. 2.13). Man kann sie auch als Nervenzellen betrachten, die an einer Zellseite Rezeptoren für bestimmte Duftmoleküle ausgebildet haben. Somit ist das Riechepithel mit den Riechzellen die einzige Stelle im Körper, an der eine Nervenzelle unmittelbar Kontakt mit einer exponierten Oberfläche hat. Sekundäre Sinneszellen dagegen haben eine Wahrnehmungsseite mit entsprechenden Rezeptoren, stehen allerdings wie z. B. im Geschmacksepithel im Bereich ihrer Plasmamembran synaptisch mit Nervenzellen in Kontakt.

Sinneszellen bilden nie alleine das entsprechende Epithel, sondern kommen immer in Gesellschaft von Basalzellen und Stützzellen vor. Es wird davon ausgegangen, dass die Basalzelle als Stammzelle für beide Zelltypen wie Sinnes- und Stützzelle dient. Die Stützzellen sollen das für die Rezeption notwendige Environment bilden und aufrechterhalten. Andererseits ist beschrieben, dass die Stützzellen im Vorfeld einer Reserveleistung oder Transdifferenzierung stehen und sich zu den Sinneszellen umwandeln können.

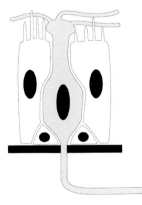

Abb. 2.13: Schematische Darstellung des Riechepithels auf einer perforierten Basalmembran. Die Sinneszelle trägt auf der luminalen Zellseite lange Mikrovilli zur Reizwahrnehmung. Auf der basalen Seite wird die Erregung über ein Axon weitergeleitet. An den lateralen Zellseiten ist die Sinneszelle von hochprismatischen Stützzellen sowie von Basalzellen umgeben.

[Suchkriterien: Sensory epithelium morphology histology]

2.2.2
Bindegewebe

Das Bindegewebe kommt an allen Stellen des menschlichen Körpers in einer besonders grossen Vielfalt vor. Es besteht aus vielgestaltigen Zellen, die teils in isolierter
Form wie beim Knochen vorkommen, teils sich zu Zellfamilien wie beim Knorpel
zusammengelagert haben. Zwischen den Zellen befinden sich unterschiedlich große
Räume, die mit mechanisch belastbarer Interzellularsubstanz und/oder Flüssigkeit
ausgefüllt sein können (Abb. 2.14).

Wie der Name andeutet, verbindet das Bindegewebe ganz unterschiedliche Strukturen miteinander. Häufig wird die Bedeutung des Bindegewebes in den einzelnen
Organen unterschätzt und das Organparenchym mit seinen funktionellen Zellen in
den Vordergrund gestellt. Genauso bedeutungsvoll ist das Bindegewebsstroma in
den einzelnen Organen. Es bildet die Matrix für die Organstruktur und führt versor-
gende und regulierende Strukturen an das Parenchym heran. Somit sind Stroma und
Parenchym zwei unersetzbare Komponenten und nur ihre sinnvolle Kombination
ermöglicht die komplexen Funktionen eines Organs.

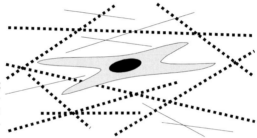

Abb. 2.14: Schematische Darstellung
eines Fibroblasten, der von extrazellulären Matrixproteinen wie Kollagen
(schraffiert), Fibronektin und Proteoglykanen umgeben ist.

[Suchkriterien: Connective tissue morphology histology]

2.2.2.1 Vielfalt

Neben dem Organstroma ist der Binde- und Stützapparat des Körpers und damit das
Fett-, Knorpel- und Knochengewebe mit seinen spezifischen Eigenschaften zu sehen.
Bei den unterschiedlichen Arten des Bindegewebes wird besonders deutlich, dass
dieses Gewebe nicht nur zelluläre, sondern auch eine besondere extrazelluläre Kom-
ponente hat. Dabei kann das qualitative und quantitative Verhältnis von zellulärem
und extrazellulärem Anteil ganz unterschiedlich ausgebildet sein.

Bei den Bindegewebezellen werden außerdem die fixen von den freien und damit
beweglichen Zellen unterschieden. Zusätzlich unterscheiden sich Bindegewebezellen
in ihrem Differenzierungsgrad und damit in ihrem Funktionszustand.

Unter dem Begriff freie Bindegewebezellen fasst man die Leukozyten, die Plasmazellen, die Makrophagen und die Mastzellen zusammen. Diese Zellen verlassen die
Blutbahn und siedeln sich im Bindegewebe in unterschiedlichem Maße an, wodurch

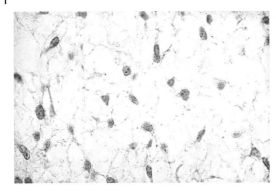

Abb. 2.15: Histologische Darstellung von Mesenchymzellen, die umgeben sind mit einer faserarmen extrazellulären Matrix (ECM). Aus diesem Gewebe können sich alle Bindegewebsformen entwickeln.

eine ganz unterschiedliche Verteilung im Bindegewebe resultiert. Ein verstärktes Aufkommen von Leukozyten, Plasmazellen und Makrophagen im Bindegewebe ist im Rahmen von entzündlichen Reaktionen zu beobachten.

Die einzelnen Bindegewebezellen entstehen aus Mesenchymzellen (Abb. 2.15). Unreife Zellen werden Fibroblasten, Chondroblasten oder Osteoblasten genannt. Dabei handelt es sich um Zellen, bei denen der Aufbau der extrazellulären Matrix im Vordergrund steht. Fibrozyten, Chondrozyten und Osteozyten dagegen sind im gereiften Gewebe zu finden. Der Fibroblast z. B. ist eine Bindegewebezelle, bei der die Syntheseleistung des Kollagens einer Sehne, eines Bandes, eines Meniskus oder einer Gelenkkapsel im Vordergrund steht. In diesem Zustand hat der Fibroblast einen grossen, ovalen Zellkern mit einem deutlichen Nukleolus. Die Zellgrenzen sind fortsatzreich und das Zytoplasma zeigt ein deutliches endoplasmatisches Retikulum. Der Fibrozyt dagegen weist eine geringe Syntheseleistung auf. Er kontrolliert und überwacht die entstandene extrazelluläre Matrix im fertigen Gewebe. Zu erkennen ist ein Fibrozyt an seiner spindelförmigen Zellform und einem schmalen, länglichen Zellkern. Während sich Fibroblasten noch häufig teilen, liegen Fibrozyten im postmitotischen Stadium vor. Bei der Verletzung des Bindegewebes können durch veränderte Umgebungsbedingungen aus Fibrozyten in begrenztem Umfang wieder Fibroblasten entstehen.

Eine fixe Bindegewebezelle bildet die extrazelluläre Matrix, welche wiederum aus geformten und ungeformten Anteilen besteht. Die geformten Anteile bestehen aus Fasermaterial, die ungeformten Anteile werden als amorphe Grundsubstanz beschrieben. Die amorphe Grundsubstanz enthält neben Proteoglykanen und Glykoproteinen interstitielle Flüssigkeit. Die Zusammensetzung der interstitiellen Flüssigkeit gleicht hinsichtlich Elektrolyten und anderen löslichen Substanzen der Zusammensetzung des Blutplasmas. Die interstitiellen Flüssigkeitsmengen können unter pathophysiologischen Umständen massiv ansteigen. Alle Substanzen, die zwischen Zellen und der Blutbahn ausgetauscht werden, müssen die interstitielle Flüssigkeit als Transportmedium benutzen. Die Glykoproteine und Proteoglykane, die im Lichtmikroskop amorph erscheinen, stehen im Dienste der mechanischen Stabilität des Gewebes. Sie sind in der Lage, im hohen Maße Wasser zu binden, wodurch z. B. die für den Knorpel wichtigen druckelastischen Eigenschaften erzeugt werden.

Abb. 2.16: Histologischer Längsschnitt durch eine Sehne. Zu erkennen sind die dunkel angefärbten spindelförmigen Zellkerne der Fibrozyten. Dazwischen verlaufen parallel angeordnet Bündel von Kollagenfasern Typ I.

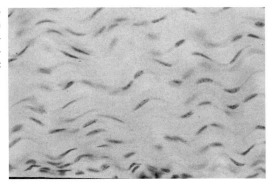

Die Fasern der extrazellulären Matrix werden in kollagene, retikuläre und elastische Typen unterteilt, die von den einzelnen Bindegewebezellen gebildet werden. Dabei erfolgt die Bildung von Kollagenfibrillen in einem intrazellulär und einem extrazellulär ablaufenden Vorgang. Intrazellulär erfolgt die Synthese von verschiedenen Polypeptidketten, die durch Verdrillung zu einer Tripelhelix zur Prokollagenbildung führen. Die Prokollagen-Tripelhelix wird durch Exozytose ausgeschleust. Extrazellulär werden Registerpeptide vom Prokollagen abgespalten, wodurch die entstandenen Tropokollagene zu Mikrofibrillen und schließlich zu kollagenen Fasern mit besonders zugfesten Eigenschaften aggregieren. Typisches Beispiel dafür ist die Sehne (Abb. 2.16).

Es gibt circa 25 verschiedene Kollagentypen. Die einzelnen Bindegewebeformen bestehen nicht nur aus Fasern eines einzelnen Kollagentyps, sondern meistens finden sich mehrere verschiedene Kollagentypen in einem Bindegewebe, wobei allerdings ein Kollagentyp vorherrscht. Lockeres Bindegewebe enthält z. B. einzelne verzweigte Fasern vom Kollagen Typ I und bildet damit das Stroma von Organen. Sehnen dagegen sind auffallend faserreich (Abb. 2.16). Die einzelnen Fibrozyten liegen eingeengt zwischen den Fasern, was zu einer flügelartigen Form führt. Sie werden deshalb Flügelzellen genannt. Kollagen II wiederum findet man im hyalinen Knorpel. Es ist wichtig für die Mikrostrukturierung, die in Verbindung mit den Proteoglykanen die druckelastische Eigenschaft des Knorpels bedingt. Kollagen IV dagegen findet man ausschließlich in den Basalmembranen der Epithelien, wo sie der Zellhaftung dienen. Retikuläre Fasern bestehen aus Kollagen III. Sie zeichnen sich dadurch aus, dass sie sich mit Silbersalzen konturieren lassen. Deshalb werden sie auch als argyrophile Fasern bezeichnet. Retikuläres Bindegewebe bildet die Matrix von vielen lymphatischen Organen wie der Milz, der Lamina propria des Darmes und den Lymphknoten (Abb. 2.17). In dieser speziellen Matrix werden die lymphatischen Zellen auf räumliche Distanz zueinander gehalten, so dass ihre gesamte Oberfläche mit interstitieller Flüssigkeit benetzt ist. Gleichzeitig bewirkt dieses Bauprinzip, dass die im retikulären Maschenwerk befindlichen Zellen bei starker Kompression nicht verletzt werden.

Elastische Fasern bestehen nicht aus Kollagenmolekülen, sondern hauptsächlich aus Elastin und Fibrillin. Die geknäuelten Elastinmoleküle geben den elastischen Fasern ihre zugelastischen Eigenschaften. Elastische Fasern findet man vornehmlich in herznahen Arterien vom elastischen Typ und in den Lungenalveolen.

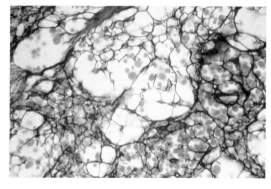

Abb. 2.17: Silberimprägnierung von retikulären Fasern in einem Lymphknoten. In den Faserzwischenräumen bilden sich Mikrokompartimente, in denen u. a. die Lymphozyten angesiedelt sind.

[Suchkriterien: Connective tissue collagen elastic reticular fibers]

2.2.2.2 Das Fettgewebe als Speicher

Fettgewebe stellt eine besondere Form des Bindegewebes dar (Abb. 2.18). Gemeinsam ist der Fettzelle und den Fibrozyten, dass sie sich beide aus den gleichen mesenchymalen Vorläuferzellen entwickeln. Die gereiften Fettzellen (Adipozyten) sind in zwei unterschiedlichen Formen im menschlichen Körper vorzufinden. Einmal als das an vielen verschiedenen Körperregionen vorkommende univakuoläre, weiße Fettgewebe (Abb. 2.18A) und zum anderen als das hauptsächlich während der Säuglingsphase vorkommende multivakuoläre, braune Fettgewebe (Abb. 2.18B).

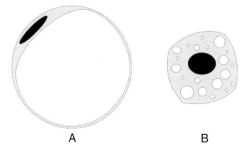

A   B

Abb. 2.18: Schematische Darstellung einer univakuolären Fettzelle (A) und einer multivakuolären Fettzelle (B). Im Zentrum der univakuolären Zelle befindet sich der Fettvorrat. Dadurch werden die gesamten Organellen mit dem Zytoplasma an die Peripherie der Zelle verschoben.

Man kann sich leicht vorstellen, dass die univakuolären Fettzellen sehr fragile Gebilde sind. Als Bestandteile des Bau- und Speicherfettes müssen sie aber einer erheblichen mechanischen Belastung standhalten. Zur Stabilisierung ist deshalb um jede Fettzelle ein Maschenwerk aus retikulären Fasern ausgebildet (Abb. 2.19).

Fettgewebe erfüllt im menschlichen Körper ganz verschiedene Funktionen. Es stellt neben dem Glykogen in der Leber und im Skelettmuskel den größten Energievorrat im Körper dar, wobei Fette in Form von Triazylglyzerinen gespeichert werden. Weiterhin bestimmt das Fettgewebe als Nischen- und Baufett die Körperform. An Fußsohlen und Handflächen fungiert es als Baufett mit mechanischer Polsterfunktion. Da Fettgewebe ein schlechter Wärmeleiter ist, dient es als subkutanes Fettgewebe auch zur Wärmeisolierung.

Abb. 2.19: Silberimprägnierung des dreidimensionalen retikulären Maschenwerkes, welches jede einzelne Fettzelle umgibt.

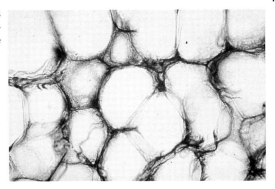

Die univakuoläre Fettzelle bezitzt einen großen Fetttropfen im Zytoplasma, welcher die Zellorganellen völlig an den Rand drängt (Abb. 2.18 A). Der Zellkern erhält dadurch eine abgeflachte Form. Bei der Anwendung von Routinefärbung führen die Fixierungsbehandlungen mit Xylol und Alkohol zum Herauslösen des Fetttropfens, wodurch eine leer erscheinende Vakuole übrig bleibt. Die Fettvakuole in Verbindung mit dem abgeflachten Zellkern erinnert an einen Siegelring. Weiterhin ist das Fettgewebe gut vaskularisiert, wodurch Fette an- und abtransportiert werden können.

Multivakuoläres Fettgewebe dient während der Säuglingsperiode u. a. der Wärmeproduktion aus den gespeicherten Fetten. Dieses Fettgewebe ist besonders gut vaskularisiert und wird durch die Zytochrome der vielen Mitochondrien bräunlich gefärbt. Die Fettzellen dieses braunen Fettgewebes weisen multiple, kleine Fetttropfen im Zytoplasma auf und der runde Zellkern liegt zentral (Abb. 2.18 B).

[Suchkriterien: Adipose tissue histology morphology fat]

2.2.2.3 Knochen und Knorpel als Stützgewebe

Die Stützfunktion wird im Körper größtenteils von Knorpel und Knochen übernommen. Knorpelgewebe ist ein bradytrophes Gewebe, welches keine Innervation sowie keine Vaskularisierung zeigt (Abb. 2.20). Die Ernährung erfolgt über Diffusion aus

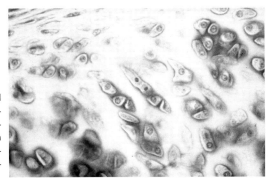

Abb. 2.20: Hyaliner Knorpel während der Entwicklung in der mikroskopischen Ansicht. Zu erkennen ist eine diskrete Distanz, welche die benachbarten Chondrone einnehmen. In den Interterritorialräumen wird mechanisch belastbare extrazelluläre Matrix ausgebildet.

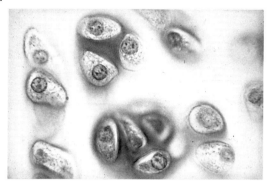

Abb. 2.21: Einzelne Chondrone im hyalinen Knorpel. Die Chondrozyten liegen in isogenen Gruppen beieinander.

dem umgebenden Geweben. Das Knorpelgewebe wird an manchen Stellen von einem aus kollagenen Fasern und mesenchymalen Zellen bestehenden Perichondrium umspannt.

Knorpel besteht aus Chondrozyten, die von einer speziellen extrazellulären Matrix eingemauert sind. Dabei können in einer Knorpelhöhle bis zu 10 Knorpelzellen liegen, die aus einem Chondroblast hervorgegangen sind und dann als isogene Gruppen bezeichnet werden (Abb. 2.21). Die Chondrozyten sind rundlich und zeigen einen gut ausgeprägten Syntheseapparat, durch den die Bildung von Kollagen II, Proteoglykanen, Hyaluronsäure und Chondronektin erfolgt. Die genannten Komponenten und deren Mikrostrukturierung führen in der extrazellulären Matrix zu einer hohen mechanischen Stabilität mit einer den physiologischen Gegebenheiten angepassten wechselnden Wasserbindungskapazität.

Unmittelbar umgeben werden die Chondrozyten von einer Knorpelkapsel (Kollagen Typ VI) und einem nach außen angrenzenden Knorpelhof, welcher als ein spezieller Bereich der extrazellulären Matrix angesehen wird. Zusammen mit den Chondrozyten wird der Knorpelhof Territorium oder Chondron genannt. Alles außerhalb des Territoriums versteht man als die extraterritoriale Matrix. Abhängig von der Anzahl der Knorpelzellen und der Zusammensetzung der extrazellulären Matrix werden drei unterschiedliche Formen des Knorpels angetroffen (Abb. 2.22).

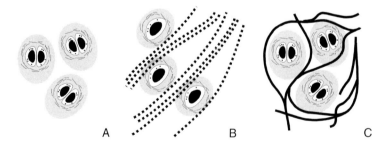

Abb. 2.22: Schematische Darstellung der Chondrone und extrazellulären Matrix in hyalinem Knorpel (A), Faserknorpel (B) und elastischem Knorpel (C).

Abb. 2.23: Histologische Darstellung von elastischem Knorpel mit zahlreichen Fasern.

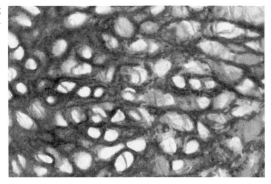

Der hyaline Knorpel ist ein an vielen Stellen des Körpers vorkommendes Gewebe, denn er bildet den Gelenkknorpel mit einer großen mechanischen Belastbarkeit. Weiterhin spielt der hyaline Knorpel bei der Skelettentstehung eine entscheidende Rolle, da der hyaline Knorpel fast die gesamte zukünftige Wachstumsmatrix für das knöcherne Skelett bildet und später dann durch Knochengewebe ersetzt wird. Aus diesem Vorgang geht der Ersatzknochen hervor.

Der elastische Knorpel ist ähnlich wie der hyaline Knorpel strukturiert. Zusätzlich aber bilden die Chondrozyten große Mengen an elastischen Fasern für die extrazelluläre Matrix, woraus seine Deformierbarkeit resultiert (Abb. 2.23). Elastischen Knorpel findet man z. B. im Bereich der flexiblen Ohrmuschel und der Epiglottis im Kehlkopf.

In der extrazellulären Matrix des Faserknorpels dominieren Kollagen Typ I Fasern. Daraus ergeben sich seine besonderen druck- und zugfesten Eigenschaften (Abb. 2.24). In den Knorpelhöhlen werden bei diesem Gewebe nur einzelne Chondrozyten gefunden. Faserknorpel befindet sich in der Schambeinfuge und im Anulus fibrosus der Bandscheiben. Hier umgibt er den gallertigen Nucleus pulposus mit seinen speziellen Anforderungen.

Neben den verschiedenen Knorpelarten ist das Knochengewebe das mechanisch stabilisierende Element des Bewegungsapparates. Zusätzlich beherbergt es die Zellen des blutbildenden Knochenmarks. Außerdem dient es als Kalzium- und Phosphatspeicher.

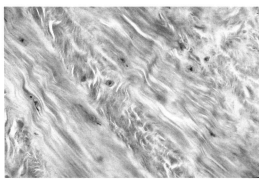

Abb. 2.24: Histologische Darstellung von Faserknorpeln. Zu erkennen ist, dass nur einzelne Chondrozyten in den Knorpelhöhlen vorkommen. Typisch ist außerdem, dass die interterritorialen Räume mit parallel verlaufenden Fasern ausgefüllt sind.

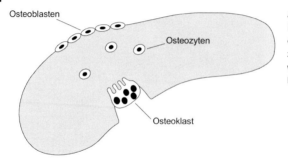

Osteoblasten

Osteozyten

Osteoklast

Abb. 2.25: Schematische Darstellung eines Knochenbälkchens, welches von Osteoblasten und Osteozyten aufgebaut wird. Osteoklasten wirken antagonistisch und bauen Hartsubstanz wieder ab.

Während der Knochenentstehung werden Knochenbälkchen von Osteoblasten gebildet (Abb. 2.25). Diese synthetisieren zuerst eine kollagenhaltige Matrix, die als Gerüst für die Mineralisierung benötigt wird. Bei diesem Vorgang mauern sich die Osteoblasten in die mineralisierte Matrix ein. Sie nehmen dabei eine rundliche Form ein und werden ab jetzt Osteozyten genannt. Häufig stehen sie mit Nachbarzellen über dünne zytoplasmatische Fortsätze in Verbindung.

Im Knochengewebe findet man einen weiteren Zelltyp, der die Knochenmatrix resorbiert. Diese Zellen werden Osteoklasten genannt (Abb. 2.26). Ihre resorbierende Tätigkeit wird durch das Nebenschilddrüsenhormon Parathormon gesteuert. Vorläuferzellen der Osteoklasten fusionieren, so dass Osteoklasten mit bis zu 60 Zellkernen entstehen. Sie säuern über eine Protonenpumpe die Knochenoberfläche an und lösen dadurch die Hydroxyapatitkristalle auf. Die gleiche Funktion können auch einkernige osteolytische Osteozyten übernehmen.

Bei der Bildung von Lamellenknochen werden die Osteozyten in Lakunen nachgewiesen (Abb. 2.27). Von den Lakunen gehen Kanalikuli ab, in die sich regelmäßig zahlreiche filigrane Osteozytenfortsätze erstrecken. Über Gap junctions können sie mit anderen Osteozyten Kontakt aufnehmen und miteinander kommunizieren bzw. Stoffwechselprodukte austauschen. Die zwischen den Osteozyten gelegene Matrix des Knochens enthält neben Proteoglykanen und Glykoproteinen viel Kollagen Typ I. Es wird vermutet, dass bestimmte Glykoproteine wie Osteocalcin und Sialoprotein die Mineralisierung an den Kollagen Typ I Fasern vermitteln. Die so ge-

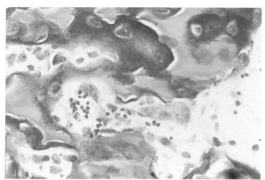

Abb. 2.26: Mikroskopische Ansicht eines Knochenbälkchens. Zu erkennen sind am Rand des Knochenbälkchens viele Osteoblasten. Innerhalb des Bälkchens sind eingemauerte Osteozyten zu sehen. Im Zentrum befindet sich ein mehrkerniger Osteoklast.

Abb. 2.27: Schematische Darstellung eines Osteons. Im Zentrum ist der Havers-Kanal zu sehen, konzentrisch sind 3 Lamellen angelegt. Zwischen den Lamellen sind die Osteozyten angesiedelt, die über filigrane Zellfortsätze miteinander kommunizieren.

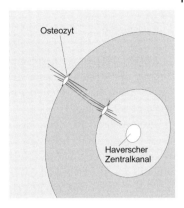

bildeten Hydroxyapatitkristalle bewirken die Härte des Knochens, während die Kollagen Typ I Fasern das Auffangen von Zugkräften bewirken, die bei mechanischer Beanspruchung auf den Knochen entstehen.

Der Knochen wird an seiner äußeren Oberfläche von einem speziellen Gewebe, dem Periost bedeckt. Die Markhöhle wird vom Endost ausgekleidet. Im ausgewachsenen Lamellenknochen dringen von außen Gefäße über die Volkmann-Kanäle ins Knocheninnere. Dort haben sie Verbindung mit senkrecht zu ihrer Verlaufsrichtung ziehenden Havers-Kanälen. Die in den Havers-Kanälen verlaufenden Gefäße bilden das Zentrum eines Osteons, welches als Baueinheit des Lamellenknochens dient (Abb. 2.28). Um die Havers-Kanäle sind konzentrisch mehrere mineralisierte Lamellen angeordnet. Zwischen den Lamellen befinden sich in Lakunen die Osteozyten, welche über Kanalikuli miteinander in Kontakt stehen. Die Räume zwischen den konzentrisch geformten Osteonen sind durch General- und Schaltlamellen ausgefüllt.

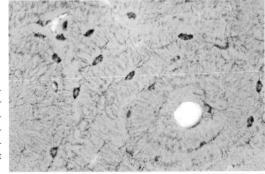

Abb. 2.28: Schliffpräparat eines Lamellenknochens. Zu erkennen ist der Havers-Kanal mit konzentrisch verlaufenden Lamellen. Dazwischen finden sich die dunkel erscheinenden Lakunen, die von Osteozyten besiedelt werden.

[Suchkriterien: Bone tissue morphology histology]

2.2.3
Muskelgewebe

In diesem Gewebe werden kontraktionsfähige Zellen vorgestellt, mit denen eine Bewegung und Spannungsentwicklung von skeletalen Elementen, im Herz oder in vielen Organen bzw. Gefäßen ermöglicht wird. Histologisch unterschieden werden glatte Muskelzellen, Herz- und Skelettmuskulatur.

Die zellulären Elemente des Muskelgewebes bewirken eine aktive Kontraktion. Diese Funktionen können nur in einer sehr engen Kooperation mit dem Bindegewebe geleistet werden. Es führt Nervenfasern und Gefäße an die Muskelzellen heran und umhüllt das Muskelgewebe. Weiterhin bildet das Bindegewebe in Form von Sehnen die Verbindung zwischen den einzelnen Muskeln und Knochen. Lichtmikroskopisch sind die verschiedenen Muskelgewebe anhand von drei Kriterien relativ einfach zu unterscheiden (Tab. 2.1):

Tab. 2.1: Differentialdiagnostische Kriterien für die lichtmikroskopische Unterscheidung von Skelettmuskulatur, Herzmuskulatur und glatter Muskulatur.

	Querstreifung	Zellkernlage	Kapillarisierung
Skelettmuskulatur	ja	Peripher	vorhanden
Herzmuskulatur	ja	Zentral	auffallend stark
Glatte Muskulatur	nein	Zentral	vorhanden

[Suchkriterien: Muscle tissue histology morphology]

2.2.3.1 Zielbewegungen
Die Skelettmuskulatur gehört zur Willkürmuskulatur und kann somit bewusst gesteuert werden. Skelettmuskulatur enthält riesige Muskelzellen, die bis zu 10 cm lang und 0,1 mm dick werden können und zahlreiche Zellkerne aufweisen (Abb. 2.29). Auf-

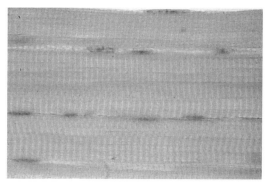

Abb. 2.29: Mikroskopische Darstellung von Skelettmuskulatur. Die im Längsschnitt gezeigten Muskelfasern dienen der Kontraktion und sind in diesem Fall u.a. an ihrer Querstreifung erkennbar. Um die Kontraktion nicht zu beeinträchtigen, liegen die Kerne vom Kontraktionsapparat verdrängt in der Peripherie der Muskelfaser.

grund dieser Länge werden sie als Muskelfasern bezeichnet. Skelettmuskulatur ist lichtmikroskopisch einfach zu identifizieren. Im Längsschnitt ist eine Querstreifung zu erkennen, die durch die geordnete intrazelluläre Strukturierung des kontraktilen Apparates aufgrund isotroper und anisotroper Bereiche entsteht. Man spricht deshalb auch von der Querstreifung der Skelettmuskulatur.

Hauptsächlicher Anteil der Muskelfaser sind die Myofibrillen. Dadurch ist das Zytoplasma, welches in Muskelzellen als Sarkoplasma bezeichnet wird, lichtmikroskopisch kaum zu erkennen. Zwischen den Myofibrillen finden sich neben vielen Mitochondrien sogenannte T-Tubuli. Dabei handelt es sich um Einsenkungen der Plasmamembran ins Sarkoplasma, welche mit dem Ca^{++} speichernden und die Myofibrillen umgebenden sarkoplasmatischen Retikulum in Kontakt stehen. Das sarkoplasmatische Retikulum ist ein verzweigtes Netzwerk, welches aus Zisternen des endoplasmatischen Retikulums entsteht.

In den längs orientierten Muskelfasern befinden sich Myofibrillen. Die Myofibrillen wiederum enthalten durch Z-Linien begrenzte Sarkomere, welche wiederum parallel ausgerichtete Aktin- und Myosinfilamente enthalten. Diese können sich ineinander verschieben. Durch eine zunehmende Überlappung der kontraktilen Aktin- und Myosinfilamente verkürzen sich die in einer Myofibrille hintereinander gereihten Sarkomere. Eine sichtbare Muskelkontraktion ergibt sich somit aus der Summation aller in einem Muskel befindlichen Myofibrillen.

Bei der Steuerung der Muskelkontraktion wird über die synaptische Verbindung der Muskelfaser mit einer Nervenzelle eine Membrandepolarisation ausgelöst, die über die T-Tubuli in das Innere der Muskelfaser weitergeleitet wird (Abb. 2.30).

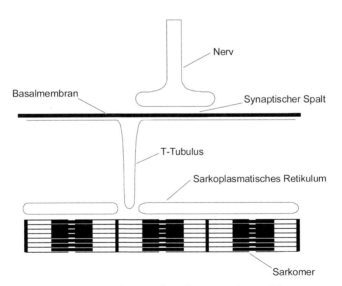

Abb. 2.30: Schematische Darstellung der motorischen Endplatte an einer Skelettmuskelfaser. Der Nervenimpuls zur Kontraktion gelangt über den synaptischen Spalt und das T-Tubulussystem zum Sarkomer. Dort findet nach der Impulsübertragung die Kontraktion statt.

Abb. 2.31: Mikroskopische Ansicht von Axonen, die eine motorische Endplatte und damit Synapsen auf der Oberfläche von Muskelfasern bilden.

Der funktionelle Kontakt der T-Tubuli mit dem die Myofibrillen umgebenden sarkoplasmatischen Retikulum führt bei einer Membrandepolarisation zu einer Ca^{++}-Freisetzung. Die Ca^{++}-Freisetzung wiederum bewirkt eine Querbrückenbildung von Myosin und Aktin mit einer Positionsänderung des Myosinköpfchens gegenüber einem Aktinmolekül, wodurch eine Verschiebung zwischen Aktin und Myosin und damit eine Kontraktion erfolgt. Die Dissoziation von Aktin und Myosin erfolgt nur in Anwesenheit von ATP.

Die synaptische Verbindung von Nervenfaser und quergestreifter Muskelfaser wird motorische Endplatte genannt (Abb. 2.31). Unter einer motorischen Einheit versteht man alle vom gleichen Motoneuron gesteuerten Muskelfasern. Motorische Einheiten mit einer hohen Anzahl von versorgten Muskelfasern führen zur Massenbewegung. Kleine motorische Einheiten sind dagegen z. B. im Bereich der äußeren Augenmuskulatur anzutreffen, wodurch feinste Bewegungsabstufungen möglich sind.

Jede Muskelfaser wird von retikulären Bindegewebefasern umsponnen, welche mit der Basalmembran der Muskelfaser verankert sind. Dieser bindegewebige Verbund um eine Muskelfaser wird als Endomysium beschrieben. Weiterhin führt das Endomysium Gefäße und Nervenfasern an die Muskelzellen heran. Das Perimysium dagegen fasst mehrere Muskelfasern zu einem Muskelfaserbündel zusammen. Das Epimysium liegt dem gesamten Muskel auf und ist durch einen Verschiebespalt von der derben Muskelfaszie getrennt.

Im Muskel-Sehnen-Übergang finden sich multiple Einfaltungen der Muskelfaserplasmamembran, in die zahlreiche Kollagenfibrillen eindringen und eine besonders starke Verbindung zwischen Muskelgewebe und Sehne bewirken. Die Sehne überträgt die Muskelkontraktion auf den Knochen.

[Suchkriterien: Skeletal muscle tissue histology morphology myofibrils striated]

2.2.3.2 Rhythmische Kontraktion
Die Herzmuskulatur weist aufgrund der zentralen Stellung des Herzens im Blutkreislauf einige Besonderheiten auf. Dadurch ist sie differentialdiagnostisch besonders einfach einzuordnen. Ebenso wie die Skelettmuskulatur zeigt sie im Längsschnitt eine Querstreifung (Abb. 2.32). Die Querstreifung kommt auch hier dadurch

Abb. 2.32: Histologische Darstellung der Herzmuskulatur. Typisch sind die verzweigten Zellen, der zentral liegende Zellkern und die Glanzstreifen als Verbindungselemente.

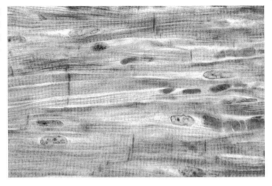

zustande, dass die Z-Streifen zwischen den Sarkomeren verschiedener Myofibrillen auf einer Höhe liegen.

Ein wesentlicher Unterschied zur Skelettmuskulatur besteht jedoch darin, dass die Herzmuskelzellen einen einzigen zentral gelegenen Zellkern aufweisen. Dieser ist von einem myofibrillenfreien, schmalen Raum umgeben, in dem Organellen und Granula Platz finden. Auffallend im morphologischen Bild ist die massive Kapillarisierung zwischen den Herzmuskelzellen, wodurch erst eine permanente Pumpleistung ermöglicht wird. Weiterhin findet man zwischen den Herzmuskelzellen wenige Fibrozyten und gelegentlich kollagene Fasern.

Nervenfasern fehlen fast gänzlich im Herzmuskelgewebe. Dafür verfügt das Herz über ein spezielles Erregungsleitungssystem und Erregungszentrum. Diese speziellen Herzmuskelzellen sind sarkoplasmareicher und fibrillenärmer im Gegensatz zu den Myozyten der Arbeitsmuskulatur. Weiterhin zeigen sie einen deutlichen Glykogenreichtum. Diese Zellen sind in der Lage, spontane und rhythmische Erregungen zu bilden. Die gebildeten Erregungen breiten sich dann über die Herzmuskulatur während der Systole von der Herzspitze auf die restliche Kammermuskulatur aus. Die fortschreitende Erregungsausbreitung wird durch spezielle Zell-Zellverbindungen in Form von Gap junctions zwischen den einzelnen Myozyten erreicht (Abb. 2.33). Zusammen mit den Zonulae adhaerentes und Desmosomen, die beide der mechanischen Verbindung dienen, sind sie lichtmikroskopisch als Glanzstreifen zu erkennen.

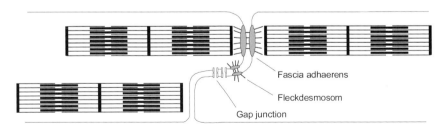

Abb. 2.33: Schematische Darstellung der Kontaktzone zwischen zwei Kardiomyozyten. Zur mechanischen und funktionellen Kopplung sind die Fascia adhaerens, ein Fleckdesmosom und eine Gap junction dargestellt.

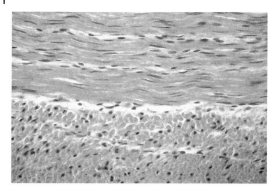

Abb. 2.34: Mikroskopische Darstellung von glatter Muskulatur, die längs und quer geschnitten ist.

[Suchkriterien: Heart muscle tissue histology morphology myocard]

2.2.3.3 Unwillkürliche Kontraktion

Glatte Muskulatur findet man in vielen inneren Organen und Gefäßen (Abb. 2.34). In der Gallenblase oder in der Harnblase z. B. bewirken sie die Entleerung. Im Darm sind sie für die Pendelbewegungen bzw. den Weitertransport von aufgenommener Nahrung verantwortlich. In den Gefäßen regulieren sie die Weite des Gefäßlumens und damit die Organ- bzw. Gewebedurchblutung.

Die glatte Muskulatur kann nicht willentlich gesteuert werden. Die Steuerung übernimmt ebenso wie beim Herzen und im Gegensatz zur Skelettmuskulatur das vegetative Nervensystem durch sympathische und parasympathische Nervengeflechte. Die verlaufenden Nervenfasern bilden lokale Auftreibungen (Varikositäten) an glatten Muskelzellen. Über die Ausbildung von Gap junctions zwischen den glatten Muskelzellen ergibt sich eine elektrische Kopplung, wodurch peristaltische Kontraktionswellen in den Organ- bzw. Gefäßwänden entstehen.

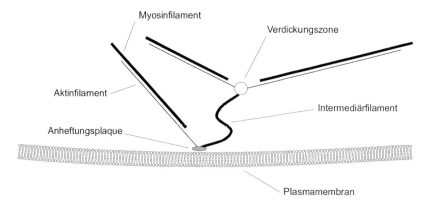

Abb. 2.35: Schematische Darstellung von kontraktilen Elementen in einer Zelle der glatten Muskulatur. Zu sehen sind diffus verteilte Aktin- und Myosinfilamente, die über Intermediärfilamente an der Plasmamembran verankert sind.

Neben kontraktilen Filamenten in Form von Aktin und Myosin findet man Intermediärfilamente in den Zellen (Abb. 2.35). Aktin und Myosinfilamente sind verantwortlich für die eigentliche Kontraktion der glatten Muskelzelle. Allerdings bilden sie nicht dicht hintereinander folgende Struktureinheiten wie die Sarkomere der Skelettmuskulatur. Vielmehr sind die Aktinfilamente ungeordnet über Quervernetzungszonen miteinander und mit Intermediärfilamenten innerhalb der Zelle verbunden. Darüber hinaus besteht eine Verbindung der Aktin- und Intermediärfilamente mit der Zellmembran. Der glatten Muskelzelle fehlt daher eine Querstreifung.

Glatte Muskelzellen werden bis zu 800 µm lang und sind zumeist eine spindelförmige Gestalt. Ihre relativ kleinen Kerne liegen mittelständig in der Zelle und haben im entspannten Zustand eine Zigarrenform. In kontrahierter Form weisen sie dagegen eine typische korkenzieherartige Gestalt auf, da der Zellkern durch die Kontraktion eingeschnürt wird. Glatte Muskelzellen besitzen keine eigenen extrazellulären Hüllen. Vielmehr sind sie immer in einem Gewebe oder Organ strukturell und somit funktionell integriert.

[Suchkriterien: Smooth muscle tissue histology morphology contraction]

2.2.4
Nervengewebe

Das Nervengewebe entsteht aus dem Neuroektoderm und ist somit ein speziell ausgebildetes Epithelgewebe, welches aus Nervenzellen (Neurone) und Neuroglia (spezielle neuronale Bindegewebezellen) besteht und einen Austausch vielfältiger Informationen innerhalb eines Organismus und zwischen verschiedenen Geweben ermöglicht. Dabei bilden die Neurone über eine Vielzahl an Zellausläufern (Dendriten und Axone) ein Informations- und Schaltnetz aus (Abb. 2.36). Unterschieden wird zwischen einem zentralen und einem peripheren Nervensystem. In besonderen Bereichen des zentralen Nervensystems wie im Hypothalamus und der Hypophyse werden lebensnotwendige Hormone gebildet.

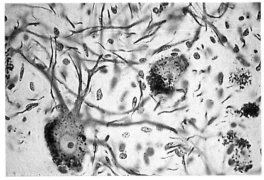

Abb. 2.36: Mikroskopische Darstellung der Kleinhirnrinde. Nervengewebe ist in den einzelnen Bereichen des zentralen und peripheren Nervensystems ganz unterschiedlich aufgebaut. Zentrale Schaltelemente sind dabei die Neurone. Dargestellt ist eine multipolare Nervenzelle mit zahlreichen Dendriten und einem Axon.

[Suchkriterien: Neural tissue histology morphology neurons glia]

2.2.4.1 Informationsvermittlung

Verständlicherweise können im vorliegenden Text nicht alle Besonderheiten des zentralen und peripheren Nervensystems ausführlich beschrieben werden. Dazu muss auf die umfangreiche Literatur der Mikroskopischen Anatomie verwiesen werden. Das periphere Nervengewebe dient primär der Informationsübertragung im menschlichen Körper (Abb. 2.37). Es generiert oder nimmt Erregungen auf, die an andere Nervenzellen oder Effektorzellen bzw. -gewebe weitergeleitet werden. Um Informationen zu übertragen, weisen Nervenzellen besondere Zellausläufer auf. Damit sind die Zellen funktionell polarisiert. An einer Zellseite bilden sie Zellausläufer in Form von Dendriten aus, die der Erregungsaufnahme dienen. Die aufgenommene Erregung wird durch eine fortlaufende Membrandepolarisation auf das Axon weitergeleitet, welches in manchen Nervenzellen bis zu 1 m lang ist. An seinem Ende steht das Axon über eine Synapse mit anderen Zellen in Verbindung und leitet so die Erregung weiter. Zellausläufer anderer Nervenzellen können an Dendriten enden, hier z. B. in Form von axo-dendritischen Synapsen. Dadurch bilden sich Kommunikationsnetze.

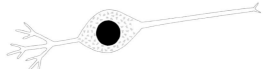

Abb. 2.37: Schematische Darstellung einer multipolaren Nervenzelle mit mehreren Dendriten, dem Perikaryon und einem Axon.

Der Nervenzellkörper (Perikaryon) beinhaltet den Zellkern und den Syntheseapparat, der Neurotransmitter für eine Reizübertragung bildet (Abb. 2.38). Strukturell ist das Zytoplasma der dendritischen Fortsätze ähnlich dem des Perikaryons. Das Axon dagegen besitzt keine Anteile dieses Syntheseapparates. Erkennbar ist dies schon lichtmikroskopisch im Bereich des Kegels, in dem das Axon seinen Ursprung hat. Hier fehlen die in einer Nissl-Färbung zur Darstellung kommenden Nissl-Schollen. Dabei handelt es sich um lichtmikroskopisch sichtbare Anteile des endoplasmatischen Retikulums sowie freie Ribosomen. Der fehlende Syntheseapparat im Axon

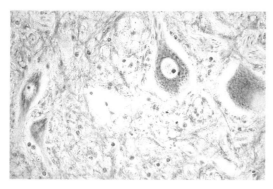

Abb. 2.38: Histologische Darstellung in der Vorderwurzel der grauen Substanz des Rückenmarks. Dargestellt sind mehrere Perikaryen von α-Motoneuronen. Dazwischen verlaufen zahllose Nervenfaserverbindungen.

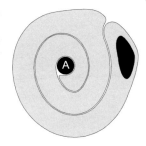

Abb. 2.39: Schematische Darstellung eines Axons (A) mit einer Myelinscheide, die von einer Schwann-Zelle gebildet wird.

geht einher mit der Ausbildung von besonderen Transportstrukturen. Die im Perikaryon gebildeten Moleküle und Vesikel werden durch das Motorprotein Kinesin an Mikrotubuli entlang transportiert. Die mit Transmittern gefüllten Vesikel werden dann an der Synapse entleert. Die entleerten Vesikel wiederum werden retrograd zum Perikaryon durch das Motorprotein Dynein zurücktransportiert.

Nervenzellen (Neurone) können ganz unterschiedliche Formen aufweisen. Die am häufigsten anzutreffende Nervenzelle ist die multipolare Nervenzelle. Sie besitzt mehrere Fortsätze, wobei immer nur einer dieser Fortsätze als Axon ausgebildet ist. Die anderen Zellausläufer sind entsprechend als Dendriten ausgebildet. Bipolare Nervenzellen dagegen haben nur einen Dendriten und ein Axon.

Das Nervengewebe besteht nicht allein aus einem Neuronengeflecht, sondern auch aus der Makro- und Mikroglia. Der Makroglia werden die Astrozyten, der Mikroglia die Oligodendrozyten und Mikrogliazyten zugeteilt.

Astrozyten im zentralen Nervensystem sind sternförmige Zellen mit multiplen Zellausläufern. Sie umfassen im Zentralnervensystem Blutgefäße, sind somit Bestandteil der Blut-Hirn-Schranke und kontrollieren dadurch die Zusammensetzung des extrazellulären Milieus des Nervengewebes. Astrozyten können zudem sehr lange Zellfortsätze bilden und Verbindungen zwischen Pyramidalzellen in der Großhirnrinde und den Gefäßen aufbauen.

Die Oligodendrozyten ersetzen teilweise im Nervensystem die extrazelluläre Matrix, indem sie die Perikaryen und Fortsätze der Nervenzellen umfassen und so die Markscheiden bilden. Mikrogliazellen sind relativ kleine Zellen mit einem länglichen Zellkern. Sie können besonders gut phagozytieren und spielen somit eine wesentliche Rolle bei Reparatur- bzw. Plastizitätsvorgängen im Zentralnervensystem.

Myelinscheiden bildende Gliazellen sind im peripheren Nervensystem die Schwann-Zellen, während im zentralen Nervensystem die Oligodendrozyten diese Funktion übernehmen. Beide Zelltypen bilden Myelin um die Axone herum aus. Daraus resultiert eine elektrische Isolierung des Axons. Ein Axon zusammen mit der Myelinscheide wird Nervenfaser genannt. Während der Myelinisierung wickeln sich die Markscheiden bildenden Schwann-Zellen mehrmals um das Axon und bedecken es auf einer Länge von ca. 1–2 mm (Abb. 2.39). Dazwischen gibt es myelinscheidenfreie Abschnitte, die als Ranvier-Schnürringe bezeichnet werden (Abb. 2.40). Die Erregungsausbreitung springt von einem Ranvier-Schnürring zum nächsten. Eine Myelinisierung dient der deutlichen Erhöhung der Fortleitungsgeschwindigkeit des Nervenimpulses. Dieser Vorgang wird saltatorische Erregungsausbreitung ge-

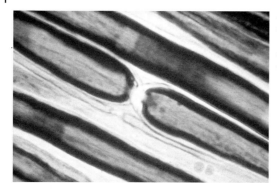

Abb. 2.40: Histologische Darstellung eines Ranvier-Schnürrings nach Osmiumkontrastierung, der zwischen den Myelinscheiden zweier benachbarter Schwann-Zellen liegt.

nannt. Schwann-Zellen umhüllen immer nur ein Axon, Oligodendrozyten dagegen können mehrere Axone umscheiden. Allerdings sind sowohl im peripheren als auch im zentralem Nervensystem nicht alle Axone myelinisiert. Darüber hinaus sind Axone in unterschiedlich starkem Maße myelinisiert.

Ependymzellen sind epitheliale Gliazellen. Sie kleiden Hohlräume des Zentralnervensystems aus und tragen Kinozilien an ihrer Oberfläche, wodurch der Liquor bewegt wird.

[Suchkriterien: Peripheral neural tissue histology morphology axon]

2.2.4.2 Netzwerke, Verschaltung, Logik

Im Zentralnervensystem wird außerdem zwischen der weißen und grauen Substanz unterschieden. In der weißen Substanz befinden sich die Fortsätze von Neuronen und Gliazellen. In der grauen Substanz liegen die Perikaryen der Neurone sowie Gliagewebe. Diese Strukturierung ist besonders gut am Klein- und Großhirn zu erkennen. Dabei besteht die außen liegende Rinde beider Hirnanteile aus grauer Substanz, während man im innen gelegenen Mark nur die Nervenfasern der weißen Substanz findet. Diese Verteilung ist auch im Rückenmark zu beobachten. Allerdings liegt hier die graue Substanz mit den Perikaryen im Zentrum und die weiße Substanz umgibt die graue Substanz. Im Vorderhorn der grauen Substanz findet man zahlreiche multipolare Nervenzellen, die ihrer Funktion nach als Motoneurone beschrieben werden und für die Innervation der Skelettmuskulatur des Rumpfes zuständig sind.

Einzelne Axone verlassen das Rückenmark über die Vorderwurzel und lagern sich dann zu einem peripheren Nerven zusammen. An einem histologischen Querschnitt eines peripheren Nervs erkennt man die vielen Axone, nie aber Zellkörper von Neuronen. Die sichtbaren Zellkerne gehören zu den Schwann-Zellen. Ein peripherer Nerv enthält nicht nur in die Peripherie abgehende motorische, sondern auch sensible Fasern. Sie leiten Reize aus der gesamten Körperperipherie zum Rückenmark. Die Perikaryen der sensiblen Fasern liegen in den Spinalganglien, wo sie von speziellen Satellitenzellen umgeben sind (Abb. 2.41). Die dort gelegenen Zellkörper gehören zu den pseudounipolaren Nervenzellen, da vom Perikaryon nur ein Zellfortsatz abgeht, der sich dann T-förmig teilt. Die zum Rückenmark ziehenden Fasern treten über die

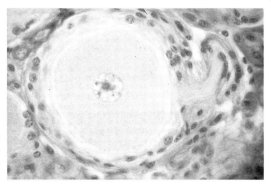

Abb. 2.41: Histologische Darstellung einer pseudounipolaren Nervenzelle im Spinalganglion, die von zahlreichen Mantelzellen umgeben ist.

Hinterwurzel ins Rückenmark ein, werden dort umgeschaltet oder ziehen in den Hirnstamm. Periphere Nerven beinhalten zusätzlich Bindegewebe. Das Endoneurium umfasst einzelne Nervenfasern, während das Perineurium mehrere Nervenfasern als Bündel umgibt. Das Epineurium umfasst als straffes Bindegewebe den kompletten Nerv.

Als wichtiges Integrationsorgan soll noch kurz die Kleinhirnrinde vorgestellt werden (Abb. 2.42). Alle Informationen, die der Koordination, Feinabstimmung der Motorik sowie der Regulation des Muskeltonus dienen, erreichen letztendlich die Purkinje-Zellen im Stratum ganglionare. In der unmittelbaren Nachbarschaft zu den dunkel gefärbten Purkinje-Zellen befinden sich noch Golgi-Zellen und Körnerzellen im Stratum granulosum. Im Stratum moleculare sind Sternzellen und Korbzellen nachweisbar. In einem komplexen Regelkreis aller dieser Zellen wird die Erregungsgröße der nachgeschalteten Kleinhirnkerne festgelegt.

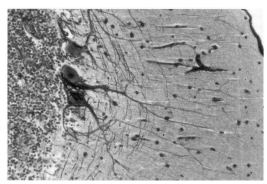

Abb. 2.42: Histologische Darstellung der Kleinhirnrinde mit dem Stratum moleculare (links), dem Stratum ganglionare mit den dunkel gefärbten Purkinje-Zellen sowie dem Stratum granulosum.

[Suchkriterien: Central nervous system neural tissue histology morphology]

2.3
Relevanz der extrazelluläre Matrix (ECM)

2.3.1
Bestandteile der ECM

Die extrazelluläre Matrix wird auch Interzellularsubstanz genannt. Sie besteht zum großen Teil aus fibrillären Proteinen, die Faserstrukturen bilden. Dazu gehören ganz unterschiedlich aufgebaute kollagene, reticuläre und elastische Fasern. Histologisch gesehen enthält die Interzellularsubstanz noch eine lichtmikroskopisch homogene Masse, die Grundsubstanz. Diese wird hauptsächlich von den Bindegewebezellen gebildet. Je nach ihrer biochemischen Zusammensetzung ist sie mehr sol- oder mehr gelartig und stark hydratisiert. Die größtenteils wasserlöslichen Bestandteile werden bei der histologischen Aufarbeitung extrahiert und sind deshalb meist nicht sichtbar. Die Grundsubstanz ist von größter Bedeutung für den selektiven Stoffaustausch zwischen den Zellen und dem Blut. In ihr findet der Transport von Nährstoffen und Abbauprodukten statt. Durch die Verschiebung des Sol-Gelzustandes und die Veränderung der Hydratation wird eine regulierende Wirkung auf den Transport von Substanzen ausgeübt.

2.3.1.1   **Funktionen der ECM**
Vermittelt werden sollte bisher, dass in den verschiedenen Geweben zwischen den Zellen mehr oder weniger enge räumliche Beziehungen bestehen und dass in den jeweiligen Interzellularräumen verschiedene Arten und Mengen an extrazellulärer Matrix und interstitieller Flüssigkeit vorgefunden werden. Zudem ist die Geometrie der Interzellularräume ganz unterschiedlich gestaltet und erfüllt damit spezifische Aufgaben. Bei den Epithelien z. B. finden sich an den lateralen Zellgrenzen sehr enge, mit Flüssigkeit gefüllte Räume, während bei den Binde- und Stützgeweben große Mengen an mechanisch belastbarer Interzellularsubstanz eingebaut sind. Da häufig relativ dicke Gewebeschichten bestehend aus mehreren Zelllagen versorgt werden müssen, stellen die Interzellularräume wichtige Transportwege für die Ernährung und den Abtransport von Stoffwechselmetaboliten der Zellen dar. Epithelien und Knorpel enthalten keine eigenen Blutgefäße, während alle anderen Gewebe eine reiche Vaskularisierung aufweisen.

   Viele Jahre wurde geglaubt, dass die perizelluläre bzw. extrazelluläre Matrix (ECM) nur ein strukturelles Gerüst für Zellen und Gewebe darstellt. In den letzten Jahren zeigte sich jedoch, dass zwischen der ECM und den einzelnen Gewebezellen, speziell dem Zytoskelett und dem Kern mit seiner genetischen Information eine enge struktrell-funktionelle Beziehung besteht. Dabei hat die ECM Kontakt mit Zelloberflächenrezeptoren, welche Signale von außen über die Zellmembran ins Zytoplasma vermitteln. Dies wiederum löst eine Signalkaskade aus, die im Zellinnern Regulationssysteme stimuliert oder hemmt und so Einfluss auf die Genexpression im Zellkern nimmt. Einerseits können dadurch Zelleigenschaften, andererseits aber auch die extrazelluläre Matrix selbst verändert werden. Dies geschieht durch die vermehrte

Synthese oder den Abbau der ECM. Der interaktiv ablaufende Vorgang wird als Dynamic reciprocity bezeichnet. Über diesen zellbiologischen Mechanismus können die Adhäsion, Migration, Zellteilung, Differenzierung und Dedifferenzierung sowie die Apoptose in den Geweben gesteuert werden.

Die ECM besteht aus strukturellen Komponenten wie den unterschiedlichen Kollagenen, Glykoproteinen, Hyaluronsäure, Glykosaminoglykanen sowie Retikulin und Elastin. Zusätzlich werden in die Matrix Wachstumsfaktoren, Cytokine, matrixabbauende Enzyme und deren Inhibitoren eingelagert. Eine Reihe von Wachstumsfaktoren und Zytokinen interagieren mit der ECM, wodurch eine Vielzahl von Zellfunktionen und dadurch bedingt die ECM-Produktion bzw. deren Abbau beeinflusst wird. Transforming growth factor β (TGFβ) z. B. kann die Bildung von ECM-Bestandteilen stimulieren und wirkt gleichzeitig hemmend auf Enzyme wie Metalloproteinasen, die deren Abbau bewirken. Zudem ist die ECM strukturell nicht einheitlich aufgebaut, sondern zeigt in jedem Gewebe spezielle Eigenschaften. Bindegewebezellen sind innerhalb einer Vielzahl dreidimensionaler Matrices mit besonderen mechanischen Eigenschaften angesiedelt, während Epithelzellen auf flächenhaften Basalmembranen mit spezifischen physiologischen Funktionen verankert sind.

Zellen müssen an die einzelnen Bestandteile der ECM binden. Dazu werden spezielle Ankerplätze für Zellrezeptoren benötigt. ECM-Moleküle enthalten deshalb besondere Motive in ihrer Aminosäuresequenz, die den Rezeptoren das Andocken nur an diesen Stellen ermöglichen. Das am besten untersuchte Motiv ist das Tripeptid RGD. Diese Sequenz an Aminosäuren fördert z. B. in Fibronektin das Anhaften von Zellen. Dasselbe Motiv wird in Laminin, Entaktin, Thrombin, Tenascin, Fibrinogen, Vitronektin, Kollagen Typ I und VI, Bone sialoprotein und Osteopontin gefunden.

Zellvermehrung und die nachfolgende Differenzierung geschehen im Gewebe in einem dreidimensionalen Raum. Voraussetzung für diese Vorgänge ist die ECM mit ihrer strukturierten Umgebung, in der die Zellen intensiv untereinander und mit der Matrix interagieren können. Aufgebaut ist die ECM aus verschiedenen Arten fibrillärer Makromoleküle, zu denen die Kollagene, Elastin, Fibrillin, Fibronektin und die Proteoglykane gehören. Diese Proteinmoleküle wiederum sind untereinander verflochten. Hinzu kommen Bindungen mit Hyaluronsäure und Proteoglykanen. Im Maschenwerk werden weiterhin Elektrolyte und Wasser eingelagert. Je nach Gewebetyp variiert die Zusammensetzung der ECM. Dadurch können Zug- und Druckfestigkeit, sowie elastische Deformierungen den jeweiligen Beanspruchungen im Gewebe angepasst werden. Bestandteile der ECM werden zuerst in einer sehr provisorischen Form aufgebaut. Diese Bestandteile werden dann durch Proteasen wieder aufgelöst, um darin neue Bestandteile einzubauen. Erst durch solche permanent ablaufenden Schritte entsteht schliesslich eine ECM, wie sie in den gereiften und damit erwachsenen Geweben vorgefunden wird. Mit dem Alter ändert sich auch die Zusammensetzung der ECM kontinuierlich. Anzeichen dafür ist die Faltenbildung. Aus einem straffen Bindegewebe der Subcutis in der Jugend können sich tiefe Falten prinzipiell am ganzen Körper, besonders aber im Gesichtsbereich, an der weiblichen Brust und am Gesäß entwickeln.

Die Wechselwirkung zwischen Zelle und ECM spielt eine entscheidende Wirkung bei der Gewebeentwicklung und Wundheilung. Nur über eine ständige Verständigung zwischen den einzelnen Zellen und Geweben mit dem umgebenden extrazellulären Milieu können morphogenetische Felder aufgebaut, Organ- bzw. Gewebeanlagen entwickelt und aufrecht erhalten werden. Analog zur Embryogenese müssen bei der Wundheilung Primärverschluss durch Blutkoagulation, Entzündungsreaktionen, Entwicklung des Granulationsgewebe und die dreidimensionale Wiederherstellung koordiniert werden. Bei diesen Entwicklungsvorgängen müssen Vorgänge zur Adhäsion von Zellen, Deadhäsion, Migration, Proliferation, Differenzierung und Apoptose sowie auch Matrixauf- und abbau interaktiv gesteuert sein.

[Suchkriterien: Extracellular matrix fibers function]

2.3.1.2 Synthese der Kollagene

Die Bildung der extrazellulären Matrix geschieht zuerst innerhalb der Zelle und findet ihren Abschluss im extrazellulären Raum. Dies lässt sich besonders gut am Beispiel der Kollagensynthese von Fibroblasten zeigen (Abb. 2.43).

An den Polyribosomen des rauen endoplasmatischen Retikulums (rER) werden Pro-α-Polypetide gebildet, die eine Signalsequenz enthalten und reich an den Aminosäuren Prolin und Lysin sind. Diese Polypetide werden dann in die Zisternen des rER aufgenommen, wo die Abspaltung der Signalsequenz stattfindet. Durch die Enzyme

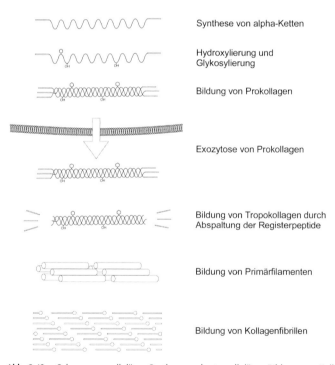

Synthese von alpha-Ketten

Hydroxylierung und Glykosylierung

Bildung von Prokollagen

Exozytose von Prokollagen

Bildung von Tropokollagen durch Abspaltung der Registerpeptide

Bildung von Primärfilamenten

Bildung von Kollagenfibrillen

Abb. 2.43: Schema zur zellulären Synthese und extrazellulären Bildung von Kollagenfibrillen.

Peptidyl-Prolin-Hydroxylase und Peptidyl-Lysin-Hydroxylase wird den Aminosäuren Prolin und Lysin eine Hydroxylgruppe angehängt. Danach findet eine weitere Modifikation statt, indem die Hydroxylgruppen glykosyliert werden, indem ein spezieller Zuckerrest angebaut wird. Speziell in der Basalmembran von Epithelien wird ein besonders hoher Grad an Glykosylierung festgestellt.

Die fibrillären Kollagene bestehen prinzipiell aus 3 Untereinheiten, den α-Ketten, die miteinander zu einer Tripelhelix verwunden sind. Kollagen Typ II und III sind aus gleichen α-Ketten (homotrimer) aufgebaut, während Kollagen Typ I, V und XI aus unterschiedlichen Ketten bestehen. Eine α-Kette ist aus etwa 1000 Aminosäuren aufgebaut. Im nächsten Schritt werden die α-Polypeptide verdrillt und lagern sich zu einer Tripelhelix zusammen.

Kollagene sind schwer lösliche Proteine. Deshalb werden den α-Ketten schon während der Synthese am endoplasmatischen Retikulum zusätzliche Aminosäuren am Ende angehängt, welche die Löslichkeit des Moleküls erhöhen und zugleich die Aggregation verhindern. Erst dadurch wird es der Zelle möglich, das synthetisierte Propeptid aus der Zelle auszuschleusen. Registerpeptide sorgen außerdem dafür, dass die drei Ketten die richtige Position erlangen und dass die fibrilläre Tripelhelix löslich bleibt. Über den Golgiapparat und Exozytosevesikel werden die neu synthetisierten Moleküle aus der Zelle ausgeschleust.

Nach der Sekretion des Moleküls werden die am Carboxylende hängenden Propeptidsequenzen durch eine Protease abgespalten, während das am N-terminalen Ende befestigte Propeptid erst im Bereich der Kollagenfibrillen abgespalten wird. Das jetzt entstandene Molekül wird Tropokollagen bezeichnet. Diese Moleküle sind durch die Abspaltung der Registerpeptide unlöslich geworden. Durch parallele Aggregation und kovalente Vernetzung entstehen nun Mikrofibrillen. Von Bedeutung sind dabei Aldehydgruppen, die durch enzymatische Desaminierung von Lysin und Hydroxylysin entstehen. Diese Quervernetzung ist für die spätere Zugfestigkeit der Fibrillen von entscheidender Bedeutung. Die schlechte funktionelle Heilung einer überdehnten Sehne ist hauptsächlich auf die instabile Quervernetzung dieser Fibrillen bei der Regeneration zurückzuführen. Kollagenfasern können sich spontan aus Zusammenlagerung von Typ I und Typ III Mikrofibrillen bilden, während bei anderen Kollagentypen bislang unbekannte Aggregationsmechanismen bestehen.

Die Kollagenfibrillen entstehen wiederum durch Zusammenlagerung von mehreren Tripelhelixmolekülen. Die Kollagenfibrillen sind heterotypisch aufgebaut und können aus mehr als einer Kollagenart bestehen. So enthalten Fibrillen von Kollagen Typ I auch Kollagen Typ V. Kollagen Typ II kommt zusammen mit Typ XI vor. Über dieses Mischungsverhältnis wird festgelegt, ob dünnere oder dickere Fibrillen angelegt werden. Die ECM muss schließlich ein Maximum an mechanischer Belastung bei einem Minimum an Baumaterial bieten. Dazu gehört, dass die ECM perfekt dreidimensional verknüpft wird. Ein Beispiel dafür ist der Verlauf der Faserbündel im Lamellenknochen und an der Grenzfläche zwischen Knochen und hyalinem Knorpel.

[Suchkriterien: Collagen synthesis fiber extracellular matrix formation]

2.3.1.3 Fibronektin

Die Verbindung zwischen Zellen und der extrazellulären Matrix stellt Fibronektin her. Es handelt sich um ein Glykoprotein, welches aus Dimeren mit einem Molekulargewicht von jeweils ca. 250 000 aufgebaut ist. Jede dieser Untereinheiten ist dreifach gefaltet und enthält Aminosäurerepeats, die als FN1, FN2 und FN3 bezeichnet werden. Mit der FN1/2-Region kann Fibronektin an Kollagenmoleküle binden, während die FN3-Region Kontakte mit den jeweiligen Zellen aufnimmt. Die Kontaktpunkte bestehen aus den Aminosäuresequenzen Arg-Gly-Asp und binden an Integrine. Eine besonders hohe Affinität zu Fibronektin hat das $\alpha5\beta1$-Integrin. Durch alternatives Splicing werden ganz unterschiedliche Arten von Fibronektin gebildet. Die Leber z. B. produziert Fibronektin, welches dann in gelöster Form als Serumkomponente zirkuliert. Aber auch in den einzelnen Geweben werden individuelle ortsständige Fibronektine gebildet.

[Suchkriterien: Fibronectin extracellular matrix function]

2.3.1.4 Laminin

Laminine sind große Moleküle mit einem Molekulargewicht zwischen 140 000 und 400 000, die hauptsächlich in der Basalmembran von Epithelien vorkommen. Sie bestehen jeweils aus einer α-, β- und γ-Kette. Durch die Zusammenlagerung der Ketten entstehen kreuz- und Y-förmige Moleküle. Die Laminine können einerseits an andere Komponenten der ECM binden und haben andererseits Bindungsstellen für Zellrezeptoren. Am kurzen Arm des Lamininmoleküls befinden sich mehrmals wiederholte Aminosäuresequenzen, wie sie auch im EGF (Epidermal growth factor) gefunden werden. Dazwischen liegen globuläre Domänen, die in Anwesenheit von Kalzium zur Vernetzung der Basalmembran beitragen. Auffällig ist die hohe Affinität von Nidogen zu den Lamininen. Die Bindungsstelle dafür sitzt an der $\gamma1$-Kette am Kreuzmittelpunkt des Moleküls. Eine andere globuläre Domäne des Lamininmoleküls bindet an Kollagen Typ IV und sorgt damit für eine weitere Vernetzung der Basalmembran. In den meisten Fällen bindet Laminin nur indirekt an Kollagen Typ IV. Als Brückenmoleküle werden neben Nidogen auch Heparin, Perlecan und Fibulin-1 nachgewiesen.

[Suchkriterien: Laminin extracellular matrix function]

2.3.1.5 Retikuläre und elastische Fasern

Gewebe und Organe mit einem hohen Gehalt an Retikulin und Elastin haben die Eigenschaft, dass sie nach einer vorübergehenden mechanischen Belastung wieder unbeschädigt in die Ausgangslage zurückkehren können, also im wahrsten Sinn elastisch deformierbar sind. Retikulin ist Bestandteil vieler lymphatischer Gewebe und parenchymatöser Organe wie der Leber. Elastin wird bevorzugt in herznahen Arterien, der Haut und in der Lunge vorgefunden. Elastische Fasern zeigen dabei eine circa fünffach größere Elastizität als Gummi. Auf der Oberfläche von Elastinfasern werden Mikrofibrillen gefunden, die aus Fibrillinen bestehen. Diese Moleküle enthalten interessanterweise Repeats der Aminosäuresequenz von EGF (Epidermal growth factor) und TGFβ (Transforming growth factor β).

[Suchkriterien: Reticular elastic fibers extracellular matrix function]

2.3.1.6 Kollagene der Basalmembran

An der Grenzfläche zwischen Epithelien und dem Bindegewebe ist die Basalmembran als spezielle Form der ECM ausgebildet. Mindestens sechs verschiedene Gene sorgen dafür, dass in der Basalmembran Kollagen Typ IV ein flächenhaft verzweigtes Netz aufbaut. Kollagen Typ IV ist dabei mit einer Reihe von nicht-kollagenen Proteinen verbunden. Dazu gehören die verschiedenen Isoformen von Laminin sowie Nidogen und Perlecan. An Stellen mit besonders großer mechanischer Stressbelastung werden die Kollagene Typ XVII und VII nachgewiesen. Beim Kollagen Typ XVII handelt es sich um ein Transmembran-Molekül, welches Zellen auf den Fibrillen der Basalmembran fixieren kann. Solche Anbindungspunkte findet man in den Hemidesmosomen. Die Kollagene Typ XV und XVIII gehören zu den Multiplexinen (multiple triple-helix domains and interruption). Diese werden z. B. in Gefäßen und dort speziell in der Basalmembran zwischen dem Endothel und der Intima gefunden. Wird Kollagen XVIII mit Proteasen gespalten, so werden dadurch heparinbindende Fragmente freigesetzt, die das Aussprossen neuer Gefäße verhindern. Eines dieser Fragmente ist Endostatin und liegt am carboxyterminalen Ende von Kollagen Typ XVIII. Wird dieses Peptid synthetisch hergestellt, so kann es die Vermehrung sowie Wanderung von Endothelzellen blockieren und damit das Wachstum von Tumoren zum Stillstand bringen.

[Suchkriterien: Basement membrane collagen extracellular matrix function]

2.3.1.7 FACIT Kollagene

Neben den klassischen Kollagenen mit einer reinen Tripelhelixstruktur gibt es Moleküle in der extrazellulären Matrix, die neben Tripelhelixstrukturen auch typische Proteindomänen enthalten. Dazu gehören die Kollagene Typ IX, XII, XIV und XIX. Kollagen Typ IX z. B. wird auf der Oberfläche von Kollagenfibrillen Typ II/XI gefunden. Der lange Teil des Molekülkörpers liegt parallel zum Fibrillenverlauf, während der kurze Teil in den perifibrillären Raum ragt. Man nimmt an, dass aufgrund seiner Lage das Kollagen Typ IX Molekül zum einen eine Verbindung zu benachbarten Fibrillen, zum anderen zu benachbarten anderen Molekülen der ECM aufnehmen kann. Auch beim Kollagen Typ IV ist bekannt, dass es einerseits an Heparinsulfat und andererseits an Decorin binden kann, das wiederum mit Kollagenfibrillen assoziiert ist.

[Suchkriterien: FACIT collagen extracellular matrix]

2.3.1.8 Proteoglykane

Proteoglykane haben ganz unterschiedliche Aufgaben. Aggrecan und Versican als hochmolekulare Vertreter überbrücken zusammen mit Hyaluronsäure im Knorpel weite Räume in der extrazellulären Matrix. Syndecan ist in der Plasmamembran lokalisiert und dient als Zellrezeptor. Perlecan wird nicht nur in der Basalmembran von Epithelien, sondern auch in der perizellulären Matrix von anderen Gewebezellen gefunden. In der Leber wird Perlecan von Endothelzellen der Sinusoide gebildet. Syndecan ist ein Transmembranprotein, welches auf der Zelloberfläche Wachstumsfaktoren, Proteaseinhibitoren, Enzyme und Komponenten der ECM binden kann.

Kleine Proteoglykane wie Decorin, Biglycan, Lumican und Fibromodulin interagieren mit Komponenten der ECM. Decorin z. B. bindet an Kollagenfibrillen und spielt damit eine wesentliche Rolle beim Zusammenbau der Kollagenfasern.

Hyaluronsäure wird in fast allen extrazellulären Matrices gefunden. Sie dient als Ligand für das Cartilage link protein, Aggrecan und Versican. Aber auch Zellrezeptoren wie CD44 können an Hyaluronsäure binden und damit die Zellproliferation bzw. Migration beeinflussen. Während der Gewebeentwicklung werden durch Hyaluronsäureeinlagerung zellfreie Räume geschaffen. Durch Hyaluronidase werden diese Räume wieder geöffnet, Zellen können einwandern und kondensieren, um Gewebestrukturen aufzubauen.

[Suchkriterien: Proteoglycan extracellular matrix]

2.3.2
Interaktionen zwischen Zelle und ECM

2.3.2.1 Adhäsion und ECM

Die Bedeutung der Interaktion zwischen Zellen und ECM kann eindrucksvoll bei der Gastrulation des Embryo, der Wanderung der Neuralleistenzellen, der Angiogenese und der Bildung von Epithelien beobachtet werden. Das extrazellulär vorkommende Fibronektin steht dabei in enger Interaktion mit frühembryonalen Zellen. Werden Antikörper gegen Fibronektin oder Peptide mit RGD Aminosäuremotiven während der Entwicklung in solche Zellen eingespritzt, so kommt es zu Fehlbildungen. Teils ist die Zellbewegung eingeschränkt, teils fehlt die bilaterale Symmetrie oder es kommt zu Missbildungen des Kreislaufsystems. Werden Integrinbindungsstellen mit entsprechenden Peptiden blockiert, so sind komplette Fehlbildungen im Gastrula- und Neurulastadium der Entwicklung zu beobachten.

Während der Angiogenese, also bei der Entwicklung von neuen Blutgefäßen aus bestehenden Strukturen sind einzelne Proteine der ECM von größter Wichtigkeit für die Wanderung der Endothelzellen. Die Zellen können eigenständig tubuläre Strukturen ausbilden, wenn sie in einer Matrix gezüchtet werden, die von Engelbreth – Holm – Swarm (EHS) Tumoren stammt. Diese extrazelluläre Matrix enthält Kollagen Typ IV, Proteoglykane und Entaktin. Die Ausbildung von tubulären Strukturen unterbleibt jedoch, wenn die Zellen in Gegenwart von Kollagen Typ I gehalten werden. Offensichtlich fördert Laminin die Ausbildung der Endotheltubuli. Werden Endothelzellen in Gegenwart der EHS-Matrix, aber gleichzeitig mit einem Antikörper gegen Laminin kultiviert, so unterbleibt die Tubulusformierung. Das Auswachsen von Endothelsträngen kann nicht nur mit dem intakten Molekül Laminin erreicht werden, sondern auch mit einem Peptid, welches die Aminosäuresequenz SIKVAV enthält, welche auch in der α-Kette von Laminin gefunden wird. In der β-Kette von

Laminin wird die Aminosäuresequenz CDPGYIGSR-NH$_2$ gefunden. Wird dieses Peptid unter Kulturbedingungen oder im Tierexperiment verwendet, so wird die Angiogenese blockiert. Obwohl die molekularen Abläufe dieser Reaktionen nicht im einzelnen bekannt sind, ist es dennoch überraschend, dass in Laminin sowohl fördernde als auch hemmende Aminosäuremotive für die Gewebeentwicklung vorhanden sind.

[Suchkriterien: Cell adhesion extracellular matrix interaction]

2.3.2.2 Proliferation und ECM

Anhand von Laminin kann gezeigt werden, wie ein Protein der ECM die Proliferation von Zellen beeinflussen kann. In dessen α-Kette werden zahlreiche EGF-Repeats gefunden. Dabei handelt es sich um wiederholt vorkommende Aminosäuresequenzen, wie sie bei dem Epithelial growth factor gefunden werden. Diese haben eine intensive Wirkung auf die Proliferation von zahlreichen Zelllinien. Ebenfalls kann die verstärkte Proliferation von Makrophagen in Gegenwart von Laminin gezeigt werden.

Hemmwirkung auf die Proliferation von Zellen zeigt z. B. Heparin. Werden Endothelzellen der Aorta in heparinhaltigem Medium kultiviert, so ist keine Proliferation der Zellen festzustellen. Nach Behandlung des Mediums mit Heparinase ist die Hemmung aufgehoben und die Proliferation beginnt. Mit Chondroitinase oder Protease kann diese Wirkung nicht erzielt werden, was für die Spezifität des Tests spricht. Ein anderes Beispiel sind menschliche Zellen aus Brustdrüsen. Diese proliferieren permanent, wenn sie auf der Polystyroloberfläche von Kulturschalen gehalten werden. Wird die Schale jedoch mit Proteinen der ECM beschichtet, so wird die Proliferation der Zellen gehemmt. Schließlich kann man bei kultivierten Hepatozyten zeigen, dass die ECM die Expression von Immediate-early growth reponse Genen inhibiert und gleichzeitig C/EBPα induziert, was zur Anschaltung von metabolischen Funktionsgenen führt.

Für zellbiologische Reaktionen zwischen Zellen und der ECM wird häufig die Kooperation mit Wachstumsfaktoren benötigt. Der basic Fibroblast growth factor (bFGF), Interleukine (IL-1, IL-2, IL-6), der Hepatocyte growth factor, PDGF-AA und TGFβ werden häufig in großer Menge in der ECM gefunden und von dieser bei Bedarf abgegeben. Eine enge Interaktion zwischen Zelle, ECM und TGFβ lässt sich bei der Entwicklung der Brustdrüse zeigen. Einerseits müssen sich die Brustdrüsenepithelzellen vermehren und die Gänge verzweigt werden. Dies geschieht in enger Kooperation mit der umgebenden ECM. Andererseits müssen nach der Wachstumsphase die erweiterten Brustdrüsen differenzieren, dürfen sich nicht mehr vergrößern und müssen mit umgebendem Bindegewebe stabilisiert werden. Vom Epithel wird jetzt TGFβ gebildet, welches die Proliferation und den enzymatischen Abbau der ECM durch die Metalloproteinase Stromelysin-1 hemmt.

Bemerkenswert ist, dass TGFβ in ganz neu angelegten Drüsenbereichen nicht nachgewiesen wird. Hier werden somit auch Enzyme für den Abbau der ECM nicht gehemmt. Dadurch kann sich das Gangsystem der Brustdrüse ausbreiten, während neue ECM gebildet wird.

[Suchkriterien: Proliferation control extracellular matrix interaction]

2.3.2.3 Differenzierung und ECM

Die ECM hat einen entscheidenden Einfluss auf die Differenzierung von Gewebe. Das mehrschichtige Epithel der Haut wird durch Keratinozyten gebildet. Innerhalb von 30 Tagen wird die Epithelschicht vom Stratum basale aus erneuert. Dazu müssen sich die Stammzellen im Stratum basale stets vermehren. In dieser Phase haben sie unmittelbaren Kontakt zur Basalmembran und zeigen keine typische Expression von Proteinen, die in terminal differenzierten Keratinozyten vorgefunden wird. Der Epidermisregeneration liegt eine große Anzahl an asymmetrischen Zellteilungen im Stratum basale zugrunde, da sich viele Zellen von der Basalmembran lösen und in die suprabasale Zellschicht einwandern. Während diesem ersten Entwicklungsschritt werden die ersten Differenzierungsmarker wie Involucrin sichtbar. An diesem Beispiel zeigt sich sehr deutlich, dass mit dem Ablösen der Zellen von der Basalmembran ein neues Entwicklungsprogramm eingeschaltet wird. Bestätigt wird diese Aussage durch Kulturversuche. Werden die Zellen des Stratum basale isoliert und ohne ECM in Suspensionskultur gehalten, so entwickeln sie sich in einem sehr verkürzten Differenzierungsprogramm. Um experimentell die Entwicklung von mehrschichtigen Epithelien unter in vitro-Bedingungen möglichst realitätsnah untersuchen zu können, werden deshalb Keratinozyten häufig auf einer Schicht 3T3-Zellen kultiviert, damit die gewebetypische Synthese einer Basalmembran und das natürliche Differenzierungsprogramm unterstützt wird. Mit diesem System kann eine Vielzahl von Patienten mit schwersten Verbrennungen schon seit vielen Jahren erfolgreich therapiert werden.

Bei Hepatozyten wird eine gewebetypische Differenzierung beobachtet, wenn sie auf einer EHS-Matrix kultiviert werden. Dabei lassen sich drei Transkriptionsfaktoren wie eE-TF, eG-TF/HNF-3 und eH-TF nachweisen, die nur dann aktiviert werden, wenn die Zellen sich in einer EHS-Matrix mit genügend Laminin befinden. Ähnliche Befunde gibt es für Milchdrüsenepithelien, die in normalen Kulturschalen keine gewebetypischen Proteine exprimieren. Werden die Zellen jedoch auf einer EHS-Matrix gehalten, dann bilden sie alveoläre Strukturen aus und beginnen mit der Expression von typischen Milchproteinen wie z. B. β-Casein. Bei dieser Entwicklung sind zwei verschiedene Vorgänge zu beobachten. Erstens kommt es zu einer Gestaltveränderung und damit zu Veränderungen am Zytoskelett, zweitens wird durch den β1-Integrinrezeptor ein Tyrosinkinasesignal aktiviert, das schließlich zur Bildung von β-Casein führt. Diese über die ECM und β1-Integrinrezeptor ins Zellinnere vermittelte Signalkaskade wird auch bei der Synthese von Albumin in Hepatozyten beobachtet.

[Suchkriterien: Cellular differentiation control extracellular matrix interaction]

2.3.2.4 Apoptose und ECM

In der Embryogenese gehört der programmierte Zelltod (Apoptose) zu den normalen Entwicklungsphänomenen. Besonders eindrucksvoll ist die Apoptose während der Blastozystenreifung, der Entwicklung der Extremitäten, des Gaumens, des Nervensystems, bei der Thymozytendifferenzierung, der Brustdrüsenentwicklung und bei der Ausbildung von Gefäßstrukturen zu beobachten. Gezeigt wurde z. B., dass während der Brustdrüsenentwicklung am Ende der Schwangerschaft die ECM die Apoptose von Epithelzellen unterdrückt. Nach der Stillzeit werden durch Apoptose die milchproduzierenden Alveoli zusammen mit der dazugehörenden ECM abgebaut. Der Verlust der Zell-ECM-Interaktion wird begleitet von einem Anstieg der Caspase-1-Aktivität, welche wiederum die Apoptose unterstützt. Wenn die Bindung von β1-Integrin an die ECM mit einem Antikörper blockiert wird, führt dies ebenfalls zur Apoptose im Brustdrüsengewebe. Ähnliche Zell-ECM-Interaktion findet man bei der Angiogenese. Wird hier die Integrinbindung der Endothelzellen gestört, so unterbleibt die Ausbildung neuer Gefäße.

[Suchkriterien: Apoptosis control extracellular matrix interaction]

2.3.3
Signalübertragung

2.3.3.1 Modulation der Zell-Matrix-Interaktion
Während Fibronektin und Laminin ausschließlich das Anhaften der Zellen auf der ECM unterstützen, können andere benachbarte Moleküle wie Thrombospondin und Tenascin diese Interaktion in positivem oder negativem Sinn modulieren. Die Thrombospondine enthalten u.a. mehrere EGF-Repeats und Ca-Bindungsstellen. Thrombospondin1 wird von Fibroblasten, Endothelzellen sowie glatten Muskelzellen gebildet und bindet an fibrilläres Kollagen, Fibronektin, Laminin und Heparansulfat-Proteoglykan. Es zeigt wachstumsfördernde Effekte bei Fibroblasten und scheint dadurch die Zell-Matrix-Interaktion zu destabilisieren. Damit unterstützt es die Zellproliferation und die Angiogenese. Analoge Funktionen sind im Knorpel zu finden. Das Cartilage oligomeric matrix protein (COMP) hat molekulare Ähnlichkeit mit den Thrombospondinen. Es wird von Chondrozyten gebildet und in die perizelluläre Matrix sezerniert. Zu geringe oder fehlende Synthese von COMP führt zur Aufweichung der sonst mechanisch belastbaren Knorpelmatrix.

Die Tenascine bestehen aus drei (Tenascin-X) oder sechs (Tenascin-C/-R) Untereinheiten. In der Aminosäuresequenz sind Repeats für Fibronektin Typ III, EGF-ähnliche Domänen und Bindungsstellen für β- und γ-Fibrinogenketten enthalten. Die Tenascinexpression ist gewebespezifisch. Tenascin-R wird während der Entwicklung des Nervensystems gebildet, während Tenascin-X speziell in der glatten Muskulatur, im Herzmuskel und in der Skelettmuskulatur gefunden wird. Tenascin-C dagegen wird in heilenden Wunden, in vielen Tumoren und im Gehirn nachgewiesen. Das Molekül kann die Anheftung von Zellen über Rezeptoren und Proteoglykane unterstützen. Dieser Effekt kann durch die Interaktion mit Fibronektin gehemmt werden. Zelloberflächenmoleküle wie Contactin reagieren mit Tenascin-C/-R und können bei der Entwicklung von Neuronen das Auswachsen von Axonen stimulieren oder hemmen.

[Suchkriterien: Cell extracellular matrix interaction signalling]

2.3.3.2 **ECM und Zellbindung**

Die langfristige funktionelle Befestigung von Zellen an die ECM findet über Zellrezeptoren statt, die an spezielle Aminosäuremotive in der ECM binden. Vermittelt wird ein solcher Kontakt über Moleküle der Integrinfamilie, die in der Plasmamembran des jeweiligen Gewebezelltyps lokalisiert sind. Es handelt sich um Transmembran-Proteine, die aus 2 Einheiten (dimer) aufgebaut sind. Sie bestehen jeweils aus einer α- und β-Untereinheit. Da es wiederum mehrere Untereinheiten gibt, kann eine Vielzahl an Kombinationen die Spezifität des Verankerungsrezeptors definieren. Diese wiederum müssen zu speziellen Sequenzen in der ECM passen. Experimentelle Daten zeigen, dass dadurch manche Integrinrezeptoren sehr spezifisch an ein einzelnes Motiv in der ECM binden, während andere auch an mehrere andere Motive binden können. Dadurch entsteht eine erhebliche Plastizität und es wird erklärbar, dass Zellen und Gewebe sich auf sehr spezifischen, aber auch auf ganz unspezifischen künstlichen Matrices entwickeln können.

Integrine können nicht nur den Kontakt zwischen einer Zelle und der ECM, sondern auch zwischen benachbarten Zellen herstellen. Die β1- und β3-Integrine vermitteln hauptsächlich die Verbindung zwischen einer Zelle und der ECM, während die β2-Integrine an den Zell-Zellverbindungen beteiligt sind. Gewöhnlich sind β1-Integrine bei Bindewebezellen zu finden und suchen Kontakt zu Fibronektin, Laminin und Kollagen. β3-Integrine innerhalb des Gefäßsystems dagegen zeigen Bindung an Fibrinogen, den von Willebrand Faktor, Thrombospondin und Vitronektin.

Tab. 2.2: Beispiele für die selektive Bindung von Integrinen an Proteine der extrazellulären Matrix.

Bindung an ECM	Integrinmolekül
Laminin, Kollagen	α1β1
Laminin, Kollagen, Fibronektin	α2β1
Laminin, Kollagen, Fibronektin	α3β1
Fibronektin, vCAM-1	α4β1
Fibronektin	α5β1
Laminin	α6β1
Laminin	α7β1
Vitronektin, Fibronektin, Fibrinogen, Kollagen	αvβ1
Faktor X, Fibrinogen, Komplementprotein C3bi	αxβ2
Komplementprotein C3bi	αMβ2
Intercellular adhesion molecule-1/2	αLβ2
von Willebrand Faktor, Vitronektin, Thrombospondin, Laminin, Fibronektin	αvβ3
Vitronektin, Thrombospondin, Laminin, Fibronektin, Fibrinogen	αIibβ3

Integrine sind Transmembran-Bestandteile der Plasmamembran, allerdings mechanisch nicht fest mit ihr verbunden. Die mechanisch stabile Verbindung zwischen einer Zelle und der ECM wird über 2 Stellen realisiert. Das Integrin erscheint wie ein Stift, der durch die Plasmamembran hindurchgeschoben ist. Dabei sitzt das Molekül nicht symmetrisch, sondern besteht aus einem relativ langen äußeren und einem kurzen inneren Teil. Die große extrazelluläre Domäne ragt aus der Plasmamembran hervor, lagert divalente Kationen an und bindet an ein Aminosäuremotiv eines Proteins in der ECM. Die kleinere intrazelluläre Domäne dagegen interagiert mit dem Zytoskelett der jeweiligen Zelle. Zellbiologische Informationen werden somit von Aminosäurebindungsmotiven über das individuelle Integrinmolekül zum Zytoskelett übermittelt. Durch Modulierung dieser Verbindung können Zellform, Wachstum und Differenzierung beeinflusst werden.

Integrine sind heterodimer aufgebaut, da jedes Molekül aus einer α- und β-Untereinheit aufgebaut ist, die nicht kovalent miteinander verbunden sind. Die Untereinheiten bestehen jeweils aus einer großen extrazellulären und einer kleinen transmembranären Domäne. Mit den auf der Zelloberfläche ausgebildeten Integrinen kann eine Zelle eine andere Zelle oder die extrazelluläre Matrix erkennen. Bis jetzt sind 18 homologe α- und 8 homologe β-Untereinheiten beschrieben worden, die wiederum mehr als 20 unterschiedliche Heterodimere bilden können. Demnach werden an unterschiedlichen Zellen auch ganz unterschiedliche Integrine gefunden. Leukozyten z. B. exprimieren β2-Integrine wie αLβ2, αMβ2 und αXβ2, während β1-Integrine an vielen Gewebezellen nachgewiesen werden. Ebenso sind die Bindungsliganden unterschiedlich ausgebildet (Tab. 2.2). Viele Integrine binden an das R-G-D- (Arginin-Glycin-Asparagin) Motiv, welches bei Fibronektin, Vitronektin, Fibrinogen und dem von Willebrand Faktor gefunden wird. β1-Integrine binden dagegen an ICAM1, ICAM2 und ICAM3, die keine R-G-D-Sequenz enthalten.

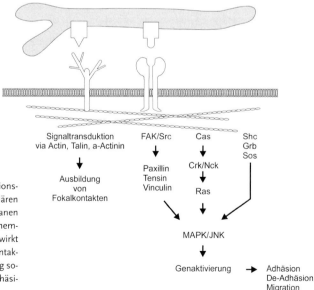

Abb. 2.44: Schema zur Funktionskopplung zwischen extrazellulären Matrixproteinen, Proteoglykanen und Integrinen in der Plasmamembran. Die Kopplung der Zelle bewirkt u. a. die Ausbildung von Fokalkontakten, eine spezielle Genaktivierung sowie die weitere Adhäsion, De-Adhäsion und Migration.

Wenn die Integrine Kontakte zu anderen Zellen oder der extrazellulären Matrix ausbilden, wird diese Information an das Innere der Zelle weitergegeben, was eine Signalkaskade aktiviert (Abb. 2.44). Wenn β1-Integrine diese Informationen von der Außenseite der Zelle ins Innere weiterleiten, so sind an der Signalkette Focal adhesion protein, Paxillin, Talin und FAK beteiligt. Diese Informationsweiterleitung bewirkt, dass vermehrt FAK phosphoryliert wird und dadurch Proteine wie Src binden können. Dies wiederum bewirkt einerseits bei FAK die Autophosphorylierung und andererseits die Phosphorylierung anderer Proteine wie Paxillin und Tensin, wodurch der Focal adhesion Bereich mit dem Zytoskelet verbunden wird. Gleichzeitig wird JNK über p130CAS und ERK über mSOS aktiviert. Die α-Integrinuntereinheit stimuliert Fyn und das Membranprotein Caveolin. Diese unterschiedlichen Signale bewirken, dass die Integrine z. B. Wachstum oder die Ausbildung eines Phänotyps stimulieren können. Gleichzeitig wird die Apoptose gehemmt, indem das anti-apoptotische Protein bcl-2 hochreguliert wird.

Deutlich wird, welche enorme Bedeutung die Integrine bei der Vermittlung von Signalen zwischen dem Zelläußeren und Zellinneren haben. Dadurch wird auch verständlich, dass die Integrine damit ganz entscheidende Bedeutung für das Tissue Engineering haben. Wenn Zellen auf einem Scaffold angesiedelt werden, so vermitteln primär die Integrine durch Erkennen ihrer Umgebung, ob es zur dauerhaften Adhäsion kommt und durch Interaktion ein funktionelles Gewebe entstehen kann.

Neben den Integrinen gibt es Proteoglykane, die transmembran in die Plasmamembran eingesetzt sind und an die ECM andocken können. Dazu gehören Syndecan, CD44, RHAMM (receptor for hyaluronate-mediated motility) und Thrombomodulin. Syndecan koppelt die Zellen an die ECM über Chondroitinsulfat- und Heparansulfatglykosaminoglykane. Im Gegensatz zur Integrinbindung ist diese Reaktion nicht von der Gegenwart von Kalziumionen abhängig. Intrazellulär ist Syndecan an das Zytoskelet angebunden und kann dadurch Information von der ECM ins Zellinnere übertragen. CD44 trägt auf seiner extrazellulären Domäne ebenfalls Chondroitinsulfat- und Heparansulfatglykosaminoglykane. Die Bindungsstelle trägt 6 Cysteinreste, die 3 Disulfidbrücken formen. Dadurch wird diese Stelle der Hyaluron-bindenden Stelle des Aggrecans sehr ähnlich. RHAMM wurde als Dockstation für Hyaluronsäure identifiziert. Thrombomodulin ist ebenfalls ein Transmembranprotein, enthält extrazellulär 6 Epithelial growth factor- (EGF) ähnliche Aminosäuresequenzwiederholungen und ist funktionell über Glykosaminoglykane angekoppelt.

Zusätzlich zu den Integrinen und Proteoglykanen gibt es Proteine, die über ganz individuelle Aminosäuremotive an die ECM binden können. Ein Laminin-bindendes Protein erkennt eine YIGSR-Sequenz, die von Integrinen nicht erkannt wird. CD36 bindet an Kollagen, Thrombospondin, sowie an Endothel- und manche Epithelzellen.

[Suchkriterien: Cell adhesion extracellular matrix interaction receptors]

2.3.3.3 Signale zum Zellinneren

Moleküle der ECM reagieren mit Rezeptoren der Zelle. Daraufhin wird über einen Second messenger innerhalb der Zelle eine Reaktionskaskade angestoßen, die wiederum eine Reihe von Genen beeinflussen kann. Über diesen Mechanismus werden die Anheftung, die Vermehrung, die Wanderung, die Differenzierung und der Zelltod beeinflusst (Abb. 2.45).

Die Integrine und Proteoglykane sind hauptsächlich an der Anheftung, an ihrer Ablösung und bei der Zellwanderung beteiligt. Wenn Fibronektin mit seinen jeweiligen Bindungsstellen gleichzeitig an ein geeignetes Integrin und ein Proteoglykan über die Heparinbindungsstelle anknüpft, dann kann die Zellwanderung ausgelöst werden. Gezeigt wurde, dass die Rezeptoren für Proteoglykane an intrazelluläre Mikrofilamente angeschlossen sind, die wiederum mit den Integrinrezeptoren verbunden sind. Diese Kopplung findet innerhalb von Haftstellen der Zelle (focal adhesion) und in unmittelbarer Nachbarschaft zu strukturellen Proteinen wie Talin und α-Actinin statt. Die im Cytoplasma gelegene Seite des Integrinmoleküls ist funktionell an eine Thyrosinkinase (focal adhesion tyrosine kinase) gekoppelt. Bei einem entsprechenden Reiz findet eine Phosphorylierung des Enzyms statt. Bei dieser Reaktion beteiligt ist c-Src (nonreceptor tyrosine kinase), das Paxillin, Tensin, Vinculin und ein weiteres Protein (p130) phosphoryliert. Von Paxillin und Tensin weiss man, dass sie über eine Phosphorylierung Signale von der Plasmamembran auf das Zytoskelett übertragen können. p130 interagiert mit weiteren Proteinen wie Crk und Nck, welche die Zellwanderung über einen Mechanismus auslösen können, an dem Ras und MAP/JNK Kinase beteiligt sind. Eine andere Steuerung läuft über c-Src, FAK und den Grb2/Sos-Komplex.

Die Bindung von Integrinen an die ECM kann durch Moleküle im Zytoplasma wie CAR (cell adhesion regulator) beschleunigt werden. Dabei wird die Plasmamembran

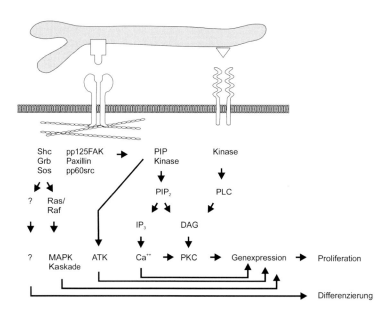

Abb. 2.45: Schema zur Funktionskopplung zwischen extrazellulären Matrixproteinen, Rezeptoren in der Zellmembran und der Differenzierung. Die Signalkaskade wird über komplexe Wechselwirkungen ausgelöst.

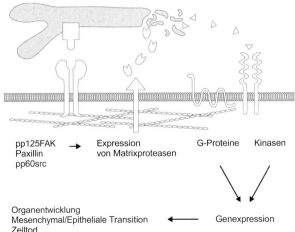

Abb. 2.46: Schematische Darstellung der Funktionskopplung zwischen der extrazellulären Matrix und der Gewebeentstehung. Dabei werden Bestandteile der ECM während der Kopplung von der Zelle abgebaut, was wiederum Peptidfragmente freisetzt, die morphogene Eigenschaften haben und somit die Gewebeentwicklung an Ort und Stelle zu induzieren vermögen.

einmal mehr, einmal weniger mit dem Zytoskelett verbunden, wodurch z. B. die Affinität zwischen dem α2β1-Integrin und Kollagen Typ I erhöht werden kann. Da die Integrine und Proteoglykane selbst keine Kinase- oder Phosphataseaktivität haben, geht man davon aus, dass die Signalwirkung über regulatorische Proteine übertragen wird.

Neben der Anheftung bzw. Migration von Zellen beeinflusst die ECM-Zell-Interaktion die Differenzierung. Diese Kaskade wird aktiviert, wenn gleichzeitig Integrinrezeptoren an die passende ECM binden und Wachstumsfaktoren ihre Rezeptoren an der Zelloberfläche besetzen. Dadurch wird zusätzlich eine Kinase (Phosphatidylinositol phosphate kinase) aktiviert, welche die Menge an PIP_2 erhöht und wiederum die Phospholipase Cγ (PLCγ) aktiviert. Über weitere Schritte (PIP_2, DAG, IP_3) wird am endoplasmatischen Retikulum Ca^{2+} freigesetzt, was zu einer Aktivierung von Rezeptoren auf der Zelloberfläche und zur Genexpression führt. Anhand dieses Mechanismus lässt sich erklären, dass Zellen, die an die ECM gebunden sind, eine viel bessere Fähigkeit haben, auf Hormonsignale zu reagieren.

Zusätzlich können über die ECM-Zell-Interaktion Apoptose und epitheliale-mesenchymale Differenzierungsübergänge gesteuert werden (Abb. 2.46). Die Signalkaskade für die Apoptose wird hauptsächlich über Kollagen Typ III ausgelöst. Beteiligt daran ist die Tyrosinkinase. Bei den epithelial-mesenchymalen Differenzierungsübergängen dagegen findet eine vermehrte Degradation der ECM statt. Dadurch werden Peptidfragmente freigesetzt, die Rezeptoren an der Zelloberfläche beeinflussen und damit die Differenzierung steuern können. Fragmente von Fibronektin können in diesem Fall an $α_5β_1$-Integrine binden und sie dadurch aktivieren.

[Suchkriterien: Signal transduction pathway extracellular matrix receptors]

2.3.3.4 ECM und Dauerkontakt

Die extrazelluläre Matrix ist ein dreidimensionales Netz, welches aus Proteinen und Glykosaminoglykanen aufgebaut ist. Einerseits dient es den Zellen zur mechanischen

Befestigung, andererseits werden über die vorübergehend oder permanent ausgebildeten Anheftungsstellen wichtige zellbiologische Informationen in das Zellinnere vermittelt. Dadurch wird einer Zelle z. B. mitgeteilt, ob sie wandern oder am Ort bleiben soll, um hier spezifische Funktionen auszubilden. Die Interaktion wird hauptsächlich über Glykoproteine bzw. Proteoglykane der Zelloberflächen und Aminosäuresequenzen der extrazellulären Matrixproteine hergestellt.

Zur Familie der Cadherine dagegen gehören Oberflächenrezeptoren, die es einer Zelle ermöglichen, Kontakte mit gleichartigen Zellen, also homophile Kontakte, aufzunehmen. Dies geschieht z. B. bei gleichartigen Epithelzellen und benötigt die Anwesenheit von Ca^{2+}-Ionen. Wird das extrazelluläre Ca^{2+} durch Chelatbildner wie EDTA einem Kulturmedium entzogen, so werden diese Kontakte aufgelöst, so dass sich Zellen ablösen und als Einzelzellen gewonnen werden können. Die Bindung zwischen Cadherinen und der ECM hat offensichtlich nur eine nebensächliche Bedeutung.

Selektine sind ebenfalls Membranproteine, die in Anwesenheit von Ca^{2+}-Ionen Kontakte zwischen unterschiedlichen Zelltypen vermitteln (heterophil). Sie besitzen lektinähnliche Eigenschaften und erkennen kurzkettige Zuckermoleküle ihrer Bindungspartner (Sialyl Lewis X/A).

Die Zelladhäsionsmoleküle (CAM) können sowohl homophile wie auch heterophile Eigenschaften besitzen und damit Kontakt zu gleichartigen, aber auch zu unterschiedlichen Zelltypen aufnehmen. Ihre Bindung zur Nachbarzelle ist nicht von der Anwesenheit von Ca^{2+}-Ionen abhängig.

Während Cadherine, Selektine und CAMs fast ausschließlich Kontakte zwischen Zellen vermitteln, können Integrine sowohl Zell-Zell-Kontakte wie auch Verbindungen zwischen Zellen und der ECM herstellen. Die β2-Integrine sind hauptsächlich an der Zell-Zell-Erkennung beteiligt, während die β1- und β3-Integrine Kontakte zwischen der Zelle und der ECM herstellen. Dabei können die β1- und β3-Integrine an eine ganze Reihe von extrazellulären Matrixproteinen wie Kollagen, Fibronektin, Vitronektin und Laminin binden.

Kollagen ist das am weitesten verbreitete Protein der extrazellulären Matrix. Es existieren viele verschiedene Kollagene und in jedem Gewebe kommen ganz unterschiedliche Kollagene vor. An die Kollagene können wiederum ganz unterschiedliche Rezeptormoleküle von Zellen binden. Speziell an Kollagen binden die Integrine α1β1, α2β1 und α3β1. Mit Kollagen ist häufig wiederum Fibronektin vernetzt, welches in vielen unterschiedlichen Varianten existiert. Fast alle Zellen interagieren mit Fibronektin über den Integrinrezeptor α5β1, aber es gibt auch sehr spezifische Rezeptoren wie αvβ3. Vitronektin ist ein multifunktionelles Adhäsionsprotein, welches viele Zellarten binden kann und über den Vitronektinrezeptor αvβ3, αvβ1 und αIIbβ3 (Blutplättchenrezeptor) wirkt. Der von Willebrand Faktor wird von den Megakaryozyten des Knochenmarkes gebildet und in den α-Granula der zirkulierenden Blutplättchen gelagert. Dieser Faktor wird auch von Endothelzellen gebildet. Nur circa jedes zehnte Molekül wird in unlöslicher Form in die subendotheliale Schicht der Gefäße eingebaut. Bei der Beschädigung von Gefäßen können sich Blutplättchen an diesen Faktor anlagern. Laminin ist ein komplexes Adhäsionsmolekül, welches in der Basalmembran gefunden wird. Hierbei handelt es sich um ein hochmolekulares Protein, welches eine Vielzahl von verschiedenen Integrinen zu binden vermag, wodurch Epithelien, Mesothelien und Endothelien fest auf der Basalmembran verankert werden.

Da am Aufbau der ECM zahlreiche Moleküle beteiligt sind, muss sicher gestellt sein, dass sie nicht auseinander fällt, sondern mechanisch stabil bleibt. Aus diesem Grund findet eine Vernetzung der extrazellulären Proteine über Transglutaminaseaktivität statt. Gleichzeitig gibt es benachbarte Bereiche der ECM, die durch Proteasen ab- und umgebaut werden. In diese Stellen müssen neu synthetisierte extrazelluläre Matrixmoleküle eingebaut werden, damit die auf oder innerhalb der ECM angesiedelten Zellen über ihre Integrinrezeptoren geeignete Bindungsstellen auf Kollagenen, Glykosaminoglykanen, Fibronektin und Laminin finden.

In den meisten Fällen hat sich gezeigt, dass die Bindungsstellen für die Integrinrezeptoren innerhalb der extazellulären Matrixmoleküle aus Oligopeptidsequenzen bestehen, die aus bis zu 10 linear oder zyklisch angeordneten Aminosäuren aufgebaut sind (Tab. 2.3). Eine der bekanntesten Sequenzen ist das RGD-Motiv (R, Arginin; G, Glycin; D, Asparaginsäure), welches im Fibronektinmolekül entdeckt wurde und eine Vielzahl von Integrinen zu binden vermag. Bei den zellbiologischen Untersuchungen zeigte sich, dass die Zellbindung sehr spezifisch ist und an das RGD-Motiv nur dann erfolgt, wenn es in der richtigen Sequenz vorliegt. Werden die drei Aminosäuren in der Reihenfolge miteinander vertauscht, so kommt keine Bindung mehr zustande.

Tab. 2.3: Bindungsdomänen von Zellrezeptoren auf der ECM. Matrixproteine enthalten spezielle Informationssequenzen, die von einzelnen Gewebezellen erkannt und zur Anhaftung genutzt werden.

Sequenz	Protein	Funktion
RGDT DGEA	Kollagen Typ I	Adhäsion vieler Zellen
LRGDN YIGSR PDSGR	Laminin	Adhäsion vieler Epithelzellen
RGDS LDV REDV	Fibronektin	Adhäsion vieler Zellen
RGDV	Vitronektin	Adhäsion über Integrin $\alpha v \beta 3$
RGD	Thrombospondin	Adhäsion vieler Zellen

Neben der hochspezifischen Bindung an die Peptidsequenzen der extrazellulären Matrixproteine können Zelloberflächenmoleküle auch über weniger spezifische Mechanismen binden. Dies geschieht über die Heparin-bindende Domäne, wobei Proteoglykane an der Zelloberfläche erkannt werden, welche wiederum Heparin- oder Chondroitinsulfat enthalten. Ein typisches Beispiel hierfür sind die Zell-Zell-Adhäsionsmoleküle, speziell das neurale Zelladhäsionsmolekül (N-CAM), welches die Bindungsdomäne KHKGRDVILKKDVR besitzt.

Beim Zusammentreffen einer Zelle mit der extrazellulären Matrix kommt es zu zellbiologischen Reaktionen. Dieser Vorgang muss bidirektional verstanden werden. Die Zellen akzeptieren einerseits zellbiologische Informationen, die aus der ECM kommen. Andererseits wird die Matrix von den Zellen in geeigneter Weise durch Um- und Aufbau gestaltet. Besondere Bedeutung haben dabei die von den Zellen sezernierten Metalloproteinasen wie Collagenase, Gelatinase, Serinproteasen, Kathepsin und Plasmin. Durch die Einwirkung dieser Enzyme wird Raum geschaffen, wodurch neu synthetisiertes Protein wie Fibronektin in alte fibrilläre Kollagenstrukturen eingebaut werden kann. Dadurch wiederum können Zellen in diesen Bereich einwandern und den Aufbau neuer Komponenten gestalten. Besondere zellbiologische Bedeutung hat bei diesen Vorgängen die funktionelle Fixierung von Wachstumsfaktoren, die nur temporär in einem klar definierten Rahmen aktiv sein sollen. Viele der Wachstumsfaktoren wie z.B. bFGF oder VEGF binden mit hoher Affinität an Heparin und können dadurch in das innerhalb der ECM vorkommende Heparin- und Chondroitinsulfat gebunden werden. Solange die Wachstumsfaktoren gebunden sind, können sie keine biologische Aktivität entfalten. Erst wenn die Matrix durch Proteasen aufgelöst wird, oder wie bei VEGF Teile der Wachstumsfaktoren enzymatisch abgespalten werden, können diese ihre biologische Aktivität zeigen.

Beim ersten Zusammentreffen einer Zelle mit der ECM kommt es zur Ausbildung fokaler Kontaktzonen, in denen vermehrt Integrine nachgewiesen werden. Dieses Integrin clustering bewirkt eine vermehrte Tyrosinphosphorylierung von Proteinen, speziell der pp125^{fak} (pp125 focal adhesion kinase). Da die ins Zytoplasma ragende Seite der Integrine keine katalytische Aktivität hat, ist bisher unbekannt, über welchen Mechanismus die Signalübertragung stattfindet. Das ins Zellinnere vermittelte Signal kann sich einerseits auf die Teilung und andererseits auf die Differenzierung auswirken. An kultivierten Hepatozyten wurde z.B. gezeigt, dass Beschichtung von Wachstumsoberflächen mit geringen Konzentrationen von Fibronektin oder Laminin die Synthese von Albumin als spezielle Differenzierungsleistung stimuliert, während hohe Konzentrationen an extrazellulären Matrixproteinen die Synthese von Albumin hemmen und dafür die Zellteilung stimulieren. Mit kultivierten Neuronen konnte bewiesen werden, dass bei Beschichtung von Kulturgefäßen mit Laminin viel mehr Neuriten auswachsen als bei Verwendung von Fibronektin. Deutlich wird, dass die Entwicklung neuer Biomaterialien als artifizielle ECM und das Tissue Engineering funktioneller Gewebe nur dann erfolgreich sein werden, wenn zellbiologische Interaktionen wie unter natürlichen Bedingungen ablaufen können.

[Suchkriterien: Cell extracellular matrix interaction]

2.3.4
Matrizelluläre Proteine

Das extrazelluläre Milieu hat eine große Bedeutung nicht nur für Zellen, sondern insbesondere für die Ausbildung von Geweben. Neben der Einwirkung von Wachstumsfaktoren gehören dazu die Beziehung einer Zelle zu benachbarten Zellen, die Dauerkontakte mit der ECM und die matrizellulären Proteine. Alle diese Komponenten regulieren im Zusammenspiel die Oberflächenaktivität einer Zelle, die intrazellulären Signalkaskaden und damit die Genexpression. Dies wiederum führt zur Zellwanderung und Differenzierung und damit zur Bildung von Sozialität und komplexen Gewebestrukturen. Große Bedeutung haben dabei die matrizellulären Proteine, die in sezernierter Form in der extrazellulären Matrix vorgefunden werden, aber keine strukturellen Komponenten darstellen (Tab. 2.4). Möglicherweise sind die matrizellulären Proteine Modulatoren, die Signale zwischen Zytokinen, Proteasen, der ECM und den Zellrezeptoren vermitteln. Vertreter dieser Gruppe von Proteinen sind Thrombospondin-1, Thrombospondin-2, Tenascin-C, Osteopontin und SPARC (sectreted protein, acidic and rich in cystein).

Tab. 2.4: Beispiele für die Kooperation von matrizellulären Proteinen mit Bestandteilen der ECM und Zellrezeptoren

Protein	ECM Interaktion	Rezeptor	Modulation
Thrombospondin	Kollagen Typ I, V Laminin Fibronektin Fibrinogen	Integrin CD-36	HGF (-) TGF-β (+)
Tenascin-C	Fibronektin	Integrin Annexin II	EGF (+) bFGF (+) PDGF (+)
Osteopontin	Kollagen Typ I, II, III, IV, V Fibronektin	Integrin CD-44	?
SPARC	Kollagen Typ I, III, IV, V	?	bFGF (-) VEGF (-) PDGF (-) TGF-β (+)

2.3.4.1 Thrombospondin

Bei den Thrombospondinen handelt es sich um hochmolekulare Moleküle mit einem Molekulargewicht von circa 450 000. In die Plasmamembran von Zellen ist das Molekül so eingebaut, dass es mit mindestens 5 extrazellulären Domänen an Bestandteile der ECM wie Kollagen Typ I und V, sowie an Laminin, Fibronektin, Fibrinogen und SPARC binden kann. Andererseits können Kontakte zu Integrinrezeptoren der Zelle aufgebaut werden. Diese Interaktion kann z. B. gestört werden, wenn Endothel und glatte Muskelzellen zusammen mit einem Antikörper gegen Thrombospondin kultiviert werden. In diesem Fall können sich keine neuen röhrenartigen Gefäßstrukturen bilden. Thrombospondin kann auch die Anheftung und damit die Form von Endothelzellen beeinflussen. Über eine stärkere und eine schwächere Anbindung an die ECM kann bei Bedarf eine Zellwanderung eingeleitet werden. Bedeutung hat dieser Mechanismus bei der Wundheilung der Haut, aber auch bei der Wanderung von metastasierenden Tumorzellen.

2.3.4.2 Tenascin-C

Tenascin-C wird vermehrt während der Entwicklung und in vermindertem Maße in funktionellen Geweben gefunden. Häufig ist das Molekül in der ECM an Fibronektin gekoppelt, während die zellulären Kontakte über mindestens 5 Integrine und Annexin II hergestellt werden. Dabei wird die Stärke der Anheftung offensichtlich in Abhängigkeit zum gerade ausgebildeten Rezeptorprofil der Zelle gesteuert. Beteiligt ist bei diesem Vorgang EGF und bFGF. Diese Wechselwirkung kann sehr eindrucksvoll mit glatten Muskelzellen gezeigt werden, die in einer Kollagenmatrix kultiviert werden und dabei Metalloproteinasen (MPPs) sezernieren. Durch den Abbau des Kollagens werden Bindungsstellen für Integrine auf der Zelloberfläche freigelegt. Aufgrund der Bindung der Integrine an das Kollagen wird Tenascin-C gebildet, welches sezerniert und in die ECM eingelagert wird. Tenascin-C wiederum dient jetzt als weiterer Ligand für die Zellintegrine. Dadurch bedingt werden die fokalen Anheftungsstellen neu organisiert. Gleichzeitig ist auf der abgewandten Zellseite eine vermehrte Ausbildung der EGF-Rezeptoren zu beobachten, was wiederum die zelluläre Proliferationsrate beeinflusst.

2.3.4.3 Osteopontin

Osteopontin wird nicht nur in Knochenstrukturen, sondern in einer Vielzahl von Geweben gefunden. Das Molekül wird einerseits in der ECM an Kollagen Typ I, II, III, IV und V gebunden, andererseits können zahlreiche Integrine und CD44 von der Zellseite her andocken. Wenn die Synthese von Osteopontin in glatten Muskelzellen molekularbiologisch inhibiert wird, so führt dies zu einer verschlechterten Zellanheftung und zu einer erhöhten Ausbreitung in künstlichen Matrices. Bindungsstellen für Integrine können auf der Moleküloberfläche durch die Protease Thrombin freigelegt werden. Dadurch bedingt binden mehr Integrinrezeptoren, was wiederum zur Folge hat, dass von der Zelle vermehrt Integrin gebildet wird. Besondere Bedeutung hat Osteopontin offensichtlich bei der Aufrechterhaltung der Differenzierunsleistung. Gezeigt werden kann dieses Phänomen mit Endothelzellen, die auf die Gegenwart von Wachstumsfaktoren im Kulturmedium angewiesen sind. Fehlen die Wachstumsfaktoren, dann beginnt in den Zellen die Apoptose. Durch Kultivierung der Zellen auf einem Osteopontinsubstrat kann der Zelltod jedoch verhindert werden.

2.3.4.4 SPARC

SPARC (auch BM-40, Osteonectin) wurde zuerst in Knochenstrukturen, dann in einer Vielzahl in Geweben gefunden. Bevorzugt wird das Molekül in regenerierendem Gewebe wie im Darmepithel oder heilenden Wunden, aber auch bei der Leberfibrose, der Glomerulonephritis und in verschiedenen Tumoren gefunden. SPARC ist einerseits an Kollagen Typ I, III, IV und V gebunden, andererseits kann es an Thrombospondin und mehrere Wachstumsfaktoren binden, die sich innerhalb der ECM befinden. Dadurch kann das Molekül die biologische Wirkung am Wachstumsfaktor oder an dessen Rezeptor modulieren. Eine besonders interessante Wirkung von SPARC ist die Fähigkeit, die Zellform zu beeinflussen. Werden Zellen auf SPARC-Matrices kultiviert, so wird die Zellproliferation gehemmt und die Zellteilung unterbleibt. Außerdem kann SPARC offensichtlich die Menge der gebildeten ECM, speziell von Kollagen Typ I steuern.

[Suchkriterien: Matricellular proteins function]

2.4
Gewebeentstehung

2.4.1
Keimblätter und Grundgewebe

Die einzelnen funktionellen Gewebe in unserem Körper entstehen in einem langen und sehr komplexen Entwicklungsgeschehen aus dem embryonalen Ektoderm, Mesoderm und Entoderm. Daraus werden die vier Grundgewebe gebildet, die sich dann im reifenden Organismus zu den vielen funktionellen Geweben mit all ihren Facetten ausbilden.

Die Entwicklung der drei Keimblätter des Menschen beginnt in der dritten Embryonalwoche (Abb. 2.47 A). Vor diesem Zeitpunkt besteht die Keimscheibe eines Embryos nur aus dem Ektoderm und dem darunter liegenden Entoderm. Durch einen bisher unbekannten Induktionsmechanismus bildet sich auf der Oberfläche des Ektoderms der Primitivstreifen aus, der bis zum 16. Tag der Entwicklung als deutliche Rinne mit erhöhten Rändern zu erkennen ist. Cranial endet der Primitivstreifen im Primitivknoten, der in der weiteren Entwicklung der Keimblätter eine zentrale Bedeutung hat. Im Bereich des Primitivstreifens sind auffallende Zellveränderungen zu beobachten. Die Zellen runden sich ab und wandern in die Primitivrinne hinein. Dieser Vorgang wird als Invagination bezeichnet und hat Ähnlichkeit mit den Vorgängen, die sich bei der Gastrulation der Amphibienkeime im Bereich der Urmundlippe abspielen. Letztendlich wandern die Zellen zwischen das oben liegende Ektoderm und das darunter liegende Entoderm der Keimscheibe. Aus diese Weise wird das dazwischen liegende mittlere Keimblatt, das Mesoderm, gebildet (Abb. 2.47 B).

Die im Bereich des Primitivknotens eingewanderten Zellen bilden unter dem Ektoderm zuerst einen röhrenartigen Fortsatz. Dabei handelt es sich um die Anlage des Achsenorgans, der Chorda dorsalis (Abb. 2.47 C). Ab dem 17. Entwicklungstag trennt die Mesodermschicht zusammen mit der Chorda dorsalis das Entoderm vollständig vom Ektoderm. Eine Ausnahme bildet nur der Bereich der cranial gelegenen Prächordalplatte, aus der später wesentliche Teile des Kopfes hervorgehen.

Es wird ein Neuralrohr ausgebildet, welches im Mesenchym verläuft (Abb. 2.47 D).

Die Entwicklungsphase zwischen der 4. und 8. Woche wird Embryonalperiode genannt. Aus den drei Keimblättern entwickeln sich jetzt spezifische Gewebe- und Organanlagen (Abb. 2.47 E). Die Entstehung dieser Anlagen ist zudem mit einer starken Veränderung der äußeren Gestalt des Embryos verbunden (Abb. 2.47 F). Am Ende der 8. Woche ist die endgültige Körperform in ihren Hauptzügen schon erkennbar. An dieses Stadium schließt sich bis zur Geburt die Fötalentwicklung an.

Abb. 2.47: Schematische Darstellung zur Entwicklung des Ektoderms (Ekt), Mesoderms (Mes) und Entoderms (Ent) während der Embryonalentwicklung. Aus diesen Keimblättern entwickeln sich die vier Grundgewebe.

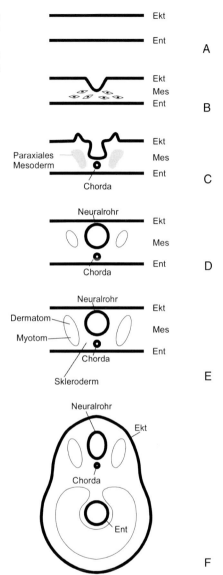

[Suchkriterien: Embryonic development endoderm mesoderm ectoderm]

2.4.1.1 Derivate des Ektoderms

Mit Beginn der 3. Entwicklungswoche gleicht das Ektoderm des Embryo noch einer flachen Scheibe. Aus dem Ektoderm geht in der laufenden Entwicklung die gesamte Anlage des zentralen Nervensystems und das Oberflächenektoderm hervor. Die

Anlage des Zentralnervensystems wird als Neuralplatte bezeichnet. Die Bildung dieser Struktur wird durch den darunter liegenden Chorda-Mesoderm-Komplex induziert. Nach einigen Tagen bildet die Neuralplatte zwei längs verlaufende Falten mit einer dazwischen liegenden Neuralrinne. Beide Falten nähern sich einander, verschmelzen und bilden das Neuralrohr, aus dem sich das komplexe Nervensystem entwickelt. Letztendlich entstehen aus dem embryonalen Ektoderm Körperstrukturen, die im Organismus den Kontakt zur Umwelt herstellen.

Die weitere Entwicklung des sechsschichtigen Gewebes im Neocortex läuft nach einem besonders strukturierten Programm ab, welches Einwirkung auf die Proliferation, die Zellwanderung und die Differenzierung hat. Die kortikalen Neurone entstehen nicht im Cortex, sondern in tief gelegenen Proliferationsarealen. Aus diesem Grund müssen die postmitotischen Neurone eine Strecke zurücklegen, die der circa 500–1000fachen Zelllänge entspricht, bis sie ihren Bestimmungsort erreicht haben und in die terminale Differenzierung übergehen. Die unterschiedlichen Schichten werden von innen nach außen aufgebaut, so dass die Neurone alle bisher gebildeten Schichten durchwandern müssen. Bei diesem Vorgang müssen die Neurone zielsicher geleitet werden. Dazu gibt es spezielle Signalmechanismen. Daran beteiligt ist das Doublecortin (DCX), welches für die Wanderung der Neurone im Cortex von entscheidender Bedeutung ist. Die Bedeutung von DCX ist schon daran zu erkennen, dass das Protein in wachsendem neuralem Gewebe besonders stark exprimiert ist, während es in anderen wachsenden Geweben nicht nachgewiesen werden kann. Veränderungen am menschlichen DCX-Gen führen zur Erweichung der Hirnmasse mit konsekutiven Persönlichkeitsveränderungen und zur Epilepsie. DCX ist ein 40 kDa Protein, welches phosphoryliert werden kann und eine Ca^{2+}/Calmodulin-Kinase-Domäne enthält. Dies bedeutet, dass DCX offensichtlich zu einer zellulären Proteinfamilie gehört, die neurale Migration über Ca^{2+}-Signale zu steuern vermag.

Zur Gehirnentwicklung gehört nicht nur die Wanderung von Neuronen, sondern auch das Wachstum von Axonen. Dieses Verlängerungswachstum, also die richtige Führung und die Verzweigung der Axone sind die grundlegenden Schritte bei der Entstehung des Nervengewebes. Eine ganz wesentliche Rolle spielt dabei die Rho-Familie der GTPasen, die extrazellulär empfangene Signale umsetzen und damit die Vernetzung des Aktin-Zytoskeletts steuern. Besondere Bedeutung hat Rac, weil es bei der Verlängerung des Axons und seiner gezielten Ausbreitung beteiligt ist. Durch loss of function-Mutanten lässt sich z. B. zeigen, dass der Verlust von Rac1, Rac2 und Mtl-Aktivität zuerst zu Defekten bei der axonalen Verästelung führt, dann die Ausbreitung und schließlich das Wachstum beeinträchtigt. Unbekannt ist bisher, wie die differentielle Aktivierung dieser einzelnen Schritte gesteuert wird.

Neben dem zentralen und peripheren Nervensystem werden die Sinnesepithelien von Ohr, Auge und Nase gebildet. Zusätzlich entsteht aus dem Ektoderm die gesamte Epidermis mit den Haaren und Nägeln, sowie den subcutan gelegenen Drüsen. Hinzu kommen die Milchdrüsen, die Hypophyse und der Zahnschmelz.

[Suchkriterien: Embryonic development ectoderm derivates]

2.4.1.2 Derivate des Mesoderms

Das Mesoderm besteht anfänglich aus einer dünnen Schicht von Zellen zwischen dem Ektoderm und dem darunter liegenden Entoderm. Ab dem 17. Tag der Entwicklung nimmt die Zahl der Mesodermzellen stark zu und bildet das paraxiale Mesoderm aus. Im lateralen Bereich des Embryos bleibt die Schicht vergleichsweise dünn und bildet die Seitenplatten. Zum Ende der 3. Woche gliedert sich das paraxiale Mesoderm in einzelne Segmente, die von jetzt an Somiten genannt werden. Diese bestimmen die spätere Grundform des Körpers. In der 4. Woche jedoch lösen sich die Somiten wieder auf. Es entsteht ein mehr axial gelegenes Sklerotom und ein laterales Dermatom. Die im Sklerotom enthaltenen Zellen bilden einen lockeren Zellverband, der als embryonales Bindegewebe oder Mesenchym bezeichnet wird. Die Zellen des Mesenchym können sich jetzt zu Fibroblasten entwickeln und damit extrazelluläre Matrix aus retikulären, kollagenen und elastischen Fasern bilden. Außerdem können die Mesenchymzellen zu Chondroblasten und Osteoblasten werden, die dann zur Chorda dorsalis wandern und die Anlage der Wirbelsäule bilden.

Im menschlichen Organismus gibt es neben dem hyalinen Knorpel den elastischen Knorpel und den Faserknorpel. Häufig werden diese Knorpelarten der Einfachheit halber zusammengefasst. Ausdrücklich soll darauf hingewiesen werden, dass es sich bei allen drei Knorpelarten um ganz verschiedene Gewebe, mit unterschiedlichem Vorkommen, Zusammensetzung und Funktionen handelt. Bedacht werden sollte außerdem, dass alle Ersatzknochen des menschlichen Skeletts mit Ausnahme weniger Deckknochen im Schädelbereich in ihrer späteren Größe zuerst aus hyalinem Knorpel aufgebaut werden. Der größte Anteil dieser Knorpelanlagen wird dann bis zum Erwachsenenalter zu Knochengewebe umgebaut. Nur auf den jeweiligen Gelenkflächen bleibt eine unterschiedlich dicke Lage an hyalinem Knorpel zurück. Elastischer Knorpel in der Ohrmuschel, am Kehlkopf und an der Nase hat ganz unterschiedliche Ursprungsbereiche. Faserknorpel in den Zwischenwirbelscheiben entwickelt sich über unbekannte Mechanismen in der Segmentierungsphase zwischen zwei entstehenden Wirbelkörpern (Abb. 2.48). Bisher konnten keine experimentellen Arbeiten gefunden werden, die zeigen, wie sich aus hyalinem Knorpel elastische Knorpelelemente oder Faserknorpel entwickeln.

Die im Dermatom verbliebenen Zellen entwickeln sich weiter zum Myotom. Daraus entsteht die Muskulatur des entsprechenden Körpersegments. Histologisch sind

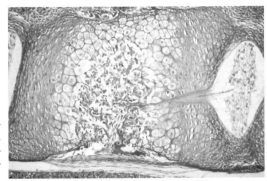

Abb. 2.48: Mikroskopische Darstellung zur Bildung eines Wirbelkörpers. Zuerst entsteht ein Vorstadium aus hyalinem Knorpel, welcher dann durch enchondrale Ossifikation ersetzt wird.

die entstandenen Myoblasten eindeutig anhand ihrer blassen Zellkerne zu identifizieren. Skelettmuskelfasern entstehen durch die Fusion von kettenförmig angeordneten Myoblasten. Bei der Zusammenlagerung entsteht ein Synzytium mit vielen Zellkernen. Eine weitere Zellpopulation des Dermatoms bildet die Dermis sowie das subkutane Fett- und Bindegewebe.

Aus dem intermediären Mesoderm entsteht das Anlagematerial der Harnorgane. Dieser Bereich wird als Nephrotom bezeichnet. Aus ihm gehen zuerst die Vorniere, dann die Urniere und schliesslich die Nachniere hervor. Das besondere an diesem Entwicklungsgeschehen besteht darin, dass die Vor- und Urniere wieder degenerieren und nur die Nachniere bestehen bleibt. Aus dem parietalen Mesoderm bilden sich Bindegewebe und die Muskulatur der Körperwand sowie die Rippen. Das Binde- und Muskelgewebe des Magen-Darm-Traktes dagegen entstehen aus dem viszeralen Mesoderm. Ebenfalls aus diesem Gewebe bilden sich die mesothelialen Zellschichten wie Peritoneum, Pleura, Peri- und Epicard.

Ab der 3. Embryonalwoche entstehen im Mesoderm die ersten Blutgefäße in Form von Blutinseln. Darin sind sowohl Angioblasten als spätere Endothelzellen als auch Progenitorzellen von Blutzellen zu finden. Durch Aussprossen der Angioblasten entstehen zusammenhängende Blutgefäße. Auf gleiche Weise entstehen die Gefäße, die den Herzschlauch bilden.

Blutgefäße müssen in alle Gewebe außer Epithelien und Knorpel einwachsen, damit eine gleichmäßige Nähr- und Sauerstoffversorgung sicher gestellt ist. Dazu müssen koordinierte Mechanismen ablaufen, die den Verlauf und die Aufzweigung der Gefäße steuern. Gleichzeitig wird jedoch eine überschießende Gefäßbildung verhindert. Angiogene Eigenschaften haben eine ganze Reihe von Faktoren. Dazu gehören PDGF, VEGF, Interleukin-8 sowie der saure Fibroblastenwachstumsfaktor.

Die Entwicklung von Gefäßstrukturen läuft in enger Interaktion mit dem VEGF-Rezeptor, Ephrin und dem Ephrinrezeptor sowie den Proteinen aus der Gruppe der Angiopoetine und ihren Tie-Rezeptoren (Tyrosin kinases with Ig and EGF homology domains) ab. Dabei zeigt sich, dass VEGF nur teilweise ein hierarchisch übergeordneter Modulator der komplexen Vorgänge bei der Blutgefäßentstehung darstellt. Ist z. B. nicht genügend Angiopoetin-1 vorhanden oder die Bindung an seinen Rezeptor Tie2 gestört, so unterbleibt die Regeneration neuer Blutgefäße. Eine Überexpression von Angiopoetin-2 dagegen führt zur Zerstörung der Blutgefäße im Embryo. Andere Befunde wiederum haben gezeigt, dass Tie2 eine wesentliche Rolle in Tumoren spielt, da seine extrazelluläre Domäne die Blutgefäßentstehung hemmt.

Die Stimulierung der durch diese Faktoren ausgelösten Erweiterung des Gefäßsystems kann mit PEDF (pigment epithelium derived factor) gehemmt werden. Ein typisches Beispiel für die Entstehung von zu vielen Blutgefäßen ist die durch Sauerstoffmangel ausgelöste diabetische Retinopathie. Dabei zerstören die zu viel gebildeten Blutgefäße die lichtsensitive Retina im Auge. Neueste Daten zeigen, dass PEDF durch zu wenig Sauerstoffversorgung seine natürliche Inhibitionswirkung auf das Gefäßwachstum nicht mehr ausübt. Scheinbar bewirkt PEDF bei Sauerstoffmangel die Auslösung von Apoptosemechanismen in entstehenden Endothelzellen, was wiederum die Bildung von neuen Gefäßsprossen bewirkt.

Somit entstehen aus dem Mesoderm ganz unterschiedliche Strukturen wie Binde-gewebe, Knorpel und Knochen, quergestreifte und glatte Muskulatur, Zellen des Blu-tes und der Lymphe. Außerdem bilden sich aus dem Mesoderm die Wand des Her-zens, die Blut- und Lymphgefäße, die Nieren und Keimdrüsen mit ihren Ausfüh-rungsgängen, die Milz sowie die Rinde der Nebenniere.

[Suchkriterien: Development mesoderm derivates]

2.4.1.3 Derivate des Entoderms

Aus dem Entoderm entwickelt sich der gesamte Magen-Darm-Trakt, also Oesopha-gus, Magen, Dünn- und Dickdarm. Außerdem entstehen aus dem Entoderm die epi-theliale Auskleidung des Respirationstraktes sowie das Parenchym der Tonsillen, Schilddrüse, Nebenschilddrüse, Leber, Pankreas und Thymus. Teile der epithelialen Strukturen der Niere, wie das Sammelrohrsystem, sowie die Auskleidung der Harn-blase und Harnröhre werden ebenfalls durch Zellderivate des Entoderms gebildet.

[Suchkriterien: Embryonic development endoderm derivates]

2.4.2
Einzelzelle, Sozialität, funktionelle Gewebeentwicklung

Aus Derivaten der Keimblätter entstehen unter der Einwirkung von verschiedenen morphogenen Faktoren Vorläufer von Gewebezellen (Abb. 2.49). Dazu gibt es eine Vielzahl an Publikationen. Überraschend wenig Informationen gibt es jedoch zu den nachfolgenden Schritten, wenn aus embryonal angelegten Vorstufen funktio-

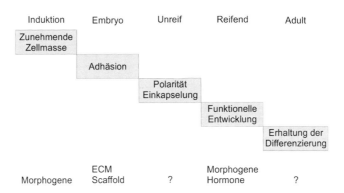

Abb. 2.49: Schematische Darstellung des komplexen Verlaufs der funktionel-len Gewebeentwicklung. Dazu gehören embryonale, fötale, perinatale, juvenile und adulte Entwicklungsperioden. Außerdem wird die Gewebeentwicklung nicht durch ein einzelnes Morphogen, sondern auf ganz unterschiedlichen zell-biologischen Ebenen gesteuert. Dabei muss die notwendige Zellmasse, die Adhäsion, die Polarität sowie die funktionelle Reifung in einem speziellen zeit-lichen Ablauf reguliert werden.

nelle Gewebe mit sehr speziellen Funktionen entstehen. Dabei geht es etwa um Fragen der Steuerung der Ausbildung einer polaren Differenzierung bei Epithelien oder warum manche Epithelien sehr gut abdichten, während andere dies nicht vermögen. Ungelöst sind zudem viele Fragen zu Entwicklungsvorgängen, beispielsweise wie in neuronalen Netzwerken die richtigen Kontakte zwischen aussprossenden Dendriten und Axonen gefunden werden oder wie im Herzmuskel dreidimensionale Gewebeverbände mit mechanischer und funktioneller Kopplung aufgebaut und vaskularisiert werden.

[Suchkriterien: Cell polarization functional development differentiation]

2.4.2.1 Differenzierung von Einzelzellen

Die Entwicklung von embryonalen zu adulten Zellen wird häufig anhand der Hämatopoese dargestellt. Die im Blut als Einzelzellen vorkommenden Blutzellen stammen von hämatopoetischen Stammzellen ab, die sich im Stroma und Fettgewebe des Knochenmarks befinden und sich ein Leben lang durch Zellteilungen selbst erneuern können. Durch die Einwirkung von Morphogenen, Zytokinen und Wachstumsfaktoren kommt es neben den symmetrischen Zellteilungen zu asymmetrischen Teilungen, aus denen Tochterzellen entstehen. Dies dient einerseits dem Selbsterhalt und andererseits werden dadurch Zellen für die Weiterentwicklung produziert. Damit ist gewährleistet, dass durch die Zellteilungen ein Teil als Stammzellen erhalten bleibt, während sich ein anderer Teil entlang der myeloiden und lymphoiden Zelllinien zu differenzierten Blutzellen entwickelt (Abb. 2.50). In bestimmten Entwicklungsstadien

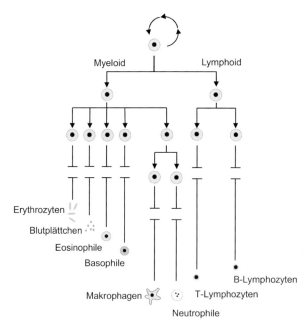

Abb. 2.50: Schema zur Entwicklung der hämatopoetischen Stammzellen. Aus Stammzellen und myeloiden bzw. lymphoiden Vorläuferzellen entstehen durch Morphogene, Zytokine und Wachstumsfaktoren die einzelnen Zellen des Blutes.

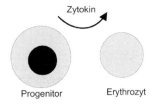

Abb. 2.51: Vom Progenitor zur funktionellen Einzelzelle. Als Beispiel ist gewählt, wie aus einer Vorläuferzelle durch die Einwirkung eines Zytokins ein kernloser Erythrozyt entsteht.

kann es wiederum zu einer Reihe von symmetrischen Teilungen kommen, die ausschließlich der Vermehrung bestimmter Vorläuferzellen dienen.

Auf diese Weise entstehen z. B. aus Proerythroblasten in mehreren Zwischenschritten reife Erythrozyten (Abb. 2.51). Dieser Entwicklungsvorgang läuft nicht automatisch ab, sondern wird durch das Reifungshormon Erythropoetin ausgelöst und ist nach Bedarf steuerbar. Zur Anpassung an den geringeren Sauerstoffgehalt im Hochgebirge werden mehr Erythrozyten als im Flachland auf Meereshöhe gebildet. Die aus diesem Vorgang als Erythrozyt hervorgegangene Zelle teilt sich nicht mehr und liegt für die ihr vorgegebene Lebensspanne von 120 Tagen in isolierter Form vor. Typisch für diesen skizzierten Entwicklungsweg ist, dass aus einer embryonal angelegten Zelle unter der Steuerwirkung eines einzelnen Morphogens mit Unterstützung von Zytokinen und Wachstumsfaktoren einzelne differenzierte Zellen entstanden sind.

In der Zwischenzeit sind mehr als 40 rekombinante Zytokine und Wachstumsfaktoren bekannt, die Einfluss auf die Zellentwicklung im hämatopoetischen System haben und über zelluläre Mechanismen wie z. B. c-fms/M-CSF, c-kit/SCF wirksam sind. Dies lässt sich anhand von Kulturexperimenten mit Vorläuferzellen und nach Zugabe einzelner Zytokine in einer Kulturschale zeigen. Typisch für alle differenzierten Blutzellen ist, dass sie sich nicht mehr teilen und nach einer vorgegebenen Lebensdauer wieder abgebaut werden.

[Suchkriterien: Stem cells progenitor differentiation cytokines growth factors]

2.4.2.2 Funktionsaufnahme

Ein klares Beispiel für Aufnahme spezifischer Funktionen durch die Ausbildung der Differenzierungsleistung einer einzelnen Zelle ist die Reifung eines Lymphozyten zur Plasmazelle. Dabei beginnt die spezifische Antikörperproduktion aufgrund eines Antigenstimulus.

Unter Kulturbedingungen lässt sich die Produktionsaufnahme leicht nachweisen. Wenn die einzelne Zelle mit ihrer Produktion beginnt, wird dies als Gain of function bezeichnet (Abb. 2.52). In diesem speziellen Fall handelt es sich um die Hochregulie-

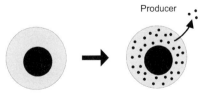

Abb. 2.52: Vom Progenitor zur terminalen Differenzierung. Aufnahme der Antikörperproduktion als die einfachste Form einer Differenzierungsleistung einer einzelnen Zelle. Dieser Vorgang wird als Gain of function bezeichnet.

rung eines einzelnen Genproduktes. Definitionsgemäß kann der Vorgang als die einfachste Form einer Zelldifferenzierung angesehen werden.

[Suchkriterien: Cell functional differentiation]

2.4.2.3 Einzelzelle und Sozialität

Die klassische Gewebelehre zeigt, dass sich aus einzelnen Zellen in Zusammenhang mit der extrazellulären Matrix sozial agierende Verbände bilden, die vielfältige Aufgaben erfüllen. Dabei müssen einzelne Zellfunktionen von den eigentlichen Gewebefunktionen unterschieden werden. Gleiches gilt für die Entwicklung von Zellen und Geweben. Beide Strukturen zeigen ganz eigenständige Entwicklungswege, wobei sich embryonale Zellen in unterschiedlichen Entwicklungsschritten zu Geweben mit sehr spezifischen Funktionen entwickeln. Dadurch entstehen kommunikativ agierende Zellverbände mit einer speziellen extrazellulären Matrix. Im Vergleich zur Zelldifferenzierung ist die Entwicklung spezifischer Gewebeeigenschaften ein wesentlich komplexerer Vorgang, bei dem neben einer definitiven Gestaltänderung gleichzeitig viele physiologische und biochemische Eigenschaften in enger Kooperation mit benachbarten Zellen und dem extrazellulären Milieu verändert werden.

Die Differenzierungssteuerung von einzelnen Zellen im hämatopoetischen System ist für die speziellen Aufgaben des Blutes ausgelegt. Entwicklungsphysiologisch ganz anders läuft die Entwicklung von Geweben ab. Dabei sind unterschiedliche zellbiologische Regulationsmechanismen beteiligt. Nicht ein einzelnes Morphogen, sondern eine Vielzahl von externen Faktoren haben Einfluss auf das Entwicklungsgeschehen in einem komplexen Zellverband. Diese Vorgänge sind nicht nur für die Entstehung eines Gewebes aus embryonalen Zellen, sondern auch für seine lebenslange Aufrechterhaltung wichtig. Dazu gehören die Ausbildung von Zell-Zell-Kontakten, die Interaktion der Zellen mit der extrazellulären Matrix, die Nähr- und Sauerstoffversorgung, sowie mechanische und rheologische Belastungen (Abb. 2.53). Überraschenderweise gibt es für die Entwicklungsvorgänge bei der funktionellen Gewebeentstehung mit Ausnahme der Knochenheilung beim Menschen nur relativ wenig entwicklungsphysiologische Kenntnisse.

Im Embryo des Menschen werden im Anschluss an das Blastulastadium als erstes die Primitivgewebe des Trophoblasten und des Embryoblasten angelegt. Nur im Embryoblast entwickeln sich durch Induktionsvorgänge Vorstufen des Gewebes aus ektodermalen (Haut, neurale Strukturen), entodermalen (Verdauungstrakt, Lunge, Leber) und mesenchymalen Keimblättern (Herz, Blutgefäße, Bindegewebe, Niere). Ein typisches Beispiel für einen die Entwicklung auslösenden Induktionsfaktor ist der von Heinz Tiedmann isolierte vegetalisierende Faktor, der jetzt Activin genannt wird und

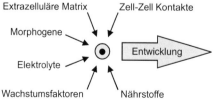

Extrazelluläre Matrix   Zell-Zell Kontakte

Morphogene

Elektrolyte

Entwicklung

Wachstumsfaktoren   Nährstoffe

Abb. 2.53: Schema zur komplexen Einwirkung von Faktoren bei der Gewebeentstehung. An der Zelldifferenzierung während der Gewebeentstehung ist nicht nur ein einzelner Wachstumsfaktor beteiligt. Vielmehr handelt es sich um ein Zusammenspiel zwischen der extrazellulären Matrix, den Zell-Zell-Kontakten und den unterschiedlichen Umgebungsstimuli.

mesodermale bzw. entodermale Gewebeanlagen zu induzieren vermag. Gesteuert wird dabei die Orchestrierung der frühembryonalen Entwicklung in einem weiten Spektrum von Homöoboxgenen.

Anlagen für die daraus entstehenden funktionellen Gewebe entstehen prinzipiell durch die Einwirkung eines Morphogens wie z. B. Sonic hedgehog oder Bone morphogenic protein und damit über einen Induktionsreiz, der die Entstehung von Gewebevorläuferzellen aus embryonalen Stadien in Gang setzt. Im Anschluss daran kommt es zu Zellbewegungen und -interaktionen, was morphologisch zuerst an einer Zusammenlagerung und später an einer gewebetypischen Musterbildung zu erkennen ist. Damit ist die Entwicklungsrichtung eines Gewebes erst einmal festgelegt. Jetzt aber stellt sich die sehr wesentliche Frage, wie aus noch völlig unreifen Vorstufen ein Gewebe mit seinen spezifischen Funktionen entsteht.

[Suchkriterien: Differentiation tissue development interaction influence]

2.4.2.4   Formation von Gewebe

Epithelgewebe:
Voraussetzung für das Entstehen einer funktionellen Barriere ist ein konfluenter Monolayer, bei dem die Zellen keine Lücken bilden, dicht an dicht stehen und an der Grenze zwischen der luminalen und lateralen Plasmamembran einen Haftkomplex ausbilden. Dieser besteht aus einem Desmosom, einer Zonula adhaerens und einer

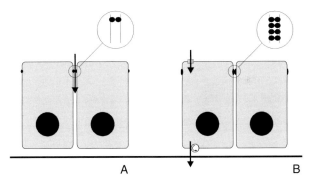

Abb. 2.54:   Entwicklung von Transporteigenschaften von Epithelzellen auf einem Filter. Nach dem Anhaften der Zellen auf einem Filter werden die Polarisierung und die Tight junction mit der physiologisch abdichtenden Zonula occludens ausgebildet. Enthält die Zonula occludens im unreifen Zustand z. B. nur einen Strang an Abdichtungsproteinen (Occludine), so können gelöste Stoffe parazellulär und damit unkontrolliert zwischen 2 Zellen hindurch gelangen (A). Dieser Zustand des Epithels wird als undicht (leaky) bezeichnet. Reift die Zonula occludens jedoch zu 4 – 7 Strängen heran, so dichtet sie physiologisch ab und bildet ein dichtes (tight) Epithel (B). In diesem Zustand entscheiden allein die Zellen, welche Substanz z. B. durch die luminale Plasmamembran aufgenommen und durch die basolaterale Plasmamembran wieder abgegeben wird. Dadurch bildet sich ein hoch spezifischer transzellulärer Transport aus.

Zonula occludens (Tight junction). Die Zonula occludens wiederum ist wie ein Flecht-gürtel aus 4 bis 7 miteinander verwobenen Proteinsträngen (Strands) aufgebaut. Im-·munhistochemisch können an dieser Stelle Proteine wie ZO1 und Occludin nachge-wiesen werden. Allein die Zonula occludens hat die Fähigkeit eine funktionelle Ab-dichtung zwischen dem luminalen und basalen Kompartiment aufzubauen. Man kann anhand von physiologischen Daten und Gefrierbruchrepliken zeigen, dass eine Zonula occludens mit 2 bis 3 Strängen keine physiologisch intakte Barriere bil-det, während 4 bis 7 Stränge eine eindeutige Abdichtung zeigen.

In polarisierten Zellverbänden existieren prinzipiell zwei Transportrouten, wobei die Richtung einzelner Transportaufgaben sogar innerhalb einer Zelle entgegenge-setzt sein kann. Manche Epithelien besitzen einen parazellulären (Abb. 2.54 A) und manche einen hochspezifischen transzellulären Weg (Abb. 2.54 B). Entscheidend für einen Transportweg sind unter anderem die Tight junctions bzw. die Anzahl ihrer miteinander anastomosierenden Strands. Normalerweise sind Tight junctions an der apikallateralen Zellgrenze lokalisiert. Eine Ausnahme bilden Sertoli-Zellen im männ-lichen Keimepithel, die die Tight junctions an der lateral-basalen Seite ausbilden. Je mehr Strands ausgebildet sind, desto perfekter ist die funktionelle Abdichtung. Spe-

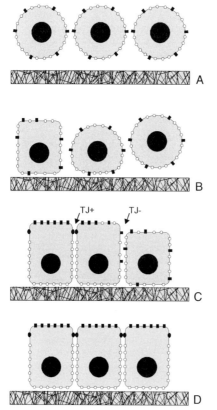

Abb. 2.55: Entwicklungsvorgänge in der Plasma-membran von Epithelzellen bei der Polarisierung und funktionellen Abdichtung. Wenn Epithelzellen als Einzelzellen auf eine Membran pipettiert wer-den, dann sind alle Membranproteine gleichmäßig auf der Zelloberfläche verteilt (A). Zur Polarisierung müssen sich die Epithelzellen auf der Membran ver-ankern (B). Auch in diesem Stadium sind die Mem-branproteine noch gleichmässig verteilt. Bildet sich die Polarisierung mit einer Tight junction aus, dann findet eine Kompartimentierung der Plasma-membran statt, es bildet sich ein luminales (apika-les) und basolaterales Kompartiment (C). Ein abdich-tendes Epithel zeigt grundsätzlich eine eindeutige Polarisierung und Kompartimentierung der Plasma-membran (D).

ziell ausgebildete Membranstrukturen in Form von Kanälen und Pumpen bedingen den transzellulären Transport.

Gleichzeitig mit der Entwicklung einer physiologischen Barriere entstehen wesentliche Voraussetzungen für die Polarisierung des Epithels. Bei einer entstehenden Epithelzelle, die noch keine Tight junction ausgebildet hat, werden Proteine in die Plasmamembran eingebaut und können von dort zu allen Punkten auf der Zelloberfläche gelangen (Abb. 2.55 A). Wird jedoch eine Tight junction aufgebaut (Abb. 2.55 B, 2.55 C), so können Proteine von der luminalen nicht mehr in die laterale oder basale Plasmamembran gelangen. Gleiches gilt natürlich für Proteine des basolateralen Kompartiments, die wegen der Tight junction nun nicht mehr in die luminale Plasmamembran gelangen können (Abb. 2.55 D).

Die Kontrolle für die Kompartimentierung des apikalen und basalen Kompartiments liegt im inneren Leaflet der Plasmamembran und dem Zytoskelett im Bereich der Tight junction. Dies bedeutet, dass durch den Aufbau einer funktionellen Barriere nicht nur ein enger Kontakt zur Nachbarzelle geschlossen wird, sondern sowohl das luminale als auch basale Zellkompartiment definiert wird. Dadurch ist die Epithelzelle funktionell polarisiert. Ab jetzt müssen gebildete Proteine wie Ionenkanäle oder Transporter von der Zelle nicht einfach in die Plasmamembran, sondern speziell entweder in das luminale oder basolaterale Kompartiment verschickt werden. Dazu erhalten die Pre-Pro-Formen der gebildeten Plasmamembranproteine spezielle Signalsequenzen, damit sie vom Syntheseort zielsicher in die luminale oder basolaterale Plasmamembran verschickt und eingebaut werden.

Von Epithelzellen weiß man, dass nach erfolgtem Induktionsreiz in Kooperation mit benachbarten Bindegewebszellen eine folienartige Basalmembranvorstufe durch

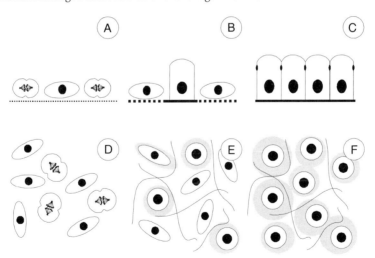

Abb. 2.56: Schema zu den unterschiedlichen Abläufen bei der Gewebeentwicklung. Bei der Entstehung von Epithel (A-C) und Bindegeweben (D-F) sind unterschiedliche Entwicklungsphasen zu unterscheiden. Dazu gehören die Vermehrung von Zellen (A, D), die Ausbildung einer gewebespezifischen extrazellulären Matrix (B, E) und die Definition einer Nachbarschaftsbeziehung zu anderen gleichartigen Gewebezellen (C, F).

Sezernierung von extrazellulären Matrixproteinen gebildet wird (Abb. 2.56 A). Dadurch erfolgt eine Kompartimentierung zwischen dem Epithel- und Bindegewebe. Gleichzeitig sind auf der Basalmembran viele Teilungen der Epithelzellen zu beobachten (Abb. 2.56 B). Infolgedessen kann die gesamte Fläche der Basalmembran besiedelt und gleichzeitig ein enger Kontakt zu den Nachbarzellen aufgenommen werden. Mit dem Einsetzen einer engen Nachbarschaftsbeziehung durch die Ausbildung von Zell-Zellverbindungen wird die Polarisierung im Epithel festgelegt. Diese ist durch die endgültige Verankerung der Zellen auf der Basalmembran und die Ausbildung polarer Eigenschaften definiert (Abb. 2.56 C).

Bei den mehrschichtigen Epithelien wie in der Epidermis der Haut ist die Entwicklung einer funktionellen Abdichtung komplizierter aufgebaut als bei einschichtigen Epithelien. Hier enthält nur das Stratum granulosum ähnliche Strukturen wie sie in der Tight junction, speziell in der Zonula occludens von einschichtigen Epithelien gefunden wird. Immunhistochemisch werden hier Occludin (i und 10), Claudine (1, 4, 7, 8, 11, 12 und 17) sowie TJ plaque Proteine wie ZO1 nachgewiesen. Wie die Ausbildung der Barrierefunktion entwicklungsphysiologisch in dieser speziellen Zellschicht gesteuert wird, ist unbekannt.

Bindegewebe:

Auch Bindegewebezellen teilen sich nach einem entsprechenden Induktionsreiz und bilden Zellnester (Abb. 2.56 D), wobei die einzelnen Zellen aufeinander zu wandern. Im Gegensatz zu den Epithelien bilden sie jedoch keine großflächigen lateralen Zellkontakte zu den Nachbarn aus, sondern bleiben in einer diskreten Distanz zueinander. Der einzige Kontakt besteht über lange Zellausläufer und Kommunikation über Gap junctions. Das in Entwicklung befindliche Bindegewebe muss später eine bestimmte Größe einnehmen. Aus diesem Grund wird eine bestimmte Anzahl an Zellen benötigt. Auch dabei bleiben die Zellen auf Distanz zueinander. Gleichzeitig werden in die Interzellularräume je nach Gewebetyp in unterschiedlicher Menge Matrixproteine wie Fibronektin, Kollagene und Proteoglykane eingebaut (Abb. 2.56 E). Dies bedeutet, dass die einzelnen Zellen oder Zellgruppen durch die Synthese von extrazellulären Matrixproteinen noch weiter räumlich voneinander isoliert werden.

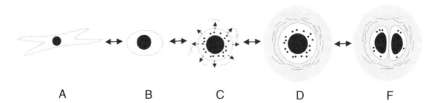

| A | B | C | D | F |

Abb. 2.57: Schematische Darstellung der Entwicklung einer Mesenchymzelle zu einem Chondrozyt. Diese Entwicklung beinhaltet die Umwandlung einer polymorphen Mesenchymzelle (A) zu einem abgerundeten Chondroblasten (B), der in Interaktion mit der extrazellulären Matrix seine Knorpelhöhle entwirft (C). Dabei muss festgelegt werden, wie viele Chondrozyten in dieser Höhle leben und wie die Knorpelkapsel aufgebaut werden muss. Entsprechend dieser zellbiologischen Voraussetzungen wird dann die mechanisch belastbare Interzellularsubstanz aufgebaut (D-E).

Im letzten Stadium runden sich z. B. Knorpelzellen ab und bilden die für dieses Gewebe typischen Knorpelhöhlen mit einer spezifischen Knorpelkapsel aus (Abb. 2.56 F). Gleichzeitig wird die Zahl der in den Knorpelhöhlen lebenden Chondrozyten definiert.

In Wirklichkeit ist die Entwicklung von Knorpelgewebe jedoch viel komplexer (Abb. 2.57). Die Entwicklung beinhaltet zuerst die Umwandlung einer polymorphen Mesenchymzelle zu einem abgerundeten Chondroblasten, der in Interaktion mit der extrazellulären Matrix seine Knorpelhöhle entwirft. Dabei muss festgelegt werden, wie viele Chondrozyten in dieser Höhle leben und wie die Knorpelkapsel aufgebaut werden muss. Entsprechend dieser zellbiologischen Voraussetzungen wird dann die mechanisch belastbare Interzellularsubstanz aufgebaut. Eine Rückentwicklung dieses Zelltyps ist bei einer natürlichen Entwicklung im Organismus nicht vorgesehen. Höchstens bei degenerativen bzw. entzündlichen Veränderung wie bei der Arthrose oder den rheumatoiden Erkrankungen kommt es durch die Einwirkung von Entzündungsparametern zu Zell- bzw. ECM-Modifikationen.

Muskelgewebe:
Die meisten Erkenntnisse zur Entstehung des Muskelgewebes konnte man durch Experimente an Mäusen gewinnen. Die Entstehung der Skelettmuskeln kann man in unterschiedliche Phasen unterteilen. So wird während der Determination zunächst festgelegt, dass aus Vorläufern Myoblasten werden. Die Myoblasten vermehren sich und wandern in die Peripherie, wodurch unter anderem die spätere Ausbreitung des entstehenden Muskels festgelegt wird. Nach der Festlegung des Ausbreitungsgebietes findet man einerseits Bereiche mit Myoblasten, die sich teilen, während in anderen Bereichen die Teilung gestoppt wird. Die Myoblasten lagern sich eng zusammen, fusionieren und bilden durch Fusion die eigentliche Muskelfaser. Dabei entsteht ein Synzytium, welches aus einem gemeinsamen Zytoplasma und mehreren Zellkernen besteht. Beginnend mit dieser terminalen Differenzierung werden ein Sarkoplasma (Zytoplasma), ein sarkoplasmatisches Retikulum (glattes endoplasmatisches Retikulum), Sarkosomen (Mitochondrien) und ein Sarkolemm (Plasmalemm) des Muskelgewebes definiert. Eine normale Faser enthält auf einer Länge von 1 mm circa 40–100 Zellkerne. Die Zellkerne sind oval und ca. 10 µm lang und 2 µm dick. Aufgrund der massiven Ausbildung der kontraktilen Elemente sind die Zellkerne an den Muskelfaserrand gedrängt. Nur circa 3 % der Zellkerne finden sich in der Fasermitte. Circa 1 % der gesamten Zellkerne müssen Satellitenzellen zugeordnet werden. Diese Zellen liegen zwischen der Muskelzelloberfläche und der Basalmembran und weisen keine Myofibrillen auf. Sie sind noch teilungsfähig und somit bei Regenerations- und Wachstumsprozessen des Muskelgewebes beteiligt. Allerdings reagiert das Muskelgewebe bei vermehrter Beanspruchung vornehmlich durch Hypertrophie, wobei die Faserdicke durch Vermehrung der Myofibrillen und nicht durch Zellteilung zunimmt. Histologisch wird zwischen quergestreifter Skelettmuskulatur, quergestreifter Herzmuskulatur und der glatten Muskulatur unterschieden. Die Entstehung des Muskelgewebes wird durch Muskelregulationsfaktoren stimuliert (MRF). Dazu gehören MyoD, Myf5 und Myogenin. Zusätzlich wirken verschiedene muskelenhancerbindende Faktoren (MEF). Offensichtlich können diese Faktoren op-

timal wirken, wenn die Differenzierung in der G_1-Phase der Zelle beginnt und der Zellzyklus ausgesetzt wird. Zellkulturexperimente zeigen, dass Inhibitoren der Cyclin-Cdk-Proteinkinase die Muskeldifferenzierung auslösen können.

Nervengewebe:
Die Bildung eines Nervengewebes verläuft im Vergleich zum Epithel, Bindegewebe und zur Muskulatur ganz anders. Die spätere Differenzierung hängt hier nicht allein von dem richtigen Einwandern und der Differenzierung der Neurone ab, sondern muss zusätzlich die spezifische Verbindung zum peripher gelegenen Zielgewebe herstellen. Axone der Motoneurone müssen vergleichsweise riesige Strecken überwinden, bis es zur Innervation kommt. Die Entfernung vom Rückenmark zur Fußsohle misst dabei 1 Meter. Weitgehend ungeklärt ist dabei, wie das Axon diese Distanz überwindet (Pathway selection) und mit welchem molekularbiologischen Mechanismus das Zielgewebe erreicht wird (Target selection). Diese beiden Entwicklungsschritte verlaufen noch unabhängig von einer neuronalen Aktivität. Schließlich muss das Axon funktionell an das Zielgewebe gekoppelt werden (Address selection). Navigationsunterstützung erhält das Neuron vorzugsweise durch das extrazelluläre Matrixprotein Laminin, welches punktuell auf Gliazellen beobachtet wird und somit einen Wachstumspfad signalisieren kann. Axone z.B von Retinazellen können über diesen Weg ihr Ziel finden. Vom Augenhintergrund bis zum entsprechenden Gehirnareal muss dabei eine Strecke von circa 15 cm überwunden werden. In diesen Prozess sind zusätzlich Adhäsionsmoleküle wie N-CAM, L1 oder NrCAM eingeschaltet. Axone können aber auch von einer bestimmten Wachstumsrichtung abgehalten werden und sind damit über Adhäsion und Abstoßung (Repulsion) steuerbar. Richtungsänderungen im Wachstumsverhalten werden mit Proteinen aus der Gruppe der Ephrine, Semaphorine und Netrine geleitet.

[Suchkriterien: Development tissue organ development organogenesis]

2.4.2.5 Individueller Zellzyklus
Je nach Gewebetyp befinden sich die differenzierten Zellen unterschiedlich lange in der Interphase oder G_1-Phase. Diese kann bei Nerven- oder Herzmuskelgewebe lebenslang, bei Nebennieren-, Leber- oder Nierenzellen Monate bzw. Jahre andauern. Bei sich permanent regenerierendem Gewebe, wie etwa der Haut, halten Interphasen lediglich einige Tage an. Bisher ist jedoch nicht bekannt, über welchen Mechanismus die einzelnen Gewebezellen gesteuert werden, so dass sie so unterschiedlich lange in der G_1-Phase verbleiben. An kultivierten Zellen kann gezeigt werden, dass nach Zugabe von fötalem Rinderserum, nach Applikation von Wachstumsfaktoren und nach Veränderung des Elektrolytmilieus Zellen von der Interphase in die S-Phase und damit in die Vorbereitung zur Mitose überführt werden können. Die Zelle kopiert ihr genetisches Material, wächst und gibt schließlich die verdoppelte DNA an 2 neue Zellen weiter. Nach einer festgelegten Interphaseperiode beginnt dieser Prozess erneut.

Eine wesentliche Frage ist, wie molekularbiologisch geregelt wird, wann Zellen von der G_1- in die S-Phase des Zellzyklus gelangen. Normalerweise ist dieser Schritt durch das Protein Sic1 blockiert. Sic1 hemmt einen Proteinkomplex, zu dem Kinasen wie z. B. Cdk1 gehören. Solange diese Kinasen inhibiert werden, können die Zellen nicht in die S-Phase gelangen. Wenn Sic1 jedoch in einzelnen Schritten mehrmals phosphoryliert wird, dann ist der Weg in die S-Phase frei. Dazu lagert sich ein Proteinkomplex SCF zusammen mit Ubiquitin an Sic1 an. Daraufhin wird Sic1 im Proteasom abgebaut und die S-Phase kann beginnen.

[Suchkriterien: Cell cycle control interphase arrest g0]

2.4.2.6 Koordiniertes Wachstum

Wachstum von Geweben kann als Zunahme der Zellzahl, der Zellmasse, der extrazellulären Matrix und des Flüssigkeitsgehaltes bezeichnet werden. Entwicklungsphysiologisch unterscheidet man zwischen fötalem und postnatalem Wachstum von Organen und Geweben. Generell stimulierend auf das Wachstum wirkt Insulin (INS) und das Insulin like growth factor (IGF1 and IGF2) System. Diese Hormone binden an mindestens vier Rezeptoren (INSR, IGF1R, IGF2R, Receptor X). Dabei wirkt IGF1 im Fötus noch bis zur postnatalen Phase, während IGF2 sowohl im Fötus als auch in der Plazenta wirkt. Man geht davon aus, dass circa 45 verschiedene Gene beim Wachstum von Gewebe beteiligt sind. Dazu gehören neben dem Insulin/Insulin growth factor System auch Rasgrf, Peg3, Mest und SrnpnIC. Versuche an Knock out-Tieren haben gezeigt, dass unterschiedliche Gewebe und Organe auch einer unterschiedlichen Wachstumskontrolle unterliegen. Kann IGF2 wegen des fehlenden Rezeptors nicht wirken, so zeigen Muskulatur, Herz, Niere und Lunge minimales Wachstum, während Leber und Darm sich normal entwickeln. Dies deutet darauf hin, dass es neben einem übergeordneten Insulin/Insulin growth factor System in den einzelnen Geweben zusätzlich parakrine Mechanismen für das Wachstum gibt, über die bisher wenig bekannt ist.

[Suchkriterien: Organ development coordination growth]

2.4.2.7 Kompetenz

Bei der Entwicklung von Geweben gibt es Zeitfenster, welche nur für eine bestimmte Dauer offen stehen und dann wieder geschlossen werden. Nur während der Öffnung eines Zeitfensters können bestimmte morphogene Faktoren die Entwicklung des Gewebes beeinflussen, während danach keine Einwirkungsmöglichkeit mehr gegeben ist. Die Zeit der entwicklungsphysiologischen Reaktionsfähigkeit des Gewebes wird als Kompetenz bezeichnet. Der Begriff stammt aus der frühen Embryonalentwicklung.

Die Kompetenz eines Gewebes lässt sich sehr gut am späten Blastulastadium eines Amphibienkeimes zeigen. Der obere (animale) Pol besteht zu diesem Zeitpunkt aus kompetentem Ektoderm, welches bei der weiteren Entwicklung vom Gewebe der Urmundlippe unterwandert wird. Durch diese Gewebeinteraktion wird das Ektoderm veranlasst, die Neuralplatte (Nervengewebe) auszubilden. Aus dem unterlagerten Gewebe selbst entsteht die spätere Wirbelsäule mit den segmentalen Muskelanlagen (Somiten).

Das kompetente Ektoderm einer späten Amphibienblastula lässt sich isolieren und in Kultur halten. Nach Applikation eines Morphogens wie z. B. Activin zeigt sich, dass sich daraus nicht nur neurales, sondern auch endodermales oder mesodermales Gewebe entwickeln kann. Dies bedeutet zuerst einmal, dass das kompetente Ektoderm unter *in vitro*-Bedingungen eine viel größere Entwicklungspotenz zeigt als bei der Entwicklung im Keim. Hier wird ja nur die Neuralplatte und das daraus resultierende Nervengewebe, aber kein mesodermales (Muskel, Niere) oder endodermales (Darm) Derivat gebildet.

Ideal wäre es, wenn zum Testen neuer morphogener Faktoren permanent kompetentes Ektoderm zur Verfügung stünde. Leider ist das jedoch nicht der Fall. Zum Testen muss das kompetente Ektoderm recht mühsam unter dem Präparationsmikroskop mit Platindrahtschlingen aus späten Blastulastadien isoliert und in Kultur genommen werden. Testet man an frisch isoliertem Gewebe die jeweiligen Faktoren, so lässt sich nach einiger Zeit der Kultivierung einwandfrei eine entsprechende Gewebeentwicklung zeigen. Ganz anders verhält sich das isolierte Ektoderm, wenn man es unter Kulturbedingungen ca. 5–6 Stunden altern lässt. Testet man an dem künstlich gealterten kompetenten Ektoderm Activin, so kann damit keine Wirkung mehr gezeigt werden. Lässt man dagegen das isolierte Gewebe zwischen 1 und 6 Stunden altern, so zeigt sich mit zunehmender Zeit immer weniger morphogene Reaktivität. Auf diese Weise kann man den zeitabhängigen Verlust der Gewebekompetenz deutlich erfassen. Diese Kompetenz ist somit zeitlich begrenzt und kann in ganz unterschiedlichen Gewebevorläuferzellen von dem Faktor Pax6 für ein Zeitfenster von nur wenigen Stunden geöffnet werden.

[Suchkriterien: Tissue competence development induction]

2.4.2.8 Morphogene Faktoren

Morphogene Informationen werden über parakrine Faktoren, die extrazelluläre Matrix und zelluläre Kontakte übertragen (Abb. 2.58). Während der Kompetenzzeit müssen die jeweiligen Vorläuferzellen schnellstmöglich Informationen über die Gewebeentwicklung erhalten, damit dieser Vorgang überhaupt eingeleitet wird. Dies kann über instruktive oder permissive Interaktionen zwischen benachbarten Zellpopulationen geschehen. So signalisiert z. B. die Epidermis der Haut über die Sekretion von

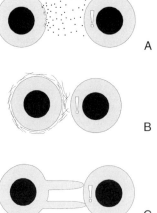

Abb. 2.58: Schema zur Interaktion von Gewebezellen. Bei der Gewebeentwicklung werden morphogene Informationen über parakrine Faktoren (A), die extrazelluläre Matrix (B) und zelluläre Kontakte (C) übertragen.

morphogenen Faktoren wie Sonic hedgehog und TGFβ2 bei Vögeln, dass im Bereich der Flügel Flugfedern, in anderen Bereichen Deckfedern oder Krallen ausgebildet werden müssen. Ein ähnlicher Entwicklungsmechanismus ist für die Bildung der menschlichen Haut, der Haare, der Nägel sowie von Talg- und Schweißdrüsen anzunehmen.

Eine spezielle Bedeutung bei der Gewebeentwicklung haben die zellulären Interaktionen, die über parakrine Mechanismen und Wachstumsfaktoren (Growth and differentiation factors, GDFs) vermittelt werden. Dazu gehören vier ganz unterschiedliche Proteinfamilien: Fibroblast growth factor (FGF), Hedgehog (hh), Wingless (Wnt) und die Transforming growth factor β (TGFβ) Superfamilie.

Zu den Fibroblastenwachstumsfaktoren (FGF) gehört ein Dutzend strukturell ähnlicher Moleküle, die wiederum als Hunderte von Proteinisoformen durch RNA-splicing vorkommen können. FGFs binden an Fibroblast growth factor receptors (FGFRs). Auf der Zellaußenseite bindet das jeweilige FGF Molekül an den Rezeptor. Auf der Zellinnenseite befindet sich eine ruhende Tyrosinkinase, die durch die Bindung aktiviert wird und infolgedessen ein benachbartes Protein phosphoryliert und damit in den biologisch aktiven Zustand überführt. Dadurch können wiederum ganz unterschiedliche Entwicklungs- und Funktionsmechanismen in der Zelle ausgelöst werden. Hierzu gehören die Neuentwicklung von Blutgefäßen, die Bildung von Mesenchym oder das Auswachsen von Axonen in neuronalem Gewebe.

Zu der Gruppe der Hedgehog Proteine (Sonic-shh, Desert-dhh, Indian-ihh) gehören parakrine Faktoren, die im Embryo spezielle Zelltypen zu bilden vermögen und die natürliche Grenze zwischen unterschiedlichen Geweben schaffen. Sonic hedgehog hat z. B. einen wesentlichen Einfluss auf die Entstehung der Wirbelsäule. Einerseits strukturiert es das gesamte Neuralrohr und sorgt im Laufe der Entwicklung dafür, dass ventral die Motoneurone und dorsal die sensiblen Neurone zu liegen kommen. Die Entwicklung der Axone wird von Neurolin und Reggie1 beeinflusst. Andererseits steuert Sonic hedgehog die segmentale Ausbildung der Somiten und die Verknorpelung der Wirbel. Desert und Indian hedgehog dagegen steuern noch lange nach der Geburt das Knochenwachstum und die Spermienbildung.

Bei der Wnt-Familie handelt es sich um cysteinreiche Glykoproteine. Während Sonic hedgehog hauptsächlich die ventral im Organismus ablaufende Gewebeentwicklung wie z. B. die Verknorpelung der Wirbelkörper steuert, hat Wnt1 einen Einfluss auf die mehr dorsal liegenden Zellen, damit sie die notwendige Muskulatur ausbilden. Ganz wesentliche Steuerungsfunktionen haben Wnts bei der Entstehung der Extremitäten und des Urogenitalsystems.

Die TGFβ Superfamilie umfasst Proteine wie Activin, Bone morphogenic proteins (BMPs) und den Glial derived neurotrophic factor (GDNF). Von diesen Proteinen ist bekannt, dass sie ganz wesentlich die Bildung von extrazellulären Matrixproteinen beeinflussen. Dies geschieht einerseits über eine gesteigerte Kollagen- und Fibronektinsynthese und andererseits über die Hemmung des Matrixabbaues. TGFβs kontrollieren das Auswachsen von Epithelstrukturen in der Niere, der Lunge und den Speicheldrüsen. Die BMPs haben Einfluss auf ganz unterschiedliche zelluläre Prozesse wie die Zellteilung, die Apoptose, die Migration und die Differenzierung. Neben der Knorpel- und Knochenentwicklung sind sie bei der Rückenmarkpolarisierung und der Augenentwicklung beteiligt.

[Suchkriterien: Morphogenic factor growth FGF BMP TGF]

2.4.2.9 Apoptose

Ohne die Apoptose wären z. B. die Hände und Füße keine klar gegliederten Extremitäten, sondern nur plumpe Zellhaufen. Beim Embryo sind die Extremitäten noch als unstrukturierte Zellhaufen zu erkennen. Die einzelnen Finger bzw. Zehen sind noch nicht voneinander getrennt. Die Zwischenräume entstehen erst durch die Apoptose. Ähnliche Modulationsvorgänge sind bei den Gesichtswülsten oder in inneren Organen wie der Niere oder Leber zu beobachten. Somit übernimmt die Apoptose eine wichtige Funktion im Gleichgewicht zwischen Proliferation, Differenzierung und Abbau von Zellen.

Die Apoptose wird durch ein Selbstmordsignal initiiert und führt zur Eliminierung der Zellen innerhalb von Stunden (Abb. 2.59). Beteiligt sind dabei Gene wie ced-9 und ced-3. Auf einer Zelle sind Todesrezeptoren zu finden, die CD95 und APO-1 genannt werden und das Signal in das Zellinnere weiterleiten, worauf das Selbstmordprogramm startet. Dieser Vorgang unterliegt jedoch der Kontrolle von p53 und den Proteinen der Bcl-Familie.

Zu Beginn der Apoptose bricht das Membranpotential in den Mitochondrien zusammen. Dies wiederum verursacht die Freisetzung von bestimmten Molekülen in das Zytoplasma der Zelle. Eines dieser Schlüsselmoleküle ist Cytochrom c. Seine Freisetzung bewirkt irreversibel den Caspase-abhängigen Zelltod. Die Freisetzung von Cytochrom c wiederum wird von den pro-apoptotischen bzw. anti-apoptotischen Proteinen der Bcl-2 Familie reguliert. Die Umverteilung von Cytochrom c bewirkt eine Unterbrechung des Elektronentransportes zwischen den Atmungskettenkomplexen III und IV, was wiederum die Bildung von ATP verhindert. Das ins Zytoplasma sezer-

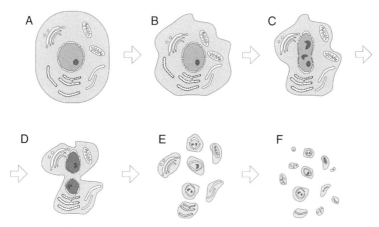

Abb. 2.59: Schema zu den unterschiedlichen Stadien der Apoptose. A. Intakte Zelle, B. und C. Kondensierung des Chromatins und beginnende Zellschrumpfung. D – F. Fragmentierung der Zelle in Apoptosekörperchen.

nierte Cytochrom c verbindet sich mit Apaf-1 (Apoptosis protease activating factor-1), das wiederum Caspase-9 und ATP bindet. Das entstandene Apoptosome ist jetzt in der Lage, Caspase-3 zu spalten, was zur Aktivierung der Caspasekaskade führt.

Beim Embryo hat die Apoptose gestaltende, also morphologische Eigenschaften, während sie im Gewebe vom erwachsenen Menschen häufig degenerative Charakteristika aufweist. Deutlich ist dies bei der Entstehung des Gehirns zu sehen. Zuerst werden Nervenzellen im Überschuss produziert, die bis zu 90 % durch Apoptose wieder verloren gehen. Bis in das erwachsene Alter hinein bleibt die Masse der Nervenzellen in etwa konstant, während sie dann im Bereich des 4. Lebensjahrzehnts um circa 15 % abnimmt.

Ein eindrucksvolles Beispiel für eine temporäre Apoptose ist die weibliche Brust. Nach dem Stillen sind die Milch produzierenden Zellen nutzlos geworden und müssen abgebaut werden. Apoptose ist auch in der Gebärmutterschleimhaut zu finden, wenn sie durch die Regelblutung ausgeschieden wird. Auch circa 90 % der Samenzellen werden durch Apoptose abgebaut, wenn sie in irgendeinem Punkt nicht den zellbiologischen Qualitätskriterien entsprechen.

[Suchkriterien: Apoptosis programmed cell death]

2.4.2.10 Nekrose versus Apoptose
Im Gewebe können neben der gezielt gesteuerten Apoptose auch die unspezifisch ausgelösten Nekrosen vorkommen. Hierbei kommt es zur Freisetzung ganz unterschiedlicher Stoffe aus den Gewebezellen. Dadurch bedingt schwellen die Zellen unkontrolliert an und platzen. Die freigesetzten Reste lösen verschiedenste Entzündungsvorgänge aus.

Analytisch müssen die Apoptose und die Nekrose eindeutig unterscheidbar und möglichst schnell nachweisbar sein. Ein relativ einfacher Nachweis kann mit immunhistochemischen Methoden durchgeführt werden. An Gewebeschnitten kann mit spezifischen Antikörpern z.B. die Einzelstrang-DNA (ss-DNA) in apoptotischen Zellen nachgewiesen werden. Nekrotische Zellen dagegen können mit dem TUNEL-Prinzip gezeigt werden. Zur Kontrolle werden die Proben mit einem Antikörper gegen die ss-DNA gegenmarkiert. Auf diese Weise können nekrotische von apoptotischen Zellen eindeutig von einander unterschieden werden.

[Suchkriterien: Necrosis apoptosis cell death inflammation]

2.4.2.11 Terminale Differenzierung
Weitgehend unklar sind die Mechanismen, welche die terminale Differenzierung steuern. Unter terminaler Differenzierung versteht man eine meist irreversible hochgradige Spezialisierung der Zelle. Dazu gehören Entwicklungsschritte, wie z.B. bei Osteoblasten, die sich kollektiv und damit in enger Nachbarschaftsbeziehung an der Bildung von Knochen beteiligen, während Osteozyten sich einmauern und von diesem Zeitpunkt an als Eremiten den Aufbau der mechanisch belastbaren Knochenmatrix in ihrer Umgebung übernehmen. Ähnliches gilt für die Chondroblasten, die zuerst im lockeren Zellverband, später dann als isogene Gruppe von Chondrozyten

innerhalb einer Knorpelhöhle mechanisch feste Knorpelgrundsubstanz auf einer Gelenkoberfläche produzieren.

Terminale Differenzierung ist auch zu beobachten, wenn sich aus embryonal angelegten Strukturen Epithelien mit ihren vielfältigen Barriereeigenschaften und selektiven Transportfunktionen entwickeln. Bisher weiß man, dass bei der terminalen Differenzierung nicht ein einzelnes Morphogen, sondern eine Vielzahl an Faktoren Einfluss ausüben. Dazu gehören physikochemische Faktoren wie mechanische Belastung, eine konstante Sauerstoffversorgung, pH und Temperatur, sowie für jedes Gewebe ein ganz bestimmtes Elektrolyt- und Nährstoffmilieu. Besondere Bedeutung kommt sicherlich auch den Informationssequenzen zu, die in extrazellulären Matrixproteinen der epithelialen Basalmembran eingebaut sind.

Im Zuge der terminalen Differenzierung wird festgelegt, ob das entstehende Gewebe sich in kurzen Abständen von Tagen, wie z. B. an vielen Stellen des Verdauungstraktes erneuern wird oder ob wie beim Herzmuskel oder neuronalen Strukturen ein Leben lang keine Zellteilungen mehr vorkommen. Besonders interessant sind Vorgänge zur Epithelgeweberegeneration im Verdauungstrakt, bei dem z. B. Enterozyten und Becherzellen in den Dünndarmzotten innerhalb von wenigen Tagen erneuert werden, während in den unmittelbar benachbarten Krypten, Paneth Körnerzellen oder enterochromaffinen Zellen langsame Regenerationszyklen von Monaten zeigen. Dementsprechend muss es Regulationsmechanismen geben, die im Rahmen der schnellen Regeneration die dazugehörenden Stammzellen von einer asymmetrischen Mitose in die nächste treiben, während räumlich eng benachbarte Zellen über lange Perioden in der Funktionsphase (Interphase) und ohne Beeinflussung der Proliferation gehalten werden.

Schließlich gibt es Mechanismen, welche die meisten Gewebezellen ortsständig halten. So bleibt ein Fibrozyt im Gegensatz zu einem Fibroblast in unmittelbarer Nähe zur Kollagenfibrille einer Sehne und eine Leberparenchymzelle verlässt den ihr angestammten Platz am Disse'schen Raum nicht. Diese Vorgänge werden offensichtlich durch Interaktionen der Zellen untereinander, sowie über die extrazelluläre Matrix und das umgebende Mikroenvironment beeinflusst. Die Aufzählung von Beispielen könnte für alle Gewebearten und Organe fast beliebig lang weitergeführt werden. Allerdings sind auch in allen diesen Fällen die beteiligten molekularen Mechanismen zur Aufrechterhaltung von differenzierter Zellleistung in den Geweben nach wie vor unbekannt.

[Suchkriterien: Terminal differentiation development]

2.4.2.12 Adaption

Gewebe entstehen nicht nur, sondern sie können abhängig von der Art des Gewebes unterschiedliche Veränderungen zeigen, die teils noch als physiologisch gesund zu bezeichnen sind, teils aber schon pathologische Veränderungen mit sich bringen (Tab. 2.5). Während Hypertrophie und Hyperplasie auf einer Vermehrung der lebenden Substanz durch Zunahme an Größe bzw. Zahl der Zellen beruhen, ist in der Atrophie vor allem eine Zellverkleinerung zu sehen. Die numerische Atrophie oder Involution zeigt die allmähliche Abnahme der Zellzahl.

Gewebe mit einer schwachen Regenerationstendenz können hypertrophieren, wenn sie einen Ausfall an Funktion ausgleichen (kompensatorische Hypertrophie) oder auch eine erhöhte Leistung (funktionelle Hypertrophie) zeigen müssen. Außerdem können Gewebe hypertrophieren, wenn sie Räume ausfüllen, die durch die Degeneration von anderen Geweben entstanden sind.

Tab. 2.5: Schema zu möglichen progressiven und regressiven Gewebeveränderungen.

Progressive Gewebeveränderungen	Regressive Gewebeveränderungen
Hypertrophie	Aplasie
Hyperplasie	Hypoplasie
Atrophie	Involution
Differenzierung	Dedifferenzierung
Apoptose	Degeneration
Nekrose	

Zur Hypertrophie neigen alle diejenigen Gewebe, die hoch differenziert sind und wenig oder gar keine Teilungstendenz mehr zeigen. Hyperplasie dagegen tritt in allen den Geweben auf, in denen noch viele teilungsfähige Zellen enthalten sind. Als Beispiel ist hier die Erythropoese bei einem Aufenthalt im Hochgebirge zu nennen. Durch den verminderten Sauerstoffgehalt kommt es reaktiv zur vermehrten Bildung von roten Blutköperchen.

Die Atrophie ist ein Vorgang, der entgegengesetzt zur Hypertrophie verläuft. Hierbei ist eine Volumenabnahme von Zellen und konsekutiv der Gewebemasse zu beobachten. Ein typisches Beispiel ist die Ruheatrophie von Knochen und Muskulatur, die bei lang andauernder Inaktivität bei Bettlägrigkeit entsteht. Bei der senilen Atrophie ist eine Abnahme der Gewebemasse im Gehirn, der Leber oder der Haut zu beobachten. Ist die Rückbildung mit einer Verminderung der Zellzahl verbunden und wird das zurückgebildete Gewebe z. B. durch Fettgewebe ersetzt, so spricht man von einer Involution. Im Thymus findet dieser Vorgang schon in der Jugend statt. Nach dem Abstillen findet eine Involution des Brustdrüsenparenchyms statt.

Während die Atrophie bei einem Erhalt aller Leistungen nur zu einer qualitativen Verminderung der Gewebemasse führt, ist bei der Degeneration die Zellstruktur und die damit verbundene Funktion pathologisch stark verändert.

[Suchkriterien: Adaption hypertrophy]

2.4.2.13 Transdifferenzierung

Die Umwandlung eines differenzierten Gewebes in ein anderes differenziertes Gewebe wird als Metaplasie oder Transdifferenzierung bezeichnet. Das umgewandelte Gewebe steht dabei dem Ausgangsgewebe entwicklungsgeschichtlich sehr nahe. Die Transdifferenzierung findet bei Zellen in der Interphase statt und wird häufig in Geweben gefunden, die chronischen Reizen ausgesetzt sind. Sie stellt somit eine Anpassung des Gewebes dar. Ein eindrucksvolles Beispiel ist das Bronchialepithel, welches sich in ein Plattenepithel mit und ohne Verhornung umbilden kann. Es kann aber auch zu einer zunehmenden Umwandlung in schleimbildende Becherzellen (Becherzellmetaplasie) oder zu einem Vorherrschen von Basalzellen (Basalzellhyperplasie) kommen. Transdifferenzierung ist ebenfalls beim Knorpel- und Knochengewebe zu beobachten, wenn faserreiches Bindegewebe gebildet wird. Die Transdifferenzierung gilt als reversible Gewebeentwicklung, sie kann jedoch auch bereits die Vorstufe neoplastischer Prozesse sein.

[Suchkriterien: Transdifferentiation development]

2.4.2.14 Multifaktorielle Differenzierung

Die geschilderten zellbiologischen Mechanismen zeigen, dass bei der Gewebeentstehung ein multifaktorielles Geschehen vorliegt und dementsprechend ganz unterschiedliche zelluläre und extrazelluläre Regulationsebenen beteiligt sind. Dazu gehört die Determination, bei der in gleicher Weise wie beim hämatopoetischen System embryonal angelegte Zellen durch ein Morphogen (z. B. Bone morphogenic protein) angeregt werden, sich zu bestimmten Gewebezellen zu entwickeln. Von den determinierten Zellen wird dann eine bestimmte Menge benötigt. Dazu dient die Proliferation, bei der die Zellen sich vermehren, um ein Gewebe von benötigter Größe auszubilden. Dabei müssen Oberflächen bedeckt oder dreidimensionale interstitielle Räume mit gleichen Zellen besiedelt werden. In der Interaktionsphase müssen sich die jeweiligen Zellen in Verbindung mit einer gewebetypischen extrazellulären Matrix entwickeln (Abb. 2.60). Diese wird teils nur von den beteiligten Gewebezellen, teils aber auch von benachbarten und damit ganz anderen Zelltypen gebildet. In der darauf folgenden Kommunikationsphase definieren die Gewebezellen ihre sozialen Bedürfnisse. Epithelien, Muskulatur oder neuronale Strukturen benötigen für ihre spätere Funktion eine sehr enge Nachbarschaftsbeziehung, während bei Bindegeweben wie Knochen, Knorpel oder Fett definierte Zellabstände zueinander aufgebaut

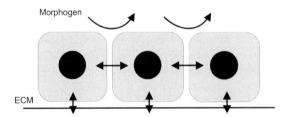

Abb. 2.60: Schema zur Interaktion von Zellen, ECM und Morphogenen bei der Gewebeentwicklung. Gewebezellen in der Entwicklungsphase kommunizieren in hohem Maße mit benachbarten Zellen und der extrazellulären Matrix. Primäres Signal für die Gewebeentwicklung ist die Einwirkung eines Morphogens, daraus resultiert die Zell-Zell-Interaktion, bei der definiert wird, ob enge oder räumlich weite Beziehungen zu benachbarten Zellen aufgebaut werden. Vermutlich gleichzeitig wird bei Epithelien eine Basalmembran und bei Bindegeweben eine sehr spezifische perizelluläre Matrix aufgebaut.

und Zellen in die jeweilige extrazelluläre Matrix eingelagert werden. Ob schon zu diesem Zeitpunkt festgelegt wird, ob sich Zellen im jeweiligen Gewebe noch teilen sollen, ist unklar. Nicht zu vernachlässigen sind die notwendigen nutritiven Faktoren. Mit Ausnahme von Epithelien und Knorpel gehört dazu die optimale Versorgung des Gewebes mit Blutgefäßen. Besonders wichtig sind schließlich physikochemische Einflüsse. Daher müssen einige Gewebestrukturen mechanischem und rheologischem Stress ausgesetzt werden, um typische Funktionen auszubilden und vor allem auch zu erhalten.

Sicherlich ist die Liste der beteiligten zellbiologischen Faktoren aufgrund fehlender experimenteller Daten noch unvollständig, dennoch vermittelt sie einen Einblick in die unterschiedlichen Steuerungsebenen einer Gewebeentwicklung. Die geschilderten Einflüsse auf das Differenzierungsgeschehen treten nicht alle zur gleichen Zeit, sondern zeitlich versetzt und innerhalb bestimmter Zeitfenster der Kompetenz auf. Dabei bleibt offen, ob sie nacheinander ablaufen oder mehr oder weniger überlappend angelegt sind.

[Suchkriterien: Development determination proliferation morphogen]

2.5
Regeneration

Bei der Regeneration oder der Wundheilung spielen sich lokal beschränkte Prozesse im erwachsenen Organismus ab, die große Ähnlichkeit mit der Bildung von Geweben während der embryonalen bzw. fötalen Entwicklung haben.

2.5.1
Vorgänge unmittelbar nach einer Verletzung

Unmittelbar nach der Verletzung eines Gewebes werden Blutbestandteile und verschiedenste Wachstumsfaktoren in der entsprechenden Region vorgefunden. Dabei kommt es zur Blutplättchenaktivierung, wodurch ein Koagulat als provisorischer Wundverschluss gebildet wird, welches aus Blutplättchen, Fibronektin, Fibrin, geringen Mengen an Tenascin, Thrombospondin und SPARC (secreted protein, acid and rich in cysteine) besteht. Gleichzeitig werden Mastzellen aktiviert, die ihre Granula entleeren und vasodilatierende sowie chemotaktische Faktoren freisetzen, wodurch es zum Einwandern von Blutzellen in die Region kommt. Das Gerinnsel aus Fibronektin und Fibrin dient als provisorische ECM für die eingewanderten Leukozyten, Fibrozyten und Keratinozyten. Bei einer Hautverletzung wandern die Keratinozyten über die ECM, die jetzt neben Fibronektin und Tenascin auch Vitronektin und Kollagen Typ III enthält. Die wandernden Keratinozyten bilden spezifische Integrinmuster aus, um an die ECM binden zu können. Gleichzeitig wird in Verbindung mit Matrix-Metalloproteinasen die provisorische ECM wieder abgebaut, damit eine neue und damit gewebespezifische ECM gebildet werden kann. Dabei wird deutlich, dass ohne die enge Interaktion zwischen Zellen und der ECM keine Wundheilung stattfinden kann.

2.5.2
Wundverschluss

Nach einer Hautverletzung müssen ausreichende Mengen an Keratinozyten gebildet werden, damit ein permanenter Wundverschluss entstehen kann. Notwendig dafür ist erst einmal eine stetige mitotische Teilung der Zellen im Stratum basale der Hautareale an den Wundrändern. Die gebildeten Zellen können allerdings nur dann in die Wunde einwandern, wenn eine geeignete extrazelluläre Matrix vorgebildet wurde. Diese Matrix wird von eingewanderten Fibroblasten, Monozyten, Makrophagen, Lymphozyten und Endothelzellen gebildet. Sie besteht aus Fibronektin, Hyaluronsäure, Kollagen Typ III und Typ I. Zusätzlich werden Wachstumsfaktoren aus den Blutplättchen und den oben genannten Zellen freigesetzt. Erst dieses Zusammenspiel führt schließlich dazu, dass sich die Keratinozyten im unbeschädigten Stratum basale der Epidermis nicht nur teilen, sondern auch die Wunde bedecken können. Nachfolgend werden Laminin und Kollagen Typ VI gebildet, was zur Verbreitung von Fibroblasten und Endothelzellen und damit zur Bildung von Kapillaren führt. Auslösendes Signal ist die Sezernierung von VEGF (Vascular endothelial growth factor) und FGF (Fibroblast growth factor).

Während der Wundheilung können sich Fibroblasten zu Myofibroblasten umformen. Dies wird sichtbar an der Expression von α-Aktin. Bei diesem Vorgang hemmt Heparin die Proliferation von Fibroblasten und führt zur α-Aktin Expression. Bemerkenswert ist, dass Heparin neben einem allgemein bekannten antikoagulierenden Effekt diese spezielle Differenzierungsleistung zu induzieren vermag. Möglicherweise werden dabei Wachstumsfaktoren wie TNFα und TGFβ an Heparin gebunden, was zu einer Veränderung der Differenzierung führt. Die Differenzierung von Myofibroblasten wiederum wird durch die ECM unterstützt. Kulturexperimente zeigen, dass Fibroblasten ohne mechanische Beanspruchung Fibroblasten bleiben, während die experimentell erzeugte Dehnung einer Kollagenmatrix zur Umbildung in Myofibroblasten führt.

2.5.3
Programmierter Zelltod

Im weiteren Wundheilungsverlauf gehen die überzähligen Fibroblasten, Myofibroblasten und Endothelzellen wieder zugrunde. Die verbleibenden Fibroblasten bilden gleichzeitig vermehrt interstitielles Kollagen. Zellbiologisch werden diese Vorgänge über Apoptose gesteuert. Ausgelöst wird der Beginn der Apoptose offensichtlich durch die Bildung neuer ECM, durch verschiedene Wachstumsfaktoren und durch die mechanische Belastung.

Bei der Apoptose läuft ein zelluläres Programm ab, welches die Zellen innerhalb von Stunden absterben lässt. Gleichzeitig findet eine koordinierte Beseitigung der Zelltrümmer statt. Das Chromatin kondensiert, die DNA fragmentiert, die Zelle schrumpft und es werden Protrusionen auf der Zelloberfläche erkennbar, die durch Blebbing abgeschnürt werden. Schließlich zerfällt die gesamte Zelle in Fragmente, die von Teilen der Plasmamembran umgeben sind. Die jetzt vorhandenen Apoptosekörperchen werden von benachbarten Makrophagen aufgenommen.

2.5.4
Kooperative Erneuerung

Wachstumsfaktoren und Zytokine haben bei der Wundheilung eine große Bedeutung. Dabei müssen das Einwandern von Blutzellen in das Gewebe, die Gewebeumwandlung und Reparaturmechanismen in einem komplexen Regelwerk koordiniert ablaufen, damit neues und damit funktionelles Gewebe entstehen kann. Beteiligt ist eine Vielzahl an biologisch aktiven Substanzen. Ein Beispiel für die vielfältigen Wirkungen von Wachstumsfaktoren in diesen Prozessen ist PDGF (Platelet-derived growth factor). Zuerst wurde PDGF als Mitogen beschrieben, welches Zellen zur Proliferation anregen kann. Das ist verständlich, weil ohne neue Zellen keine Gewebebildung erfolgen kann. Daneben steuert PDGF aber auch die Zellwanderung und aktiviert verschiedene Zellen bzw. deren Genexpression, was vor einer Wachstumsfaktoreinwirkung nicht nachzuweisen war.

Zu Beginn der Wundheilung sezernieren die Blutplättchen den Inhalt ihrer Granula in den Verletzungsbereich. Dieser Vorgang wird durch Thrombin ausgelöst, welches an der beschädigten Stelle zusammen mit Kofaktoren eine Blutgerinnung auslöst. In dem durch die Blutgerinnung gebildeten Koagulat wandern zuerst neutrophile Granulozyten und Monozyten ein, danach erscheinen Fibroblasten. Dadurch bedingt werden Wachstumsfaktoren, Zytokine, Prostaglandine und Leukotriene gebildet, was wiederum die Bildung von Kollagen und die Proliferation von Fibroblasten sowie die Bildung von glatten Muskelzellen aktiviert. Das gebildete Kollagengerüst bleibt nicht bestehen, sondern wird im Laufe der Zeit immer wieder ab- bzw. umgebaut und dreidimensional neu verknüpft. Die eigentliche Gewebeumwandlung beginnt circa 2 Wochen nach der Wundentstehung und erstreckt sich auf über ein Jahr. Nur durch eine enge Interaktion zwischen PDGF und den im Regenerationsgewebe befindlichen Zellen kann dieser Vorgang komplikationsfrei ablaufen.

PDGF ist nicht nur in Blutplättchen vorhanden, sondern wird in ähnlicher Form auch in Endothelzellen, Muskelgewebe, Gliazellen und Neuronen nachgewiesen. Die gebildeten Isoformen von PDGF (AA, AB, BB) binden an PDGF-Rezeptoren. Dabei handelt es sich um membranständige Tyrosinkinasen, welche die von außen kommenden Bindungssignale an den Stoffwechsel im Innern der jeweiligen Zelle weiterleiten. PDGF ist in der Lage, ruhende Zellen zu aktivieren. Dadurch beginnen die Zellen, sich zu teilen. Die interzelluläre Kommunikation ändert sich, was wiederum die Wanderung beeinflusst. In diesen Prozess sind die SIGs (small inducible genes) und die JE-Gene involviert. Von diesen Genen wiederum wird die Synthese von Proteinen wie MCP-1, MCAF, SMC-CF gesteuert, die chemotaktische Eigenschaften besitzen und Leukozyten bzw. Monozyten anlocken können. Interessanterweise können Glukokorticoide die Induktion von JE-Genen hemmen und damit die Wundheilung beeinflussen.

Neben PDGF wird in den Granula von Blutplättchen TGFβ (Transformig growth factor) nachgewiesen. Beide Faktoren steigern synergistisch die Kollagenproduktion sowie den DNA- und damit den Proteingehalt in Regenerationsgeweben. Eine einzelne Applikation von PDGF kann die Entstehung von Granulationsgewebe um circa 200 % vermehren und eine Reepithelialisierung sowie die Entstehung von neuen Gefäßen beschleunigen. PDGF BB, bFGF (basic Fibroblast growth factor) und EGF (Epidermal growth factor) in Kombination erhöhen die Reepithelialisierung, während TGFβ allein diesen Prozess hemmt. Dagegen können PDGF BB und TGFβ in Kombination ein massives Einwandern von Fibroblasten in die Wunde hervorrufen, was eine vermehrte Synthese von extrazellulärer Matrix zur Folge hat. Offensichtlich kann PDGF allein die Synthese von Prokollagen Typ I nicht stimulieren. Erst wenn gleichzeitig Makrophagen aktiviert sind, synthetisieren diese TGFβ, was wiederum eine vermehrte Synthese von Prokollagen Typ I in Fibroblasten zur Folge hat. Dieses Beispiel soll zeigen, dass nicht ein einzelner, sondern meist eine ganze Gruppe von Faktoren Regenerationsprozesse steuert. Häufig wirken diese nicht alle zur gleichen Zeit, sondern nur in einem bestimmten Zeitfenster ähnlich der Kompetenzphase in embryonalem Gewebe.

Neben der Einwanderung von Blutzellen und der Aktivierung von Fibrozyten werden bei der Geweberegeneration neue Blutgefäße für eine konstante Sauerstoffversorgung und Ernährung angelegt. Mechanisch beschädigte Endothelzellen und Brandwunden setzen große Mengen an bFGF frei. Dieser Faktor wirkt einerseits als Mitogen und sorgt dafür, dass Endothelzellen sich teilen, andererseits regt er zur Bildung spezieller Integrine an, was die Richtungswanderung und Lumenbildung von Kapillaren beeinflusst. Gleichzeitig wird im entstehenden Gewebe die Zell-Zell-Kommunikation durch die vermehrte Ausbildung von Gap junctions gefördert.

[Suchkriterien: Regeneration wound healing growth factors]

3
Klassische Kulturmethoden

3.1
Historie

Eine Zelle in einem Gewebe entsteht durch eine Vielzahl von Entwicklungsschritten, die während der frühembryonalen Phase beginnen und im erwachsenen Organismus mit der terminalen Differenzierung enden. Im Laufe der Entwicklung von der Eizelle zum vielzelligen Organismus bilden die Zellen zuerst die Keimblätter des Ektoderm, Entoderm und Mesoderm. Erst sehr viel später entstehen funktionelle Gewebe, die schrittweise spezifische Funktionen aufnehmen. Diese Spezialisierung der Zelltätigkeit ist sehr eng mit strukturellen Veränderungen verknüpft und wird als Zelldifferenzierung bezeichnet. Der Sinn dieser Entwicklung besteht darin, dass spezialisierte Zellen im Verband ihre Aufgaben mit sehr viel größerer Wirksamkeit erfüllen können als nicht oder nur wenig differenzierte Zellen im embryonalen Zustand. Darüber hinaus muss berücksichtigt werden, dass spezifische Zellleistungen teilweise erst postnatal in vollem Umfang aufgenommen werden.

Die Entwicklung einer Eizelle zum wachsenden Embryo hat schon vor hundert Jahren die Wissenschaft fasziniert. Es war eine Zeit, in der man die eigene biologische Herkunft kritisch hinterfragte und deshalb die Phylo- und Ontogenese der Wirbeltiere systematisch untersuchte. Dabei diskutierte man u. a. die Frage, wie aus wenigen, mehr oder weniger gleich erscheinenden embryonalen Zellen ein Organismus mit seinen unterschiedlichen Organen und vielfältig differenzierten Gewebezellen entstehen kann. August Weismann stellte die Theorie auf, dass schon in den frühesten Entwicklungsstadien eines Embryos alle Organe mosaikartig festgelegt seien. Diese Annahme aus dem Jahr 1892 war eine stimulierende, philosophische sowie biomedizinisch provokative Herausforderung, die jedoch damals noch keinerlei experimentelle Grundlage hatte. Erst Jahre später stellten H. Endres (1895) und A. Herlitzka (1897) Experimente vor, bei denen eine befruchtete und sich entwickelnde Eizelle im Zweizellstadium geteilt wurde. Sie konnten zeigen, dass sich jede der beiden isolierten Zellen zu einem vollständigen, wenn auch entsprechend kleinen Amphibienembryo entwickelte. Damit war die Weismann'sche Theorie widerlegt.

[Suchkriterien: Cell tissue culture historical review]

3.2
Erste Kulturen

Es gibt unterschiedliche Auffassungen über die ersten Anfänge der Zell- und Gewebekultur. Tatsache ist jedoch, dass das Arbeiten mit lebenden Strukturen unter *in vitro* Bedingungen nicht von heute auf morgen entstanden ist, sondern den heutigen technischen Stand erst nach einer nahezu 100 Jahre langen Entwicklung erreicht hat. Die Entwicklung der Zellkultur verlief zeitlich nahezu parallel mit der technischen Nutzung der Automobile.

Treibende Kraft für *in vitro* Versuche mit Zellen war das enorme Interesse an Entwicklungsvorgängen des Organismus zu Beginn des zwanzigsten Jahrhunderts. Ideale Beobachtungsmöglichkeit einer solchen Embryonalentwicklung war der Frühling. Nötig waren nur Amphibienlaich, frisches Brunnenwasser und eine Lupe, um die jeweiligen Beobachtungen durchzuführen. An den befruchteten Eizellen traten keine Infektionen auf, da sie eine transparente, gallertartige Eihülle um sich herum ausgebildet haben. Ernährungsprobleme gab es nicht, da die Amphibieneier ähnlich wie das Hühnerei zu den dotterreichen (polylecithalen) Eizellen gehören. Das heißt, dass Nahrung in Form von Dotterschollen in die einzelnen Zellen eingebaut ist und mit jeder Teilung weitergegeben wird. Dieser Dottervorrat reicht als Nahrungsreserve so lange aus, bis die Larven schlüpfen. Embryonale menschliche Zellen besitzen im Gegensatz dazu keinen nennenswerten Dottervorrat (oligo-/alecithal) und müssen deshalb während ihrer Entwicklung zuerst über das extrazelluläre Milieu, einen Trophoblasten und später über die Plazenta versorgt werden.

Schwieriger wurden die Beobachtungen und manuellen Eingriffe an lebenden Zellen erst, als die Eihüllen der Amphibienembryonen entfernt wurden. Man versuchte, einzelne Zellen aus dem Embryo zu isolieren und weiter zu züchten, um die Entwicklungspotenz bestimmter Keimbereiche kennen zu lernen. Nach Entfernen der schützenden Eihüllen war man plötzlich mit dem Problem von Infektionen konfrontiert. Sterilität war zu dieser Zeit noch ein wenig bekannter Begriff, Antibiotika kannte man nicht. Infektiöse Keime, die in die Kultur eingeschleppt wurden, konnten somit nicht behandelt werden. Im Falle einer Infektion überwucherten die Bakterien und Pilze deshalb die isolierten Zellen und entstehenden Gewebe.

Ziemlich unbekannt war bis in die 1950er Jahre das innere Milieu von Zellen. Ganz überrascht beobachtete man, wie isolierte Amphibienkeime nach dem Entfernen ihrer Gallerthülle im damals verwendeten Aufbewahrungsmedium Wasser anschwollen und schließlich platzten. Man wusste noch nicht, wie sich das Zytoplasma der Zellen zusammensetzt und welche Elektrolyte eine isotone Salzlösung enthält. Durch experimentelle Arbeiten in unzähligen Versuchsserien erkannte man schliesslich, dass Elektrolyte, wie Natrium, Chlorid, Kalium und Kalzium, unverzichtbare Bestandteile einer physiologischen Umgebung sind. Es dauerte Jahrzehnte bis Aminosäuren, Nukleinsäuren, Glukose und Vitamine als essentielle Bestandteile eines Kulturmediums hinzukamen.

Erst Anfang der 1960er Jahre erreichte die Zellkulturtechnik einen so guten Standard, dass manche embryonale Zellen schon für relativ lange Zeiträume in Kultur gehalten werden konnten. Unter guten Kulturbedingungen entwickelten sich Zellen sogar zu Gewebestrukturen. Parallel dazu entwickelten sich die Anfänge zur modernen Biotechnologie. Man hatte erkannt, dass sich manche dieser kultivierten Zellen hervorragend dazu eignen, Viren zu vermehren. Dementsprechend wurden Impfstoffe gegen Virusinfektionen wie z. B. gegen den Erreger der Kinderlähmung (Poliovirus) entwickelt. Neben verschiedenen Tumorzellen erwiesen sich interessanterweise Nierenzellen als besonders geeignet für die Vermehrung von Viren. Aus dieser Zeit stammen die meisten und bis heute erhältlichen Kulturmedien sowie ein großer Teil der Zelllinien, die per Katalog von verschiedensten Zellbanken angeboten werden. Ganze Industriezweige bieten heute ein kaum mehr überschaubares Sortiment an Produkten für die Zellkultur an.

3.2.1
Kulturbehälter

3.2.1.1 Einzelne Kulturgefäße
Heute gibt es eine Vielzahl an Kulturgefäßen in unterschiedlichen Größen, mit einem konkaven, konvexen oder planen Boden. Im Prinzip lassen sich jedoch alle diese Gefäße auf die klassische Petrischalenform zurückführen. Behälter aus Polystyrol haben heute weitgehend Gefäße aus Glas abgelöst (Abb. 3.1). Früher mussten durch umständliche Reinigungstechniken und Sterilisierungsarbeiten die einzelnen Gefäße bereitgestellt werden. Heute werden Einmalartikel verwendet und man hat nach Öffnen der Sterilverpackung den gewünschten Behälter experimentierfertig vorliegen. Die Wahl eines Kulturgefäßes hängt sehr davon ab, in welchem Maßstab und in welchem Volumen Zellen gezüchtet werden sollen. Diese Skalierung reicht im Labormaßstab von der Kultivation von Stammzellen in einem hängenden Tropfen bis hin zu den Roller bottles bzw. Containern oder Beuteln mit mehreren Litern Inhalt zur Antikörperproduktion mit Hybridomas oder zur Anzucht von virusvermehrenden Zellen.

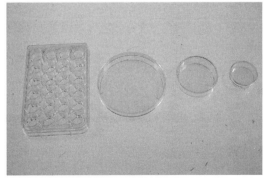

Abb. 3.1: Häufig verwendete Kulturgefäße in unterschiedlichen Größen und Ausführungen, die sich alle von den Petrischalen aus Glas ableiten. Im Deckel sind kleine Nocken als Abstandshalter eingearbeitet, die dafür sorgen, dass das darin befindliche Medium in einem Inkubator kontinuierlich begast werden kann.

Da fast alle angebotenen Gefäßen aus Polystyrol gefertigt sind, können sie fast immer für adhärente Zellkulturen, also anhaftende Zellen verwendet werden. Obwohl dieses Material im Organismus nicht vorkommt, besitzen viele Zellen eine hohe Affinität dafür. Das bedeutet, dass sich die in das Gefäß einpipettierten Zellen nach einiger Zeit auf dem Kulturschalenboden niederlassen und sich dort mehr oder weniger fest anheften. Dies hat wiederum zur Folge, dass bei einem Mediumwechsel die Flüssigkeit durch Absaugen oder Abschütten leicht ausgewechselt werden kann, ohne dass die Zellen dabei verloren gehen.

Bei der Suspensionskultur dagegen, bei der Zellen frei im Medium herumschwimmen, werden Medium und Zellen zusammen abgesaugt und zentrifugiert. Erst danach kann das verbrauchte Medium abpipettiert und gegen neues ausgetauscht werden, während die Zellen als Pellet am Boden des Zentrifugenröhrchens verbleiben.

3.2.1.2 Dimensionen von Behältern

Bei der Zellkulturtechnik werden Schalen und Flaschen in ganz unterschiedlichen Größen und Ausführungen verwendet. Zusätzlich können Zellen auf Objektträgern für die Mikroskopie sowie in gasdurchlässigen Beuteln gehalten werden. Grundsätzlich gilt für Schalen, dass sie aus einem Deckel- und Bodenteil bestehen. Der Deckel liegt beim Auflegen dabei nicht dicht auf, sondern wird durch Nocken zur Gasbelüftung auf Distanz gehalten. Flaschen können durch einen aufschraubbaren Deckel fest verschlossen werden. Lockert man den Deckel ein wenig, so ist auch hier eine gleichmäßige Ventilation gegeben. Bei der Wahl eines Kulturgefäßes sind die Wachstumsoberfläche, die Zelldichte sowohl bei der Aussaat als auch bei der Konfluenz, sowie das Volumen des benötigten Mediums von Bedeutung (Tab. 3.1). Je nach Zellart und Zelllinie muss dies berücksichtigt werden.

Tab. 3.1: Dimensionen von Zellkulturbehältern. Je nach Zellart muss das geeignete Kulturgefäß ausgesucht werden. Sollen maximale Zelldichten bei minimalem Mediumverbrauch erzielt werden, so sind Schalen den Flaschen vorzuziehen. Sollen dagegen Antikörper geerntet werden, die ins Medium sezerniert werden, so sind am besten Flaschen zu verwenden.

		Oberfläche (mm^2)	Zelldichte-Aussaat	Zelldichte-Konfluenz	Medium (ml)
Mikroplatten	6 well	900	$0,3 \times 10^6$	$1,2 \times 10^6$	4
	12 well	400	$0,1 \times 10^6$	$0,4 \times 10^6$	2
	24 well	200	$0,5 \times 10^6$	$0,2 \times 10^6$	1
Schalen	35 mm	960	$0,3 \times 10^6$	1×10^6	2
	60 mm	2800	$0,8 \times 10^6$	3×10^6	3
	100 mm	7800	$2,2 \times 10^6$	9×10^6	10
	150 mm	17 600	$5,0 \times 10^6$	20×10^6	20
Flaschen	T-25	2 500	$0,7 \times 10^6$	3×10^6	5
	T-75	7 500	$2,1 \times 10^6$	8×10^6	10
	T-160	16 000	$4,6 \times 10^6$	18×10^6	20

3.2.1.3 Beschichtung des Kulturschalenbodens

Mancher Zelltyp wächst besonders gut auf einem Kulturschalenboden aus Polystyrol, während andere Zellentypen sich auf diesem Material aus unbekannten Gründen unwohl fühlen, nicht anhaften und infolgedessen absterben. Für solche schlecht anhaftenden Zellen muss deshalb eine Unterlage zur Verfügung gestellt werden, die in möglichst vielen Aspekten den Eigenschaften der natürlichen extrazellulären Matrix entspricht oder mit der die Zellen über einen analogen Mechanismus in Kontakt treten können. Solche beschichteten Kulturschalen sind kommerziell erhältlich, können aber auch leicht selbst hergestellt werden. Kollagene, Fibronektin, Laminin, Chondronektin oder andere Komponenten der extrazellulären Matrix können darin verwendet werden. Entsprechend der Vorschrift des Herstellers wird das jeweilige Protein gelöst und auf dem gesamten Boden des Kulturgefäßes ausgestrichen. Über Nacht lässt man das Gemisch unter der sterilen Werkbank trocknen. Die schlechte Löslichkeit mancher dieser Substanzen kann durch Erhöhung der NaCl-Konzentration des verwendeten Lösungspuffers oder durch Ansäuerung mit HCl umgangen werden. Nicht immer sind für die Beschichtung der Kulturschalenoberfläche Proteine der extrazellulären Matrix notwendig. Gute Erfolge werden auch mit Peptiden wie Polylysin erzielt.

Seit einigen Jahren werden von verschiedenen Firmen Kulturschalen angeboten, deren Boden physikalisch, chemisch und/oder mechanisch so behandelt ist, dass manche Zellen aus Zellgemischen besonders gut anhaften und wachsen. Ein Beispiel sind die Primaria-Schalen. Bei diesen Artikeln enthalten die Gefäßoberflächen speziell modifizierte Molekülgruppen, die offensichtlich die Proteinstruktur von extrazellulären Matrixproteinen imitieren und dadurch das Anhaften der Zellen fördern. Viele Epithelzellen wachsen darin sehr gut, während die meisten Bindegewebezellen nicht anhaften und absterben. Somit eignen sich diese Schalen ohne biochemische Zusätze sehr gut für die Selektion einer Reihe von Epithelzellen, wenn sie z. B. mit Fibroblasten verunreinigt sind.

[Suchkriterien: Culture surface coating dishes]

3.2.1.4 Filtereinsätze

Wenn Zellen, insbesondere Epithelzellen in einer Kulturschale wachsen, so haben sie auf ihrerer basalen Seite Kontakt mit dem impermeablen Boden des jeweiligen Gefäßes. Im Organismus dagegen kommen die Zellen in der netzartigen, porösen Umgebung der extrazellulären Matrix vor, die für die verschiedensten Stoffe keine Diffusionsbarrieren darstellt. Um solche natürlichen Bedingungen zu simulieren, wurden spezielle Techniken für die Kultur entwickelt.

Dazu werden z. B. Filter aus Polycarbonat, Nitrocellulose, Aluminiumoxid oder Polyethylenterephtalat auf kleine Plastikzylinder aufgeklebt. Diese zylindrischen Gefäße können nun in Kulturschalen eingesetzt werden. Die Zellen werden dann auf die Filteroberfläche pipettiert. Die Unterseite der Zellen hat über die Filterporen freien Kontakt zum darunter befindlichen Kulturmedium. Gleichzeitig hat natürlich die Oberseite der Zellen ebenfalls Kontakt zum Medium.

Verglichen mit der Kultur in einer einfachen Kulturschale ist die Filtertechnik für Epithelzellen ein Fortschritt, weil sie in einer speziell für sie angepassten und damit ziemlich natürlichen Umgebung gehalten werden können. Filtereinsätze für die Zellkultivierung gibt es in verschiedenen Ausführungen. Sie werden aus ganz unterschiedlichen Materialien, in transparenter oder undurchsichtiger Art angeboten. Hinzu kommt, dass die Filtereinsätze mit unterschiedlich großen Poren angeboten werden. Die Porenweite sollte nicht kleiner als 0,4 µm sein, sonst kann es Probleme bei der Kommunikation und beim Stoffaustausch durch den Filter geben. Zusätzlich sollte der Filter möglichst transparent sein, um das Anhaften und die Verteilung der Zellen am inversen Mikroskop beobachten zu können.

[Suchkriterien: Cell culture filter inserts technique]

3.2.2
Kulturmedien

Für die Anzucht der individuellen Zelltypen werden entsprechende Kulturmedien benötigt, die per Katalog von zahlreichen Firmen angeboten und in großer Auswahl meist in 500 ml Volumina ausgeliefert werden. Seit einiger Zeit können sogar ganz individuell die Bestandteile des Mediums bei der Bestellung variiert werden. In den Katalogen der Hersteller sind dafür meist spezielle Rezepturformulare vorgesehen.

Die Kulturmedien werden gekühlt angeliefert und gelagert. Dabei ist die Lagertemperatur und -dauer zu beachten. Um Veränderung der Inhaltsstoffe durch Licht zu vermeiden, werden die Medien im Dunkeln aufbewahrt. Die angelieferten Medien sind in Flaschen aus Natriumglas oder Polycarbonat abgefüllt und meist mit einem Metall- oder Plastikverschluss versehen. Eine Versiegelung bürgt für die notwendige Sterilität, Originalität und Qualität. Die Kulturmedien sind in dieser Form jederzeit einsetzbar.

Einige Medien werden in 10facher Konzentration (10x) angeboten. Sie werden zum Gebrauch 1:10 mit destilliertem Wasser verdünnt und häufig noch mit einem geeigneten Puffer versetzt. Auf sehr einfache Art kann kostengünstig auch mit Pulvermedien gearbeitet werden. Das Pulvermedium ist in Kunststoffbeuteln mengenmäßig so abgepackt, dass ein Beutel z. B. gerade für 1 l Medium vorgesehen ist. Dazu wird das Pulvermedium in einen Messzylinder geschüttet und mit destilliertem Wasser auf 1 l aufgefüllt. Der Ansatz wird leicht gerührt. Nach dem Einjustieren des pH entspricht das selbst angesetzte Medium dem sonst angelieferten Flüssigmedium. Einschränkend gilt, dass das verwendete destillierte Wasser den notwendigen Qualitätsanforderungen entsprechen muss.

Die meisten Kulturmedien wurden in den 1950er und 1960er Jahren für die Kultur von proliferierenden Zellen und nicht wie häufig behauptet für die Gewebe- bzw. Organkultur entwickelt. Alle Medien bestehen in der Grundzusammensetzung aus anorganischen Salzen, Aminosäuren, Vitaminen und anderen Komponenten. Die Vielfalt der zur Verfügung stehenden Kulturmedien wird ersichtlich, wenn man die Produktinformation eines Medienherstellers durchblättert. Angeboten werden z. B.:
– **Basalmedium Eagle (BME)** eignet sich sehr gut für primäre Kulturen von Säugerzellen.

- **BGJb-Medien** sind ursprünglich für das Wachstum von Langknochen der fötalen Ratte entwickelt worden.
- **Brinster's BMOC-3 Medium** wurde für die Kultur von Mauszygoten konzipiert.
- **CMRL-Medien** sind zweckmäßig z. B. für Zellen aus der Affenniere und für andere Säugerzellen, wenn es mit Kälberserum angereichert wird.
- **Dulbecco's modifizierte Eagle Medien (DMEM)** sind Standardmedien für Säugerzellen.
- **Dulbecco's modifizierte Eagle Medien / Nutrient Mixture F-12 (DMEM/F-12)** ist ein stark verbessertes Medium für Säugernierenzellen.
- **Glasgow minimum essential Medium (G-MEM)** wurde für die Kultur von Baby Hamster Kidney-Zellen (BHK 21) entwickelt.
- **Iscove's modifiziertes Dulbecco's Medium (IMDM)** ist geeignet für schnell wachsende Zellkulturen.
- **Leibovitz's L-15 Medium** ist vorgesehen für ein Milieu, das nicht mit CO_2 begast wird.
- **Medium 199** ist ein Medium der Wahl für Fibroblastenkulturen.
- **Minimal Essential Medium (MEM)** ist für ein großes Spektrum von Säugerzellen geeignet.
- **NTCT 135-Medium** ist eine gute Alternative für Hybridomakulturen.
- **RPMI 1640-Medium** eignet sich besonders gut für eine Vielzahl von Suspensionskulturen.
- **Williams Medium E** ist für die Kultur von Leberepithelzellen entwickelt worden.

Der Überblick über die verschiedenen klassischen Kulturmedien ist nicht vollständig und um zahlreiche Modifikationen erweiterbar. Er vermittelt lediglich einen Eindruck über die vielfältigen Möglichkeiten bei der Auswahl des Milieus, unter dem die Zellen wachsen sollen. Es lohnt ein Blick in die entsprechenden Kataloge, in dem die Elektrolytzusammensetzung der einzelnen Medien aufgelistet ist, um ein optimales Environment für die geplanten Kulturexperimente zu finden. Die am häufigsten angewendeten Medien basieren auf MEM, Medium 199 und IMDM.

Zu den in den letzten Jahren entwickelten Medien gehören z. B.:

- **Keratinozyten-SFM** zur Kultur von Keratinozyten, womit gleichzeitig das Wachstum von Fibroblasten eingeschränkt wird.
- **Knockout DMEM** ist für das Wachstum von Stammzellen der Maus optimiert.
- **StemPro** ist ein komplettes Methylzellulose Medium und für die Kultur von Vorläuferzellen aus humanem blutbildendem Gewebe vorgesehen.
- **Neurobasal Medium** wird für das Wachstum von Neuronen des Zentralnervensystems verwendet.
- **Hibernate Medium** dient der kurzfristigen Lebenserhaltung von neuralen Zellen.
- **Endothelial SFM** wird für das Wachstum von Gefäßendothelzellen aus Rind, Hund und Schwein verwendet.
- **Humanes Endothelial-SFM** kann besonders gut für die Vermehrung von humanen venösen und arteriellen Nabelschnurendothelzellen angewendet werden.

[Suchkriterien: Culture media composition]

3.2.2.1 Inhaltstoffe

Seit einiger Zeit werden ganze Zellsysteme von verschiedenen Firmen angeboten. Enthalten sind darin Zellen aus den unterschiedlichsten Geweben, Organen und Spezies. Mitgeliefert werden speziell dafür abgestimmte Kulturmedien mit den notwendigen Zusätzen, um die Zellen optimal zu vermehren. Unklar ist dabei häufig, auf welcher Zusammensetzung die gelieferten Medien genau basieren. Ob experimentell mit einer solchen "Black box" gearbeitet werden kann, muss individuell entschieden werden. Aus diesem Grund ist es wichtig, gewisse Vorstellungen von der Zusammensetzung eines Kulturmediums zu haben.

Kulturmedien enthalten ganz unterschiedliche Komponenten. Basis für ein Kulturmedium sind die gepufferten Salzlösungen, die PBS (Phosphate buffered saline), EBSS (Earle's buffered saline solution), GBSS (Gey's buffered saline solution), HBSS (Hanks' buffered saline solution) und Puck's Salzlösung genannt werden. Welche Elektrolytlösung für den jeweiligen Zelltyp am besten geeignet ist, muss ganz individuell entschieden werden.

Bevor Zellen kultiviert werden, müssen sie häufig aus dem Gewebe isoliert werden. Dabei ist zu empfehlen, dass sowohl bei der Gewebedesintegration wie auch bei den nachfolgenden Kulturarbeiten Medien mit den gleichen gepufferten Salzlösungen verwendet werden, um osmolaren Stress zu vermeiden.

Ein 1977 entwickeltes Medium ist z. B. MCDB 104. Es enthält folgende Komponenten: $CaCl_2$ x 2 H_2O, KCl, $MgSO_4$ x 4 H_2O, NaCl, NaH_2PO_4, $CuSO_4$ x 5 H_2O, $FeSO_4$ x 7 H_2O, $MnSO_4$ x 4 H_2O, $(NH_4)_6Mo_7O_{24}$ x 4 H_2O, $NiCl_2$ x 6 H_2O, H_2SeO_3, $NaSiO_3$ x 5 H_2O, $SnCl_2$ x 2 H_2O und $ZnSO_4$ x 7 H_2O. Die im Kulturmedium enthaltenen Elektrolyte sind einerseits notwendig, um die Milieuverhältnisse innerhalb und außerhalb einer Zelle anzugleichen und damit ein Überleben von Zellen außerhalb des Organismus überhaupt zu ermöglichen. Andererseits wurde schon vor Jahrzehnten gezeigt, dass durch unterschiedliche Zusammensetzung der Elektrolyte die Proliferation (Mitose) von Zellen beschleunigt und gleichzeitig die funktionelle Arbeitsphase (Interphase) verkürzt werden kann. Damit war das Ziel erreicht, ohne Serumzugabe oder Wachstumsfaktoren Zellen durch ständige Teilung zu vermehren, um in möglichst kurzer Zeit möglichst viele Zellen zu ernten. Die zusätzlich im Medium enthaltenen Metalle und seltenen Erden werden für katalytische Prozesse der Zelle benötigt.

Werden im Elektrolytanalysator verschiedene Medien wie IMDM, BME, William's Medium, McCoys 5A Medium sowie DMEM gemessen und mit Serum als Spiegel für das interstitielle Milieu eines Organismus verglichen (Tab. 3.2), so fällt auf, dass diese Werte in keinem Fall übereinstimmen. Dies rührt daher, dass man bei der Entwicklung der Medien vor 30 bis 50 Jahren kein interstitielles Milieu für Gewebe simulieren wollte, sondern ausschließlich experimentell darauf bedacht war, ein optimales Proliferationsverhalten der Zellen zu erreichen.

Für den Proteinstoffwechsel enthält ein Kulturmedium Aminosäuren wie L-Alanin, L-Arginin-HCl, L-Asparagin x H_2O, L-Asparaginsäure, L-Cystein/HCl, L-Glutaminsäure, L-Glutamin, Glycin, L-Histidin-HCl x H_2O, L-Isoleucin, L-Lysin/HCl, L-Methionin, L-Phenylalanin, L-Prolin, L-Serin, L-Threonin, L-Tryptophan, L-Tyrosin, L-Valin. Bei dieser Auflistung fällt auf, dass meist nur die L- und nicht die D-Isoform der

Tab. 3.2: Daten zum pH, Elektrolytwerte, Glukosegehalt und Osmolarität in verschiedenen Kulturmedien, die in einem Analysator gemessen wurden. In keinem Fall sind die Werte identisch mit Elektrolytwerten des Serum.

		Menschliches Serum (arteriell)	Iscove's Modified Dulbecco's Medium	Medium 199	Basal Medium Eagle	William's Medium E	Mc Coys 5A Medium	Dulbecco's Modified Eagle Medium
pH		7,4	7,4	7,4	7,4	7,4	7,4	7,4
Na^+	(mmol/l)	142	117	139	146	144	142	158
Cl^-	(mmol/l)	103	81	125	111	117	106	116
K^+	(mmol/l)	4	3,9	5,1	4,8	4,8	4,8	4,8
Ca^{++}	(mmol/l)	2,5	1,1	1,5	1,4	1,4	0,5	1,3
Glukose	(mg/dl)	100	418	99	94	186	270	382
Osmolarität	(mOsm)	290	250	270	286	288	289	323

jeweiligen Aminosäure im Kulturmedium enthalten ist. Das hat seinen Sinn, weil in tierischen und menschlichen Zellen zur Proteinsynthese nur die L-Form verwendet wird. Epithelzellen allerdings weisen eine Besonderheit auf. Sie können meist auch D-Aminosäuren verwenden, weil sie ein Enzym besitzen, welches die D-Isoform in die L-Form überführen kann. Fibroblasten können das nicht. Deshalb wird z. B. ein Selektionsmedium zur Elimination von Fibroblasten verwendet, das anstatt L-Valin nur D-Valin enthält.

Eine Zelle in Kultur braucht außerdem Vitamine wie z. B. Biotin, Cholinchlorid, D-Ca-Pantothenat, Folinsäure, D,L-6,8 d-Liponsäure, Nicotinamid, Pyridoxin-HCl, Riboflavin, i-Inositol, Thiamin-HCl, Vitamin B_{12}. Zusätzlich werden Komponenten für die DNA und RNA Synthese, sowie für den Energiestoffwechsel benötigt. Dazu gehören Adenin, Thymidin und Glukose, ferner Linolsäure, Putrescin-2 HCl und Natriumpyruvat.

Es hängt davon ab, ob die Kultur in einem CO_2-Inkubator oder unter Raumatmosphäre durchgeführt werden soll. Abhängig davon wird als Puffersubstanz $NaHCO_3$ oder ein biologisch verträglicher Puffer wie HEPES bzw. Buffer All (Sigma) verwendet. Der pH des Kulturmediums sollte 7,2 – 7,4 betragen. Zur visuellen Abschätzung des pH-Bereiches wird Phenolrot als Farbindikator dem Kulturmedium beigegeben. Doch sollte man vorsichtig sein, wenn mit Zellen gearbeitet wird, die Östrogenrezeptoren besitzen. Phenolrot hat eine Affinität zu diesen Rezeptoren und kann deshalb Bindungsstudien mit Hormonen beeinflussen. Aus diesem Grund werden Kulturmedien auch ohne Phenolrotgehalt angeboten.

Zusätzlich können die Kulturmedien Detergentien wie z. B. Tween 80 enthalten, um das Präzipitieren von schwer löslichen Substanzen zu verhindern. Beim Testen von Substanzen im pharmakologisch/toxikologischen Bereich sollten diese Bestandteile berücksichtigt werden.

[Suchkriterien: Cell culture media amino acid composition]

3.2.2.2 Eignung von Serumzusätzen

Falls die kultivierten Zellen in den weiteren Experimenten ein bestimmtes Bioprodukt wie z. B. Antikörper, Hormone u. a. sezernieren sollen, so ist man darauf bedacht, dem Kulturmedium möglichst keine weiteren Zusätze zuzugeben, die später in irgendeiner Form die Reinigung und Abtrennung einer sezernierten Substanz erschweren oder sogar unmöglich gestalten. Andererseits sind aber die käuflich zu erwerbenden Kulturmedien so weit von den natürlichen Bedingungen des extrazellulären Milieus entfernt, dass man häufig ohne Zusatzstoffe wie Serum nicht auskommt.

Die Zugabe von Serum zum Basismedium kann mehrere Dinge bewirken. Manche Zellen vermehren sich überhaupt erst nach Zugabe von Serum, wobei die Proliferation von mehreren Faktoren ausgelöst wird. Häufig lassen sich auch Hormone nicht in reinem Kulturmedium, sondern erst nach Serumzugabe lösen. Deshalb wird die Bioverfügbarkeit mancher Hormone auch erst in serumhaltigem Medium möglich. Immer wieder ist die Pufferkapazität des Mediums unzulänglich und wird erst durch Zugabe von Serum entscheidend verbessert. Weiterhin kann die Ernährungssituation der Zellen optimiert werden, da Proteine wie Albumin und Immunglobuline durch Phagozytose aufgenommen werden können. Die Zugabe von Serum bewirkt schließlich eine prinzipielle Verbesserung des onkotischen Druckes.

Serum selbst ist eine komplexe und sehr heterogene Mischung aus Proteinen, Hormonen, Wachstumsfaktoren, Elektrolyten und anderen nicht näher definierten Komponenten. Insgesamt sollen mehr als 5000 verschiedene Komponenten enthalten sein. Je nach Serumcharge kann sich die Konzentration einzelner Serumbestandteile verändern. Da durch Serumzugabe viele Faktoren in unterschiedlicher Konzentration und sogar ganz unbekannte Substanzen ins Kulturmedium eingebracht werden, kann dann auch nicht von einem klar definierten Kulturmedium gesprochen werden. Hinzu kommt, dass die Seren aus verschiedenen Tierarten, unterschiedlichen Herden, verschiedenen Rassen und aus ganz verschiedenen Ländern stammen.

Unterschieden werden muss z. B. beim Kälberserum, ob es von fetalen, neugeborenen oder bis zu 8 Monate alten Kälbern stammt. Fetales Kälberserum (FCS, Fetal calf serum) wird durch Herzpunktion aus Rinderfeten gewonnen. Daneben gibt es Pferdeserum, welches von nicht näher definierten Pferdeherden abstammt. Dabei ist unklar, wie alt die jeweiligen Tiere sind. Affenserum wird meist von Grünen Meerkatzen gewonnen. Lammserum stammt von Lämmern, die maximal 6 Monate alt sein sollten. Hühnerserum stammt von geschlachteten Jungtieren. Humanserum wird von erwachsenen Menschen gewonnen. Für die Auswahl des Serums gilt, dass je nach Zellart herausgefunden werden muss, welches Serum für den entsprechenden Versuch besonders geeignet ist. Es gibt eine gute Wahrscheinlichkeit für das Gelingen eines Versuches mit kritischen Zellen, wenn Kälberserum von neugeborenen Tieren verwendet wird. Keine konkreten Vorhersagen gibt es für die anderen Serumarten. Aus diesem Grund bieten viele Firmen verschiedene Serumchargen zum Ausprobieren an.

Seren werden meist in gefrorenem Zustand geliefert und gelagert. Das Auftauen von Serum sollte am besten langsam im Kühlschrank vonstatten gehen. Wenn das Serum aufgetaut ist, sollte man es nicht schütteln, sondern langsam hin und her wiegen, um Proteindenaturierung zu vermeiden, während die entstandenen Phasen in der Flasche behutsam vermischt werden. Für den laufenden Versuch wird die benötigte Menge an Serum entnommen. Der Rest sollte aliquotiert werden, da mehrmaliges Auftauen und Einfrieren der biologischen Aktivität des Serum ungemein schadet. Entsprechend der jeweils benötigten Mengen wird das Serum in Gefäße pipettiert und sofort wieder eingefroren. Die Aliquotierung hat den Vorteil, dass z. B. zu 100 ml Kulturmedium das entsprechend portionierte Serum ohne weitere Pipettierschritte einfach durch Hinzuschütten beigemischt wird. Diese Technik spart Zeit, Kosten, unnötiges Pipettieren und vermeidet das mehrmalige Auftauen empfindlicher Substanzen.

Häufig wird Serum dem Kulturmedium beigefügt, ohne dass es wirklich notwendig wäre. Werden rein zellbiologische Experimente mit kultivierten Zellen durchgeführt, so spielt es meist keine Rolle, ob Kälber-, Affen- oder Rinderserum zugegeben wird. Sollen die Kulturen jedoch für zelltherapeutische Zwecke am Menschen verwendet werden, so muss die Problematik von möglichen Infektionsrisiken durch die Serumzugabe beachtet werden. Bei Kulturmedien mit Rinderserum besteht die Gefahr einer eingeschleppten BSE-Infektion (Bovine spongiforme encephalopathy). Argumente, das Serum stamme von Tieren außerhalb von Europa, zählen nicht, da es dort BSE-verwandte Erkrankungen wie die Mad cow desease bei Paarhufern gibt. Gleiches Infektionsrisiko wie beim Serum gilt für den Rinderhypophysenextrakt, der häufig Kulturmedien beigegeben wird.

Wichtige Gründe für eine serumfreie Zellkultivierung sind darin zu sehen, dass neben einer möglichen Infektion mit BSE oder anderen noch unbekannten Erregern häufig qualitative und quantitative Schwankungen der Seruminhaltsstoffe vorkommen. Deshalb empfiehlt es sich, bei großen Versuchsserien auch eine entsprechend große und homogene Charge an Serum bereit zu halten, damit nicht innerhalb des laufenden Versuchs von einer Charge auf die andere übergegangen werden muss. Nicht zu unterschätzen ist die Gefahr der mikrobiellen Kontamination, die mit Serumchargen in ein Kulturmedium und damit in die Kultur eingebracht werden kann. Es sollte in jedem Fall darauf geachtet werden, dass die Medien mit Serumzusatz besonders sorgfältig steril filtriert werden.

[Suchkriterien: Cell culture medium serum addition fetal calf FCS]

3.2.2.3 Serumgewinnung
Seriöse Firmen sammeln das für die Zellkultur benötigte Serum nach einem entsprechenden Industriestandard. Kälberserum wird z. B. von Spenderkälbern und das Serum von Pferden aus gut gehaltenen Herden gewonnen, die einer permanenten tierärztlichen Aufsicht unterliegen. Fetales Kälberserum (FBS), Seren von neugeborenen

Kälbern und Serum von anderen Spezies werden im Schlachthaus gewonnen. Für die Gewinnung von FBS wird das Herz des Fetus punktiert. Das gewonnene Blut lässt man gerinnen und trennt anschließend das Serum von den zellulären Bestandteilen und dem Fibringerüst durch Zentrifugation ab. Anschließend werden die einzelnen Seren vereinigt.

Die gewonnenen Rohserumchargen werden filtriert, indem sie in mehreren Schritten durch Filter mit einer immer kleiner werdenden Porenweite bis zu 0,2 bzw. 0,1 μm prozessiert werden, um die notwendige Sterilität so weit wie möglich zu gewährleisten. Eine Sterilisation z. B. in einem Autoklaven durch Hitze ist nicht möglich, da die Seren diesen Vorgang nicht standhalten und denaturieren. Dabei würden die im Serum enthaltenen Proteine ausfallen und das Serum seine wachstumsfördernden Eigenschaften verlieren. Die Abfüllung der gefertigten Seren findet in Sterilbänken oder Sterilräumen statt, die eine Partikelfreiheit nach dem Britischen Standard BS5295, 1989 und US Fed Std – 209E gewährleisten.

Man muss sich darüber im klaren sein, dass Serum das am häufigsten verwendete Supplement in der Zellkulturtechnik ist. Besonders kritisch muss dies gesehen werden, wenn Zellen oder Gewebe in Kulturmedien gehalten werden, welches tierisches Serum enthält. Trotz zahlreicher Filtrationsschritte beinhaltet es die Gefahr einer Kontamination durch Viren und Mycoplasmen sowie durch infektiöse Partikel wie z. B. Prionen, die bei den BSE-relevanten Erkrankungen vermutet werden. Obwohl Mycoplasmen in den meisten Fällen durch eine Filtration des Serums durch 0,1 μm Filter eliminiert werden können, bleibt dennoch ein verbleibendes Infektionsrisiko durch Viren und Prionen. Hier kann mit einer Gamma-Bestrahlung eine Inaktivierung einer Reihe von Viren gezeigt werden. Ob diese Methode auch eine Wirkung bei BSE-infiziertem Serum zeigt, ist unbekannt.

Die Herstellung von Seren bekannter Hersteller geschieht in speziellen Produktionsstätten, die einem Umweltüberwachungsprogramm unterliegen und deren Arbeitsvorgänge wie Sterilfiltration, Filterintegritätstestung, Abfüllung und Reinigung der Produktionsanlage einem validierten Arbeitsprozess unterliegen. In manchen Ländern müssen die hergestellten Seren unter Quarantäne gehalten werden, bis ihre Freigabe durch die Behörden genehmigt ist. Auch die Reinigung der Produktionsanlagen unterliegen strengen Auflagen. Nach dem Herstellungsverfahren und der Abfüllung der Seren müssen die benutzten Anlagen und die Filtrationseinheiten nach speziellen Vorschriften gereinigt und mit Dampf sterilisiert werden. Dies geschieht nach Spezifikationen der USP XXIV und der Europäischen Pharmakopoea WFI. Alle Anlagenleitungen und Behälter sind aus Edelstahl der Spezifikation 316L gefertigt.

[Suchkriterien: Cell culture serum bse donor]

3.2.2.4   Serumfreie Kulturmedien

Ein Grund, um auf serumfreie Medien umzusteigen, kann eine Frage der Wirtschaftlichkeit sein. Gerade bei Großserien werden Versuche mit serumhaltigem Kulturmedium teuer. Hier ist genau abzuwägen, ob nicht die Umstellung auf ein serumfreies Medium das Mittel der Wahl darstellt. Die Umstellung auf ein serumfreies Kulturmedium gestaltet sich häufig aber auch als schwierig. Die Zellen reagieren empfindlich auf eine abrupte Veränderung des extrazellulären Milieus beim Wechsel von einem serumhaltigen zu einem serumfreien Medium.

Die Kulturen wachsen besonders gut, wenn die Umstellung auf ein serumfreies Medium nicht abrupt, sondern innerhalb einer Adaptationsphase erfolgt. Diese sukzessive Umstellung kann so geschehen, dass mit jedem vollständigen Mediumwechsel in kleinen Schritten auch die Serumkonzentration reduziert wird. Eine andere Möglichkeit besteht darin, dass nur ein kleiner Teil des ursprünglichen Mediums, z. B. 20 % entfernt und anschließend mit serumfreiem Medium wieder aufgefüllt wird. Beim nächsten fälligen Mediumwechsel wird genauso vorgegangen. So kann man sich behutsam mit dem Serumgehalt herausschleichen.

Serumfreie Kulturmedien sind dadurch charakterisiert, dass jede zugegebene Substanz in ihrer Zusammensetzung und Konzentration bekannt ist. Manchmal kommt man mit einem Basismedium allein nicht zurecht. Statt Serumzugabe könnte dann die Zugabe von Albumin oder Transferrin helfen. Aber auch hier sollte man bei therapeutischen Vorhaben wegen einer möglichen BSE-Infizierung Produkte aus Rinderserumchargen meiden.

Die Anwendung von serumfreien Medien (SFM) ermöglicht die Durchführung von Kulturvorhaben unter definierten Bedingungen. Einschränkend muss aber angeführt werden, dass bei serumfreien Medien zwar kein Serum verwendet wird, dafür aber unter Umständen größere Mengen an Protein wie Albumin zugegeben werden müssen. Proteinfreie Medien enthalten keine Proteine, dennoch können Proteinhydrolysate wie Peptide oder Hypophysenextrakt vorhanden sein.

Chemisch definierte Medien dagegen enthalten keinerlei Serum, Proteine, Hydrolysate oder Komponenten unbekannter Zusammensetzung. Bei speziellen Arbeiten kann dann auf die Zugabe von Hormonen, Wachstumsfaktoren oder Zytokinen nicht verzichtet werden.

Während bei der Zugabe von Serum zum Kulturmedium gleichzeitig eine Vielzahl von Hormonen zugeführt wird, müssen bei einem klar definierten und damit serumfreien Medium je nach Zelltyp notwendige Substanzen zugegeben werden. Dabei handelt es sich je nach Zelltyp um: Prolactin (0,01 – 10 µg/ml), Wachstumshormon (0,1 – 10 µg/ml), Thyroid stimulating hormone (0,1 – 10 µg/ml), Luteinizing hormone (0,1 – 10 µg/ml), Somatostatin (0,1 – 100 µg/ml), 3,3',5-Triiodothyronine (1×10^{-12} – 1×10^{-7} M), 17 β-Estradiol (1×10^{-11} – 1×10^{-7} M), Prostaglandin E (1 – 50 ng/ml), Gastrin (1 – 150 ng/ml), 7 S Nerve growth factor (0,1 – 50 ng/ml), Epidermal growth factor (5 ng/ml), Fibroblast growth factor (1 – 100 µg/ml), Endothelial cell growth factor (1 – 100 µg/ml), Platelet derived growth factor (0,01 – 1 µg/ml), Interleukin II (1 – 100 U), Transferrin (5 – 50 µg/ml), Glycyl-histidyl-lysine (0,01 – 5 µg/ml), Insulin (5 µg/ml), Hydrocortison (1×10^{-6} M), Phosphoethanolamin (1×10^{-4} M) und Ethanolamin (1×10^{-4} M).

Die Gruppe der wachstumsstimulierenden Zusätze umfasst neben den Hormonen, Wachstumsfaktoren und Zytokinen auch Spurenelemente sowie Vitamine (Tab. 3.3). Einige Substanzen sind essentielle Bestandteile von serumfreien, serumreduzierten und definierten Medien. Manche Faktoren unterstützen nur das Wachstum von manchen Zelltypen. Optimale Bedingungen und Konzentrationen von wachstumsfördernden Substanzen müssen deshalb häufig erst experimentell ermittelt werden.

Tab. 3.3: Beispiele für die Zugabe von essentiellen Bestandteilen in chemisch definierten Kulturmedien.

Additiv	Zellarten	Anwendung
Transferrin	alle	$1-20$ µg/ml
Spurenelemente, Zinn, Vanadium, Nickel, Molybdän und Mangan	alle	je nach Zelltyp
DL-α-Tocopherol	alle	$0,01-1$ µg/ml
T-3 (l-3,5,3'–Triiodothyronin)	Fibroblasten, Epithelzellen	$1-100$ pM
Natriumselenit	alle	20 nM
Putrescin	Epithelzellen, Neuroblastom	$0,1-1,0$ µg/ml
Progesteron	Epithelzellen	$1-10$ nM
Poly-D-Lysin	Fibroblasten, Neuralzellen	0,1 mg/ml Lösung
Ascorbinsäure	alle	$10-100$ µg/ml
Hydrokortison	Epithelzellen, Gliazellen	$1-10$ nM
Insulin	alle	$1-10$ µg/ml

[Suchkriterien: Serum free culture conditions growth factors media]

3.2.2.5 pH im Medium

Die Aufrechterhaltung des Säure-Basen-Gleichgewichtes erfolgt normalerweise mit Natriumhydrogenkarbonat, das sowohl als Puffersubstanz wie auch als essentieller Nahrungsbestandteil dient. Eine Erhöhung des CO_2-Gehaltes hat eine Erniedrigung des pH-Wertes zur Folge, was wiederum durch einen erhöhten Gehalt an Natriumhydrogenkarbonat neutralisiert wird. Schließlich wird ein Gleichgewicht bei einem physiologischen pH zwischen 7,2 und 7,4 angestrebt.

Das Natriumhydrogenkarbonat-Puffersystem im Kulturmedium besteht aus:

$NaHCO_3$ und CO_2
$NaHCO_3$ dissoziiert: $NaHCO_3 + H_2O \Leftrightarrow Na^+ + HCO_3^- + H_2O$
$$Na^+ + H_2CO_3^- + OH^- \Leftrightarrow Na^+ + H_2O + CO_2 + OH^-$$

Diese Reaktion ist abhängig vom CO_2-Partialdruck in der Atmosphäre. Unter dem niedrigen CO_2-Partialdruck der Raumatmosphäre wird das Reaktionsgleichgewicht auf der rechten Seite liegen, d. h. das Medium enthält viel OH^- und ist demnach basisch. Deshalb werden die Natriumhydrogenkarbonat gepufferten Medien im Inkubator mit CO_2 begast.

Die Pufferwirkung des Systems beruht auf den folgenden Reaktionen:

Eine H^+-Zunahme bewirkt: $H^+ + HCO_3^- \Leftrightarrow H_2CO_3 \Leftrightarrow CO_2 + H_2O$
Eine OH^--Zunahme bewirkt: $OH^- + H_2CO_3 \Leftrightarrow HCO_3^- + H_2O$

Flüssigmedien, die in einem CO_2-Inkubator verwendet werden, werden meist über die Zugabe von Natriumbikarbonat und das über ein Steuerventil portionierte CO_2 in einem definierten pH-Bereich gehalten. Werden diese Medien für längere Zeit in Kulturschalen unter einer sterilen Werkbank belassen, so kommt es zu einer pH-Verschiebung in den alkalischen Bereich und damit zu einer violetten Verfärbung. Das kommt daher, dass in der Raumatmosphäre nur circa 0,3 % CO_2 vorhanden sind, während im Inkubator meist mit 5 % CO_2 begast wird. Müssen Medien unter Raumatmosphäre benutzt werden, so wird HEPES, Buffer All oder ein anderer biologischer Puffer zur Stabilisierung des pH verwendet. Zusätzlich gibt es Kulturmedien wie z. B. Leibowitz L15, welche zum Arbeiten unter Raumatmosphäre mit einem Phosphatpuffersystem ausgestattet sind.

[Suchkriterien: Cell culture medium pH buffer bicarbonate]

3.2.2.6 Antibiotika

Antibiotika sind wichtige Hilfsmittel in der Zellkulturtechnik, doch sollten sie möglichst sparsam eingesetzt werden. Einerseits können sie die Zellen schädigen und andererseits kann durch die Verwendung von Antibiotika eine Kontamination unentdeckt bleiben. Es werden Einzelsubstanzen wie z. B. Penicillin G oder Streptomycin angeboten, man kann aber auch auf ganze Antibiotikacocktails zurückgreifen, wie z. B. auf eine fertig anwendbare antibiotisch/antimykotische Lösung (Tab. 3.4). Eine Empfehlung für Einzelsubstanzen kann hier nicht gegeben werden. Die meisten Antibiotika werden in gebrauchsfertiger Lösung geliefert. Auch hier sollte je nach Mengenbedürfnis eine entsprechende Aliquotierung durchgeführt werden. Wegen möglicher zytotoxischer Einflüsse sollte es allgemeiner Arbeitsstandard sein, dass

Tab. 3.4: Beispiele für häufig in Kulturmedien verwendete Antibiotika und Antimykotika.

Medikament	Anwendung	Spektrum	Stabilität im Medium in Tagen (37 °C)
Streptomycin-Sulfat	50 – 100 µg/ml	Gram positive und gram negative Bakterien	5
Polymyxin B-Sulfat	100 U/ml	Gram negative Bakterien	5
Penicillin G	50 – 100 U/ml	Gram positive Bakterien	3
Nystatin	100 U/ml	Pilze und Hefen	3
Neomycin-Sulfat	50 µg/ml	Gram positive und gram negative Bakterien	5
Kanamycin-Sulfat	100 µg/ml	Gram positive und gram negative Bakterien sowie Mycoplasmen	5
Gentamycin-Sulfat	5 – 50 µg/ml	Gram positive und gram negative Bakterien sowie Mycoplasmen	5
Amphotericin B (Fungizone)	0,5 – 3 µg/ml	Pilze und Hefen	3
Anti-PPLO Agens (Tylosin)	10 – 100 µg/ml	Mycoplasmen und gram negative Bakterien	3

beim Experimentieren mit Zellen generell auf die Zugabe von Antibiotika verzichtet wird. Bei Primärkulturen, bei denen durch die Präparation am Organismus kein hundertprozentig steriles Umfeld gewährleistet ist, kann auf Antibiotika allerdings nicht verzichtet werden.

Ersetzbare Kulturen sollten bei Kontamination sofort eliminiert werden. Es kann aber auch versucht werden, die Kontamination unter Kontrolle zu halten. Zuerst sollte man mithilfe eines mikrobiologischen Labors überprüfen, inwieweit eine Bakterien-, Pilz- oder Hefeinfektion vorliegt. Kontaminierte Kulturen sollten von den nicht kontaminierten separiert werden. Wenn zur Eliminierung der Infektion dann vermehrt mit Antibiotika und Antimykotika gearbeitet wird, sollte man wissen, dass diese in höherer Konzentration toxisch für die kultivierten Zellen sein können. Speziell gilt dies für das Antibiotikum Tylosin und das Antimykotikum Fungizone.

[Suchkriterien: Culture medium antibiotics]

3.2.2.7 Sonstige Additive

Die Aminosäure L-Glutamin muss als essentieller Nahrungsbestandteil in allen Zellkulturmedien enthalten sein. L-Glutamin ist jedoch oberhalb von -10 °C sehr unstabil, so dass bei länger gelagerten Medien schwer zu kontrollieren ist, wie viel L-Glutamin noch enthalten ist. Deshalb ist es von Vorteil, wenn beim Ansetzen von Medien direkt vor Gebrauch L-Glutamin entsprechend den Vorschriften des Herstellers zugegeben wird. Zudem gibt es Kulturmedien, die stabilisiertes Glutamin enthalten.

Für ein serumfreies Kulturmedium werden häufig Hormone und Wachstumsfaktoren benötigt (Tab. 3.3). Diese Stoffe haben die unterschiedlichsten chemischen Eigenschaften. Viele sind extrem schwer löslich und müssen deshalb über eine spezielle Vorbehandlung in Lösung gebracht werden. Bei schlecht löslichen Substanzen hilft es, wenn das Additiv in einem möglichst kleinen Volumen absolutem Ethylalkohol gelöst werden kann. Danach kann die alkoholische Lösung in kleinsten Pipettierschritten dem angewärmten Kulturmedium unter leichtem Schwenken zugegeben werden. Dabei sollte beachtet werden, dass jetzt Alkohol im Medium vorhanden ist. Aus diesem Grund sollte die eingegebene Menge an Alkohol so klein wie möglich gehalten werden. Hinzu kommt, dass viele dieser Additive z.T. nur eine kurze Bioverfügbarkeit besitzen und damit dem Kulturmedium erst so kurz wie möglich vor Gebrauch zugefügt werden sollten. Das heißt, dass diese Stoffe unter Umständen sehr schnell im Medium abgebaut werden und damit inaktiviert sind. Zudem kann es zu einer Absorption an Kulturgefäßoberflächen kommen, was ebenfalls einen Einfluss auf die Bioverfügbarkeit hat. Um genaue Informationen über die Verfügbarkeit von Additiven zu erhalten, empfiehlt es sich deshalb, das Kulturmedium einmal von einem entsprechenden Labor auf den effektiven löslichen Gehalt des jeweiligen Stoffes testen zu lassen. So kann leicht überprüft werden, ob die wirklich zur Verfügung stehende Menge an Substanz der gewünschten Konzentration entspricht.

[Suchkriterien: Culture medium additives l-glutamine]

3.2.3
Wachstumsfaktoren

3.2.3.1 Überblick über verschiedene Wachstumsfaktoren

Es gibt eine unendliche Vielfalt an Wachstumsfaktoren. Dazu gehören die klassischen Wachstumsfaktoren wie der Transforming Growth Factor beta (TGFβ), Vascular Endothelial Growth Factor (VEGF), der Insulin-like Growth Factor (IGF), die Neurotrophine, der Glial Cell Line-derived Neurotrophic Factor (GDNF), der Epidermal Growth Factor (EGF), der Fibroblast Growth Factor (FGF) sowie der Platelet-derived Growth Factor (PDGF). Daneben werden noch viele weitere Faktoren mit wachstumsfördernden Eigenschaften verwendet. Dazu gehören z. B. die Chemokine und Interleukine. Zur weiteren Information sei auf die Bücher verwiesen, die speziell dieses Thema behandeln.

Transforming Growth Factor beta (TGFβ): Dieser Faktor wurde erstmals in Fibroblastenkulturen nachgewiesen, die mit Viren transformiert wurden. Dabei zeigte sich, dass die Fibroblasten in Gegenwart von TGFβ ungehemmt proliferieren. Nahezu alle Zellen des menschlichen Körpers bilden diesen Faktor, besonders viel wird in Thrombozyten nachgewiesen. Generell ist TGFβ ein Inhibitor der Zellproliferation in Epithelien. Dabei wird die Zelle in der G_1-Phase blockiert. Für TGFβ gibt es 3 Rezeptorklassen (TGFβR I – III) sowie den Rezeptor Endoglin. Die Effektoren dieser Rezeptoren sind die SMAD-Proteine, die über Interaktion mit dem Ras/MAP-Kinase-Signalweg Einfluss auf die Genaktivität haben.

Die einzelnen Isoformen wie TGFβ1, TGFβ2 und TGFβ3 zeigen ganz unterschiedliche Effekte auf die Zelldifferenzierung und Proliferation. In die Gruppe der TGFβ-Familie gehören außerdem die Bone Morphogenic Proteins (BMP) sowie die Activine, Inhibine und Nodale, die u. a. einen großen Einfluss auf die embryonale Entwicklung haben.

Vascular Endothelial Growth Factor (VEGF): Diese ganze Familie an Faktoren steuert viele Entwicklungsprozesse, Wachstums- und Regenerationsvorgänge an Endothelien. Sie besteht aus VEGF-A, VEGF-B, VEGF-C und VEGF-D. Dazu gezählt werden die Angiopoetine und die Ephrine. VEGF wirkt nicht nur auf Endothelzellen, sondern auch auf Schwann-Zellen, Pankreas- und Retinazellen. Rezeptoren für VEGF sind VEGFR-1 (Flt-1) und VEGFR-2 (KDR/Flk-1) sowie Neuropilin. Die Signalkaskade aktiviert die Proteinkinase 2 (VEGFR-2) und die Phosphoinositol-2 Kinase oder die MAP-Kinase. In Endothelzellen aktiviert VEGF Faktoren wie Bcl-2 und A1, die die Apoptose verhindern.

Insulin-like Growth Factor (IGF): Zu dieser Gruppe gehören IGF-I und IGF-II. Beide Faktoren stimulieren das Wachstum im gesamten Organismus. Als Rezeptoren auf der Zelloberfläche fungieren Tyrosinkinasen.

Neurotrophine: In diese Gruppe gehören der Nerve Growth Factor (NGF), der Brain Derived Neurotrophic Factor (BDNF), Neurotrophin-3 und 4/5 (NT-3, NT-4/5). Diese Faktoren fördern das Wachstum, die Differenzierung und das Überleben von vielen verschiedenen Neuronen während der Entwicklung und im adulten Gewebe. Bei Tumoren wie Neuroblastomen und Medulloblastomen sowie bei neurodegenerativen Erkrankungen ist eine gestörte Wirkung dieser Faktoren und der dazu gehörenden

Rezeptoren wie trkA, trkB, trkC und p75^{NGFR} nachzuweisen. Die Signalregulation geschieht über die ERK (extracellular signal regulated kinase) und die MAP- (mitogen activated protein) Kinase.

Glial Cell Line-derived Neurotrophic Factor (GDNF): Dieser Faktor ist TGFβ-verwandt und wurde ursprünglich als Überlebensfaktor für dopaminerge Neurone identifiziert. GDNF bindet an den Rezeptor GDNFR-α1. Das Signal wird weiter geleitet an die Tyrosinkinase RET und den RAS/ERK Weg. Fehlerhafte Expression von GDNF findet sich im Schilddrüsenkarzinom und verschiedenen endokrinen Neoplasien.

Epidermal Growth Factor (EGF): Neben dem EGF gehört in diese Familie der Transforming Growth Faktor α (TGFα). Beide Faktoren gleichen sich sehr und konkurrieren mit den fast überall in den Geweben vorkommenden Rezeptoren wie EGFR, HER-2 (erbB), HER-3 und HER-4. Nur auf blutbildenden Zellen werden diese Rezeptoren nicht gefunden. In dieser Gruppe von Wachstumsfaktoren werden auch der Heparin Binding EGF-like Growth Factor (HB-EGF), Amphiregulin und Betacellulin geführt.

Die Signalkaskade von EGF verläuft über RAS, RAF und die MAK-Kinasen, die Phosphatidylinositol-3-Kinase und die Phospholipase Cγ. EGF stimuliert die Proliferation von Epithelzellen und ist damit bedeutsam für alle Wundheilungen. TGFα dagegen wirkt abhängig vom Zelltyp und stimuliert bzw. inhibiert die Proliferation.

Fibroblast Growth Factor (FGF): In diese Gruppe gehören der acidic FGF (aFGF, FGF-1) und basic FGF (bFGF, FGF-2). Synonyme für diese Wachstumsfaktoren sind der Endothelial Growth Factor, Retina-derived Growth Factor und Cartilage-derived Growth Factor. Unter Kulturbedingungen stimulieren diese Faktoren die Proliferation in einer Vielzahl von mesenchymalen Zellen wie Fibroblasten, Chondroblasten, Osteoblasten und Myoblasten. Dabei bindet FGF an Rezeptoren wie FGFR-1 bis FGFR-4, die alle Tyrosinkinasen sind.

Platelet-derived Growth Factor (PDGF): Wiederum sind hier mehrere Faktoren zu finden, die in den α-Granula der Thrombozyten nachgewiesen werden. In der Gruppe finden sich PDGF-A, PDGF-B, PDGF-C und PDGF-D, die an spezielle und damit unterschiedlich wirkende Rezeptoren während der Thrombogenese binden können. Ein aktivierter α-Rezeptor z. B. kann in Fibroblasten und Myoblasten die Chemotaxis hemmen, während ein β-Rezeptor diesen Vorgang stimuliert.

3.2.3.2 Wirkung von Wachstumsfaktoren

Bei den Wachstumsfaktoren handelt es sich um Signalmoleküle, die die Zellproliferation, das Zellwachstum und die Zelldifferenzierung beeinflussen. Es sind in den meisten Fällen Polypeptide, die an Rezeptoren der Zelloberfläche binden. Dadurch wird eine Signalkaskade ausgelöst, die schließlich die Genexpression und die Zellzyklusaktivität beeinflusst. Wachstumsfaktoren finden sich in allen Geweben, in denen Zellteilungen zu finden sind. Deswegen werden Wachstumsfaktoren während der Embryogenese, während der Geweberneuerung im erwachsenen Stadium, bei Verletzungen und auch bei der Entstehung von Tumoren nachgewiesen.

Die meisten Wachstumsfaktoren können autokrin wirken. Wenn ein Faktor von der Zelle gebildet und ausgeschleust wird, kann er am spezifischen Rezeptor auf der Zelloberfläche gleich wieder gebunden werden. Wenn benachbarte Zellen durch die Ausschleusung aktiviert werden, dann spricht man von einer parakrinen Wirkung. Gelangt ein Wachstumsfaktor über die Blutbahn zu den Zielzellen, so handelt es sich um eine endokrine Wirkung.

Die Wirkung eines Wachstumsfaktors wiederum ist abhängig vom Lebenszyklus, in dem die Zelle gerade steht. Je nach Rezeptor und Entwicklungsstadium können mitogene, tropische und anti-mitogene Reaktionen ausgelöst werden. Nur in der G_0- und G_1-Phase vor der DNA-Synthese können die Wachstumsfaktoren auf den Zellzyklus wirken. Zellbiologisch kann die G_1-Phase in ein frühes, mittleres und spätes Stadium unterteilt werden. Die Wachstumsfaktoren leiten die Zelle durch die G_1-Phase bis zum Restriktionspunkt, d.h. bis zum Ende der mittleren G_1-Phase. Danach läuft der weitere Zellzyklus irreversibel und ohne ein weiteres Signal der Wachstumsfaktoren ab.

Die Wachstumsfaktoren binden an die extrazelluläre Domäne von spezifischen Rezeptoren in der Plasmamembran. Meist handelt es sich hierbei um Rezeptorkinasen, die nach der Bindung des Faktors phosphoryliert werden. Dadurch werden im Zytoplasma der Zelle Effektoren aktiviert, die Downstream effectors oder Second messenger genannt werden. Diese Moleküle gelangen in den Zellkern und nehmen Einfluss auf die Gentranskription unter Mitwirkung von Transkriptionsfaktoren wie Fos, Myc und Jun. An der Signalkaskade sind RAS- und RAF-Protein sowie Mitglieder der MAP-Kinase Familie beteiligt.

[Suchkriterien: Cell culture growth factors addition proliferation]

3.2.4
Zellkulturtechniken

Schlagworte für das moderne Arbeiten mit Zellkulturen sind Cell culture engineering, Metabolic engineering, Bioprocessing genomics, Viral vaccines, Industrial cell culture processing, Process technology, Cell kinetics, Population kinetics, Insect cell culture, Medium design, Viral vector production, Cell line development, Process control und Industrial cell processing. Bei fast allen diesen Vorhaben geht es um eine spezielle Art der Kultur. Die jeweiligen Zellen sollen sich so schnell wie möglich vermehren, um mit hoher Effizienz ein Bioprodukt wie z.B. ein Medikament oder einen Impfstoff zu synthetisieren. Für alle diese Arbeiten wurde im Laufe der letzten Jahre eine breite Palette an innovativen Geräten entwickelt.

Es gibt heute zwei ganz unterschiedliche Konzepte, Zellen zu züchten. Diese können entweder im Kulturmedium frei schwimmen (nicht adhärent) oder an einem Kulturgefäßboden (adhärent) anhaften. Eine Kombination beider Methoden besteht darin, Zellen auf kleinen porösen Perlen anhaften zu lassen und sie dann durch Rührbewegungen in einer permanenten Schwimmrotation zu halten. Auf alle Fälle möchte man bei dieser Art von Kultur die Zellen auf möglichst einfache Weise vermehren, um entweder die von ihnen gebildeten Produkte oder das gebildete zelluläre Material zu nutzen. Nach der Vorstellung von Kulturgefäßen für den analytische Maßstab sollen verschiedene Kulturtechniken mit den dazu notwendigen Medien und Additiven vorgestellt werden. Anhand von Beispielen, die mit steigendem Arbeitsaufwand verbunden sind, soll die Kultur von ganz unterschiedlichen Zellen beschrieben werden. Verwendet wird dafür eine Antiköper produzierende Zelllinie (Abb. 3.2, 3.3), Madin Darby canine kidney (MDCK) Zellen als Modellbeispiel für eine Epithelzelllinie (Abb. 3.5), Epithelzelllinien im Transfilterexperiment (Abb. 3.6) und isolierte Herzmuskelzellen als ein Beispiel für Primärkulturen.

3.2.4.1 Hybridomas zur Produktion monoklonaler Antikörper

Antikörper sind globuläre Proteine (Immunglobuline, Ig), die von den B-Lymphozyten des Immunsystems gebildet und ausgeschieden werden. Dies geschieht als Antwort auf die Anwesenheit einer fremden Substanz, eines sogenannten Antigens. Experimentell kann diese Eigenschaft in Hybridomas induziert und erhalten werden. Per Katalog können Hybridomas inzwischen aus dem Katalog einer Zellbank ausgewählt werden. Diese werden dann zugestellt (Abb. 3.2). Unter Kulturbedingungen sezernieren die Zellen einen monoklonalen Antikörper, der mit dem gewünschten Antigen reagiert. Die selbst produzierten Antikörper können z. B. für die verschiedensten immunhistochemischen oder biochemischen Nachweise der Proteinerkennung, etwa im Western blot, genutzt werden.

Die Hybridomazellen werden entweder in gefrorenem Zustand oder als wachsende Zellpopulation in einem Gefäß zugesandt. Zur Kultur werden meistens folgende Medien verwendet: DMEM; FCS 10 %; Na-Pyruvat 1 %; L-Glutamin 1 % oder RPMI 1640; Mercaptoethanol 3 µl auf 500 ml; FCS 10 %; Gentamycin 1 %; Amphotericin 0,5 %.

Ziel dieser Kulturarbeiten ist es, in möglichst kurzer Zeit möglichst viele Hybridomazellen zu erhalten, damit diese in kürzester Zeit große Mengen an Antikörpern produzieren. Dazu werden die Hybridomazellen in einer 24-well Kulturplatte mit 1 ml Kulturmedium pro Vertiefung so lange vermehrt, bis die Zellen den Schalenboden komplett bedecken und damit die Zelldichte so groß ist, dass sie in kleine Kulturflaschen überführt werden können (Abb. 3.2, 3.3). Optimal adaptierte Zellen wachsen dabei wie von selbst.

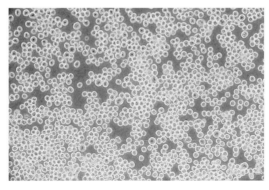

Abb. 3.2: Mikroskopische Ansicht von nicht-adhärenten Hybridomas. Dabei handelt es sich um rundliche, nicht polarisierte Zellen, die Antikörper produzieren und auf dem Boden von Kulturgefäßen liegend wachsen, ohne sich dabei fest anzuheften.

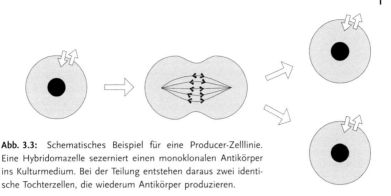

Abb. 3.3: Schematisches Beispiel für eine Producer-Zelllinie. Eine Hybridomazelle sezerniert einen monoklonalen Antikörper ins Kulturmedium. Bei der Teilung entstehen daraus zwei identische Tochterzellen, die wiederum Antikörper produzieren.

Gut wachsende Klone können beim erneuten Aussähen auf bis zu 20 % verdünnt werden. Von kleinen Kulturflaschen können die Zellen dann Schritt für Schritt in beliebig große Flaschen überführt werden. In diesem Stadium werden die Zellen zur Antikörperproduktion gehalten. In jedem Fall steht bei diesen Versuchen allein die Vermehrung von spezieller Biomaterie im Vordergrund. Verständlicherweise sollen dazu die Producer-Zellen so einfach wie möglich zu vermehren sein. Die beschriebenen Kulturen haben den großen Vorteil, dass nach Produktionsaufnahme eines bestimmten Stoffes die Produktionszeit und damit die Produktmenge beliebig eingestellt werden können, da sich bei optimalen Wachstumsbedingungen die Hybridomazelle teilt und sich daraus zwei identische, produzierende Tochterzellen entwickeln (Abb. 3.3).

Möchte man z. B. Hybridomas mit einer effizienten Antikörperproduktion kultivieren, so stehen dafür eine ganze Reihe abgestimmter und kommerziell erhältlicher Medien und Kulturmöglichkeiten für das Upscale, d. h. dem Arbeiten in immer größer werdenden Dimensionen zur Verfügung. Dieses Beispiel zeigt sehr deutlich, dass fast alle der bisher erhältlichen Medien für Kulturen entwickelt wurden, deren Zellen sich möglichst schnell teilen sollen, damit in möglichst kurzer Zeit ein Maximum an Syntheseleistung erreicht wird. Erreicht wurde dieses Ziel häufig allein durch eine experimentell ermittelte Veränderung der Elektrolytzusammensetzung und der Osmolarität des jeweiligen Mediums.

[Suchkriterien: Hybridoma cells antibody production engineering]

3.2.4.2 Kontinuierliche Zelllinien als biomedizinisches Modell

Bei Zelllinien unterscheidet man generell zwei Kategorien, nämlich die "primären" und die "kontinuierlichen" Zelllinien. Die Züchtung frisch isolierter Zellen eines Organs oder Gewebes *in vitro* wird als Primärkultur bezeichnet, wie dies anhand der Kultur von Kardiomyozyten später noch gezeigt wird. Wenn solche Zellen ungestört wachsen und sich teilen, müssen sie nach einiger Zeit auf neue Kulturgefäße verteilt werden. Dies geschieht dann, wenn sie den Kulturschalenboden vollständig bewachsen haben, d. h. einen konfluenten Monolayer gebildet haben. Dabei werden die Zellen aus ihrer vollgewachsenen Kulturschale herausgelöst, portioniert, und in Teilmen-

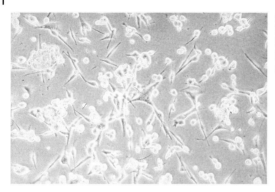

Abb. 3.4: Mikroskopie von 3T3-Zellen in Kultur. Die fibroblastenartigen Zellen haften auf dem Boden von Kulturschalen und bilden dreidimensionale Netze aus.

gen auf neue Schalen oder Flaschen verteilt. Wird die Subkultivation nicht durchgeführt, so sterben die Zellen nach einiger Zeit ab. Vom Zeitpunkt dieser ersten Subkultivation an spricht man von einer primären Zelllinie. Kann eine Zelllinie mehr als 70 mal nach der Primärisolation ohne Einschränkung subkultiviert werden, so geht sie per Definition in eine kontinuierliche Zelllinie über. Als Beispiel sei die fibroblasten-ähnliche Zellline 3T3 genannt (Abb. 3.4). Während der Kultivation über längere Zeit bleiben die Eigenschaften der Zellen meist nicht konstant. Es können typische Zelleigenschaften verloren gehen, aber auch atypische Charakteristika erworben werden.

Ein gutes Beispiel für eine kontinuierliche epitheliale Zelllinie sind die MDCK-Zellen (Abb. 3.5). Die MDCK Zelllinie stammt aus der Niere einer Cockerspanielhündin und wurde 1958 von Madin und Darbin in Kultur genommen. Die 49. Subkultur wurde der American Type Culture Collection (ATCC) übergeben. Heute ist diese Linie in unterschiedlichen Subkulturstadien im Handel erhältlich. Es gibt mittlerweile zwei Stämme (strain I and II) mit verschiedenen morphologischen und physiologischen Eigenschaften. Von jedem Stamm existieren zusätzlich mehrere Klone mit wiederum jeweils ganz unterschiedlichen Eigenschaften. Die Zellen werden in gefrorenem Zustand gelagert und vertrieben.

Die MDCK-Zellen enthalten Mischcharakteristika und können deshalb keinem eindeutigen Nierentubulussegment zugeordnet werden. Meistens unterscheiden sich die Zellen der kontinuierlichen Linie von denen der primären Linie durch eine veränderte Chromosomenzahl. Wie viele anderen Zelllinien bilden die MDCK-Zellen in Kultur ein Epithel, allerdings keine für diese Gewebe typische Basalmembran. Stattdessen sezernieren die Zellen Basalmembrankomponenten wie Fibronektin und Kollagen Typ IV in löslicher Form ins Kulturmedium. Offensichtlich ist die Fähigkeit verloren gegangen, die Proteine am basalen Aspekt des Epithels in eine unlösliche Form zu bringen und hier dreidimensional zu einer funktionellen Basalmembran zu vernetzen (Abb. 3.5).

Je nach Kulturgefäß und angebotener Wachstumsunterlage zeigen die MDCK-Zellen ganz unterschiedliche Eigenschaften. In Kulturgefäßen aus Polystyrol wachsen sie als planer Monolayer, das heißt als einschichtige flache Zellschicht (Abb. 3.6 A). Spontan oder nach Hormonapplikation bilden die Zellen Hemicysten, sogenannte Domes

Abb. 3.5: Mikroskopie von adhärenten Epithelzellen. MDCK-Zellen bilden nach dem Anheften ein polar differenziertes Epithel auf dem Boden einer Kulturschale. Extrazelluläre Matrixproteine werden dabei ins Kulturmedium sezerniert, ohne dass eine eigene Basalmembran aufgebaut wird.

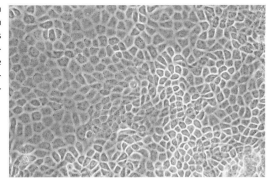

und Blister aus. MDCK-Zellen haften reversibel am Schalenboden an und können zur Subkultivierung mittels Trypsin und EDTA abgelöst werden. Auf speziellen Filtersystemen entwickeln sich die MDCK-Zellen zu einem stärker polarisierten Epithel mit physiologischen Transporteigenschaften (Abb. 3.6 B). Obwohl die MDCK-Zellen sich sonst in ihrer Proliferation wie Tumorzellen verhalten, sind sie in diesem differenzierten Zustand nur noch begrenzt lebensfähig und eine Subkultur ist dann oft nicht mehr möglich.

Die Stammkulturen werden deshalb nicht in Filtereinsätzen, sondern immer in Plastikgefäßen gezüchtet. Je nach Untersuchungsbedingungen werden die Zellen aus diesen Stammkulturen entnommen und entsprechend weiter kultiviert. Häufig verwendet man MDCK-Zellen als Wirtsorganismus für die Virusvermehrung oder als Epithelzellmodell zur Untersuchung der molekularen Mechanismen von Transportvorgängen.

Bei der Kultur von MDCK-Zellen in einer Petrischale sind die luminale und basale Seite mit dem gleichen Medium in Kontakt. Bei polarisierten Epithelzellen in unserem Organismus ist das nicht der Fall, da hier luminal und basal immer ganz unterschiedliche Milieubedingungen herrschen. Deshalb entwickelt sich in der Kulturschale durch die gleichen Bedingungen auf der luminalen und basalen Seite häufig ein biologischer Kurzschluss, der sich differenzierungshemmend auf die Kulturen auswirken kann. Haben die Zellen zu einem späteren Zeitpunkt dann physiologische Abdichtungen wie Tight junctions ausgebildet, so bedeutet dies, dass die dem Schalenboden zugewandten lateralen und basalen Kompartimente der Epithelzellen vom Kulturmedium nur noch unvollständig erreicht werden. Auch dies wirkt sich differenzierungshemmend aus. Aus diesem Grund wurden schon in den 70er Jahren Filtereinsätze für die Kultur von Epithelzellen entwickelt. Dabei handelt es sich um einen Hohlzylinder, der auf seiner einen Seite mit einem Filtermaterial verklebt ist (Abb. 3.6 B). Der Filtereinsatz wird in eine Kulturschale eingelegt. Die Zellen werden in das Lumen des Hohlzylinders einpipettiert und können jetzt auf einem Filter wachsen, der die Bedingungen einer Basalmembran simuliert. Luminal und basal können jetzt auch ganz unterschiedliche Medien zur weiteren Aufzucht verwendet werden. Da die luminalen und basalen Kompartimente kleine Volumina aufweisen, findet leider sehr schnell ein Flüssigkeitsaustausch zwischen unten und oben statt. Jedenfalls kann auf diese Weise über längere Zeiträume kein kontinuierlicher Gradient aufrechterhalten werden.

Im folgenden ist eine Beispielanleitung für die Kultur von MDCK-Zellen gezeigt. Dafür werden folgende Medien benötigt:

Einfriermedium:

fetales Kälberserum (FCS)	80 %
DMSO	20 %

Kulturmedium für Stammkulturen in Plastikgefäßen:

EMEM mit 0,85 g/l Bicarbonat	93 %
FCS	5 %
L-Glutamin 200 mM in PBS	1 %
Penicillin/Streptomycin	1 %

Medium für die Epithelkultur auf Filtern:

EMEM mit 0,85 g/l Bicarbonat	88 %
FCS	10 %
L-Glutamin 200 mM in PBS	1 %
Penicillin/Steptomycin	1 %

Wenn sich die MDCK-Zellen in Kultur befinden, vermehren sie sich wie Tumorzellen permanent und müssen nach dem vollständigen Überwachsen des Kulturschalenbodens abgelöst und in neuen Kulturgefäßen ausgesät werden. Unterbleibt dies, so sterben sie ab. Diese Subkultivation der Stammkultur beinhaltet zwei Arbeitsschritte:

1. Vorbereitung:
   Trypsin 0,05 % / EDTA 0,02 % in PBS ohne Ca/Mg; 10 ml pro 750 ml Kulturflasche, wird auf 37 °C vorgewärmt. Benötigt wird eine 10 ml Spritze mit Sterilfiltervorsatz, ein 50 ml Becherglas als Ständer, ein Becherglas für Mediumabfall, PBS ohne Ca/Mg, steril, Kulturmedium, steril und vorgewärmt, Kulturflaschen 75 cm^2 und 10 ml Pipetten, steril.

2. Durchführung:
   Altes Medium vollständig aus der Kulturflasche absaugen. 2 x mit je 10 ml PBS spülen, d. h. PBS aus der Pipette über die Zellen fließen lassen und wieder abziehen. 5 ml Trypsin/EDTA/PBS durch die Spritze mit Sterilfilteraufsatz in die Flasche geben. Den Flaschendeckel locker aufsetzen und 15 Minuten bei Raumtemperatur inkubieren, abgiessen, nochmals 1 ml Trypsin/EDTA/PBS zugeben und 15 Minuten im Kulturschrank bei 37 °C inkubieren. Die Zellen sollten sich ablösen. Dazu erfolgt die Kontrolle unter dem Mikroskop. Eventuell noch anhaftende Zellen werden durch leichtes Anklopfen der Flasche in Lösung gebracht. 9 ml Kulturmedium zugeben, dann die Zelldichte der Zellen in der Zählkammer bestimmen. Die

Zellsuspension wird so verdünnt, dass die Zelldichte 1×10^4 Zellen/cm² beträgt. Das bedeutet bei 75 cm²-Kulturflaschen etwa 1×10^6 Zellen/ml. In das neue Kulturgefäß werden etwa 20 ml Medium einpipettiert. 1 ml der Zellsuspension wird zugegeben. Die übrig gebliebenen Zellen werden entweder eingefroren oder verworfen. Nach 3–4 Tagen ist der Schalenboden wieder zugewachsen. Dann müssen die Zellen wieder neu subkultiviert werden.

[Suchkriterien: Continous cell lines MDCK CHO]

3.2.4.3 Epithelzellen im funktionellen Transfilterexperiment

In Transfilterexperimenten werden je nach Anwendungsgebiet ganz unterschiedliche Zelllinien verwendet. Neben den MDCK-Zellen (Abb. 3.6) gehören dazu die Zellen CaCo-2 und Calu-3. Bei den CaCo-2 Zellen handelt es sich um eine humane Colonkarzinom-Linie, die sich experimentell als Modell für intestinale Absorption bestens bewährt hat und welche von der FDA als pharmakologisch/pharmazeutisches *in vitro* Modell akzeptiert wird. Die Calu-3 Zelllinie stammt von humanen bronchotrachealen Drüsenzellen der Submukosa ab und repräsentiert ein Modell für das Bronchialepithel. Untersucht werden kann an den intestinalen bzw. pulmonalen Zellen die Aufnahme von neu entwickelten Medikamenten, von Proteinen und von DNA-Konstrukten. Die Zelllinien können von der American Type Culture Collection (ATCC, Rockville, MD, USA) bezogen werden.

Lässt man die Zellen auf der Membran eines Filtereinsatzes wachsen, so kann man daran das Wachstum, die Differenzierung, die Ausbildung sowie die Aufrechterhaltung einer epithelialen Barriere untersuchen. Nachdem sich die Zellen auf der Membran angesiedelt haben, soll sich möglichst schnell eine funktionelle Barriere ausbilden, damit daran Transportuntersuchungen durchgeführt werden können (Abb. 3.7). Während die Subkultur der einzelnen Linien in einem normalen Proliferationsmedium vorgenommen wird, müssen für die Transfilterexperimente in den meisten Fällen spezielle serumhaltige Kulturmedien verwendet werden. Je nach Zelllinie enthält das Medium 10–20% natives oder hitzeaktiviertes Kälberserum, damit im Lauf der Kultur ein konfluenter Monolayer mit intakten Tight junctions entsteht.

Ob eine funktionelle Barriere entstanden ist, muss elektrophysiologisch ermittelt werden. Im typischen Fall wird dazu der transepitheliale elektrische Widerstand

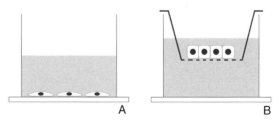

Abb. 3.6: Beispiel für die Modulierung eines Phänotyps unter Kulturbedingungen. Schematische Darstellung von MDCK-Zellen auf dem Boden einer Kulturschale als flacher Monolayer (A) und in einem Filtereinsatz, der polare Differenzierung unterstützt (B).

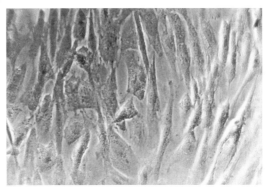

Abb. 3.7: Mikroskopie von kultivierten Tubuluszellen der Niere, die langsam einen konfluenten Monolayer bilden. Zwischen den einzelnen Zellen befinden sich noch große Lücken. Verständlich wird, dass in diesem Stadium keine funktionelle transepitheliale Barriere ausgebildet ist.

(TEER) mit einem Messgerät und 2 Elektroden erfasst, die im luminalen und basalen Kulturmedium befestigt werden. Die Messdaten zeigen, dass es ca. 7 – 10 Tage dauert, bis sich ein TEER von über 1000 Ohm x cm^2 ausgebildet hat. Allein ein Wert von über 500 Ohm x cm^2 signalisiert eine intakte Barriere. Bemerken sollte man zusätzlich, dass sich gute TEER-Werte nicht automatisch einstellen, sondern in hohem Maße von den jeweiligen Kulturbedingungen abhängen. Dazu gehören neben den verwendeten Filterunterlagen genauso die in den Kulturmedien zugesetzten Seren.

Neben der elektrophysiologischen Messung der TEER-Werte wird die Abdichtung eines Epithels häufig auch mit Hilfe von radioaktiv markiertem Mannitol bestimmt. Dabei sollte man anmerken, dass Mannitol von den Zellen nicht aufgenommen wird, sondern nur über den parazellulären Weg, also zwischen den beiden lateralen Plasmamembranen vom luminalen in das basale Kompartiment gelangen kann.

Zur Bestimmung der Dichtigkeit eines Epithels wird eine bestimmte Menge radioaktiv markiertes Mannitol in das luminale Kulturmedium pipettiert. Nach einer Stunde misst man, wie viel Radioaktivität im basalen Kulturmedium vorhanden ist. Ist das Epithel undicht, so gelangt radioaktiv markiertes Mannitol parazellulär ins Kulturmedium auf der basalen Seite des Filters. Wenn weniger als 1 % der eingesetzten Radioaktivität messbar ist, geht man davon aus, dass eine integre und damit optimale funktionelle Barriere ausgebildet ist. Wird mehr radioaktives Mannitol nachgewiesen, so muss untersucht werden, ob die Tight junction ungenügend ausgebildet ist, ob es an der unzureichenden Konfluenz der Zellen liegt oder ob ein sogenanntes Edge damage, bei dem die Zellen im Randbereich des Filters nicht abdichten, die Ursache ist.

[Suchkriterien: Epithelial cells transfilter culture]

3.2.4.4 Kultivierung von Kardiomyozyten

Als Primärkultur bezeichnet man Zellen, die aus einem Organ bzw. Gewebe isoliert und unmittelbar danach in Kultur genommen werden. Bei der Herstellung von Zellkulturen kommt es zunächst darauf an, einzelne Zellen aus dem Organ- bzw. Gewebeverband herauszulösen. Dies geschieht durch mechanische und enzymatische Behandlung der Gewebe, sowie durch spezielle Kultur- und Wachstumsbedingungen. Um die Zellen aus ihrem Gewebeverband herauszulösen, wird die extrazelluläre Matrix mit Enzymen wie Collagenase, Trypsin, Dispase oder Hyaluronidase abgebaut. Durch Gradientenzentrifugation oder Siebtechniken können danach bestimmte Zellen angereichert werden. Ergänzend können die Zellen durch vorsichtiges Schütteln oder Pipettieren mechanisch durch schwache Scherkräfte voneinander getrennt werden.

Anhand einer Beispielanleitung soll das Ansetzen einer Primärkultur aus Hühnerembryonen gezeigt werden. Dazu gehört wiederum ein Vorbereitungsschritt und eine recht umfangreiche Durchführung:

1. Materialien:
   Vorbebrütete Eier (ca. 8–10 Tage alt), 2 sterile große gebogene Pinzetten, 1 sterile mittelgroße Pinzette, 1 sterile kleine Pinzette, 1 sterile mittelgroße Schere, 1 sterile kleine Schere, sterile Skalpelle, sterile Pasteurpipetten, sterile Petrischalen (60 und 35 mm im Durchmesser), sterile Metalleierbecher, steriler 100 ml Erlenmeyerkolben mit Schliffstopfen, steriler kleiner Magnetrührer, sterile Zentrifugengläser, Zählkammer. PBS, 0,25 % Trypsin in PBS, fötales Kälberserum (FCS), Minimal Earle Medium (MEM), Trypanblau.

2. Durchführung:
   Die Bebrütung der befruchteten Eier erfolgt bei 38,5 °C und einer relativen Luftfeuchtigkeit zwischen 60 und 70 % in einem speziellen Brutschrank. Die vorbebrüteten Eier werden unter die sterile Werkbank gebracht und geöffnet. Dazu werden die Eier mit dem stumpfen Ende nach oben in einen Eierbecher gestellt und mit 70 %igem Äthanol sorgfältig gereinigt.
   Mit einer gebogenen sterilen Pinzette wird das Ei aufgeschlagen und eine runde Öffnung in die Eischale gebrochen, danach wird die äußere weisse Eihülle entfernt. Der Embryo ist jetzt sichtbar und wird mit der großen gebogenen Pinzette herausgehoben. Der Embryo wird in eine Petrischale mit 60 mm Durchmesser überführt, die eisgekühlte PBS enthält. Der Kopf wird mit einer großen Schere abgeschnitten und der Brustraum mit einer kleinen Schere oder einem Skalpell eröffnet. Das schlagende Herz wird mit einer kleinen Pinzette entnommen und in eine Petrischale mit eiskalter PBS gelegt. 10–15, maximal 20 Embryonen werden derart aufgearbeitet.
   Wenn alle Herzen entnommen sind, werden bei jedem Herz die großen Blutgefäße mit den Stümpfen entfernt. Danach werden die Herzen 2x mit eiskalter PBS-Lösung gewaschen. Die Herzen werden jetzt in einem Volumen von 1–1,5 ml PBS aufgenommen und mit 2 Skalpellen in möglichst kleine Stücke geschnitten. Mit sterilen Pasteurpipetten werden die Stückchen in den Erlenmeyerkolben überführt und mit 5 ml 0,25 % Trypsinlösung in PBS versetzt. Bei 37 °C wird für 10 Minuten unter langsamem Rühren inkubiert. Danach wird mit einer sterilen Pasteurpipette der Trypsinüberstand entfernt und verworfen. Die im Erlenmeyerkolben verbleibenden Stückchen Herz werden wiederum mit 5 ml Trypsinlösung bei 37 °C für 10 Minuten und unter schwachem Rühren inkubiert. Danach wird der Überstand mit einer sterilen Pasteurpipette abgenommen und mit 2 ml fetalem Kälberserum versetzt, um die Proteaseaktivität zu blockieren. Es erfolgt eine Zentrifugation für

5 Minuten bei 1300 rpm. Der Überstand wird verworfen. Das Sediment wird mit Nährmedium (85 % MEM / 15 % FCS) aufgenommen. Das Pellet wird im Nährmedium aufgewirbelt, danach wird die gewonnene Zellsuspension auf Eis gestellt. Mit den restlichen, also noch nicht verdauten Herzstückchen wird die Trypsinierung noch zweimal wiederholt. Die gewonnenen Zellsuspensionen werden jetzt vereinigt und sehr gut durchmischt. Es erfolgt eine Bestimmung der Zellzahl. Diese sollte etwa bei $0{,}5 \times 10^6$ Zellen pro ml liegen. Bei zu hoher Zelldichte wird mit Kulturmedium entsprechend verdünnt. Das Aussäen der Zellen geschieht in Petrischalen oder in Kulturflaschen. Die Kultur erfolgt im CO_2-Inkubator. Nach einem Tag wird der erste Mediumwechsel vorgenommen. Das Füttermedium ist 90 % MEM und 10 % FCS. Herzmuskelzellen beginnen nach wenigen Stunden auf dem Boden der Kulturschale anzuhaften und nach 48 Stunden rhythmisch zu kontrahieren. Bei entsprechendem Arbeitsstandard kann ohne Antibiotika gearbeitet werden.

Bei all diesen Dissoziations- oder Desintegrationsexperimenten, bei denen zur Zellisolierung mit Hilfe einer Protease gearbeitet wird, darf nicht vergessen werden, dass nicht nur die perizelluläre Matrix, sondern auch die Zellen selbst angegriffen werden können. So kann z. B. eine zu lang dauernde Trypsinierung einen toxischen oder sogar letalen Einfluss auf die isolierten Zellen ausüben. Dies zeigt sich in einer schlechten Vitalausbeute und ausbleibendem Wachstum.

Neben der enzymatischen Behandlung wird häufig mit Puffersystemen gearbeitet, die arm oder frei an Kalzium (Ca) und Magnesium (Mg) sind. Der Kalzium- und Magnesiummangel führt zu einer Aufweichung von Zellanhaftungsstellen und damit schließlich zu einer Separierung der Zellen. Häufig wird diesen Medien der Chelatbildner EDTA zugefügt um Ca^{2+} wegzufangen. Die Dissoziationszeiten sind bei dieser Methode bedeutend länger als bei enzymatischen Vorgängen. Unterstützend sollte das Gewebe mehrmals vorsichtig durch dünne Pasteurpipetten gesaugt werden. So können mit Hilfe von leichten Scherkräften hervorragende Zellsuspensionen gewonnen werden.

Die vorgestellte Vorgehensweise erlaubt es, unterschiedliche Zellen aus einem Gewebeverband zu isolieren, ohne allzu sehr die Integrität der Zellen zu zerstören. Das Protokoll ist sicherlich nicht für alle Gewebe gleich gut geeignet. Optimale Bedingungen sind für jedes Gewebe deshalb experimentell zu ermitteln. Befriedigende Ergebnisse werden erreicht, wenn beim Anwachsen der Kultur eine hohe Zellausbeute erreicht und die Lebensfähigkeit (Viabilität) größer als 90 % ist.

Da Organe und Gewebe aus ganz unterschiedlichen Zellen bestehen, stellt sich nach der Isolation von Zellen die Frage der Zellreinheit. Dabei muss geklärt werden, ob nur ein einziger Zelltyp mit der Präparation in Kultur genommen werden soll oder ob die Kultur aus mehreren Zelltypen bestehen soll. Wie diese verschiedenartigen Zellen voneinander getrennt werden können, soll hier im einzelnen nicht behandelt werden, muss aber dennoch ganz individuell und sehr kritisch gesehen werden. Das Arbeiten mit einer Zellmischung aus vielen verschiedenen Zelltypen wird dadurch kompliziert, dass später in Kultur nicht alle Zellen gleich schnell wachsen. Dadurch kann es mit der Zeit sehr leicht zum Überwachsen eines einzelnen

Zelltyps kommen. Umgekehrt kann dieses Phänomen natürlich genutzt werden, um auf recht einfache Art einen schnell proliferierenden Zelltyp in kurzer Zeit, in großer Menge und in reiner Form herauswachsen zu lassen. Wenn jemand jedoch gerade an den langsam wachsenden Zellen interessiert ist, können nur noch spezielle Techniken wie z. B. ein Klonierzylinder oder spezielle Selektionsmedien helfen, um diesen Zelltyp in reiner Form zu erhalten.

Schließlich sollte noch darauf hingewiesen werden, dass aus Kardiomyoblasten erwachsene Kardiomyozyten werden, die ebenso wie die neuronalen Zellen zu den postmitotischen Zellen gehören. Aus diesem Grund können die Zellen nicht gelagert oder subkultiviert werden und es können keine Zelllinien daraus entstehen. Bei pharmakologischen Versuchen müssen deshalb je nach Bedarf jedes Mal aus dem Organ von neuem Zellen isoliert und in Kultur genommen werden.

[Suchkriterien: Primary cell culture cardiomyocytes isolation]

3.2.4.5 Gefrierkonservierung

Zellen werden nur kultiviert, wenn sie gebraucht werden, denn ihre Betreuung kostet viel Zeit und Geld. Viele Zelltypen lassen sich problemlos einfrieren und bei Bedarf wieder auftauen. Beim Einfrieren werden die Zellen durch ein Gefrierschutzmittel vor der Bildung intrazellulärer Eiskristalle geschützt. Die Zellen können in gefrorenem Zustand über fast beliebige Zeiträume gelagert werden. In jedem Fall sollten die Zellen als Suspension vorliegen. Dazu werden die Zellen wie z. B. MDCK mit Trypsin dissoziiert und in normalem Wachstumsmedium in einer Konzentration von $2-4 \times 10^6$ Zellen/ml resuspendiert. Die Zellsuspension wird dann in einem Eiswasserbad heruntergekühlt. Unmittelbar danach wird steriles Glycerol oder Dimethylsulfoxid (DMSO) in einer Endkonzentration von 10 Vol% hinzugegeben. Mit einer weitlumigen Kanüle und einer sterilen Spritze wird jetzt 1 ml der Zellsuspension in eine sterile Glasampulle überführt, die sofort verschmolzen wird. Alternativ gibt es auch zahlreiche Einfriergefäße aus Plastik mit Drehverschluss. Die verschlossenen Röhrchen werden dann in eine Styroporbox gestellt. Solche Boxen werden häufig für den Flaschentransport verwendet. Die Box sollte eine Wandstärke von 5 – 10 cm besitzen. Mit dem dazu passenden Deckel wird die Box verschlossen und in eine –70 °C Truhe gestellt. Man kann davon ausgehen, dass jetzt das Material um circa 1 °C pro Minute heruntergekühlt wird. Nach etwa zwei Stunden werden die Röhrchen in flüssigen Stickstoff überführt und entsprechend eines klar gegliederten Protokolls in den Vorratsbehälter eingeordnet. Hier können die Zellen über viele Jahre aufbewahrt werden.

Bei Bedarf können die Zellen wieder aus ihrem Kälteschlaf geholt werden. Zum Auftauen von gefrorenen Zellen werden die Kryoröhrchen aus dem Stickstoffbehälter entnommen. Dazu werden die Kryoröhrchen sehr schnell in ein 37 °C Wasserbad überführt, in dem die Probe aufgetaut und temperiert wird. Danach werden die Röhrchen gut mit 70 %igem Alkohol abgewischt und geöffnet. Mit einer sterilen Pipette wird die Probe unter der sterilen Werkbank in ein entsprechendes Kulturgefäss überführt. Jetzt muss Wachstumsmedium zugegeben werden, um das in der Probe enthaltene Glycerol oder Dimethylsulfoxid (DMSO) zu verdünnen. Falls überhaupt kein Kryoprotektivum mehr in der Probe enthalten sein soll, müssen die Zellen bei 800 rpm für 5 Minuten zentrifugiert werden. Der Überstand wird abgenommen und durch neues temperiertes Wachstumsmedium ersetzt. Die Zellen werden im CO_2-Begasungsschrank bei 37 °C für 24 Stunden gehalten. Danach sollte das Medium erneuert werden.

[Suchkriterien: Cell cryoconservation freezing media]

3.2.4.6 Probleme bei der Kultur

Bei der Kultur von Zellen können eine Reihe von Problemen auftreten (Tab. 3.5). Dabei sind die Schwierigkeiten bei kontinuierlichen Zelllinien ganz anders gelagert als bei primären Zellen. Dazu tabellarisch einige Beispiele:

Tab. 3.5: Probleme, die bei der Kultur von Zellen auftreten können.

Schwierigkeit	Auslöser	Behebung
Zellen haften nicht an der angebotenen Oberfläche	Möglicherweise wurde zu lange mit Trypsin bei der Isolierung gearbeitet	Verkürzung der Einwirkzeit von Trypsin, sowie Reduktion der Konzentration
	Infektion mit Mycoplasmen	Test, ob eine Infektion mit Mycoplasmen vorliegt
	Es fehlen geeignete Anheftungsfaktoren an der Oberfläche	Beschichtung der Oberfläche mit Peptiden oder extra-zellulären Matrixproteinen
Sichtbare Präzipitate im Medium ohne eine Veränderung des pH	Reste von Spülmittel können Präzipitate hervorrufen; Auftauen von gefrorenem Medium	Effektive Reinigung mit reduziertem Spülmittel und mehrmaligem Spülen mit destilliertem oder deionisiertem Wasser
Präzipitate mit einer pH Veränderung	Infektion mit Bakterien oder Pilzen	Versuch zur Dekontamination der Kultur mit Antibiotika und Antimykotika
pH Veränderung im Medium	Zu hohe Zelldichte	Verringerung der Zelldichte; Korrektur der CO_2-Versorgung
	Falscher CO_2-Partialdruck, zu geringe Bicarbonatpufferung	Anpassung der Bikarbonatkonzentration, Zugabe eines zusätzlichen Puffers
	Verschlossene Kulturflasche	Behebung der gestörten Ventilierfunktion
Reduziertes Wachstum der Kultur	Medium und Additive stammen von verschiedenen Lieferanten	Kritischer Vergleich von alter und neuer Lieferung in bezug auf die Inhaltsstoffe
	Mangel oder Degradation von essentiellen Bestandteilen	Überprüfung des Glutamingehaltes
	Wenige Zellen sichtbar	Erhöhung der Zellzahl

Tab. 3.5: Fortsetzung

Schwierigkeit	Auslöser	Behebung
Reduziertes Wachstum der Kultur	Mögliche Kontamination mit Bakterien oder Pilzen	Untersuchung des Medium durch ein mikrobiologisches Labor
		Alterung der Kultur
	Überprüfung der durchgeführten Passagen	Zelltod
	Fehlende CO_2-Begasung	
	Gasflasche, Regulation des Inkubators überprüfen	Vorhandensein von toxischen Metaboliten, Antibiotika oder sonstigen Additiven

3.2.4.7 Arbeitsaufwand bei Zellkulturarbeiten

Die angeführten Beispiele zeigen, dass es nicht eine, sondern verschiedenste Arten der Zellkultur gibt (Abb. 3.2, 3.5). Bei der einfachsten Art vermehrt man nicht-adhärente Zellen in einem Kulturmedium allein durch Pipettierschritte (Abb. 3.2). Aufwendiger werden die Arbeiten, wenn es sich um adhärente Zellen von Zelllinien handelt, da diese vor den Pipettierschritten von der Wachstumsunterlage abgelöst, vereinzelt und gezählt werden müssen (Abb. 3.5). Der größte Arbeitsaufwand findet sich bei Primärkulturen wie bei der Isolierung von Kardiomyozyten, die in mehreren Arbeitsschritten aus einem Tier bzw. Organ isoliert und dann in Kultur bebracht werden.

Experimentelle Erfahrungen zeigen, dass die tägliche Überwachung eines Hybridomastammes nur etwa 30 Minuten benötigt, während bei adhärenten Zelllinien 1,5 Stunden und bei der Gewinnung von Primärkulturen mit etwa 4 Stunden gerechnet werden muss (Abb. 3.8). Der unterschiedliche Arbeitsaufwand der Gewinnung wurde schon bei den einzelnen Zellkulturbeispielen geschildert. Dabei muss konsequent nach einem vorgegebenen Arbeitsprotokoll vorgegangen werden. Aus diesem Grund können die Arbeitsprozesse nicht beschleunigt werden, wenn qualitativ hochwertige Kulturen gewonnen werden sollen.

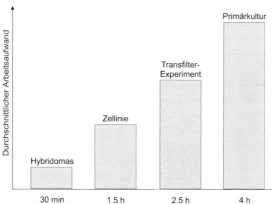

Abb. 3.8: Schema zum unterschiedlichen Arbeitsaufwand mit Kulturen. Hybridomas, Zelllinien und Primärkulturen benötigen bei der Isolierung und Subkultivation ganz unterschiedliche Material- und Zeitaufwendungen.

3.3
Gewebekultur

Kulturen mit tierischen und menschlichen Zellen sind heute zu unverzichtbaren Werkzeugen in der biomedizinischen Forschung und Therapie geworden. Meistens denkt man dabei an Zellkulturen, die sich schnell vermehren und z. B. einen monoklonalen Antikörper oder ein rekombinantes Protein bilden. Bei dieser Technik wachsen möglichst viele Zellen isoliert von ihren Nachbarn auf dem Boden eines Kulturgefäßes. Dabei zeigen sie keine oder nur wenig Eigenschaften von Gewebestrukturen.

Histologische Präparate zeigen, dass Organ- und Gewebestücke – auch wenn sie klein sind – sehr komplex zusammengesetzt sind und meist aus mehreren und nicht nur aus einem einzelnen, homogenen Gewebe bestehen. Neben den spezialisierten Zellen des jeweiligen Parenchyms werden Blutgefäße, Fibroblasten sowie Zellen der immunologischen Abwehr im Stroma gefunden (Abb. 3.9, 3.10).

Kulturversuche mit Gewebe beginnen damit, dass ein ca. 500 µm dünn geschnittenes Stück Gewebe aus Gehirn, Leber, Niere, Pankreas oder eine Arterie steril gewonnen und in eine Kulturschale eingelegt wird. Zur Versorgung des jeweiligen Explantates wird Kulturmedium zugegeben, welches meist fötales Kälberserum enthält. Dabei wird nicht die gesamte Kulturschale mit Medium befüllt, sondern nur so viel zugegeben, dass das Explantat gerade mit Medium bedeckt ist. Dies soll verhindern, dass das Explantat aufschwimmt. Bei dieser Methode kann Sauerstoff über kurze Diffusionswege das kultivierte Gewebe erreichen.

Gewebekulturen müssen im Gegensatz zu Zellkulturen unter anderen Aspekten gesehen werden, denn Gewebe bestehen aus sozial organisierten Zellverbänden. Anstatt Zellen so schnell wie möglich zu vermehren, werden bei Gewebekulturen Explantate in einem möglichst originären Zustand so lange wie möglich unter *in vitro*-Bedingungen gehalten. Dies erscheint sehr einfach, aber aus den unterschiedlichsten Gründen ist es bis heute nicht gelungen, Gewebekulturen in optimaler Form und perfektem Funktionserhalt durchzuführen. Seit Jahrzehnten ist offen, ob bei der Ge-

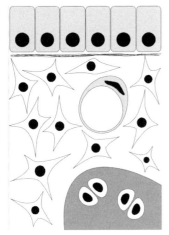

Abb. 3.9: Schematischer Schnitt durch ein Gewebeexplantat. Im oberen Bereich befindet sich ein Epithel, welches vom darunter liegenden Bindegewebe durch eine Basalmembran getrennt wird. Zwischen den locker verteilten polymorphen Bindegewebszellen befindet sich eine Kapillare für die notwendige Nährstoffversorgung. Im unteren Bereich befindet sich ein Anschnitt von hyalinem Knorpel.

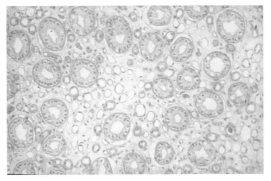

Abb. 3.10: Histologischer Schnitt durch die Medulla der Niere als Beispiel für einen Gewebeschnitt. Zu erkennen sind die großlumigen Sammelrohre und andere Tubulus- bzw. Gefäßstrukturen, die von interstitiellem Bindegewebe umgeben sind.

webekultur ein echtes Weiterleben von Gewebe oder lediglich ein verzögerter Zelltod stattfindet.

Häufig wird in den Bereich der Gewebekultur auch die Organkultur einbezogen. Ziel der Organkultur ist jedoch nicht die Aufrechterhaltung einer Gewebestruktur, sondern embryonal vorliegendes Gewebe unter *in vitro* Bedingungen in eine normale Entwicklung zu führen, wie sie entwicklungsphysiologisch auch in einem reifenden Organismus zu beobachten ist. Das heutige Tissue Engineering nimmt in diesem Zusammenhang eine Mittlerstellung ein, da es sowohl Aspekte der Zell- und Gewebekultur wie auch der Organkultur beinhaltet.

[Suchkriterien: Tissue culture organ culture]

3.3.1
Migration und Neuformierung

Wenn ein heterogen zusammengesetztes Gewebeexplantat einem serumhaltigem Kulturmedium auf dem Boden einer Kulturschale ausgesetzt wird, so ist davon auszugehen, dass in den ersten Tagen prinzipiell alle Zellen überleben werden. Das Explantat verändert jedoch binnen Stunden seine äußere und innere Struktur. Aus bisher nicht eindeutig geklärten Gründen beginnt ein hoher Prozentsatz an Zellen entweder unmittelbar oder erst nach Tagen das Explantat zu verlassen und in die Peripherie des Explantates oder auf den Boden der Kulturschale zu wandern. Manchmal

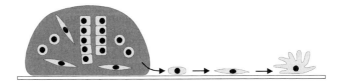

Abb. 3.11: Beispiel für die Migration von Zellen in einem Gewebeexplantat auf dem Boden einer Kulturschale nach mehrtägiger Kultur in serumhaltigem Medium. Während der Kultur sind zahlreiche Zellen aus dem Explantat ausgewandert und wachsen jetzt auf dem Boden der Kulturschale. Innerhalb des Explantates kommt es zur kompletten Umorganisation.

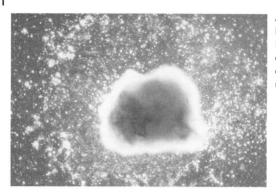

Abb. 3.12: Mikroskopische Darstellung eines Gewebeexplantates auf dem Boden einer Kulturschale. Ein Großteil der Zellen bleibt nicht im Explantat, sondern wandert aus und bildet einen Monolayer.

wird auch das gesamte Explantat umwachsen. Zuerst erscheinen Makrophagen und Leukozyten, gefolgt von Fibroblasten. Zuletzt werden auswandernde Epithelzellen sichtbar (Abb. 3.11).

Für die auswandernden Zellen eines Gewebeexplantates in Kultur gibt es prinzipiell zwei Möglichkeiten. Wenn das Explantat schwimmend im Kulturmedium gehalten wird, werden die Zellen auf der Oberfläche entlangwandern und in unmittelbarem Kontakt zum Gewebe bleiben. Diese Wanderung zeigt, dass nur ein Teil der Zellen auswandert, während der andere Teil im Innern des Explantates bleibt. In den meisten Fällen ist das Explantat dann mit einer Hülle von Epithelzellen oder Fibroblasten überzogen. Hat das Explantat jedoch Kontakt zu dem Boden einer Kulturschale, so wird ein großer Teil der Zellen am Boden des Kulturgefäßes entlang wandern. Diese Zellen können nach Entfernen des Gewebeexplantates als Monolayer weitergezüchtet werden.

Die Auswanderung von Zellen aus einem Explantat kann experimentell genutzt werden. Häufig werden Gewebeexplantate in Kultur genommen, um einzelne Zelltypen aus kleinsten Proben zu gewinnen. Der Vorteil dieser Methode besteht darin, dass die Zellen durch Migration und damit ohne Aufschluss des Gewebes mit Proteasen gewonnen werden können (Abb. 3.12). Nachteile dieser Methode sind jedoch darin zu sehen, dass die meisten der auswandernden Zellen infolge der Dedifferenzierung funktionelle Eigenschaften verlieren.

[Suchkriterien: Cell migration tissue organ culture explant]

3.3.2
Dedifferenzierung

Im Laufe der Jahre sind viele verschiedene Gewebe von uns in serumhaltigem Medium in einer Kulturschale kultiviert worden. Sämtliche der von uns durchgeführten Kulturexperimente zeigten schon nach wenigen Tagen, dass es sowohl bei den innerhalb des Explantats verbliebenen als auch bei den ausgewanderten Zellen zu starken Veränderungen kommt. Die emigrierten Zellen hatten Räume zurückgelassen, die umstrukturiert und neu belebt wurden. Die neu entstandenen Areale gleichen allerdings in den wenigsten Fällen der ursprünglichen Form und Funktion. Aus diesem

Abb. 3.13: Mikroskopische Darstellung von isolierten Glomeruli der Niere auf dem Boden einer Kulturschale.

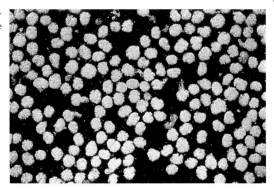

Grund können Gewebeschnitte wie z. B. von Gehirn, Magen, Leber, Pankreas, Niere, Blutgefässe oder die verschiedensten Bindegewebe nicht ohne den Verlust vieler ihrer typischen Eigenschaften über längere Zeiträume in Kultur gehalten werden. Die Veränderungen von morphologischen, biochemischen und physiologischen Eigenschaften während der Kultur werden als zelluläre Dedifferenzierung bezeichnet. Bisher ist kein kultiviertes Gewebe bekannt, welches während einer längerfristigen Kultur keine Veränderungen durch zelluläre Dedifferenzierung aufweist.

Ein typisches Beispiel für die zelluläre Differenzierung ist die Kultur von Glomeruli der Niere (Abb. 3.14). Diese können durch Siebtechniken und Gradientenzentrifugation aus der Niere isoliert werden (Abb. 3.13). Jede Glomerulus hat abhängig von der Spezies einen Durchmesser von 100 – 130 µm und besteht aus mehreren Zelltypen. Dazu gehören die Podozyten, die intra- und extraglomerulären Mesangiumzellen sowie Endothelzellen.

Werden isolierte Glomeruli in serumhaltigem Kulturmedium auf dem Boden einer Kulturschale kultiviert, so ist nach einigen Tagen zu beobachten, dass Zellen ausgewachsen sind und sich als Monolayer in die Peripherie ausbreiten (Abb. 3.14). Diesen Zellen ist nicht mehr anzusehen, ob sie Podozyten, Mesangiumzellen oder Endothel-

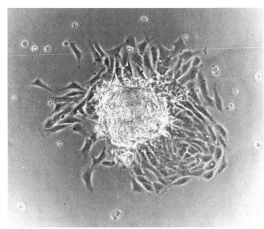

Abb. 3.14: Mikroskopische Darstellung eines Glomerulus der Niere nach mehrtägiger Kultur in serumhaltigem Medium auf dem Boden einer Kulturschale. Bei den ausgewachsenen Zellen ist nicht zu erkennen, ob es sich um Podozyten, Mesangiumzellen oder Endothelzellen handelt.

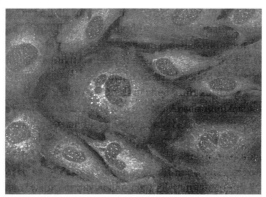

Abb. 3.15: Beispiel für die zelluläre Dedifferenzierung von Zellen auf dem Boden einer Kulturschale. Anhand der weißen Granula kann immunhistochemisch eindeutig nachgewiesen werden, dass nicht mehr alle Zellen ein bestimmtes Protein bilden. Im Gewebe wird dieses Protein jedoch nicht in einzelnen Granula (Bildmitte), sondern im gesamten Zytoplasma nachgewiesen.

zellen sind. In intakten Glomeruli der Niere zeigen diese Zellen jedoch ein sehr spezifisches Aussehen und können anhand dieser Kriterien leicht voneinander unterschieden werden.

Ein weiteres Beispiel sind Epithelzellen aus dem Sammelrohr der Niere, die aus einer Explantatkultur emigriert sind und auf dem Boden einer Kulturschale wachsen (Abb. 3.12). Die kultivierten Zellen sind untypisch flach und polygonal gewachsen. Zudem zeigen sie eine auffällige Distanz zu benachbarten Zellen. Immunhistochemische Nachweise haben gezeigt, dass nur wenige dieser Zellen in der Bildmitte ein gewebetypisches Protein noch zu bilden vermögen (Abb. 3.15). Das synthetisierte Protein ist in Form von weißen Granula sichtbar. Die meisten anderen Zellen in der Peripherie dagegen zeigen keine immunhistochemische Reaktion und haben während der Kultur aufgrund der zellulären Dedifferenzierung die Fähigkeit verloren, sammelrohrtypische Proteine zu produzieren.

Das Problem der zellulären Dedifferenzierung ist in seinem Ausmaß am besten anhand eines Schemas zu erklären (Abb. 3.16). Während der Embryonalentwicklung reifen Zellen in einem Organismus zu funktionellen Gewebezellen mit sehr spezifischen Eigenschaften. Dieser natürlich ablaufende Vorgang wird als Differenzierung bezeichnet. Werden funktionelle Gewebe in Kultur genommen, so zeigt sich, dass typischen Eigenschaften nur noch teilweise erhalten bleiben oder sogar völlig verloren gehen können. Je nach Gewebetyp gehen nicht alle Eigenschaften in gleichem Maße verloren. Weder die ausgewanderten, noch die in einem Explantat verbliebenen Zellen behalten ihren ursprünglichen morphologischen und funktionellen Zustand bei.

Um die Dedifferenzierung so weit wie möglich zu vermeiden, müssen die Bedingungen bei der Gewebekultur deshalb so gewählt werden, dass eine Entwicklung zu nicht spezialisierten Zellen vermieden wird und die Eigenschaften von funktionellen Zellen so weit wie möglich aufrecht erhalten werden. Erkennbar ist, dass bei der Gewebekultur Zellen in unterschiedlichen Stadien entstehen, die in ihrem Entwicklungszustand weder rein embryonal noch funktionell adult sind.

Die Gründe für zelluläre Dedifferenzierung unter Kulturbedingungen sind vielfältig. Den isolierten Gewebeexplantaten fehlt z. B. ein funktionierendes Gefäßsystem, es besitzt keine befriedigende Entsorgung für Metaboliten, und es erfährt keine neu-

Abb. 3.16: Schematische Darstellung zur Entwicklung und Dedifferenzierung in Gewebekulturen. Während der Entwicklung entstehen aus embryonalen Zellen funktionelle Gewebe. Dieser Vorgang wird als Differenzierung bezeichnet. Werden funktionelle Gewebe in Kultur gebracht, so gehen in unterschiedlichem Ausmaß morphologische, physiologische und biochemische Eigenschaften verloren. Dieser Vorgang wird als Dedifferenzierung bezeichnet.

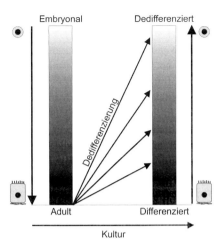

ronale Steuerung mehr. Gewebe im erwachsenen und damit funktionellen Zustand dagegen sind so organisiert, dass die sich darin befindlichen Zellen nach Erreichen einer bestimmten Größe in einer bestimmten Dichte vorliegen. Je nach Organ und Gewebe sind zudem Zellen zu finden, die sich sehr häufig teilen, während andere unmittelbar benachbarte Zellen sich trotz der Gegenwart des gleichen Milieus kaum oder gar nicht mehr teilen. Diese natürlichen Steuer- und Kontrollmechanismen sind bei der Gewebekultur aufgehoben. Praktisch alle in einem Gewebeexplantat vorhandenen Zellen werden unter Kulturbedingungen durch die Zugabe von fötalem Kälberserum umprogrammiert und zur Wanderung sowie zur Zellteilung stimuliert. Dadurch bedingt, verlassen sie ihre angestammte Umgebung, umwachsen partiell das Explantat oder können als Monolayer auf dem Boden einer Kulturschale kultiviert werden.

Die Ursachen für die Emigration von Zellen aus einem Gewebeexplantat sind vielfältig. Eine der Hauptursachen ist das verwendet Medium. Die meisten Kulturmedien sind vor 40 bis 50 Jahren für eine ganz spezielles Problem entwickelt worden. Damals wollte man keine Gewebe, sondern vielmehr einzelne Zellen in Form von Monolayern kultivieren. Diese Kulturen sollten sich möglichst schnell vermehren, um so effizient wie möglich Viren zu produzieren. Völlig unwichtig waren der Ursprung, das Aussehen und die weiteren Eigenschaften dieser Zellen. Dementsprechend wurden die Kulturmedien in ihrem Gehalt an Elektrolyten und Ernährungsfaktoren so abgestimmt, dass sie die schnelle Proliferation von Zellen optimal unterstützten. Dies ist der Grund, warum Zellen durch die Anwendung solcher Kulturmedien aus der natürlichen Balance zwischen Interphase und Mitose gerissen werden und sich daraufhin permanent teilen.

Zudem wird häufig wie automatisch fötales Kälberserum beim Ansetzen von Kulturmedium verwendet. Hauptsächlich wird es benutzt, um die schnelle Proliferation von Zellen zu unterstützen. Dies ist auf den Gehalt von mitogenen Faktoren zurückzuführen, welche die Zellen so rasch wie möglich von einem Mitosezyklus zum nächsten leiten. Im intakten Gewebeverband unterliegen die Zellen jedoch einer individuellen Kontrolle zur Teilung, die offensichtlich durch die Isolation des Explantates außer Kraft gesetzt wird.

Zudem sind im fötalen Kälberserum Spreadingfaktoren vorhanden, welche die Zellen veranlassen zu wandern und sich zu verteilen. Das Zusammenwirken von Stimulierung der Mitose und der Spreadingaktivität bewirkt an einem kultivierten Explantat, dass die gewebetypische Ortständigkeit für Gewebezellen aufgehoben und damit ein Auswachsen möglich wird. Zu beobachten ist die Migration von Zellen an vielen Slice-Kulturen, bei denen dünne Schnitte von Geweben oder ganzen Organen wie z. B. dem neuralen Hippocampus in Kultur genommen werden, um daran physiologische oder pharmakologisch/toxikologische Experimente durchzuführen. Für eine relativ kurze Zeit von einigen Stunden bleiben die Zellen ortsgebunden und behalten ihre typischen Funktionen. Dann kommt es auch hier unwiderruflich zu der Auswanderung von Zellen und zur geschilderten Umorganisation des Gewebes bei einer gleichzeitigen Dedifferenzierung der Zellen.

[Suchkriterien: Dedifferentiation culture loss differentiation]

3.4
Organkultur

Definitionsgemäß unterscheidet man Organkulturen von den Gewebekulturen und den Zellkulturen. Organkulturen stammen von entnommenen Organanlagen, regenerierenden adulten Organen oder Teilen davon. Organe bestehen aus mehreren Geweben. Es kommt bei der Organkultur darauf an, dass während der Kulturphase die Zelldifferenzierung und die Histoarchitektur sowie die Gesamtfunktion des jeweiligen Organs mit seinen einzelnen Geweben möglichst vollständig erhalten bleibt und wenn möglich weiter entwickelt wird. Für diese Art der Kultur werden bevorzugt Organe embryonalen, fötalen oder perinatalen Ursprungs wie Lunge, Leber, Mundspeicheldrüsen oder Nieren verwendet, deren Weiterentwicklung man in Kultur beobachten möchte.

Erste wertvolle Informationen zur Organkultur wurden durch Experimente an Explantaten gewonnen. Hier zeigte sich, dass durch die Kombination von Geweben wie z. B. Rückenmark und Nierenmesenchym embryonal angelegte Zellen auf den Weg zur Gewebeentwicklung bzw. -reifung gebracht werden können. Diese Befunde erbrachten aber auch, dass daraus nicht automatisch gereifte, also voll funktionsfähige Gewebe unter *in vitro* Bedingungen entstehen. Bei genauer Analyse ergeben sich daraus Konstrukte, die ein breites Spektrum von embryonalen bis hin zu erwachsenen Eigenschaften aufweisen. Besonders wichtig in diesem Zusammenhang ist die Tatsache, dass dabei nicht nur gewebetypische, sondern auch atypische und damit gewebefremde Proteine exprimiert werden können.

Embryonales Gewebe verhält sich in der Organkultur anders als erwachsene Gewebestrukturen, was man leicht anhand von experimentellen Beispielen der Branching morphogenesis erklären kann (Abb. 3.17). Diesen Entwicklungsvorgang findet man bei der Entwicklung von Drüsenorganen, die aus einem Parenchym und einem kompartimentierenden Stroma aufgebaut sind. Die typische Entwicklung dieser Organe

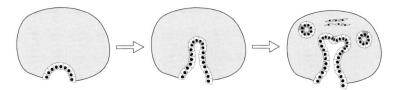

Abb. 3.17: Schema eines embryonalen Organs, welches sich durch Branching morphogenesis entwickelt. Dabei wächst eine Epithelknospe in ein Mesenchym ein. Die Epithelknospe teilt sich mehrmals und bildet dadurch ein verzweigtes Röhrensystem, aus dem sich das spätere Parenchym entwickelt.

besteht darin, dass eine Epithelknospe in ein embryonales Bindegewebe (Mesenchym) einwächst. Der Epithelschlauch verlängert sich, es kommt zu einer Lumenbildung und am Ende zu regelmäßig wiederkehrenden Aufzweigungen. Dadurch entsteht ein verzweigtes Ausführungsgangsystem. Die im Bindegewebe liegenden Drüsenepithelendstücke entwickeln sich sekundär zum eigentlichen Funktionsepithel um. Nach diesem Muster entwickeln sich Organe wie z. B. die Leber, Pankreas, Speicheldrüsen oder auch die Niere.

Von großem Interesse sind die entwicklungsphysiologischen Aspekte, die einerseits zur Stammbildung des Ausführungsgangsystems und andererseits zur funktionellen Entwicklung der Drüsenendstücke mit ihren speziellen Sezernierungsleistungen führen. Experimentell kann dies bereits seit Jahrzehnten sehr gut mit embryonalen Organkulturen durchgeführt werden. Dazu werden die Organanlagen intakt sowie steril entnommen und in Kultur gebracht. Da dieses embryonale Gewebe Zellen mit einer hohen Proliferationskapazität aufweist, können die Experimente auch sehr gut mit serum- oder wachstumsfaktorhaltigen Kulturmedien durchgeführt werden. Das Organ kann dabei aber nur zu einer bestimmten Größe herangezogen werden. Limitierungen sind dadurch gegeben, dass wegen der fehlenden Durchblutung bei Erreichen einer gewissen Gewebedicke eine Minderversorgung mit Sauerstoff und Nährstoffen stattfindet. Deswegen kommt es im Innern nach einiger Zeit zum partiellen Absterben des Gewebes.

[Suchkriterien: Organogenesis branching morphogenesis organ culture]

4
Tissue Engineering

Der aktuelle Bereich des Tissue Engineerings wurde im wesentlichen von Charles und Josef Vacanti sowie Charles Patrick, Antonios Mikos, Robert Langer und Larry McIntire Mitte der 1980er Jahre begründet. Inzwischen gibt es kaum noch einen Zweig in der Biomedizin, der sich nicht mit dieser neuen Disziplin auseinander setzt. Das Ziel des Tissue Engineering besteht im wesentlichen darin, die zum Erliegen gekommene körpereigenen Regenerationsfähigkeit durch die Implantation lebender Zellen zu aktivieren und wenn nötig beschädigte Gewebe durch Gewebeimplantate zu ersetzen (Abb. 4.1). Die Generierung von Gewebekonstrukten erfordert wegen ihrer speziellen technischen Schwierigkeiten eine besonders enge Zusammenarbeit von Medizinern, Zellbiologen, Materialforschern und Ingenieuren. Unterschieden wird zwischen der Therapie mit kultivierten Zellen (Abb. 4.2, Tab. 4.1), der Herstellung von Gewebekonstrukten (Abb. 4.3, Tab. 4.2) und dem Bau von Organmodulen (Abb. 4.4, Tab 4.3).

Das Spektrum des Tissue Engineerings umfasst alle im Körper befindlichen Gewebearten. Unter dem Begriff wird zudem eine Vielzahl von technischen Verfahren zusammengefasst, mit denen aus kultivierten Zellen Gewebe und sogar Organoide aufgebaut werden. Teils handelt es sich um funktionelle Zell- bzw. Gewebekonstrukte, die Patienten als biologische Implantate eingesetzt werden, teils um technische Biomodule, die am Krankenbett arbeiten.

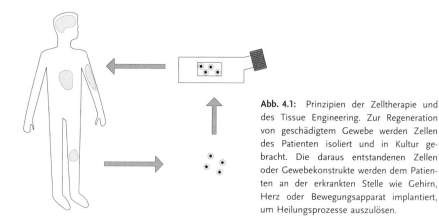

Abb. 4.1: Prinzipien der Zelltherapie und des Tissue Engineering. Zur Regeneration von geschädigtem Gewebe werden Zellen des Patienten isoliert und in Kultur gebracht. Die daraus entstandenen Zellen oder Gewebekonstrukte werden dem Patienten an der erkrankten Stelle wie Gehirn, Herz oder Bewegungsapparat implantiert, um Heilungsprozesse auszulösen.

Bei der heute üblichen Transplantation von Organen und Geweben von einem Spender zu einem Empfänger kommt es immer zu einer chronischen Abstoßungsreaktion. Deshalb muss nach erfolgter Transplantation durch immunsuppressive Medikamente die Abstoßungsreaktion unterdrückt werden. In manchen Fällen ist sie allerdings so heftig, dass das Implantat wieder entfernt werden muss. Da beim Tissue Engineering bevorzugt mit autologen, also vom Patienten selbst stammenden Zellen gearbeitet wird (Abb. 4.1), ist eine solche Abstoßungsreaktion nicht zu erwarten.

[Suchkriterien: Tissue Engineering autologous transplantation]

4.1
Zelltherapien

Bei der Zelltherapie wird eine Suspension von Einzelzellen in das erkrankte oder defekte Gewebeareal eingespritzt oder auf dieses aufgebracht (Abb. 4.2, Tab. 4.1). Dadurch soll die körpereigene Regeneration gefördert und unterstützt werden. Die verwendeten Zellen sind zum Zeitpunkt der Implantation in einem relativ unreifen Zustand und sollen sich erst unter dem Einfluss der Gewebeumgebung im Körper des Patienten vollständig entwickeln. Dabei soll die Ausbildung eines funktionellen Gewebes und dessen Integration in die umliegenden Areale erfolgen.

Die für diese Art von Therapie benötigten Zellen können aus dem Körper des Patienten isoliert (autolog) und vor der Implantation *in vitro* vermehrt werden. Zukünftig kann vielleicht auch auf totipotente oder pluripotente Stammzellen zurück gegriffen werden.

Im Folgenden werden einige Beispiele für mögliche Anwendungen der Zelltherapie gezeigt, welche sowohl klinische Wünsche, aber auch die Limitationen deutlich werden lassen.

Tab. 4.1: Bei der Zelltherapie werden isolierte Zellen transplantiert, um durch Krankheit verlorene Funktionen wieder zu gewinnen.

Zelltherapie	Erkrankung	Einsatz	Probleme
Knochenmark	Immunschwäche Leukämie	Transplantation	Abstoßungsreaktionen
Keratinozyten	Verbrennungen Geschwüre	Transplantation	Keine Hautanhangsgebilde wie Haare, Schweißdrüsen oder Talgdrüsen
Chondrozyten	Knorpelverletzungen	Transplantation	Mangelnde Stabilität
Myoblasten	Muskeldystrophie	Transplantation	Immunreaktion
Kardiomyozyten	Herzinfarkt	Transplantation	Mangelnde Integration, Funktion
Inselzellen	Diabetes mellitus	Transplantation	Stellen Insulinproduktion ein
Dopaminerge Neurone	Morbus Parkinson	Transplantation	Stellen spezifische Funktion ein

Abb. 4.2: Prinzip der Zelltherapie. Bei der Zelltherapie werden Zellen des Patienten kultiviert und dann in ein beschädigtes Gewebe oder Organ eingespritzt. Bei der Therapie von Verbrennungen und Geschwüren werden die kultivierten Zellen auf die Wundfläche aufgelegt, aufpipettiert oder aufgesprüht.

[Suchkriterien: Tissue Engineering cell therapy]

4.1.1
Immunschwäche

Fehlerhafte Leukozytenentwicklung führt häufig zu Immunschwächen. Eine solche kann durch eine Knochenmarkstransplantation korrigiert werden. Dabei kommt es jedoch sehr häufig zu Graft versus Host Abstoßungsreaktionen. Durch Verwendung von autologem Knochenmark in Verbindung mit Gentherapie können Abstoßungsreaktionen vermieden werden. Inzwischen sind eine Reihe von Gendefekten identifiziert worden, die zu Immunschwächekrankheiten führen. Ein Behandlungsansatz ist deshalb die Entnahme einiger patienteneigener Knochenmarkszellen, in die dann *in vitro* funktionsfähige Kopien des defekten Gens eingeschleust werden. Schließlich werden die therapierten Knochenmarkszellen dem Patienten durch Infusion zurückgegeben. Bei erfolgreicher Integration des funktionierenden Gens in die Knochenmarksstammzellpopulation, könnte eine dauerhafte Heilung möglich sein. Graft versus Host Reaktionen treten bei dieser Behandlungsmethode nicht auf, jedoch ist der effiziente Transfer von Genen in Knochenmarksstammzellen sehr schwierig.

[Suchkriterien: Bone marrow immune deficiency gene therapy]

4.1.2
Defekte am Gelenkknorpel

Besonders große klinische Bedeutung hat der hyaline Knorpel, der sich auf der Oberfläche von Gelenken befindet. Eng begrenzte Beschädigungen von Gelenkoberflächen nach Unfällen heilen, aber anstelle von mechanisch belastbarem hyalinem Knorpel wird weicher Faserknorpel ausgebildet. Großflächige Verletzungen des Knorpels heilen überhaupt nicht und stellen daher ein besonderes medizinisches Problem dar. Aus diesem Grund wird im Rahmen der regenerativen Medizin versucht, die beschädigten Stellen mit autologen Chondrozyten oder wie später zu sehen mit einem Konstrukt aus artifiziellem hyalinem Knorpelgewebe zu füllen.

Methodisch relativ einfach erscheint die Wiederherstellung von Knorpel, die in vielen Kliniken schon seit Jahren praktiziert wird. Benötigt wird diese Therapie zur mechanisch stabilen Wiederherstellung von Gelenkknorpeloberflächen nach einer großflächigen Absprengung. Der verletzte Knorpel kann kein mechanisch belastbares Material mehr bilden, eine Regeneration bleibt aus oder es entsteht relativ weiches, faserartiges Knorpelnarbengewebe. Zur Therapie wird ein Stück Knorpel des Patienten an einer Gelenkstelle wie einem Epikondylus isoliert, die mechanisch nicht beansprucht wird. Das isolierte Gewebe wird dann einem speziellen Labor zugeschickt, welches sich auf die Isolierung und Vermehrung von Chondrozyten spezialisiert hat.

Nach Arbeitsrichtlinien des GMP wird das Stück Knorpel mit Kollagenasen verdaut, so dass die Chondrozyten aus der Knorpelgrundsubstanz freigesetzt werden. In Kultur mit meist serumhaltigem Medium werden die Zellen vermehrt. Bei Erreichen einer genügenden Zellzahl müssen die Chondrozyten mittels Zentrifugation gesammelt werden. Das Zellpellet wird zur Implantation an den behandelnden Orthopäden zurückgesandt. Dieser formt im Bereich der beschädigten Gelenkoberfläche eine Tasche, in welche die kultivierten Chondrozyten in einem möglichst kleinen Flüssigkeitsvolumen eingespritzt werden. Die Tasche wird mit einem Periostlappen verschlossen, wobei die Ränder vernäht und mit Fibrinkleber abgedichtet werden (Abb. 4.2). Verwenden kann man dazu auch kultivierte Chondrozyten, die mit Fibrin oder Agarose vermischt und auf der beschädigten Stelle ausgestrichen werden. Im Schutz dieser Tasche sollen die Zellen jetzt zu hyalinem Knorpel reifen.

Per Definition handelt es sich auch bei der Implantation von kultivierten Chondrozyten nicht um Tissue Engineering, sondern um eine Zelltherapie, da in diesem Fall nicht ein Gewebekonstrukt, sondern isoliert vorliegende Zellen zur Implantation verwendet werden. Die Chondrozyten sind bei dieser Form der Therapie auf keiner Matrix angesiedelt, haben keine Knorpelgrundsubstanz gebildet und werden als Zellsuspension in Medien unterschiedlicher Viskosität mit einer Injektionsnadel in eine vorbereitete Periostlappentasche auf der beschädigten Gelenkoberfläche eingespritzt. Erst innerhalb dieser Tasche kommt es zur echten Gewebebildung und damit im Laufe der Zeit zur Neubildung einer mechanisch belastbaren Knorpelgrundsubstanz.

Bei einer anderen Strategie kultiviert man autologe Chondrozyten für wenige Tage in einem Scaffold. Die Zellen haben die Möglichkeit, sich mit dem Scaffold vertraut zu machen, sich anzusiedeln und Proteine der extrazellulären Matrix zu bilden. Das noch flexible Konstrukt kann dann auf der beschädigten Gelenkoberfläche befestigt werden und ohne die Überdeckung mit einem Periostlappen einheilen. Per Definition handelt es sich bei diesem Vorgehen nicht um eine Zelltherapie, sondern um die Implantation eines Gewebekonstruktes (Abb. 4.3). Die Wahrscheinlichkeit, dass hierbei Zellen verloren gehen, ist eher gering. Schließlich gibt es die Möglichkeit, ein Knorpelkonstrukt über Wochen unter *in vitro*-Bedingungen zu generieren, bis es eine gewisse mechanische Belastbarkeit zeigt. Vor der Implantation wird das Konstrukt auf die richtige Größe geschnitten und in die beschädigte Gelenkoberfläche eingelegt, wo es in möglichst kurzer Zeit einheilen und zur mechanischen Stabilität der Gelenkoberfläche beitragen soll. Hierbei bereitet die Integration des Konstruktes in das umgebende Gewebe jedoch noch relativ große Probleme.

[Suchkriterien: Autologous chondrocyte transplantation]

4.1.3
Großflächige Verbrennung

Die wohl längsten klinischen Erfahrungen im Bereich der Zelltherapie gibt es neben der Knochenmarkstransplantation z. B. bei einer Leukämie vor allem zur Behandlung von Patienten mit schwersten Brandverletzungen, denen mit kultivierten Keratinozyten das Leben gerettet werden konnte. Dazu gibt es viele Beispiele von Unfallopfern, deren Körperoberfläche zu mehr als 90 % verbrannt war. Neben der Grundversorgung dieser schwerst verletzten Patienten werden lebende Keratinozyten aus den unbeschädigten Bereichen der Achsel, Leiste oder Vorhaut isoliert und in Kultur genommen. Die Keratinozyten werden dann in speziellen Kulturflaschen mit einem abziehbaren Deckel und meist auf einer Lage von Fibroblasten (Feeder layer) vermehrt. Erst neuerdings werden die Zellen auf einer synthetischen extrazellulären Matrix gehalten, die der mechanischen Stabilisierung bei der Transplantation dient. Man kann sich vorstellen, wie viele Kulturflaschen mit einer Grundfläche von circa 120 cm² benötigt werden, um in Form von vielen Patches die verbrannte Hautoberfläche eines Patienten abzudecken. Eine andere Form der Applikation ist das gleichzeitige Aufbringen von kultivierten Keratinozyten mit Fibrinkleber auf einer verbrannten Hautoberfläche. Gute Erfolge wurden mit dieser Therapie auch bei großflächigen Geschwüren (Ulcus cruris) und dem Dekubitus erzielt.

Definitionsgemäß handelt es sich bei der geschilderten Therapie von grossflächigen Verbrennungen nicht um transplantiertes Gewebe, sondern um eine proliferierende Zellkultur von Keratinozyten. Aus den Resten der Haut werden einzelne Keratinozyten isoliert und vermehrt bis eine genügende Zellmasse erreicht ist, damit die Wachstumsfläche zur Wundabdeckung ausreicht. Man sollte bedenken, dass funktionell wichtige Sekundärbildungen der Haut wie Reservefalten im Bereich der Gelenke, Haare, Schweiß- und Talgdrüsen mit dieser Methode bis heute nicht wieder regeneriert werden können, was zu einer deutlichen Behinderung und Einschränkung der Lebensqualität der behandelten Patienten führt.

[Suchkriterien: Burn skin keratinocytes tissue engineering]

4.1.4
Muskeldystrophien

Muskeldystrophien zeigen sich an einem fortschreitenden Verlust von Skelettmuskulatur und gehören zu häufig tödlich verlaufenden Erbkrankheiten. Obwohl große Fortschritte bei der Identifizierung mutierter Gene gewonnen wurden, sind die Therapiemöglichkeiten sehr begrenzt. Mögliche zukünftige Perspektiven bietet hier die Zelltherapie bzw. das Tissue Engineering.

Die Entstehung der Muskeldystrophie ist auf das dmd-Gen zurückzuführen, welches auf dem kurzen Arm des X-Chromosoms lokalisiert ist. Mit seinen 79 Exons und 2,5 Megabasen ist es eines der größten bekannten Gene. Es kodiert für das Zytoskelettprotein Dystrophin mit einem Molekulargewicht von 427 000 Dalton welches an der Innenseite der Zellmembran von Muskelfasern lokalisiert ist. Mit seinem N-Terminus

ist es mit Aktinfilamenten und mit seinem C-Terminus an einen Dystrophin-assozi-
ierten Glykproteinkomplex (DGC) gebunden. Dieser intrazellulär liegende Komplex
wiederum ist über die Plasmamembran mit der Basalmembran über die Matrixproteine Laminin und Agrin verbunden. Auf diese Weise wird bei der Skelettmuskulatur
eine mechanisch feste Verbindung zwischen dem Zytoskelett der Muskelfaser und der
die Faser umfassenden Basalmembran geschaffen. Die genetischen Veränderungen in
unterschiedlichen Komponenten des DGC führen zu unterschiedlichen Typen der
Muskeldystrophien. Mutationen im Laminin-2 Gen sind die molekulare Ursache
für die kongenitalen muskulären Dystrophien, während Veränderungen in den verschiedenen Sarkoglykanen die einzelnen Gliedergürteldystrophien bewirken.

Offensichtlich kommt es bei der Veränderung im Dystrophinkomplex zu einer Unterbrechung zwischen dem Zytoskelett und der Basalmembran. Dadurch reißt die
Zellmembran bei Kontraktionen. Dies wiederum führt zu einer Degeneration der
Muskelfaser. Der Verlauf der Duchenne Muskeldystrophie zeigt in jungen Jahren
noch eine mögliche Regeneration, die aber mit dem Älterwerden erlischt. Dies führt
zuerst zu einem Verlust von Muskelmasse, anschließend zu einem Verlust ganzer
Muskelgruppen.

In klinischen Studien konnte bisher weder durch Myoblastentransfer noch durch
Gentherapie eine Verbesserung oder gar Heilung erzielt werden. Große Probleme bei
der Therapie bereitet das eigene Immunsystem des Körpers, welches sich gegen das
Dystrophinmolekül richtet. Aus diesem Grund wird versucht, mit kompensatorischen
Mechanismen zu arbeiten, die keine Immunantwort hervorrufen. Deshalb soll die
Expression bereits vorhandener Proteine verstärkt werden. Dies versucht man z. B.
durch die Überexpression von Utrophin zu erreichen. Hierbei handelt es sich um
ein Molekül, welches strukturell und funktionell sehr eng mit Dystrophin verwandt
ist. Ebenfalls konnte eine Überexpression von Agrin das mutierte Laminin-2 Gen
ersetzen. Die Zelltherapie bzw. das Tissue Engineering könnte in diesem Zusammenhang so genutzt werden, dass aus Stammzellen des Patienten Skelettmuskelfasern
generiert und diese dem Patienten implantiert werden.

[Suchkriterien: Muscular dystrophy tissue engineering]

4.1.5
Myokardinfarkt

Wenn das Herz im Laufe seiner Entwicklung seine definitive Größe erreicht hat, beenden auch die Kardiomyozyten in der terminalen Differenzierungsphase über einen
bisher nicht bekannten Mechanismus ihren Zellzyklus. Daher sind sie nicht wieder
regenerierbar. Bei einem Herzinfarkt kommt es zu einer Nekrose des Herzmuskels
mit irreversiblen Gewebe- und Zellschäden. Eine effektive Therapieform könnte die
Implantation von artifiziell hergestelltem Herzmuskelgewebe in den geschädigten
Bereich sein.

Bei der Generierung von Herzmuskelgewebe werden proliferationsfähige Kardiomyoblasten benötigt. Die Implantation von Skelettmuskelzellen, Satellitenzellen und Zellen aus glatter Muskulatur ergab, dass diese Zellen nach einer Weile zwar noch nachzuweisen waren, dass sie aber die notwendigen Gap junctions und Desmosomen nicht ausbildeten und somit kein geeignetes funktionelles Gewebe aufbauen konnten. Eine mögliche Zellquelle wären Kardiomyoblasten aus menschlichen Feten. Allerdings ist deren Verfügbarkeit stark eingeschränkt, so dass ihr Einsatz im Sinne einer Standardtherapie als problematisch bewertet werden muss. Hinzu kommen zahlreiche ungelöste ethische und soziale Aspekte, die bei der Verwendung von fetalen Zellen berücksichtigt werden müssen.

Eine Möglichkeit für die Generierung von Herzmuskelgewebe in der Zukunft bieten pluripotente embryonale Stammzellen. Aus Experimenten mit Stammzellen der Maus weiß man, dass diese unter geeigneten Kulturbedingungen Aggregate bilden, die Embryoid bodies genannt werden. Neben verschiedenen anderen Geweben werden darin kontrahierende Kardiomyoblasten/-zyten gefunden, die auf ganz unterschiedliche Weise isoliert werden können. Ideal wäre es, wenn daraus voll differenzierte Kardiomyozyten entstünden. Solche Zellen müssen dann in großer Menge und vor allem in der benötigten Reinheit und Homogenität zur Verfügung stehen. Enthält die Zellpopulation noch eine andere Art von Zellen, so besteht allerdings die Gefahr, dass sich nach einer Implantation neben dem gewünschten Herzmuskelgewebe noch andere Gewebe entwickeln. Sind Kardiomyozyten z. B. mit Fibroblasten kontaminiert, so werden neben Herzmuskelgewebe möglicherweise nicht kontraktionsfähige Sehnenplatten gebildet. Solche sekundären Gewebeareale können die geplante nutzbringende Implantation der Kardiomyozyten unter Umständen wieder völlig zunichte machen.

Auch die funktionelle Kopplung von implantierten Zellen zum gesunden Myokard muss optimal ausgeprägt sein, um die Reizleitung von Zelle zu Zelle und damit eine koordinierte Kontraktion des Herzmuskels zu ermöglichen.

Ein weiteres Problem bei der Gewinnung von Kardiomyozyten aus Stammzellen besteht zudem darin, dass es in der Kammer und im Vorhof verschiedene Typen an Kardiomyozyten mit ganz unterschiedlichen Leistungen gibt. Diese lassen sich immunhistochemisch, pharmakologisch und damit physiologisch eindeutig unterscheiden. Die benötigte Subspezies an Kardiomyozyten kann in Zukunft sicherlich durch verbesserte Kulturtechniken und z. B. durch die Zugabe von Retinsäure weiter angereichert werden. Dennoch handelt es sich auch dann noch nicht um eine homogene Zellpopulation. Dies bedeutet, dass die einzelnen Zelltypen durch Dichtegradientenzentrifugation vor einer Implantation getrennt werden müssen. Tatsache ist, dass mit gegenwärtigen Techniken ohne gentechnische Manipulation hoch gereinigte, aber keine absolut reinen Zellfraktionen gewonnen werden können. Erkennbar wird hierbei, dass es ohne eine erfolgreiche Strategie zur Zellreinigung keine risikoarme Therapie am Patienten geben kann. Dies gilt nicht nur für die Implantation von Kardiomyozyten, sondern auch für die Zelltherapie von orthopädischen, neurologischen und anderen internistischen Erkrankungen.

[Suchkriterien: Heart muscle tissue engineering]

4.1.6
Diabetes mellitus

Eine ideale Therapie bestünde darin, dass ein an der Zuckerkrankheit leidender Patient ein kleines Modul implantiert bekäme, welches Insulin produzierende Zellen enthielte. Solche Module sind schon vor Jahren von mehreren Arbeitsgruppen entwickelt worden. Dabei wurden die z. B. von Schweinen stammenden Inselzellen mit einer Vielzahl an Biomaterialien umkapselt, um Abstoßungsreaktionen nach einer Implantation zu verhindern, indem Zellen des Immunsystems von dem Implantat ferngehalten werden. Leider traten bei dieser Therapieform bis heute nicht gelöste Probleme auf. Erstens wird das implantierte Modul trotz einer Vielzahl an getesteten Biomaterialien durch Fibroblasten umwachsen und somit die Insulinsekretion stark eingeschränkt. Hinzu kommt, dass die Insulin produzierenden Zellen mit der Zeit die Hormonproduktion einstellen. Experimentell konnte die Synthese bisher nicht wieder hochreguliert werden. Ungeklärt ist bis heute, warum die Herunterregulation der Insulinproduktion in den jeweiligen verkapselten Modulen nicht verhindert werden kann. Dieser Effekt ist sicherlich zum großen Teil auf eine verminderte Sauerstoffzufuhr zurückzuführen. Intensiv wird deshalb erforscht, wie das generierte Pankreasgewebe Sauerstoffmangel, rheologischen und mechanischen Stress auf Dauer und ohne Verlust der Insulinproduktion tolerieren und somit seine spezifischen Differenzierungsleistungen bis zur Ausbildung eines Gefäßnetzes aufrecht erhalten könnte.

[Suchkriterien: Diabetes mellitus tissue engineering]

4.1.7
Parkinsonsche Erkrankung

Zahlreiche degenerative Erkrankungen des Nervensystems wie Morbus Alzheimer, Morbus Parkinson oder Multiple Sklerose haben das Interesse an Regenerationsvorgängen in diesem Gewebe hervorgerufen. Seit kurzem ist bekannt, dass im Gehirn des Erwachsenen Stammzellen existieren, die für Regenerationsvorgänge und somit auch für das Tissue Engineering genutzt werden könnten.

Bei vielen Patienten mit Morbus Parkinson verschlechtert sich die Symptomatik trotz einer medikamentösen Therapie. Nimmt die Erkrankung einen solchen Verlauf, besteht die Möglichkeit, kultivierte Dopamin produzierende (dopaminerge) Neurone in die Basalganglien des Gehirns zu implantieren. Klinische Erfahrungen mit diesen Patienten zeigen, dass neben anfänglicher Verbesserung der Symptome schließlich auch erhebliche Verschlechterungen festgestellt wurden. Ähnlich wie bei Insulin produzierenden Zellen wurde gezeigt, dass zwar anfänglich die Dopaminsynthese von den implantierten Neuronen aufrechterhalten wurde, später dann jedoch verloren ging. Dabei muss man sich vergegenwärtigen, dass die einmal implantierten neuronalen Zellen nach der Implantation mit dem umliegenden Gewebe verwachsen und nicht wie bei einem Metall-, Keramik- oder Polymerimplantat wieder komplett entfernt werden können.

[Suchkriterien: Parkinson cell therapy]

4.2
Gewebekonstrukte

Große Vorteile für die Regeneration und Heilung sind gegeben, wenn statt isolierter Zellen ganze funktionelle Gewebe oder deren reifende Vorstufen am Patienten angewendet werden können (Abb. 4.3, Tab. 4.2). Hierzu werden Zellen aus dem Körper des Patienten, zum Beispiel aus einem unbelasteten Knorpelareal, isoliert und in Kultur vermehrt, um eine ausreichende Zellmasse zu erreichen. Alternativ können auch hier Stammzellen verwendet werden.

Wenn die erwünschte Zellmasse erreicht ist, werden die Zellen auf eine künstliche extrazelluläre Matrix aufgebracht. Innerhalb oder auf diesem sogenannten Scaffold beginnen die jeweiligen Zellen bereits während der Kultur mit der Ausbildung eines funktionellen Gewebes. Dadurch steht zum Zeitpunkt der Implantation schon ein zumindest teilweise gereiftes Konstrukt zur Verfügung, wodurch sich die Risiken der Fehlentwicklung reduzieren und gleichzeitig die Dauer des Heilungsprozesses verkürzt wird. Vielfach ist auch das Handling und die mechanische Belastbarkeit eines solchen Konstruktes besser als bei einer Zelltherapie.

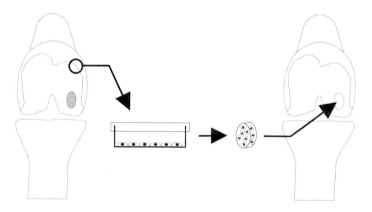

Abb. 4.3: Prinzip der künstlichen Gewebeherstellung. Gezeigt ist die Herstellung eines Knorpelkonstruktes mit kultivierten Zellen und einer extrazellulären Matrix (Scaffold) zur Therapie eines Gelenkschadens.

Im folgenden sind einige Beispiele für klinische Anwendungen von Gewebekonstrukten genannt (Tab. 4.2). Auch hier sind noch deutliche Grenzen durch mangelndes Wissen auf dem Gebiet der Gewebeentwicklung gesetzt. Vielfach erreichen die Konstrukte noch nicht die gewünschte Differenzierung und damit den notwendigen Funktionsgrad.

Tab. 4.2: Verwendung von Gewebekonstrukten zur Regeneration von verlorenen Funktionen in den Grundgewebearten.

Gewebeersatz	Erkrankung	Einsatz	Probleme
Nervenkonstrukte	Rückenmarksdurch-trennungen Retinadegeneration	Implantation	Mangelnde Differenzierung
Muskelkonstrukte	fehlendes Muskelgewebe	Implantation	Mangelnde Funktionalität Unzureichende Kopplung
Epithelkonstrukte	Speiseröhrenkrebs Harnblasenkrebs Corneaverletzungen	Implantation	Ablösung Undichtigkeiten Unzureichende Funktion
Bindegewebekonstrukte	Schäden am formgebenden Knorpel Knochensplitterbrüche Rekonstruktive Maßnahmen	Implantation	Mechanische Stabilität Formstabilität
Blutgefäße	Aneurismen Arteriosklerose	Implantation	Mechanische Stabilität
Herzklappen	Herzklappendefekte	Implantation	Verkalkung, Mangelnde Funktion

[Suchkriterien: Tissue Engineering artificial constructs]

4.2.1
Defekte am formgebenden Bindegewebe

Besonders begehrt sind mechanisch belastbare Knorpel- und Knochenkonstrukte die z. B. bei Gelenkverletzungen oder Osteoporose eingesetzt werden können. Artifizielles Knorpelgewebe könnte hergestellt werden, indem isolierte Chondrozyten auf einer geeigneten extrazellulären Matrix (Scaffold) unter Kulturbedingungen angesiedelt werden. Die Zellen müssten sich dabei gleichmäßig verteilen, anhaften und die knorpeltypische Grundsubstanz in einer mehrwöchigen Kulturzeit ausbilden. Gereifte Gewebekonstrukte könnten dann mit einer Pinzette entnommen werden, auf die richtige Größe und Form zugeschnitten und implantiert werden (Abb. 4.3). Ähnlich könnte man mit isolierten Osteoblasten zur Knochenherstellung oder mit Fibroblasten zur Gewinnung von Sehnen- und Bänderkonstrukten verfahren.

[Suchkriterien: Cartilage scaffold tissue engineering]

4.2.2
Knochensplitterung

Konstrukte aus hyalinem Knorpel müssen keine große Schichtdicke haben, weil dieses Gewebe naturgemäß eine Gelenkoberfläche mit einer Schichtdicke von 1-3 mm abdeckt, sich allein durch Diffusion ernährt und somit auf keine eigene funktionelle

Blutgefäßversorgung angewiesen ist. Artifizielle Knochenkonstrukte dagegen werden für die Therapie mit einer Schichtdicke im Bereich von Zentimetern benötigt. Solche massiven Konstrukte benötigen aber eine eigene Gefäßversorgung, die ihnen unter Kulturbedingungen bisher nicht zur Verfügung steht. Zudem ergeben sich Schwierigkeiten nach der Implantation von grossen Gewebekonstrukten. Meist kann das Gefäßsystem nicht schnell genug einwachsen. Daher kommt es im Implantat zur Mangelversorgung, worauf die Zellen absterben. Aus diesem Grund können Gewebekonstrukte aus Knochenbälkchen bisher nur relativ klein und dünn gestaltet werden.

[Suchkriterien: Bone repair tissue engineering]

4.2.3
Rekonstruktive Schritte

Neben den Stützgeweben ist die Herstellung von lockeren Bindegeweben von großer biomedizinischer Wichtigkeit nach chirurgischen Eingriffen. Lockeres Bindegewebe und Fettgewebe werden zur Rekonstruktion von Arealen benötigt, in denen z. B. Tumoren der Speicheldrüse entfernt wurden. Probleme bereitet in diesem Fall bisher nicht nur die Herstellung der eigentlichen Gewebekonstrukte, sondern auch hier die notwendige funktionelle Gefäßanbindung. Zur Ausfütterung werden nämlich Implantate benötigt, die große Schichtdicken von vielen Millimetern bis Zentimetern haben sollten. Technisch ist es bisher nicht möglich, solche Konstrukte unter Kulturbedingungen herzustellen, da die Zellen in tieferen Schichten nicht mehr allein durch Diffusion von Nährstoffen und Sauerstoff versorgt werden können. Würden solche dickschichtigen Konstrukte implantiert, so würden die Zellen im Innern absterben, bevor ein eigenes Kapillarsystem vom Körper ausgebildet werden könnte. Derartige Nekrosen wirken sich ungünstig auf die Regeneration aus und können leicht bakteriell besiedelt werden.

Entsprechend der physiologischen Bedeutung kann man Speicher- und Baufettgewebe im Organismus unterscheiden. Bei Nahrungsentzug wird das Speicherfettgewebe als energiereiches Reservematerial allmählich abgebaut. Bei dieser Form der Abmagerung bleibt das Baufettgewebe zum größten Teil erhalten. Baufett findet sich als Fettkörper in Gelenken (Corpus adiposum infrapatellare), in der Augenhöhle (Corpus adiposum orbitae), als Wangenpfropf (Corpus adiposum buccae) und als Polster an der Ferse, der Fußsohle, der Hohlhand sowie am Gesäß. Es tritt häufig auch an Stellen auf, an denen Gewebe zurückgebildet wird. Dazu gehören der Thymus, das Knochenmark und Stellen mit atrophischer Muskulatur. In der weiblichen Brustdrüse ist das Baufettgewebe Platzhalter für die einsetzende Entwicklung der Milchdrüse.

Bei Tumoren der großen Speicheldrüsen oder beim Mammakarzinom müssen häufig Radikaloperationen und Bestrahlungen durchgeführt werden, um das erkrankte Gewebe zu entfernen. Zurück bleiben ausgedehnte Hohlbereiche, die mit Fett und lockerem Bindegewebe ausgefüttert werden müssen. Zur Auspolsterung von Bindegeweberäume nach Radikaloperationen werden Gewebekonstrukte mit großen Schichtdicken benötigt. Aus physiologischen Gründen können die Konstrukte ab einer gewissen Schichtdicke nicht mehr allein durch Diffusion ernährt werden, sondern müssen Anschluß an ein Gefäßnetz finden. Technisch und zellbiologisch gesehen ist man heute jedoch noch weit davon entfernt, künstliches Fettgewebe entsprechend diesen Erfordernissen generieren zu können.

[Suchkriterien: Breast fat tissue engineering]

4.2.4
Verletzung der Cornea

Ein unerwartet weites Feld ist das Tissue Engineering mit Epithelien. Alle Projekte mit Epithelien haben sich im Laufe ihrer experimentellen Realisierung als besonders schwierig erwiesen. Ursache dafür ist, dass die kultivierten Epithelzellen für ihre Verankerung spezielle Oberflächen benötigen, die einerseits die notwendige Stabilität einer Basalmembran garantieren und andererseits einen positiven Einfluss auf die Gewebedifferenzierung haben muss. Man sollte annehmen, dass bei der Vielzahl der zur Verfügung stehenden Biomaterialien diese Probleme schon längst gelöst sind. Bisher ist das jedoch nur sehr eingeschränkt oder gar nicht der Fall. Erahnbar werden die technischen und zellbiologischen Schwierigkeiten, wenn Epithelzellen unter Kulturbedingungen in Kontakt mit neuen Biomaterialien gebracht werden. Dabei zeigen sie sehr häufig Reaktionen, die nicht vorausberechenbar sind. In den meisten Fällen kommt es zu starken morphologischen, physiologischen und biochemischen Veränderungen der Epithelzellen. Infolgedessen verlieren die Zellen ihre Transport- und Abdichtungsfunktionen, halten rheologischem Stress nicht mehr stand und lösen sich von ihrer Unterlage.

Als Beispiel sollen hier die Arbeiten zur Regeneration der Cornea in der Augenheilkunde angeführt werden. Eine durch einen Unfall geschädigte Hornhaut des Auges geht immer mit einer starken Beeinträchtigung des Auges einher. Eine Therapiemöglichkeit gibt es deshalb bei Patienten mit chemischen Verätzungen, bei nicht heilenden Entzündungen und bei Narbenbildungen auch nur durch die Transplantation einer gespendeten oder durch die Implantation einer künstlich generierten Hornhaut. Eine solche Keratoprothese besteht aus einem optisch wirksamen Teil (Optik) und einem Halteapparat (Haptik), der durch Einwachsen von Fibroblasten und die Bildung einer extrazellulären Matrix verankert wird.

Trotz intensiver Forschungsarbeiten auf diesem Gebiet konnten die zellbiologischen Probleme der Keratoprothese bis heute noch nicht zufriedenstellend gelöst werden. Wesentliche Voraussetzung bei der Generierung einer Keratoplastik ist, dass sie einem transparenten und optimal epithelialisierten mehrschichtigen Gewebe entspricht. Dabei muss das Gewebe die gesamte vordere Fläche des Implantates optimal überwachsen. Zudem müssen die Zellen im Bereich der Basalmembran Eigenschaften von Stammzellen haben. Schritt für Schritt sorgen sie für eine kontinuierliche Erneuerung des mehrschichtigen Epithels. Während der Regeneration müssen sie differenzieren und dürfen dabei die transparenten Eigenschaften nicht verlieren.

Experimentelle Probleme bei der Herstellung einer Keratoprothese bereitet vor allem die künstliche extrazelluläre Matrix, auf der die Keratozyten angesiedelt werden müssen. Es reicht nicht aus, dass sie sich optimal ansiedeln. Genauso wichtig ist, dass sie auf dem verwendeten transparenten Biomaterial die optimale Differenzierung zeigen, selbst transparent bleiben und eine gewebespezifische, d. h. transparente Matrix bilden. Dadurch wird die Auswahl unter den zur Verfügung stehenden Matrices sehr klein. In umfangreichen Untersuchungen muss die optimale Beschichtung der jeweils verwendeten Biomaterialien erarbeitet und das in Kultur generierte Differenzierungsprofil des Corneaepithels bestimmt werden.

[Suchkriterien: Cornea tissue engineering]

4.2.5
Tumore des Verdauungstraktes

Die das Lumen des Verdauungstraktes auskleidenden Epithelien werden ständig erneuert. Die Zellquelle für die Erneuerung sind Stammzellen, die im Magen im oberen Bereich der Magendrüsen und im Dünn- bzw. Dickdarm in den unteren Bereichen der Krypten lokalisiert sind und für einen lebenslangen Nachschub an differenzierten Zellen sorgen.

Entzündliche und nekrotische Vorgänge sowie Tumorerkrankungen können zu grossflächigen Rupturen im Ösophagus, in der Wand des Magens und des Darmtraktes führen. Für die Patienten bedeutet dies, dass relativ große Areale des jeweiligen Organs entfernt werden müssen, weil der entstandene Durchbruch nicht mit einem geeigneten Material abgedeckt werden kann. Probleme bereitet in diesem Fall die komplexe Morphologie und Funktionalität der natürlichen Organwand.

Ein funktionelles Gewebekonstrukt für die Wand von Ösophagus, Magen und Darm müsste Schichten der Tunica mucosa, der Tela submucosa und der Tunica muscularis beinhalten. Dazu gehört, dass die das Lumen begrenzende Epithelschicht polar aufgebaut ist, die jeweils notwendigen Zelltypen beinhaltet, zur Regeneration befähigt ist und einer natürlichen mechanischen Belastung standhält. In die Tela submucosa müssten möglichst schnell die notwendigen Blutgefäße und Nerven einwachsen. Die Tunica muscularis muss zudem genügend glatte Muskulatur für die notwendige Peristaltik enthalten.

Bisher ist es in keinem Fall gelungen, so komplexe Organteile wie die Wand eines funktionellen Verdauungsorganes zu generieren. Aus diesem Grund wird eine alternative Strategie verfolgt. Für die Abdeckung von Durchbrüchen im Verdauungstrakt wird u. a. Small Intestine Submucosa (SIS) verwendet. Dabei handelt es sich um Präparationen der retikulären Matrix des Dünndarms. Die Darmwand wird dazu mit verschiedenen Detergentien behandelt und von Zellbestandteilen befreit. Übrig bleibt ein dreidimensionales Gitternetz aus Fasern, welches auf die rupturierte Stelle aufgenäht wird. Man hofft nun durch ein sogenanntes Guiding zu erreichen, dass von allen typischen Wandschichten Zellen in die Matrix einwandern und im Laufe der Zeit ein geschichtetes Regenerat in der SIS bilden.

[Suchkriterien: SIS bowel tissue engineering]

4.2.6
Erkrankte Blutgefäße

Große und kleine Gefäße können im Laufe des Lebens erkranken, so dass ihre Wandung verändert und dadurch die Blutzufuhr eingeschränkt wird. Typisches Beispiel sind die eingeengten Herzkranzgefäße. Eine Bypassoperation kann dann notwendig werden. Für die operative Umgehung der Engstelle werden Beinvenen entnommen, die normalerweise nicht einem systolischen Blutdruck ausgesetzt sind. Ideal wäre es, wenn auf Gefäßkonstrukte aus körpereigenen Zellen zurückgegriffen werden könnte, die in beliebiger Länge, mit beliebigem Durchmesser und guten Verträglichkeitseigenschaften zur Verfügung stünden.

Ungeahnte Möglichkeiten eröffnet das Tissue Engineering bei der Herstellung von künstlichen Gefäßen. Dazu lässt man Kulturen von Fibroblasten, glatten Muskelzellen und Endothelzellen, die aus einer kleinen Gefäßbiopsie des jeweiligen Patienten gewonnen werden, auf einer geeigneten Biomatrix siedeln. Zunächst wird hierbei durch proteolytischen Abbau der extrazellulären Matrix eine Zellsuspension hergestellt. Zur Vermehrung in Kultur werden die Zellen mit Wachstumsfaktoren stimuliert. Danach wird ein dreidimensionales Geflecht aus Fibroblasten in einer flachen Biomatrix herangezogen. Dieses Konstrukt wird zu einem Röhrchen geformt, welches anschließend außen mit glatten Muskelzellen und innen mit Endothelzellen besiedelt wird. Danach muss das Konstrukt reifen und wird während der Kultur mit Medium durchströmt, um es an die rheologischen Stressbedingungen des fließenden Blutes zu gewöhnen. Die bisher hergestellten Konstrukte halten einem experimentell erzeugten internen hydrostatischen Druck von immerhin 1000 mm Hg stand, was dem 6-8fachen des natürlichen systolischen Blutdruckes entspricht. Es besteht für die Zukunft kein Zweifel daran, dass die artifiziellen Gefäße nach weiteren Optimierungen als Medizinprodukt bei Bypass-Operationen implantiert werden. Naheliegend ist außerdem, dass nach dem vorgestellten Prinzip nicht nur Herzkranzgefäße, sondern auch Arterien und Venen mit einem großen Durchmesser als Gefäßimplantat hergestellt werden können.

[Suchkriterien: Blood vessels tissue engineering]

4.2.7
Herzklappendefekte

Durch Infektionen und chronische Veränderung kann es zur Minderfunktion und zum Erliegen der Ventilfunktion kommen. Der jeweilige Herzchirurg muss dann entscheiden, ob dem Patienten ein technisches Implantat aus Metall bzw. Polymermaterialien, die Herzklappe eines Verstorbenen oder ein Xenotransplantat vom Schwein eingesetzt werden muss.

Langjährige Erfahrungen bei der Implantation von biologischen Herzklappen haben gezeigt, dass diese einerseits über lange Jahre perfekt arbeiten können, dass es aber auch andererseits zu schwerwiegenden Komplikationen kommen kann. Probleme bereiten der Endothelbesatz, eine untypische Kalzifizierung im Bindegewebe der

Klappe sowie die diffuse Ansammlung von Gasbläschen an Stellen mit verminderter Blutdurchströmung.

Um die Ausbildung des Endothels auf der Klappenoberfläche zu verbessern und die atypische Bildung von Kalzifizierungsprodukten zu vermeiden, werden neuerdings biologische Herzklappen mit Verfahren des Tissue Engineerings verbessert. Nach der Entnahme werden die Herzklappen mit Proteasen und Detergentien inkubiert, um alle zellulären Bestandteile aus dem Gewebe zu entfernen. Zurück bleibt die extrazelluläre Matrix der Herzklappe, die vor der Implantation mit autologen, also vom Patienten stammenden Fibroblasten und Endothelzellen besiedelt wird. Dann erfolgt eine längere Kulturzeit, damit die angesiedelten Zellen mechanisch belastbare Gewebe bilden können. Im Anschluss daran können die Konstrukte implantiert werden.

[Suchkriterien: Heart valves tissue engineering]

4.2.8
Nervenverletzungen

Nervengewebe erneuert im adulten Organismus seine Neurone mit Dendriten und Axonen ein Leben lang nicht mehr. Besonders problematisch ist diese mangelnde Fähigkeit des Nervengewebes bei Läsionen des Rückenmarkes. Hierbei sind u. a. die axonalen Verbindungen zur Muskulatur unterbrochen. Infolgedessen kommt es zu Lähmungserscheinungen. Hoffnung zur Regeneration bieten Stammzellen des Patienten, die unter Kulturbedingungen zu Neuronen entwickelt werden. Damit die Neurone die notwendigen Dendriten und Axone ausbilden, ist es notwendig, eine artifizielle extrazelluläre Matrix wie z. B. Hydrogel zu verwenden. Die entstandenen Neurone werden dann in das beschädigte Segment der grauen Substanz des Rückenmarkes implantiert. Die weitere Regenarationsphase gestaltet sich als besonders schwierig. Jedes Axon eines zukünftigen Motoneurons muss nun die richtige Nervenfaserverbindung finden. Zudem muss das Axon sich in der richtigen Richtung über eine Länge von mehreren Zentimetern bis zu 1 Meter Länge entwickeln, um zur synaptischen Verschaltungsstelle an der entsprechenden Muskelfaser zu gelangen.

Von besonderem Interesse sind Untersuchungen mit Stammzellen, die in Rückenmarksegmente mit einer Querschnittläsion eingesetzt werden. Dabei sollen sich die Stammzellen zu Neuronen entwickeln, deren Fortsätze in die Leitungsbahnen des durchtrennten Rückenmarksegments einwachsen und auf diese Weise eine unterbrochene Muskelinnervation regenerieren.

[Suchkriterien: Nerve repair tissue engineering]

4.3
Organmodule

Extrakorporale Organmodule sollen zur Unterstützung oder zum zeitweiligen Ersatz verloren gegangener Organfunktionen wie zum Beispiel bei Leber- oder Nierenversagen dienen. Zum Einsatz kommen tierische oder menschliche Organparenchymzellen, die auf einem Scaffold angesiedelt und in einem durchströmbaren Reaktor untergebracht werden (Abb. 4.4, Tab. 4.3).

In der klinischen Anwendung werden die Reaktoren an den Blutkreislauf des

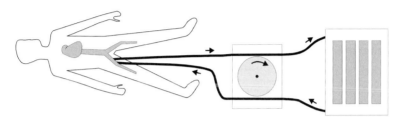

Abb. 4.4: Funktionsprinzip eines Biomoduls mit lebenden Zellen. Ein Organmodul ist ein Bioreaktor, der außerhalb des Körpers arbeitet und mit Zellen besiedelt wird. Bei Bedarf wird das Gerät an die Blutbahn eines Patienten angeschlossen.

Patienten angeschlossen. Patientenplasma wird durch die Reaktoren geleitet, um im direkten Kontakt Metabolite zu entgiften. Die meisten dieser extrakorporalen Systeme sind modular konzipiert, so dass sie in ihrer Größe leicht an verschiedene Anwendungssituationen angepasst werden können. Die Module mit den kultivierten Zellen müssen über längere Zeiträume von Wochen und Monaten im Stand-by gehalten werden können, um bei Bedarf sofort zur Verfügung zu stehen.

Tab. 4.3: Verwendung von Biomodulen mit lebenden Zellen. Dazu wird ein Bioreaktor mit Organzellen besiedelt. Zur Therapie wird der Blutkreislauf des Patienten an das Biomodul angeschlossen.

Organmodule	Erkrankung	Einsatz	Probleme
Bioreaktor mit lebenden Zellen	Leberversagen Chronisches Nierenversagen	Überbrückung bis ein Transplantat gefunden oder sich das Organ erholt hat	Zellen verlieren spezische Funktionen.

[Suchkriterien: Artificial bioreactor organ support]

4.3.1
Leberversagen

Vergiftungen, Hepatitis und Leberzirrhose sind Erkrankungen, die im Endstadium zur Organinsuffizienz führen und eine Lebertransplantation notwendig machen. In den meisten Fällen steht jedoch zu diesem Zeitpunkt kein geeignetes Lebertransplantat zur Verfügung. Zur Überbrückung einer solchen Krisensituation bietet sich deshalb die Herstellung eines künstlichen Moduls auf der Basis lebender Zellen an. Untersuchungen mit menschlichen Hepatozyten und Parenchymzellen vom Schwein zeigen, dass mit den heutigen technischen Möglichkeiten die dafür benötigte Zellmasse gewonnen werden kann. Die isolierten Parenchymzellen können unter *in vitro*-Bedingungen über lange Zeiträume am Leben erhalten werden. Zur praktischen Anwendung am Patienten reicht es aber nicht aus, die Zellen auf dem Boden einer Kulturflasche zu kultivieren. Benötigt wird jetzt ein Bioreaktormodul aus Hohlfasern, in dem die Leberparenchymzellen zwischen feinen Kapillargeflechten angesiedelt sind (Abb. 4.4). Über einen Strang der Hohlfaserkapillaren werden Nährstoffe und Sauerstoff an die Zellen herangeführt, während über einen anderen Strang das Patientenblut/Serum durch den Bioreaktor geleitet wird. Aktuelle Versuche zeigen, dass die Leberparenchymzellen in einem kapillaren Bioreaktormodul gut überleben, dennoch aber die notwendigen Entgiftungsfunktionen nicht über längere Zeit aufrechterhalten können.

Eine weitere Möglichkeit für die Konstruktion eines extrakorporalen Lebermoduls ist das Sandwichverfahren, bei dem Leberparenchymzellen in einem kapillaren Raum zwischen zwei permeablen Membranen gehalten werden. Obwohl in den letzten Jahren bei beiden Systemen deutliche biofunktionelle Fortschritte erzielt wurden, konnte bisher kein geeigneter Weg gefunden werden, um die Entgiftungsleistung der in den Reaktoren gehaltenen Leberparenchymzellen so zu stimulieren, dass sie langfristig das Koma eines Patienten überbrücken können bis ein geeignetes Lebertransplantat gefunden wurde oder sich das patienteneigene Organ erholen konnte.

Man kann entweder Primärkulturen oder WB-F344 Zellen experimentell nutzen, um *in vitro* zu untersuchen, inwieweit sich daraus funktionelle Hepatozyten entwickeln können. Vorzugsweise werden die Zellen dazu in Kollagenschichten kultiviert. Besonders interessante Befunde ergeben sich, wenn eine Co-Kultur mit mesenchymalen Zellen als Feeder layer durchgeführt wird. Innerhalb von 4 Wochen zeigen die Zellen eine deutliche histiotypische Differenzierung, wenn sie in Kollagen Typ I Gelen kultiviert werden. Sie weisen eine stabile Synthese von Albumin auf und exprimieren Zytokeratin 8 und 18. Allerdings wird Zytokeratin 19 nicht gebildet, obwohl es ein typisches Kennzeichen von adulten Hepatozyten ist. Ebenso ist nur in ganz wenigen Zellen der zytoplasmatische Marker H4 zu finden. Werden die Kulturexperimente ohne die mesenchymalen Feeder Zellen durchgeführt, so wird nur ein geringer Grad an Differenzierung ausgebildet.

Die Leber ist in hohem Maße dazu fähig, chirurgisch entferntes Parenchym neu zu bilden. Diese Regeneration geht nicht von den Leberparenchymzellen aus, sondern wird über die sogenannten Oval cells gesteuert. Bei der Erneuerung des Funktionsgewebes bilden die Oval cells zuerst ein heterogen zusammengesetztes Gewebekompartiment, welches Eigenschaften teils von Gallengangepithel teils von halb gereiften Hepatozyten aufweist. Die Oval cells sind relativ klein, besitzen einen ovalen Kern und haben auffällig wenig Organellen. Da aus dem Kompartiment der Oval Cells die Regeneration ihren Ursprung hat, nimmt man an, dass auch in diesem Bereich Stammzellen der Leber lokalisiert sind.

Alle bisher durchgeführten Experimente zeigen, dass aus Oval cells gegenwärtig Hepatozyten generiert werden können, die gewisse Teilfunktionen aufweisen, aber nicht vollständig funktional differenziert sind. Unklar ist, ob die Oval cells prinzipiell nur einen eingeschränkten Grad an Differenzierung ausbilden können oder ob wie oben beschrieben die Differenzierung über bisher nicht bekannte Faktoren gesteuert wird und deshalb experimentell momentan nicht zu induzieren ist. Außerdem muss man bedenken, dass die geschilderten Experimente unter *in vitro* Bedingungen in konventionellen Kulturschalen und damit in statischem Milieu durchgeführt wurden. Dies bedeutet, dass allein durch die Kulturtechnik starke Limitierungen im Differenzierungsverhalten gegeben sein können.

Es wäre möglich, dass ein löslicher Faktor von mesenchymalen Zellen gebildet wird, der die Differenzierung von Oval cells zu Hepatozyten steuern kann. Wird ihnen jedoch Medium, in dem Feeder Zellen kultiviert wurden, angeboten, so unterbleibt die Differenzierung. Dies bedeutet, dass es primär offensichtlich keine humoralen Faktoren sind, welche die Differenzierung bewirken. In der Leber würden die mesenchymalen Zellen den Ito- oder Lipozyten entsprechen. Von diesen ist bekannt, dass sie TGFα, TGFβ, aFGF, HGF und Stem cell factor produzieren. Obwohl die Oval cells Rezeptoren für die Faktoren exprimieren und Einfluss auf ihre Zellproliferation haben, müssen andere Einflüsse die Differenzierung steuern. Möglich wäre, dass das Differenzierungssignal nur dann wahrgenommen wird, wenn es in Verbindung mit der extrazellulären Matrix und matrizellulären Proteinen wirken kann.

Möchte man den Oval cells eine gute Chance für eine gewebetypische Differenzierung zu adulten Hepatozyten bieten, so wird man auch möglichst geeignete Kulturbedingungen für menschliche adulte Hepatozyten wählen. Zahlreiche Untersuchungen haben gezeigt, dass dazu am besten kollagenbeschichtete Kulturschalen und Williams E Medium verwendet wird, welches zusätzlich Wachstumsfaktoren und Hormone enthält. Sät man Hepatozyten in möglichst großer Dichte aus, so bilden sie nach einigen Tagen klare Zellgrenzen und die typischen Gallenkanälchen aus. Dabei werden lebertypische Proteine wie Albumin, α1 Antitrypsin, Plasminogen, Fibrinogen und Lipoproteine wie ApoA1 und ApoB100 zeitabhängig ins Kulturmedium sezerniert. Außerdem können in diesen Kulturen durch 2,3,7,8-Tetrachlorodibenzo(p)dioxin und Rifampicin CYP-Proteine wie CYP1, CYP2 und CYP3 induziert werden. Somit sind in diesem Kulturmodell Voraussetzungen gegeben, unter denen sich ein hohes Maß an gewebetypischer Differenzierung für Hepatozyten ausbilden kann und auch über einen Zeitraum von Wochen erhalten bleibt. Zumindest bestehen in diesem Fall für Vorläuferzellen gute Chancen, funktionelle Eigenschaften auszubilden.

[Suchkriterien: Artificial bioreactor organ support liver failure]

4.3.2
Chronisches Nierenversagen

Bei immer knapper werdenden Spendern von Nierentransplantaten macht es Sinn, an die Herstellung eines artifiziellen und außerhalb des Körpers arbeitenden Dialysemoduls auf der Basis von patienteneigenen Zellen zu denken, das zur Ergänzung und Optimierung der bisherigen Dialysetechnik eingesetzt werden könnte. Die heute angewendete Dialysetechnik basiert auf einem physikalischen Filter, durch dessen Poren harnpflichtige Substanzen abgeschieden werden. Ein Teil dieser Substanzen gelangt aber durch Rückdiffusion, also auf dem gleichen Weg, wieder durch den Filter zurück in den Körper.

Ein verbessertes Dialysemodul könnte so aufgebaut werden, dass kultivierte Nierenzellen wie im Körper selektiv harnpflichtige Substanzen eliminieren. Experimentell wird derzeit an einem der Niere nachempfundenen Reaktormodul gearbeitet. Es besteht aus einem glomerulären wie auch tubulären Teil. Große technische und zellbiologische Schwierigkeiten bereitet die Ansiedlung der Nierenzellen auf den künstlichen Basalmembranstrukturen des Reaktors. Offensichtlich sind die verwendeten Materialien bisher nicht optimal geeignet, da sich Zellen ablösen und somit die epitheliale Barrierefunktion verloren geht. Obwohl eine Vielzahl von Membranen und Hohlfasersystemen auf dem Markt zur Verfügung steht, sind die Probleme des membranabhängigen, zellulären Dedifferenzierungs- und Differenzierungsverhaltens der Epithelzellen bisher nur im Ansatz gelöst.

[Suchkriterien: Artificial bioreactor kidney failure]

4.4
Kosmetische Maßnahmen

Neben der eigentlichen Zelltherapie um mit kultivierten Keratinozyten Verbrennungen, Ulcera cruri und Dekubitusbildungen zu behandeln, gibt es Hautveränderungen, bei denen kosmetische Aspekte im Vordergrund stehen und die im Rahmen des Tissue Engineerings angegangen werden sollen.

Viele Menschen leiden an der Weißfleckenkrankheit (Vitiligo), die durch Evasion und Veränderung der Melanozyten in der Epidermis verursacht wird. Dies zeigt sich an der Bildung von weißen Hautarealen. Ansonsten weist die Haut an den erkennbaren Stellen keine weiteren Veränderungen auf. Die kosmetische Therapie besteht nun darin, dass Melanozyten des Patienten isoliert und in Kultur vermehrt werden. Die angereicherten Melanozyten werden dann in einer speziellen extrazellulären Matrix auf die Hautbereiche aufgebracht, die durch eine Dermabrasio vorbereitet wurde. Nach Einwanderung der Melanozyten in die Epidermis zeigt sich eine normal pigmentierte Haut.

Ein anderer Zweig der Kosmetik setzt sich mit der Ästhetik, also mit dem strahlenden Aussehen und der makellosen Erscheinung des alternden Körpers, speziell der Haut, auseinander. Alterungsprozesse gehen meist mit einer Hautfaltenbildung einher. Hier soll eine dreidimensionale extrazelluäre Matrix helfen, die von körpereigenen Fibroblasten in Kultur gebildet wurde und im Bereich von unerwünschten Falten unter die Haut geschoben wird. Durch Einwachsen umliegender Zellen hofft man, die altersbedingte Degeneration der Dermis aufzuhalten.

Bei einer anderen Strategie werden Fibroblasten der Dermis in großen Mengen in schwammartigen Matrices kultiviert. Dies geschieht in relativ großen Bioreaktoren mit einem Arbeitsvolumen von Hunderten von Litern Kulturmedium. Dabei sezernieren die Fibroblasten eine ganze Palette an natürlich vorkommenden Wachstumsfaktoren, Antioxidantien, Metalloproteinasen und Kollagenen. Hierbei handelt es sich um Stoffe, die in einer gesunden und jungen Haut immer gebildet werden. In der vom vielen Sonnen geschädigten und vor allem in der Haut von alten Menschen ist die Synthese dieser Stoffe jedoch stark reduziert. Deshalb werden die Kulturmedien zellfrei gesammelt und die darin enthaltenen Stoffe als Lösung für die Revitalisierung aufgearbeitet. Ähnliche Konzepte von Kulturmedienapplikationen gibt es für die Behandlung chronischer Wunden, für Bestrahlungsverletzungen und für die Vermeidung von Altersflecken (Lentigo senilis).

Auch mit der Injektion von körpereigenen Stammzellen hofft man, die altersbedingte Degeneration der Haut aufzuhalten. Dabei sollen die Stammzellen in die Epidermis und die Dermis einwandern und in der bestehenden extrazellulären Matrix das Gewebe erneuern.

[Suchkriterien: Cosmetic tissue engineering]

5
Konzepte zur Gewebeherstellung

Um Gewebe *in vitro* herzustellen, müssen die jeweiligen Zellen auf einer natürlichen oder artifiziellen extrazellulären Matrix angesiedelt werden. Ein solches Material wird als Scaffold bezeichnet. Nur wenn beide Komponenten optimal interagieren, kann sich daraus ein funktionelles Gewebe entwickeln (Abb. 5.1).

Viele Vorhaben beim Tissue Engineering werden realisiert, indem ein mit Zellen besiedelter Scaffold einem Tier subkutan implantiert wird. Nach einiger Zeit wird das gewachsene Konstrukt auf den funktionellen Differenzierungsgrad und auf pathologische Veränderungen hin untersucht. Deutlich wird, dass bei dieser Art der Gewebegenerierung das jeweilige Versuchstier der Inkubator ist. Da jedoch das Konstrukt in einem Organismus mit komplexen Wechselwirkungen entstanden ist, fehlen sämtliche Einblicke in die zellbiologischen Abläufe, die zur Entstehung des Gewebes während des Experimentes beigetragen haben.

Um eindeutige zellbiologische Informationen zur Gewebeentstehung zu erhalten, verwenden wir ausschließlich *in vitro*-Methoden. Durch die Auswahl eines optimalen Scaffolds, durch die Verwendung eines definierten Mediums und durch in allen Schritten nachvollziehbare Kulturtechniken sollen die Ursachen für eine optimale oder möglicherweise auch ganz schlecht verlaufende Differenzierung des Konstruktes analysiert werden. Fast sämtliche bekannte experimentelle Daten zeigen, dass es generell viel zu wenig Erfahrung im Bereich der funktionellen Gewebereifung gibt und man noch viele Jahre lang lernen muss, die Differenzierung eines Konstruktes zu steuern.

Ein besonders wichtiges Kriterium bei der Generierung eines Gewebekonstruktes ist die erreichte zellbiologische Qualität. Da das Konstrukt aus einzelnen Zellen in Verbindung mit einer geeigneten Matrix entsteht, verläuft die Entwicklung analog zur Entstehung von Gewebe im Organismus. Dabei werden auch wie im Organismus unterschiedliche Zwischenstadien und damit verschieden entwickelte Reifestadien erreicht. Zur Kontrolle sollte die im Konstrukt erreichte Differenzierung deshalb im-

Zellen   Scaffold   Gewebe

Abb. 5.1: Prinzip der künstlichen Gewebeherstellung. Beim Tissue Engineering werden Zellen mit einem Scaffold kombiniert, um ein Gewebe zu generieren.

mer mit entsprechend reifenden oder gereiften Gewebeproben aus dem Organismus verglichen werden.

Wenn Gewebe unter *in vitro*-Bedingungen generiert wird, so sollte primär geklärt werden, ob das geplante Kulturverfahren überhaupt geeignet ist, einen ausreichenden Grad an Differenzierung zu erreichen. Um diese Frage zu klären, kann überprüft werden, ob ein Stück erwachsenes Gewebe unter den gewählten Kulturbedingungen in optimaler Differenzierung und über einen längeren Zeitraum *in vitro* am Leben erhalten werden kann.

[Suchkriterien: Tissue Engineering functional quality]

5.1
Quellen

Wenn künstliche Gewebe hergestellt werden sollen, so benötigt man dazu entwicklungsfähige Zellen. Ein großes Handicap bereitet in den meisten Fällen die Herkunft und die für die Generierung des Konstruktes benötigte Zellmenge. Um Entzündungen und ein späteres Abstoßungsrisiko so gering wie möglich zu halten, werden am besten Zellen des jeweiligen Patienten entnommen. Wenn die Zellen von einem anderen Menschen stammen, muss eine entsprechend gute Gewebeverträglichkeit vorliegen. Allerdings kann auch dann in den meisten Fällen auf die Einnahme von immunsuppressiven Medikamenten nicht verzichtet werden.

Die therapeutisch bisher am wenigsten problematische Form der Gewebetransplantation geschieht auf der Basis des autologen Systems. Dabei wird vom Patienten selbst Gewebematerial entnommen, Zellen daraus isoliert, das entsprechende Konstrukt unter *in vitro*-Bedingungen generiert und schließlich dem gleichen Patienten wieder implantiert. Nach diesem Prinzip kann Patienten z.B. ein Stück Knorpel an einer mechanisch nicht belasteten Stelle entnommen werden, um sie anderenorts als kultiviertes Ersatzgewebe therapeutisch einzusetzen. Patienten mit großflächigen Brandwunden oder Wundheilungsstörungen können behandelt werden, indem an gesunder Stelle intakte Zellen entnommen werden.

Eine weitere Zellquelle können Zellen aus gentechnisch veränderten (transgenen) Tieren darstellen. Aus diesen Tieren könnten erwachsene Parenchymzellen isoliert werden, die dann in eine andere Spezies implantiert werden. Probleme bei dieser Xenotransplantation bereiten jedoch nicht gelöste hyperakute Abstoßungsreaktionen, die therapeutisch schwierig zu beherrschen sind. Vielleicht könnte die zukünftige Behandlung von Patienten mit immunmodulierenden Interleukinen (z.B. IL15) die Abstoßungsreaktionen vermindern. Viel zu wenig beachtet ist in diesem Zusammenhang auch die Diskussion über mögliche Viren, mit denen tierisches Gewebe infiziert sein könnte. Bei einer Implantation würden diese Viren auf den Menschen übertragen und hier pathogen wirken.

Nicht nur bei großflächigen Brandwunden, sondern auch bei Organversagen der Leber oder der Nieren stehen patienteneigene (autologe) Zellen für die Generierung von Gewebekonstrukten entweder nur sehr begrenzt oder nach einer Virusinfektion gar nicht mehr zur Verfügung. Zudem lassen sich die benötigten Zellen in kurzer Zeit nicht in derjenigen Menge heranzüchten, in der sie zur Besiedlung einer verbrannten Körperoberfläche oder eines Reaktormoduls zur Unterstützung der Leberfunktionen gebraucht werden. Aus diesem Grund werden Zellbanken mit unterschiedlichsten Zellen benötigt, die allen für therapeutische Verfahren zur Verfügung stehen.

Probleme bereitet die jeweils benötigte Zellmenge, die sich durch Isolierung von Zellen aus Gewebe von erwachsenen Menschen so leicht nicht gewinnen lässt. In den meisten Fällen wird ein geeignetes Organ eher transplantiert als z. B. für ein Reaktormodul zur Verfügung gestellt. Es kommt jedoch in circa 20 % der Fälle vor, dass eine Organspende aus medizinischer Indikation nicht verwendet werden kann. Parenchymzellen aus diesen scheinbar nutzlos gewordenen Organen könnten nach deren Isolierung für die Besiedlung eines Organmoduls jedoch bestens eingesetzt werden.

Andere Schwierigkeiten bestehen bei der Beschaffung und Herstellung von Pankreasinselzellkonstrukten bei Patienten mit Diabetes mellitus und damit fehlender Insulinproduktion. Patienteneigene Inselzellen können in diesem Fall aufgrund des Krankheitsverlaufes und wegen der fehlenden eigenen Insulinproduktion bei Diabetes mellitus Typ I vom Patienten nicht verwendet werden. Mögliche zukünftige Perspektiven bieten hier Stammzellen aus Zellbanken oder Zellen, die von transgenen Schweinen gewonnen werden. Um immunologischen Reaktionen des Körpers auf dieses Fremdgewebe vorzubeugen, müssen entweder immunsuppressive Medikamente eingenommen oder die Xenoimplantate in eine Matrix eingeschlossen werden, bevor das Konstrukt implantiert wird. Durch eine solche Verkapselung soll ein unmittelbarer Kontakt zwischen dem Körper des Patienten und dem implantierten Gewebe verhindert werden. Dennoch können durch die Poren der verwendeten Verkapselungsmatrix Insulin sezerniert und Nährstoffe per Diffusion vom Implantat aufgenommen werden.

[Suchkriterien: Tissue Engineering cell source isolation]

5.2
Stammzellen

In der aktuellen Diskussion gelten humane Stammzellen als unversiegbare Zellquelle, die sowohl aus embryonalem, fötalem wie auch adultem Gewebe gewonnen werden. Im Gegensatz zu Zellen des erwachsenen Patienten lassen sich Stammzellen beliebig vermehren und sind deshalb für therapeutische Ansätze in ausreichendem Maßstab verfügbar. Wenn Stammzellen aus dem eigenen Körper oder dem eigenen Nabelschnurblut gewonnen und für die Generierung eines Gewebekonstruktes verwendet werden, besteht aus immunologischer Sicht kein Abstoßungsrisiko. Werden jedoch Stammzellen eines anderen Menschen verwendet, so gelten die gleichen Gesetzmäßigkeiten der Gewebeverträglichkeit als ob ein Gewebe oder Organ eines anderen erwachsenen Menschen implantiert würde. Stammzellen faszinieren nicht nur aus theoretischer, sondern auch aus anwendungsorientierter Sicht. Einerseits können sie sich beliebig vermehren, andererseits können aus ihnen wiederum differenzierte Zellen der Grundgewebe entstehen.

Für zelltherapeutische Ansätze stehen in den meisten Fällen zu wenig Zellen zur Verfügung. Auf Dauer lässt sich dieses Problem wahrscheinlich nur mit humanen Stammzellen lösen, die sich theoretisch beliebig vermehren lassen und für die Herstellung von artifiziellem Gewebe besonders geeignet erscheinen. Stammzellen können einerseits aus frühembryonalen Stadien eines menschlichen Keimes gewonnen werden, andererseits findet man sie noch im Nabelschnurblut und im Gewebe des erwachsenen Organismus. Da diese Zellen jedoch jeweils ganz unterschiedliche Entwicklungspotenzen haben, spricht man von toti- bzw. pluripotenten Zellen. Die eigentliche medizinische Eignung der Stammzellen besteht darin, dass sie sich nicht nur beliebig vermehren lassen, sondern durch Wachstumsfaktoren oder Hormone experimentell zu ganz unterschiedlichen Gewebezelltypen entwickelt werden können.

[Suchkriterien: Tissue Engineering stem cells isolation]

5.2.1
Embryonale Stammzellen

Embryonale Stammzellen werden aus menschlichen Keimen gewonnen, die nicht älter als 14 Tage sind (Abb. 5.2). Nach der Verschmelzung eines Spermiums mit einer Eizelle entsteht zuerst eine Zygote, die sich im Laufe der ersten 8 Tage in mehreren Teilungsschritten zu einem vielzelligen Morulastadium entwickelt. Gegen Ende der Furchungsteilungen im späten Morulastadium zeigen die außen liegenden Blastomeren spezifische Eigenschaften einer Epithelialisierung. Die Zellen zeigen eine apikobasale Membranspezialisierung, bilden Zell-Zellverbindungen wie Zonulae occludentes und Gap junctions aus und zeigen eine polare Verteilung der Zellorganellen. Während dieser Compactation erfolgt die erste Differenzierung embryonaler Zellen. Es entsteht eine äußere Zellschicht und eine innere Zellmasse (Abb. 5.2; ICM). Die äußere Zellschicht wird als Trophoblast oder Trophoektoderm bezeichnet und dient während der weiteren Entwicklung der Ernährung des wachsenden Keimes. Die in-

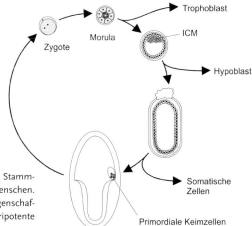

Abb. 5.2: Schematische Darstellung von Stammzellen in frühembryonalen Stadien des Menschen. Zellen aus der ICM zeigen totipotente Eigenschaften, während primordiale Keimzellen pluripotente Charakteristika haben.

nere Zellmasse wird als Embryoblast bezeichnet. Hieraus entwickelt sich der spätere Organismus. Aus der inneren Zellmasse lassen sich Zellen experimentell isolieren. Versuche an Tieren und menschlichen Keimen haben gezeigt, dass diese sich beliebig vermehren und unter geeigneten *in vitro*-Bedingungen in unterschiedliche Gewebezellen entwickeln lassen. Aus experimentellen Erfahrungen weiß man, dass daraus alle bekannten Grundgewebe entstehen können. Deshalb werden die ICM-Zellen als totipotente Zellen bezeichnet.

Eine andere Art von embryonalen Stammzellen kann aus Keimen isoliert werden, die circa 14 Tage alt sind (Abb. 5.2). In diesem Stadium hat sich ein extraembryonaler Hypoblast (primitives Entoderm) und ein Epiblast (primitives Ektoderm) entwickelt. Dazwischen finden sich Primordiale Keimzellen (PGC, primordial germ cells), die isoliert und in Kultur beliebig vermehrt werden können. Ob diese Zellen identische totipotente Entwicklungsfähigkeiten wie die Zellen aus der inneren Zellmasse des menschlichen Embryo haben, bleibt abzuwarten. In der aktuellen Literatur wird häufig der Ausdruck Totipotenz vermieden und dafür Pluripotenz verwendet.

[Suchkriterien: Embryonic stem cells isolation application]

5.2.2
Mesenchymale Stammzellen

Mesenchymale Stammzellen (MSC) gehören eigentlich zu den Stammzellen des adulten Organismus und sind im Knochenmmark zu finden. Sie kommen aber auch im Blut der Plazenta des Neugeborenen vor. Da die mesenchymalen Stammzellen in der Klinik und in der Literatur einen besonderen Stellenwert inne haben, sollen sie auch hier separat besprochen werden.

Die Zellen zeigen unter Kulturbedingungen eine hohe Teilungskapazität. Aus multipotenten Stammzellen können sich Zellen der vier Grundgewebe, also des Nervengewebes, Bindegewebes, der Muskulatur und des Epithelgewebes entwickeln (Abb. 5.3). Werden mesenchymale Stammzellen durch ein Morphogen angeregt, so gelangen sie in die Determinationsphase. In diesem Stadium sind die Zellen noch nicht unterscheidbar. Während der weiteren Entwicklung entstehen dann Vorläufer von Gewebezellen. In verschiedenen Zwischenschritten entwickeln sich daraus die Zellen der vier Grundgewebearten. Inwieweit sich daraus experimentell wirklich funktionelle Gewebe entwickeln lassen, ist bis dato ungeklärt.

[Suchkriterien: Mesenchymal stem cells isolation bone marrow]

5.2.3
Adulte Stammzellen

Auch beim erwachsenen Individuum sind noch Stammzellen in den einzelnen Geweben vorhanden, die der Regeneration dienen. Ein typisches Beispiel für die ruhende, aber dennoch lebenslange Aktivität von adulten Stammzellen ist die Frakturheilung. Ein Knochen bricht, wenn seine mechanische Stabilität überfordert wird.

Aufgrund der rupturierten Gefäße finden starke Einblutungen in den Frakturspalt statt, daraufhin bildet sich ein Fibringerinnsel. Die Regeneration des Knochens geht nicht von den Frakturrändern, sondern von Periost und Endost aus. Schon frühzeitig ist zu beobachten, wie Blutgefäße in den Frakturspalt einwachsen. Gleichzeitig wandern osteogene Zellen vom Periost aus in die Fraktur ein und bilden zuerst hyalinen Knorpel. Gleichzeitig kommt es zur Resorption des Blutgerinnsels, zusätzlich werden alte Osteozyten und Reste der Knochengrundsubstanz eliminiert, d.h. der Frakturraum wird gereinigt. Die nachfolgende Knochenregeneration selbst ist ein typischer Mechanismus der enchondralen Ossifikation. Knorpel wird durch Knochensubstanz ersetzt. Dies bedeutet, dass in einem regenerierenden Knochen hyaliner Knorpel, unregelmäßige Knochenbälkchen und auch Osteone gefunden werden. Mit zunehmender Heilung findet eine vollständige Resorption des ursprünglich gebildeten Geflechtknochens statt, und es bildet sich Lamellenknochen aus, der bei hoher funktioneller Beanspruchung entsprechend der Trajektionslinien ausgerichtet wird.

Die Haut erneuert sich wie auch die Blutzellen relativ schnell und vor allem lebenslang. Die entstehenden Keratinozyten stammen dabei von einzelnen Zellgruppen (holoclones, meroclones, paraclones) ab, die einer hierarchischen Entwicklungssteuerung unterliegen und sich durch ihre Teilungsfähigkeit und ihre partielle Differenzierung unterscheiden. Nur die Zellen der Holoklone haben die ursprüngliche Fähigkeit zur Selbsterneuerung bewahrt und vermögen unter experimentellen Bedingungen mehr als 140 Zellteilungen zu vollziehen. Verständlicherweise liegen diese Zellen nur vereinzelt vor, und es ist schwierig, sie zu identifizieren. In der Epidermis der Haut werden Stammzellen entlang der Basalmembran, aber auch in Haarfollikeln, Talg- und Schweißdrüsen nachgewiesen. Die Haarfollikel enthalten Stammzellen im unteren Haarschaft und der Haarpapille sowie in der umgebenden Wurzelscheide. Transplantationsexperimente haben gezeigt, dass Zellen aus der Wurzelscheide epidermale Stammzellnischen bevölkern und Talgdrüsen bilden können. Das Wachstum des Haarfollikels wird offensichtlich über die dermalen Papillen und FGF-7 (fibroblast growth factor) stimuliert. Voraussetzung für eine Haarentwicklung ist eine intakte β1-Integrininteraktion der Zellen mit der extrazellulären Matrix. Gesteuert werden diese Vorgänge offensichtlich durch Sonic hedgehog (SHH), Krox-20, Wnt, Tcf3 und TGFβRII.

Bei den Stammzellen der Krypten im Darm handelt es sich um Zellen, die keine Charakteristika der terminal differenzierten Darmepithelzellen aufweisen und sich ständig vermehren, ohne ihren eigenen Pool an regenerativen Zellen zu verlieren. Mit den zur Verfügung stehenden immunhistochemischen Markern ist es bisher nicht möglich, eindeutig einzelne Stammzellen in diesem Bereich zu lokalisieren. Völlig unklar dabei ist, wie Vorgänge auf engstem Raum gesteuert werden, die bei der Stammzelle permanent Mitosen produzieren, bei den unmittelbar benachbarten Zellen aber zur Differenzierung führen. Im Darm werden die Epithelzellen der Lamina mucosa kontinuierlich von Zellen erneuert, die in den Krypten lokalisiert sind. Man nimmt an, dass circa 4-5 Stammzellen in jeder Krypte ausreichen, um das gesamte Epithel des Darmes zu erneuern. Stammzellen sollen sich sowohl zu Enterozyten, Schleim produzierenden Becherzellen, Lysozym produzierenden Paneth'sche

Körnerzellen und Hormone produzierenden enterochromaffinen Zellen entwickeln können. Wie das im einzelnen geschieht, ist jedoch noch unbekannt. Bei diesem Entwicklungsvorgang sind sicherlich die mesenchymalen Zellen beteiligt, die in der Lamina propria gefunden werden und in dichtem Kontakt zur Basalmembran der Krypte stehen. Beteiligt bei diesem Entwicklungsgeschehen ist Wnt und der Tcf-4 Transkriptionsfaktor, welcher unter der Kontrolle des Fkh6-Gens steht. Wird diese Interaktion gestört, so kommt es zur untypischen Überproliferation in den Krypten.

Im Hoden wird die kontinuierliche Entstehung der Spermien durch Spermatogonien sichergestellt. Diese Zellen sind immer in direktem Kontakt zur Basalmembran des Samenkanälchens zu finden. Man unterscheidet lichtmikroskopisch die Spermatogonien A/p (pale, hell) und B. Die Spermatogonien befinden sich in direktem Kontakt zur Basalmembran. Dabei werden einzelne Zellgruppen der Spermatogonien durch die basolaterale Plasmembran und die Tight junctions der Sertolizellen eingerahmt. Sobald die Spermatogonien in die Meiose eintreten und damit die Entwicklung zu Spermien beginnen, lösen sie sich von der Basalmembran ab und wandern entlang der lateralen Plasmembran der Sertolizelle in Richtung Lumen des Hodenkanälchens. Nach Abtötung der Keimzellen durch Bestrahlung oder Chemikalien können durch Injektion von vitalem Material wieder neue Zellen in den Nischen an der Basalmembran angesiedelt werden. Experimentell lässt sich dies besonders gut nutzen, da die Nischen in den Samenkanälchen des Hodens anders als im Knochenmark vor Wiederbesiedlung experimentell gut verändert werden können. Experimente zur Wiederbesiedlung z. B. zeigten, dass Keimzellen von neugeborenen Tieren die Nischen viel stärker bevölkern als Zellen von adulten Tieren. Während der Besiedlung wird vermehrt α6β1-Integrin von den Stammzellen exprimiert. Dadurch können die Zellen Kontakt zu Laminin aufnehmen und damit in engem Kontakt zur Basalmembran bleiben. Neben BMP-4 wird BMP-8a/b für die weitere Entwicklung benötigt. Die benachbarten Sertolizellen produzieren TGFβ und GDNF, was die Proliferation der prämeiotischen Zellen unterstützt. Unklar ist weiterhin, ob die Stammzellen den gesamten Bereich der Basalmembran im Hodenkanälchen besiedeln oder ob nur in wenigen Bereichen Stammzellnischen vorgefunden werden.

Neurale Stammzellen sind eine Klasse von Progenitorzellen im Nervensystem, die sich einerseits selbst erneuern und sich andererseits zu Neuronen und Glia (Astrozyten und Oligodendrozyten) entwickeln können. Ursprünglich wurden neurale Stammzellen aus dem embryonalen Zentralnervensystem (ZNS) und dem peripheren Nervensytem (PNS) isoliert. In jüngster Vergangenheit wurde gezeigt, dass Stammzellen auch im adulten Gehirn und zwar im Hippocampus, im subventrikulären Bereich und im Rückenmark nachgewiesen werden können. Werden z. B. neuronale Stammzellpopulationen als adhärente Zellen auf dem Boden einer Kulturschale gehalten, so entstehen Gebilde, die Neurone, Glia und wiederum Stammzellen enthalten. Offensichtlich haben neurale Stammzellen aus dem adulten Rückenmark einen Teil ihrer Plastizität jedoch eingebüßt. Werden diese Zellen in den Hippocampus eines Tieres implantiert, so entstehen an dieser Stelle nur Interneurone und nicht wie zu erwarten Projektionsneurone. Die Frage ist nun, ob die eingeschränkte Plastizität experimentell aufgehoben werden kann, damit diejenigen Zellen entstehen können, die sich auch im Embryo gebildet hätten. Erfolg versprechende Versuche werden mit EGF (epidermal growth factor) an der Retina von Hühnern durchgeführt. Postmitotische Gliazellen werden dadurch zur Zellteilung stimuliert, entwickeln sich zurück zu Progenitorzellen, woraus sich wiederum neue Neurone und Glia entwickeln.

[Suchkriterien: Adult stem cells organ pluripotent]

5.2.4
Marker zum Nachweis von Stammzellen

Die Entwicklung einer Stammzelle beginnt nach der Exposition mit einem Morphogen. Dadurch wird festgelegt, in welche der vier Grundgewebearten sich die Stammzelle entwickeln soll. Nach Festlegung dieser Determination beginnt ein individueller Entwicklungsweg, der über Zwischenstadien schließlich zum funktionellen Gewebe führt. Bis heute können die Stammzellen und die meisten der nachfolgenden Zwischenstadien nicht eindeutig mit Markern identifiziert werden (Abb. 5.3). Allein durch Isolationsexperimente mit nachfolgender Kultur können bisher Rückschlüsse über ihre Proliferations- und Entwicklungskapazität gezogen werden.

Terminal differenzierte Gewebe können inzwischen sehr gut mit Antikörpern identifiziert werden. Für embryonale und halb gereifte Zellen stehen bisher jedoch kaum

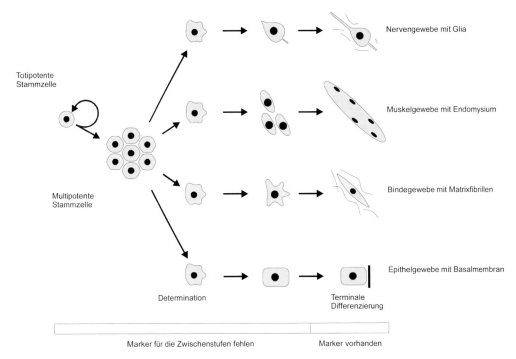

Abb. 5.3: Verwendung von zellulären Markern zur Identifizierung des jeweiligen Reifestadiums. Durch morphogene Substanzen werden mesenchymale Stammzellen determiniert. In mehreren Schritten entwickeln sich Zwischenstadien zu terminal differenzierten Zellen der vier Grundgewebe.

und in keinem Fall genügend Marker zur Verfügung. Für analytische Arbeiten mit Stammzellen wäre es deshalb besonders wichtig, Antikörper zu generieren, die mit unterschiedlich weit gereiften Zwischenstadien reagieren. Damit könnte sicher erkannt werden, welcher Prozentsatz an Zellen sich zu Gewebezellen entwickelt und welcher auf die Wirkung des entsprechenden Morphogens nicht reagiert.

[Suchkriterien: Stem cells antibody markers]

5.2.5
Verfügbarkeit von Stammzellen

Für die Herstellung von künstlichen Gewebekonstrukten stehen häufig nicht genügend patienteneigene Zellen zur Verfügung. Ideal wäre es, wenn embryonale Stammzellen dafür verwendet werden könnten. Diese haben den Vorteil, dass sie sich fast beliebig vermehren und mit Hilfe von Differenzierungsfaktoren in unterschiedliche Gewebezellen entwickeln lassen. Eine potentielle Zellquelle sind auch Stammzellen aus der Plazenta von Neugeborenen und Stammzellen aus Geweben des erwachsenen Organsimus (Tab. 5.1).

Tab. 5.1: Beispiele sowie Vor- und Nachteile für unterschiedlichen Arten von Stammzellen.

Stammzelltyp	Vorteile	Nachteile
Embryonale Stammzellen	Hohe Proliferationskapazität Sehr lange Telomere Totipotente und pluripotente Eigenschaften	Stammen von Abtreibungen oder *in vitro*-Fertilisation Mögliche Veränderung der Zellen Tumorentstehung Öffentliche Akzeptanz ist fraglich
Neonatale Stammzellen	Leicht verfügbar durch Nabelschnurblut Minimales Spenderrisiko Hohe Proliferationskapazität Lange Telomere Minimales Risiko für Infektionskrankheiten Pluripotente Eigenschaften	Zahl der Zellen ist begrenzt durch das gesammelte Blutvolumen
Adulte Stammzellen	Pluripotente Eigenschaften Leicht verfügbar Große Zahl an Zellen steht meist zur Verfügung	Eingeschränkte proliferative Kapazität Kurze Telomere Infektionsrisiko für den Empfänger Risiko des Spenders während der Isolierung

Im erwachsenen Organismus sind Stammzellen die Quelle neuer Zellen für Regenerationsvorgänge, bei denen Gewebe einer ständigen Erneuerung unterliegt oder nach Beschädigung ersetzt werden muss. Die nachfolgende Abbildung listet Beispiele für die erfolgreiche Anwendung von adulten Stammzellen auf (Tab. 5.2).

Tab. 5.2: Beispiele für die erfolgreiche Anwendung von adulten Stammzellen beim Tissue Engineering.

Stammzellen	Experiment
Menschliches Knochenmark des Erwachsenen	Schnelle Vermehrung der Stammzellen
Adulte menschliche Knochenmarkzellen	Differenzierung in Neurone
Adulte menschliche Knochenmarkzellen	Differenzierung in Leberzellen
Stammzellen aus dem Pankreas des Menschen	Gewinnung von Insulin produzierenden Inseln
Stammzellen aus dem Pankreas der Maus	Gewinnung der Insulinproduktion
Menschliche Stammzellen aus dem Pankreas	Entstehung der Insulinproduktion
Menschliche Stammzellen des Pankreas	Nestin-positive Zellen entwickeln sich zu differenzierten Zellen
Hämatopoetische Stammzellen des Menschen	Behandlung von Lupus erythematosus
Stammzellen in menschlichen Haarfollikeln	Erneuerung von Haaren
Adulte Stammzellen	Entwicklung zu Herzmuskelzellen und Endothel
Adulte Stammzellen der Ratte aus dem Hippocampus	Regeneration der Retina
Hämatopoetische Stammzellen des Menschen	Entdeckung von Subpopulationen multipotenter Stammzellen
Hämatopoetische Stammzellen des Menschen	Entwicklung von Stammzellen in Neurone
Menschliche Zellen in der Synovia	Gewinnung von multipotenten Stammzellen der Gelenkkapsel

[Suchkriterien: Tissue Engineering stem cells availability]

5.2.6
Schwierigkeiten bei der künstlichen Herstellung von Herzmuskelgewebe

Circa 300 000 Menschen erleiden pro Jahr in Deutschland einen Herzinfarkt. Infolge der Sauerstoffminderversorgung sterben beim Herzinfarkt Teile des Herzmuskels ab. Da sich das beschädigte Herzmuskelgewebe nicht regeneriert, kommt es im Bereich des Infarktes zur Narbenbildung. Häufig bildet sich zudem nach einem entstandenen Infarkt eine chronische Herzinsuffizienz aus. Therapeutisch wäre viel gewonnen, wenn nach einem Herzinfarkt das geschädigte Herzmuskelgewebe regeneriert werden könnte.

Adulte Stammzellen könnten in diesem Fall von großem Nutzen sein. Dies zeigte sich bei Mäusen, bei denen ein künstlicher Herzinfarkt ausgelöst wurde. Zwei Stunden nach der Infarktauslösung wurden Stammzellen aus dem Knochenmark des jeweiligen Tieres in die Herzwand eingespritzt. Die Knochenmarkzellen waren dabei mit einem fluoreszierenden Gen ausgestattet worden, damit die weitere Entwicklung verfolgt werden konnte. Es zeigte sich, dass sich nicht nur neue Herzmuskelzellen, sondern intaktes Herzmuskelgewebe mit der notwendigen Kapillarisierung ausgebildet hatte. Die mit Stammzellen behandelten Tiere hatten eine eindeutig höhere Überlebensrate als die unbehandelten Tiere. Verständlicherweise hoffen jetzt viele Kardiologen, dass sich aus Stammzellen des Knochenmarkes auch beim Menschen intaktes Herzmuskelgewebe zu bilden vermag. In letzter Zeit wurden bei einigen Bypass-Operationen von Infarktpatienten körpereigene Stammzellen des Knochenmarkes ins Herz implantiert. Wochen nach der Behandlung war die Infarktstelle sichtlich kleiner geworden. Ob dieser Effekt wirklich allein und in jedem Fall auf die Behandlung mit Stammzellen zurückzuführen ist, bleibt abzuwarten. Momentan gibt es noch zu wenige Beispiele, um hier eindeutige Aussagen zu treffen.

Denkbar wäre auch die Behandlung eines Infarktpatienten mit fremden Stammzellen, die aus dem Blut einer Nabelschnur gewonnen werden. Solche Zellen können nach der Geburt von Ärzten oder Hebammen gewonnen und in Zellbanken gelagert werden. Verwendung finden diese Stammzellen dann bei Menschen, deren eigene Zellen nicht mehr genügend regenerative Eigenschaften besitzen. Erst die Zukunft wird zeigen, ob sich diese Zellen am besten für die gewählte Therapieform eignen. Auch bei angeborenen Herzfehlern könnten eigene Stammzellen oder Zellen aus Zellbanken genutzt werden. Unter Kulturbedingen kann man die Stammzellen dazu bringen, sich zu Kardiomyozyten zu entwickeln. Diese können dann auf einem kontraktilen Scaffold angesiedelt und als Patch implantiert werden. Auf diese Weise könnten fehlgebildete Strukturen am Herzen chirurgisch therapiert werden.

[Suchkriterien: Embryonic stem cell bank]

5.2.7
Zellteilungen in Nischen

Durch Zellteilungen produzieren Stammzellen einerseits die benötigte Anzahl von differenzierten Zellen und andererseits das Reservoir an ursprünglichen Stammzellen, welche lebenslang erhalten bleiben. Beteiligt sind daran sicherlich Zell-Zellkontakte sowie die Kontakte der Zelle zur umgebenden Basalmembran oder zur umgebenden extrazellulären Matrix. Hinzu kommen Einflüsse von unterschiedlichen Wachstumsfaktoren. Man spricht in diesem Fall von Nischen, in denen sich die Stammzellen aufhalten. Verlassen die Stammzellen dieses Mikroenvironment, so ist die Fähigkeit zur Regeneration erloschen und das Gewebe beginnt zu degenerieren.

Die Funktionalität von Stammzellen ist aus dem Mikroenvironment der Nischen abzuleiten. Ein interner Mechanismus der Nischen teilt den Stammzellen mit, ob sie sich symmetrisch oder asymmetrisch (differentiell) teilen sollen. Aus der symmetrischen Teilung gehen identische Zellen hervor, während aus asymmetrischen Teilungen zuerst Vorläuferzellen und später dann funktionelle Gewebezellen hervorgehen. Bisher weiß man, dass diese Entwicklung nicht allein von der Vorläuferzelle realisiert werden kann, sondern dass dazu die Nachbarschaft von differenzierten Zellen notwendig ist. Über Signalmoleküle und/oder Zell-Zellkontakte wird die weitere Entwicklung gesteuert. Dies bedeutet, dass sowohl die Umgebung als auch das eigene

Genprogramm für die weitere Gesamtentwicklung notwendig ist. Wird die Nische experimentell zerstört, so sollte auch die natürliche Regeneration unterbunden sein. Im Falle einer Wiederbesiedlung der Nische müsste demnach auch die Wiederaufnahme der Regeneration erfolgen. Die meisten bekannten Nischen werden im Bereich einer Basalmembran gefunden. Extrazelluläre Matrixproteine scheinen hier eine spezielle Mikrokompartimentierung zu bewirken, wodurch besondere adhäsive Eigenschaften die Stammzellen anzulocken scheinen. Zudem könnten durch den Einbau von Signalmolekülen in die extrazelluläre Matrix spezielle morphogene Programme gespeichert sein.

Alle diese Eigenschaften setzen voraus, dass es Gene gibt, die einerseits die permanente Eigenerneuerung von Stammzellen und andererseits den Weg in die Entwicklung zur Differenzierung zu steuern vermögen. Möglicherweise sind dies piwi, Sox2 und Oct4. Bisher ist unbekannt, welche weiteren Gengruppen hier in Frage kommen, inwiefern die Methylierung von Histonen bei diesem Prozess beteiligt ist und wie diese Gene in der richtigen Zeitfolge aktiviert bzw. supprimiert werden können. Das Wissen über diese Vorgänge wird es uns einerseits erlauben, herauszufinden, wie sich Stammzellen entwickeln, andererseits könnte sich dadurch die Möglichkeit eröffnen, differenzierte Zellen wieder in Stammzellen zurück zu führen, um daraus neue Gewebe entstehen zu lassen. Hier zeigt sich, wie wichtig das umgebende Milieu für Stammzellen ist. Unter optimierten Kulturbedingungen konnte mit O2A Oligodendrozyten bereits die Rückentwicklung zu Stammzell-ähnlichen Vorläuferzellen gezeigt werden.

Stammzellen können sich einerseits beliebig vermehren, andererseits können daraus wiederum differenzierte Zellen entstehen. Diesen Vorgang findet man in einem Embryo an zahlreichen Stellen. Je weiter die Entwicklung voranschreitet, desto seltener sind die Teilungsvorgänge und werden durch die fortschreitende Differenzierung ersetzt. Im erwachsenen Organismus bleiben dann einzelne Stammzellen übrig, die offensichtlich überall in den Geweben verteilt sind. Da es bis heute keine Marker gibt, um diese einzelnen Zellen zweifelsfrei zu erkennen, bleiben sie in den meisten Fällen unsichtbar. Die meisten Kenntnisse über Stammzellpopulationen konnten in den letzten Jahren durch Untersuchungen von Hoden, Haut und Darm gesammelt werden.

Damit beim Tissue Engineering aus proliferierenden Zellen funktionelle Gewebe entstehen, müssen diese in einer artifiziellen Biomatrix angesiedelt werden. Dazu werden meist Scaffolds aus Hydroxyapatit/Trikalziumphosphat, Polyglycol- oder Polylactidsäuren verwendet. Zusätzlich werden Wachstumsfaktoren wie BMP (bone morphogenic protein) und optimierte Kulturbedingungen angewendet. Das größte/ stärkste Augenmerk wird dabei auf die Entstehung des Gewebes gerichtet. Über das Verbleiben der notwendigen Stammzellpopulation weiß man dagegen noch wenig. Aber allein diese Population ist für das Langzeitüberleben des Konstruktes von entscheidender Bedeutung. Deshalb werden große Anstrengungen unternommen, um genaktivierende und damit smarte Matrices zu entwickeln, die das Mikroenvironment für Stammzellen verbessern. Einerseits kann damit die Stammzellpopulation an spezifischen Orten gehalten werden und andererseits können über die Freisetzung von morphogenen Signalen die Entwicklungsaktivitäten gezielt beeinflusst werden.

Erkennbar wird, dass an dieser Stelle das Tissue Engineering mit dem Genetic Engineering überlappt. Man hofft, Krankheiten wie z. B. die Epidermolysis bullosa durch diese Kombination zu heilen. Verursacht wird die Ablösung der Epidermis bei dieser Krankheit durch einen Fehler im Lamininmolekül der Basalmembran, welches keine funktionelle Verankerung für die Zellen in der Epidermis mehr bietet. Zukünftig könnten vielleicht implantierte Stammzellen die genetische Veränderung der Ablösung von der Basalmembran kompensieren.

[Suchkriterien: Stem cell self renewal proliferation symmetric]

5.2.8
Plastizität

Es wurden spezielle Stammzellen in der Literatur beschrieben, die z. B. aus dem Fettgewebe von erwachsenen Menschen isoliert werden. Fettgewebe kann ja bei fast jedem chirurgischen Eingriff gewonnen werden und die daraus isolierten Stammzellen würde man in Gewebebanken deponieren. Tab. 5.3: Entwicklung von Stammzellen, die aus adultem Fettgewebe gewonnen wurden. Dabei entstehen nicht funktionelle Gewebezellen, sondern Vorläuferzellen (Blasten) mit beginnenden Gewebeeigenschaften.

Tab. 5.3: Entwicklung von Stammzellen, die aus adultem Fettgewebe gewonnen wurden. Dabei entstehen nicht funktionelle Gewebezellen, sondern Vorläuferzellen (Blasten) mit beginnenden Gewebeeigenschaften.

Zellen	Kulturmedium	Serum	Zusätzliche Stoffe
Kontrolle	DMEM	10 % FCS	Keine
Fettähnliche Zellen (Adipoblasten)	DMEM	10 % FCS	Isobutylmethylxanthin, Dexamethason, Insulin Indomethacin
Knochenähnliche Zellen (Osteoblasten)	DMEM	10 % FCS	Dexamethason, Ascorbinphosphat, Glycerinphosphat
Knorpelähnliche Zellen (Chondroblasten)	DMEM	1 % FCS	Insulin, TGFβ, Ascorbinphosphat
Muskelähnliche Zellen (Myoblasten)	DMEM	10 % FCS 5 % HS	Dexamethason, Hydrocortison

Zur Gewinnung von Stammzellen wird das Fettgewebe mit Proteasen aufgeschlossen, die Stammzellen werden isoliert und zur Vermehrung in Kultur genommen. Nach Zugabe von Dexamethason, Ascorbinphosphat und Glycerinphosphat zum Kulturmedium entstehen Osteoblasten, während nach Zugabe von Insulin, TGFβ und Ascorbinphosphat Chondroblasten beobachtet werden (Tab. 5.3). Zellen mit muskelspezifischen Eigenschaften (Myoblasten) sollen sich nach Beimischung von Dexamethason und Hydrocortison bilden.

[Suchkriterien: Stem cell plasticity differentiation tissue]

5.2.9
Diversität der Entwicklung

Analog zur Embryonalentwicklung stellt sich die Frage der Kompetenz, wenn sich Stammzellen einem funktionellen Gewebe in unserem Organismus entwickeln sollen. Unter Kompetenz versteht man die Eigenschaft, innerhalb eines begrenzten Zeitfensters auf bestimmte Entwicklungsreize zu reagieren. Für Stammzellen ist bekannt, dass sie mit Faktoren wie z. B. Retinsäurederivaten bestimmte Zelltypen bilden können. Wird jedoch eine mit Retinsäure behandelte Population in ihrer Gesamtheit kultiviert, so zeigt sich, dass sich nur ein bestimmter Prozentsatz der Zellen zu dem gewünschten Gewebe entwickelt. Von dem restlichen Teil der Zellen wird nicht beschrieben, welche Zelltypen und welche Gewebearten sie bilden. Theoretisch können sie teils Stammzellen bleiben, teils ganz andere Gewebezellen bilden. Problematisch ist dabei die Frage, ob diese Zellen ihre Kompetenz zur Entwicklung verloren, beibehalten oder sogar eine andere Kompetenz erworben haben. Bei einer geplanten

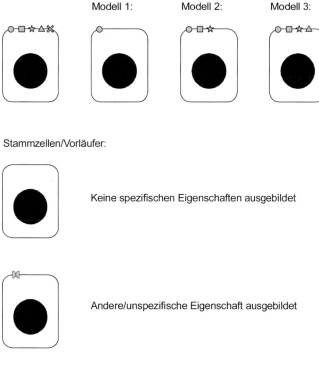

Abb. 5.4: Diversität der Entwicklung bei Stammzellen. Werden Stammzellen stimuliert, so können sie unterschiedliche Eigenschaften von Gewebezellen ausbilden. Ein Teil der Population reagiert jedoch nicht auf diese Reize, ein anderer Teil bildet möglicherweise sogar atypische Eigenschaften aus.

Implantation besteht daher die Gefahr, dass in solchen heterogen zusammengesetzten Konstrukten unterschiedliche Arten der Zellkompetenz enthalten sein können. Unkalkulierbar wird deshalb, ob sich allein das gewünschte Gewebe oder zusätzlich noch ein ganz anderes Gewebe oder möglicherweise sogar ein Tumor daraus entwickelt, wie dies z. B. bei Teratokarzinomzellen zu beobachten ist (Abb. 5.4).

Bei der Generierung von Gewebekonstrukten wird die Frage der Kompetenz von Zellen in Zukunft noch eine zentrale molekularbiologische Bedeutung spielen. Da es bisher keine klaren Vorstellungen zur Kompetenz bei der Entwicklung der Grundgewebe und ihrer Sonderformen gibt, sollen hier einige wichtige Fragen angeschnitten werden.

Möchte man die Qualität des Konstruktes verbessern, so wird man sich das Wissen um die Kompetenz von Zellen analytisch zunutze machen. Man wird sich fragen müssen, ob Gewebe in der Frühentwicklung und in der terminalen Entwicklungsphase unterschiedliche Medien benötigen. Man wird analysieren, ob applizierte Hormone bei noch kaum entwickeltem Gewebe den gleichen Sinn machen wie in der terminalen Differenzierungsphase. Bei zusammengesetzten Geweben und Organoiden wird man herausfinden müssen, zu welchem Zeitpunkt die eine und wann die andere Zellpopulation einen morphogenen Impuls benötigt. Dabei wird deutlich werden, dass unterschiedliche Zellen sich unterschiedlich schnell entwickeln und verschiedene morphogene Stimuli benötigen. Da aber ein Stimulus dem anderen schaden kann, wird man bestrebt sein, Stimuli so kurz wie möglich zu setzen. All dies wird aber erst möglich sein, wenn mehr Wissen über die Kompetenz unserer Gewebe zur Verfügung steht.

[Suchkriterien: Stem cell tumor risk diversity]

5.2.10
Teratokarzinome

Die Forschung über embryonale Stammzellen begann Mitte der 1970er Jahre. Damals wurde mit komplexen Tumoren gearbeitet, die neben verschiedenen differenzierten Zelltypen auch eine Population an undifferenzierten Zellen enthielten, die EC (embryonic carcinoma) Zellen genannt wurden. Diese Zellpopulation konnte unter geeigneten Kulturbedingungen frühembryonales Ektoderm, Mesoderm und Entoderm entwickeln. Man hatte große Bedenken, diese Zellen therapeutisch zu nutzen, da sie aneuploid waren und von Tumoren abstammten. Bekannt war außerdem, dass Teratokarzinome experimentell erzeugt werden konnten, wenn beispielsweise Mäusen frühe Embryonen subcutan implantiert wurden. Aus diesem Grund versuchte man, Zellpopulationen nicht aus Tumoren, sondern aus frühembryonalen Stadien unter Kulturbedingungen zu züchten. Daraus entstanden Zelllinien mit pluripotenten Entwicklungseigenschaften. Inwieweit diese Zellen noch identisch sind mit den Zellen aus der inneren Masse des Embryos, wird derzeit intensiv erforscht.

[Suchkriterien: Embryonic stem cells teratocarcinoma potential]

5.2.11
Verantwortlicher Umgang mit Stammzellen

Durch experimentelle Vermehrung von Stammzellen können Stammzelllinien geschaffen werden. Prinzipiell entstehen beim Arbeiten mit solchen Zelllinien Probleme, die auf den ersten Blick nicht sichtbar sind. Dazu gehören Kontaminationen und Kreuzkontaminationen, sowie das Infektionsrisiko durch tierische Zellen. Bei einer medizinischen Anwendung von Stammzellen, vor allem aber von Stammzelllinien muss diese Problematik jedoch besonders ernst genommen werden.

Stammzellen teilen sich unter optimalen Kulturbedingungen symmetrisch, wenn identische Tochterzellen entstehen sollen. Dadurch wird es möglich, die Zellen in beliebiger Menge zu vermehren, bevor die Differenzierung zu einem Gewebezelltyp eingeleitet wird. Voraussetzung dafür sind optimierte Kulturbedingungen. Benötigt wird zuerst ein Feeder layer. Dabei handelt es sich um Fibroblasten aus Mäusen, die auf dem Boden einer Kulturschale konfluent gewachsen sind und deren Teilungsfähigkeit durch Bestrahlung eliminiert wurde. Nach wie vor ist unbekannt, ob diese Zelllinien wirklich frei von Viren sind. Bei medizinischer Applikation kann dadurch ein bisher nicht abzuschätzendes Infektionsrisiko für den Menschen bestehen.

Die lebenden, aber teilungsunfähigen Fibroblasten bilden eine Umgebung, die die Zellvermehrung unterstützt, gleichzeitig aber die Differenzierung hemmt. Diese DIA (differentiation inhibiting activity) scheint identisch zu sein mit dem LIF (leukaemia inhibitory factor), der zu der Gruppe der Zytokine (Interleukin 6) gehört. Beteiligt ist weiterhin der LIF-Rezeptor (gp130), eine Aktivierung von Stat3 und der mitogen-aktivierten Proteinkinase. Dem Kulturmedium werden in den meisten Fällen 20 % fetales Kälberserum zugegeben, häufig auch Kit-Ligand für den c-Kit-Rezeptor sowie bFGF (oder FGF2 – fibroblast growth factor).

Neuerdings können menschliche Stammzellen (hES, human embryonic stem cells) auch ohne direkte Cokultur mit Fibroblasten von embryonalen Mäusen gezüchtet werden. Experten der US-Gesundheitsbehörde NIH meinen, dass von Stammzellen, die Kontakt mit Mauszellen hatten, immer ein Risiko der unbeabsichtigten Infektion durch unbekannte Mausviren ausgeht. Neuerdings werden die Kulturgefäße mit Proteinen der extrazellulären Matrix (z. B. Matrigel) beschichtet, um die Cokultur mit Mausfibroblasten zu vermeiden. Verwendet wird allerdings immer noch ein MEF-konditioniertes Kulturmedium. Dabei handelt es sich um ein Kulturmedium, in dem Fibroblasten von Mäusen gewachsen sind, aber keine zellulären Bestandteile enthält. Unter diesen Kulturbedingungen teilen sich die Stammzellen sehr gut und bilden spezifische Oberflächenmarker, etwa SSEA-4, Tra-1-81, Oct-4 und hTERT, aus.

Das Arbeiten mit Zelllinien bedeutet, dass über einen beliebig langen Zeitraum die Zellen in einer Kulturschale herangezogen werden. Ist nach einigen Tagen ein konfluenter Zellrasen entstanden, dann müssen die Zellen subkultiviert werden. Die Zellen werden also vereinzelt und können in neuen Kulturgefäßen zu einem Zellrasen heranwachsen, der wiederum nach einigen Tagen subkultiviert werden muss. Dabei müssen die Zellen mit neuem Kulturmedium versorgt werden, welches neben chemisch klar definierten Komponenten Serumbestandteile enthält. In den meisten Fällen wird dabei fötales Rinderserum (FCS), in den wenigsten Fällen jedoch menschliches Serum von Spendern verwendet. Hierbei besteht ein Infektionsrisiko durch das Rinderserum, wenn dieses mit BSE-Erregern kontaminiert ist. Dazu muss man wissen, dass die Quelle des Rinderserums von den Lieferfirmen meist nicht genannt wird und Infektionen durch BSE, Viren oder Mykoplasmen nur durch sehr aufwendige Testverfahren zu erkennen sind.

Wer Erfahrungen mit Zelllinien gesammelt hat, weiß, wie leicht Kreuzkontaminationen entstehen können. Meist treten diese durch unsachgemäße Versorgung der Kulturen auf. Beim Arbeiten mit kultivierten Zellen gilt generell, dass zu jedem Zeitpunkt wirklich nur eine Art von Zellen unter der sterilen Werkbank versorgt wird. Häufig kann man jedoch beobachten, dass zur gleichen Zeit zwei oder mehrere Zellarten in der Werkbank stehen, weil beispielsweise der Inkubator gesäubert wird. Bevor die Zellen in den Inkubator zurückgestellt werden, möchte man sie noch füttern. Der Einfachheit halber und um Pipetten zu sparen, werden alle Kulturen mit ein und derselben Pipette versorgt. Wenn diese Pipette Kontakt beim Füttern mit einer Zellart und anschließend mit einer anderen Zellart hat, ist eine Kreuzkontamination vorprogrammiert. Es gibt zahlreiche Untersuchungen der letzten 30 Jahre, die Beispiele von Kulturen zeigten, in den Kreuzkontaminationen zu einem unbekannten Zeitpunkt aufgetreten sind. Man glaubt, einen bestimmten Zelltyp in der Kulturschale vorliegen zu haben, analytische Untersuchungen zeigen dann jedoch, dass mit einer ganz anderen Zellpopulation als angenommen gearbeitet wurde.

[Suchkriterien: Embryonic stem cell lines establishment]

5.2.12
Gesetzgebung

Transfusionen von Knochenmark und Organtransplantationen werden seit langer Zeit weltweit angewandt und sind eindeutig per Gesetz geregelt (Tab. 5.4, 5.5). Neben den im Knochenmark enthaltenen Stammzellen gilt die Gesetzgebung auch für andere Gewebe, die Stammzellen enthalten, sowie für das Blut aus der Nabelschnur eines Neugeborenen. Meist reicht die Menge an Stammzellen aus einer Nabelschnur nur dazu aus, um einen einzelnen Menschen zu therapieren.

Tab. 5.4: Gesetzliche Regelungen zur Arbeit mit Stammzellen. In einzelnen Ländern Europas gibt es unterschiedliche Regelungen zum Arbeiten mit Stammzellen.

Keine bisherige Gesetzgebung	Türkei, Schweiz, Slowenien, Polen, Italien, Griechenland, Tschechien, Belgien
Gesetz in Vorbereitung	Portugal, Niederlande, Frankreich
Gesetzgebung	England, Schweden, Ungarn, Spanien, Finnland, Dänemark
Gesetzlich verboten	Irland, Norwegen, Österreich, Deutschland

In Deutschland ist die Verwendung von teilungsfreudigen Stammzellen aus Embryonen und Feten bisher verboten. Die zukünftige Forschung und Entwicklung von Therapieverfahren wird dadurch erschwert, dass es je nach Region und Kontinent völlig unterschiedliche Auffassungen zu dieser Problematik gibt (Tab. 5.5).

Tab. 5.5: Beispiele für die Verwendung von Stammzellen außerhalb von Europa.

USA	In einigen Staaten verboten, in anderen keine Gesetzgebung. Industrielle Forschung wird geduldet, während Forschung an staatlichen Stellen nicht erlaubt ist.
Japan	Reproduktives Klonieren ist verboten. Andere Arbeiten mit Stammzellen können durchgeführt werden, da nicht gesetzlich vorgeschrieben.
Israel	Arbeiten mit Stammzellen ist erlaubt.
Australien	Arbeiten mit importierten Stammzellen ist erlaubt.

Kinderlos gebliebene Paare haben die Möglichkeit, über die *in vitro*-Fertilisation (IVF) doch noch ein Kind zu bekommen. Bei diesem therapeutischen Verfahren werden eine Reihe von Embryonen gewonnen, jedoch werden in der Regel eine geringere Anzahl an Embryonen implantiert als erzeugt wurden. Für das betroffene Paar und für die beteiligten Ärzte stellt sich die Frage, was mit den übrigen Embryonen geschehen soll. Man kann sie sterben lassen, man kann sie einem anderen Paar zur Verfügung stellen oder man kann sie zu Forschungszwecken nutzen. Diese Forschung ist für diejenigen inakzeptabel, die meinen, dass eine befruchtete Eizelle nichts anderes sei als ein Embryo, ein Fötus oder ein Säugling. Eine andere Auffassung beschreibt, dass sich Leben graduell entwickelt, somit die Eizelle, das Spermium, die Zygote und die frühembryonale Entwicklung bis zum Ende der zweiten Entwicklungswoche biologisches Leben ist und erst nach der Einnistung des Keimes in die Gebärmutter zu menschlichem Leben wird. Eine dritte Meinung wiederum ist, dass alles Zell- und Gewebematerial von bis zum dritten Monat abgetriebenen Embryonen therapeutisch genutzt werden sollte. Die USA zeigen einen möglichen Weg aus dem geschilderten ethischen Dilemma. Inzwischen gibt es am National Institute of Health (NIH) circa 60 verschiedene Stammzelllinien, die therapeutisch genutzt werden könnten, ohne dass Linien aus weiteren Embryonen hinzukommen müssten. Diese Zellen könnte man prinzipiell in den nächsten Jahren auch in Europa verwenden, um den therapeutischen Nutzen der Stammzellen zu erforschen.

[Suchkriterien: Embryonic stem cells legal aspects]

5.2.13
Therapeutisches Klonen

Da es generell relativ wenig Kenntnisse zur Entwicklung, funktionellen Reifung und Aufrechterhaltung von Gewebefunktionen unter *in vitro*-Bedingungen gibt, müssen viele Informationen aus embryologischen Abläufen abgeleitet und experimentell erarbeitet werden. Ideal wäre es, wenn es "universelle" Zellen gäbe, die sich je nach

Belieben und ohne größeres Zutun in die unterschiedlichen Gewebestrukturen entwickeln könnten. Solche Zellen würden nicht abgestoßen und keine Entzündungen hervorrufen. Sehr nahe kommen diesen Vorstellungen die Stammzellen, die zwar eine enorme Entwicklungspotenz besitzen, sich aber wegen der Abstoßungsreaktion ohne therapeutisches Klonen nicht implantieren lassen. Zudem ist über ihre gewebespezifische Entwicklung bisher nur sehr wenig bekannt.

Eine zur Verfügung stehende Stammzelllinie allein reicht für eine therapeutische Nutzung am Patienten nicht aus. Würden diese Zellen wahllos einem Patienten implantiert werden, so würden sie wie jedes andere fremde Gewebe aus Kompatibilitätsgründen abgestoßen. Um Stammzellen dennoch an Patienten nutzen zu können, muss deshalb das therapeutische Klonen angewandt werden. Dazu wird der Zellkern einer Stammzelle entfernt und durch einen Zellkern des jeweiligen Patienten ersetzt. Das Resultat sind auf den Patienten zugeschnittene, also immunkompatible Zellen. Auf die Einnahme von immunsuppressiven Medikamenten könnte in diesem Fall verzichtet werden. Um auf die Transplantation eines Zellkerns verzichten zu können, werden in Zukunft Stammzellen genetisch sicherlich so modifiziert werden, dass sie nicht mehr als fremde Zellen vom Empfänger erkannt werden. Eine andere bestünde darin, im Organismus Toleranz medikamentös zu entwickeln, um eine Abstoßungsreaktion zu vermeiden.

Für das therapeutische Klonen werden am besten unbefruchtete und entkernte menschliche Eizellen verwendet, in die ein diploider Zellkern des jeweiligen Patienten eingebracht wird. Das erste gelungene Beispiel für das Klonen überhaupt war das Schaf Dolly. Allerdings wurden aus technischen Gründen für diesen experimentellen Vorgang unerwartet viele Eizellen verbraucht. Beim Klonen von Dolly wurden 277 Eizellen befruchtet, bis sich der erwünschte Erfolg einstellte. Analog zum reproduktiven Klonen ist es bisher technisch sehr aufwendig, eine stabile Stammzelllinie zu erhalten. Probleme bereitet schliesslich auch die Bereitstellung der menschlichen Keime. Die meisten IVF-Zentren können die dafür benötigte Anzahl an Eizellen bisher nicht zur Verfügung stellen. Das therapeutische Klonen ist darüber hinaus genauso schwierig durchzuführen wie das reproduktive Klonen, und es bestehen massive ethische Bedenken. Daher entsteht die Frage, ob es Alternativen zum therapeutischen Klonen gibt.

Eine Erfolg versprechende Alternative zum therapeutischen Klonen ist die Verwendung von adulten Stammzellen, die in vielen Geweben und Organen des patienteneigenen erwachsenen Organismus gefunden werden. Inzwischen gibt es eine Reihe von wissenschaftlichen Arbeiten, die eine breite mögliche Anwendung dieser Zellen zeigen.

[Suchkriterien: Embryonic stem cells therapeutic cloning]

5.2.14
Verwendung von Stammzellen beim Tissue Engineering

Neben den vielen wissenschaftlichen Fragen zu den Stammzellen gibt es eine Menge ungelöster ethischer und sozialer Probleme. Die gesamte Problematik ist vor dem

Hintergrund zu sehen, dass jährlich Millionen von Menschen an schweren und überwiegend nicht mehr heilbaren Krankheiten wie Herzinfarkt, Schlaganfall, Hepatitis, Diabetes mellitus, Parkinson und Multipler Sklerose sterben. Eine Stammzelltherapie könnte hier in Zukunft von großem Nutzen sein. Benötigt werden dafür sicherlich nicht nur Stammzellen des erwachsenen Organismus, sondern auch Stammzellen, die aus menschlichen Embryonen gewonnen werden. Neben der reizvollen Perspektive, vielen kranken Menschen zu helfen, müssen allerdings auch die ethischen Aspekte bei der Gewinnung von Stammzellen aus Embryonen berücksichtigt werden.

Aus totipotenten Stammzellen kann sich offensichtlich jede Art von Zelle im Körper entwickeln. Speziell bei neurodegenerativen Erkrankungen wie Parkinson und Alzheimer, sowie bei Muskeldystrophien und Herzerkrankungen, bei Leukämie und AIDS hofft man, mit Hilfe der pluripotenten Stammzellen eine verbesserte Therapieform zu erhalten (Tab. 5.6). Pluripotente Stammzellen müssen jedoch aus abgetriebenen Embryonen gewonnen werden. Für viele Mitmenschen in der Gesellschaft entstehen dadurch unüberbrückbare ethische Probleme. So weit man heute weiß, können totipotente Stammzellen nur aus der inneren Zellmasse des frühen Embryos am Ende der ersten Entwicklungswoche gewonnen werden. Dabei muss man sich darüber im Klaren sein, dass aus diesen Zellen wiederum ein vollständiger Embryo hervorgehen kann. Pluripotente Stammzellen mit eingeschränkter Entwicklungpotenz werden aus der späteren Genitalleistengegend des menschlichen Embryos am Ende der zweiten Woche gewonnen. Diese Zellen können eine Vielzahl von Zelltypen ausbilden, allerdings ist die Fähigkeit zur kompletten Keimbildung offensichtlich verloren gegangen. Kompromisse wissenschaftlicher und ethischer Art könnten mit Stammzellen aus Nabelschnurblut erreicht werden. Auch hier handelt es sich um pluripotente Stammzellen, die aber im Vergleich zu den embryonalen Stammzellen wiederum an Entwicklungspotenz eingebüßt haben.

Tab. 5.6: Mögliche Verwendung von Stammzellen und Gewebezellen beim Tissue Engineering.

Stammzellen	Gewebezellen
Haut	Urethra
Skelettmuskulatur	Ureter
Herzmuskulatur	Harnblase
Nervengewebe	Herzklappen
Pankreas	Niere
Leber	Trachea
Blutgefässe	Drüsengewebe
Cornea	Mundschleimhaut
Knorpel	Knorpel
Knochen	Knochen
Dentin	Meniskus

Versucht man z. B. aus Stammzellen ein Gewebekonstrukt zu generieren, so wird bisher rein empirisch vorgegangen. Man verwendet eine entsprechende Stammzellpopulation und inkubiert sie mit einem Faktor, der die Zellen veranlasst, einen bestimmten Gewebezelltyp zu entwickeln. Dann werden die induzierten Zellen mit einem Scaffold in Kontakt gebracht und man kultiviert das entstehende Konstrukt. Nach einiger Zeit zeigt sich anhand eines durchgeführten Profilings, ob das Konstrukt mehr oder weniger gut gelungen ist (Tab. 5.6).

Wenn aus Stammzellen oder Vorläuferzellen funktionelle Gewebe unter *in vitro*-Bedingungen entstehen sollen, so müssen kritische Fragen zum gewünschten Endpunkt des Konstruktes gestellt werden. Dabei sollte nach objektiven Gesichtspunkten geklärt werden, welchen Grad an Differenzierung das gewählte Konstrukt erreicht und ob bzw. wie lange diese Differenzierung aufrecht erhalten werden kann. Dabei ist in keinem Fall garantiert, dass sich die Stammzellen in gleicher Weise wie die adulten Zellen entwickeln. Sie können in gewissen Bereichen gleiche Eigenschaften ausbilden, allerdings dabei auch andere Eigenschaften suboptimal oder gar nicht entwickeln. Außerdem besteht die Möglichkeit, dass sie ganz untypische Charakteristika zeigen, da die Entwicklung embryonaler Zellen meist über ganz andere Mechanismen gesteuert wird als die Aufrechterhaltung der Vitalfunktionen adulter Gewebe.

Es wurden zahlreiche Untersuchungen zur Regeneration des Darmepithels unter *in vitro*-Bedingungen durchgeführt. Dabei zeigte sich unter anderem, dass optimal erhaltene Krypten isoliert und in Kultur genommen werden können. Die Zellen wachsen aus den Krypten aus und bilden auf der Kulturschale einen konfluenten Monolayer. Bei diesen Versuchen hoffte man, dass beim Anfertigen von Subkulturen die differenzierten Zellen verloren gehen und die Stammzellen weiterhin proliferieren. Ergebnis war, dass diese Kulturen nicht effektiv subkultiviert werden konnten und so eine Isolierung der Stammzellen nicht gelang. Allerdings produzierten einige Zellen unter diesen Bedingungen ein schleimähnliches Sekret. Wurden diese Zellen dann subkutan einem Nager eingespritzt, so konnte man nach einiger Zeit beobachten, dass einzelne Zellen Schleim produzierten und sich somit eindeutig zu Becherzellen umgewandelt hatten. Außerdem konnte man sehen, dass die implantierten Zellen krypten- bzw. zystenähnliche Strukturen unter der Haut ausgebildet hatten. Es ist offensichtlich, dass es zwischen dem Milieu in einer Kulturschale und dem subkutanen Environment große Unterschiede gibt, die wiederum zu unterschiedlichen Differenzierungen führen. Jedenfalls ist es auf diese Art bisher nicht gelungen, eine Population der Stammzellen rein darzustellen und daraus wiederum ein wirklich funktionelles Gewebe zu generieren.

Autologe Hauttransplantate werden heute meist durchgeführt, indem kultivierte Keratinozyten auf einer geeigneten artifiziellen Dermis transplantiert werden. In den meisten Fällen heilen die Konstrukte sehr gut ein. Probleme zeigen sich jedoch häufig erst später. Da die Keratinozyten permanent erneuert werden müssen, kann die Teilungskapazität der im Transplantat vorhandenen Stammzellen überfordert und dadurch frühzeitig erschöpft sein. Deshalb wird der langfristige Erfolg der Transplantation allein vom Pool der darin enthaltenen Stammzellen abhängen. Diese müssen bei der Isolation und bei der anschließenden Kultivierung erhalten bleiben. Gleiches gilt für die Wiederherstellung einer beschädigten Cornea. Therapeutisch können in diesem Fall Zellen aus dem Haarfollikel bzw. aus dem Limbusbereich der Cornea verwendet werden, worin die notwendigen Stammzellen enthalten sind.

Mit Ausnahme der hämatopoetischen Stammzelltherapien wurden die meisten Informationen zum Gebrauch von embryonalen Stammzellen bisher in Tiermodellen gewonnen. Hier wurden z. B. Kardiomyozyten aus embryonalen Stammzellen der Maus in Kultur generiert und in Herzen von Mäusen implantiert. Dabei entstehen offensichtlich längerfristig Erfolg versprechende Implantate. Auch beim Nervengewebe gibt es zukunftsweisende Schritte. Verletztes Rückenmark von Ratten kann mit embryonalen Stammzellen der Maus besiedelt werden. Hierbei ist die Entstehung neuer Astrozyten, Oligodendrozyten und Neurone zu beobachten. Zudem ist die motorische Fähigkeit stark verbessert. Die Liste für die mögliche Verwendung von Stammzellen beim Tissue Engineering wird immer länger. Das Spektrum reicht von epithelialen Oberflächen bis hin zu den verschiedenen Arten von Bindegeweben.

[Suchkriterien: Stem cells tissue engineering applications clinical]

5.2.15
Mögliche Risiken bei der Verwendung von Stammzellen

In der Öffentlichkeit und den Medien wird häufig der Eindruck erweckt, als würde bei der Kultur von Stammzellen fast automatisch jede Art von funktionellen Geweben entstehen. Das ist nicht richtig. Vielmehr können aus Stammzellen Vorläufer von Gewebezellen, also Zellen mit beginnenden Gewebeeigenschaften entstehen. Erst die Zukunft wird zeigen, ob sich bei Verwendung einer geeigneten extrazellulären Matrix in Kombination mit optimalen Kulturmethoden aus ihnen voll differenzierte Gewebe entwickeln können. Bisher ist ziemlich unklar, wie eine funktionelle Gewebeentwicklung gezielt experimentell gesteuert werden kann. Deshalb muss zukünftig in diesem Bereich noch viel grundlegende Forschungsarbeit geleistet werden.

Beim experimentellen Arbeiten mit Stammzellen gibt es zudem noch viele ethische und zellbiologische Probleme die gelöst werden müssen, bevor ihr volles Eignungspotential am Menschen ersichtlich wird. Dazu gehört einerseits, dass die Zellen in Form von geeigneten stabilen Zelllinien im notwendigen Umfang gewonnen werden und in Zellbanken auf Vorrat allen zur Verfügung stehen. Andererseits muss an diesen Zellen erst erarbeitet werden, wie sich eine funktionelle Gewebeentwicklung steuern lässt. Dazu gehört die äußerst wichtige Frage, ob die verwendeten Stammzellen nach Verabreichung eines morphogenen Entwicklungssignals nur das gewünschte Gewebe entstehen lassen oder ob ein Teil der Zellen sich zu einem anderen Gewebe oder im Extremfall auch zu Tumorzellen entwickeln kann.

Zu bedenken ist, dass ein Einsetzen einer Zahnkrone aus Keramik oder die Implantation eines künstlichen Gelenkes aus Metall mit vergleichsweise geringem Risiko durchgeführt wird. Im Falle einer mangelhaften Funktion, können solche Implantate wieder komplett entfernt werden. Bei einem implantierten Gewebe ist dies anders. Es interagiert und verwächst mit seiner Umgebung. Sollten sich neben dem gewünschten funktionellen Gewebe auch Tumorzellen aus den Stammzellen entwickeln, so können diese unter Umständen chirurgisch nicht mehr vollständig mit dem einge-setzten Implantat entfernt werden. In diesem Fall müssten die Zellen des Gewebe-implantates vorher mit einem molekular steuerbaren Selbstmordprogramm ausge-stattet werden, welches bei Bedarf aktiviert wird und die Zellen durch Einsetzen der Apoptose eliminiert werden können. Die implantierten Zellen könnten ein Gen tragen, welches nach Gabe eines bestimmten Medikaments die Apoptose in die-sen Zellen startet und diese selektiv aus dem Körper eliminiert.

Tatsache ist, dass sich Stammzellen unter Kulturbedingungen nicht automatisch zu funktionellen Gewebe entwickeln. Deshalb kann man bisher nur annehmen, dass die Wahl eines Modells mit optimalen Differenzierungsbedingungen für adulte Zellen oder Gewebe in gleichem Maß auch für die Differenzierung von Stammzellen und Vorläuferzellen geeignet ist. Vielleicht erweist sich dabei jedoch, dass für die Differenzierung von Stammzellen ein ganz neuer Weg entwickelt werden muss.

Erst anhand dieser Erfahrungen wird sich schliesslich herauskristallisieren, ob als Ausgangsmaterial embryonale Stammzellen, Stammzellen aus Nabelschnurblut, Stammzellen aus einem erwachsenen Organismus oder vielleicht besser patienten-eigene adulte Zellen für die jeweilige Therapie genutzt werden können.

[Suchkriterien: Stem cells tissue engineering risk]

5.2.16
Industrielle Verwertung

Man muss sich weiterhin darüber im Klaren sein, dass Stammzellen nicht nur rein wissenschaftlich von Interesse sind, sondern in den nächsten Jahrzehnten auch von großer Bedeutung für die biomedizinische Industrie werden können. Dabei geht es um die entscheidende Frage, ob Stammzellen nur in Einzelfällen oder auch für viele tägliche Anwendungen in einer Vielzahl von Kliniken und Praxen therapeutisch zu nutzen sind. Kritisch wird derzeit hinterfragt, ob Stammzellen wirklich so entwick-lungsfreudig sind, wie in der Vergangenheit häufig beschrieben wurde. In jedem einzelnen Fall einer möglichen Therapie müssen die Vor- und Nachteile kritisch ana-lysiert und gegeneinander abgewogen werden. Wichtig ist dabei auch die finanzielle Planung, da es vorerst noch unklar ist, wie lange es dauern wird, bis eine neue The-rapieform mit Stammzellen wissenschaftlich eindeutig belegt ist, wie sie juristisch im jeweiligen Land abgesichert werden kann und wie die Finanzierung dieses langen Weges mit ungeduldigen Investoren ermöglicht werden kann.

Viele ungelöste Fragen gibt es auch zur Wandlungsfähigkeit von Stammzellen. Bis-her wird ihre Wandlungsfähigkeit positiv bewertet, wenn damit eine Krankheit geheilt werden soll. Nachteile für den Patienten können sich aber dann ergeben, wenn sich die implantierten Zellen nicht wie gewünscht entwickeln. Völlig offen sind Fragen zur Fusionsfähigkeit von Stammzellen mit adulten Zellen. Möglicherweise gibt es auch Wechselwirkungen, durch die Stammzellen adulte Gewebezellen zur Reembryonali-sierung, Transdifferenzierung oder Tumorbildung anregen können. Gelöst werden muss vor allem, wie das Kompetenzfenster von für den Patienten geeigneten Stamm-zellen in immer gleicher zellbiologischer Qualität offen gehalten werden kann, so dass zu einem gewünschten Zeitpunkt mit einem bestimmten Morphogen nur ein einzelner gewünschter Zelltyp entsteht.

Bewusst machen sollte man sich, dass für alle geplanten Vorhaben mit Stammzellen eine riesige und vor allem komplizierte Logistik aufgebaut werden muss, die den behandelnden Arzt mit dem gewünschten Zellprodukt versorgt, damit der jeweilige Patient individuell therapiert werden kann.

[Suchkriterien: Stem cells tissue commercial application]

5.3
Zellen aus Geweben

Im optimalen Fall kann ein Gewebekonstrukt aus autologen, also patienteneigenen Zellen hergestellt werden. Dazu müssen aus einem gesunden Gewebestück des Patienten wie z.B. aus einem Stück Gelenkknorpel Zellen isoliert und mit klassischen Verfahren in der Zellkultur und unter Verwendung meist serumhaltiger Kulturmedien vermehrt werden. Da die Zellen in den einzelnen Geweben mehr oder weniger fest miteinander verbunden sind, müssen die Gewebe zuerst mechanisch zerkleinert werden und die Zellen anschließend durch eine enzymatische Behandlung mit Proteasen aus ihrer extrazellulären Matrix heraus gelöst werden (Abb. 5.5). Verwendet werden hierzu meist Kollagenase und Trypsin, welche die Bestandteile der extrazellulären Matrix spalten können und so die Freisetzung der Zellen bewirken. Während mit dem relativ unspezifischen Trypsin nur für Minuten inkubiert werden kann, ohne die Zellen zu schädigen, verläuft die Behandlung mit der spezifisch wirkenden Kollagenase über 12 und mehr Stunden. Dabei werden die Zellen selbst nicht angedaut.

Die Isolierung von Chondrozyten aus einer Knorpelbiopsie wird z.B. folgendermaßen durchgeführt: Das entnommene Gewebe wird mit einer sterilen Klinge zerteilt und abgewogen. 500 mg Knorpel werden in eine Kulturflasche gefüllt, 3 ml Kollagenase-Lösung (0,4 mg/ml Medium) hinzugegeben, dann lässt man den Ansatz 6–8 Stunden bei 37 °C unter sanfter Rotationsbewegung inkubieren. Anschließend wird in einem Zentrifugenröhrchen für 5 Minuten bei 200 x g zentrifugiert, der Überstand abgenommen und die verbleibenden Zellen werden in frischem Kulturmedium

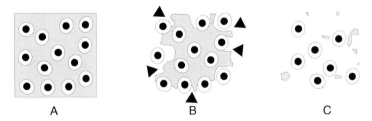

A   B   C

Abb. 5.5: Isolierung von einzelnen Zellen aus einem Gewebe. In nativem Gewebe sind die Zellen von einer mehr oder weniger dichten extrazellulären Matrix umgeben (A). Mit Proteasen wie Trypsin oder Collagenase wird die extrazelluläre Matrix abgebaut (B). Dadurch gewinnt man isolierte Zellen, die durch Zentrifugation von Fragmenten der extrazellulären Matrix getrennt werden (C).

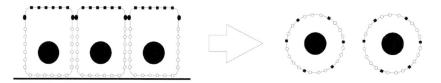

Abb. 5.6: Dissoziation von einzelnen Epithelzellen aus einem Gewebeverband. Durch das Auflösen der Zell-Zellverbindungen, insbesondere der Tight junctions, werden die spezifischen Proteine der apikalen und basolateralen Plasmamembran gleichmäßig und damit untypisch auf der gesamten Zelloberfläche von isolierten Epithelzellen verteilt.

(z. B. DMEM/F12) resuspendiert. Nach Bestimmung der Zellzahl werden die Zellen in Kulturflaschen in Medium ausgesät. Um die Proliferation der isolierten Zellen anzuregen, sollte das Medium 10 % FCS oder humanes Serum vom Patienten selbst enthalten. Die Kulturen werden dann für mehrere Tage bei 37 °C im Brutschrank in wassergesättigter Atmosphäre bei 5 % CO_2 und 95 % Luft inkubiert. Die Synthese von Kollagen kann stimuliert werden, wenn den Kulturen z. B. Ascorbinsäure beigegeben wird.

Die Isolation von Zellen aus einem Gewebe ist technisch gesehen ganz einfach durchzuführen. Zu berücksichtigen ist allerdings, dass es dabei zu morphologischen, physiologischen und biochemischen Veränderungen der jetzt isoliert vorliegenden Zellen kommt (Abb. 5.6, 5.7). Die aus dem Gewebeverband herausgelösten

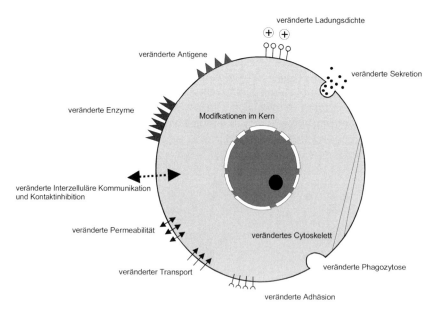

Abb. 5.7: Beispiele für die Änderung von Eigenschaften einer Zelle nach der Isolierung aus einem Gewebe. Hierbei kommt es zu zahlreichen morphologischen, physiologischen und biochemischen Veränderungen der Zellen. Dazu gehören u. a. eine verminderte Zelladhäsion, die nicht mehr erkennbare Polarisierung, sowie eine veränderte Expression von Proteinen.

Zellen runden sich im Kulturmedium aus energetischen Gründen ab, da unter diesen Bedingungen die Plasmamembran die kleinste Oberfläche einnehmen kann. Es ist geradezu faszinierend, zu beobachten, mit welchen funktionellen Veränderungen dieser Vorgang einhergeht. Nach Gewinnung von Einzelzellen verlieren oder verkürzen z. B. Neurone ihre langen Axone und Dendriten und kugeln sich atypisch ab (Abb. 5.9 A). Epithelzellen zeigen keine Polarisierung mehr und kugeln sich ebenfalls ab (Abb. 5.9 B). Proteine, die bei den ehemals geometrisch angelegten Epithelzellen nur auf einer Seite (Polarisierung) lokalisiert waren, verteilen sich jetzt untypisch auf der gesamten Plasmamembran. Ähnliche Umstrukturierungsvorgänge sind bei isolierten Muskelfasern und Bindegewebezellen festzustellen (Abb. 5.9 C).

Im Vergleich zu Zellen in einem intakten Gewebe zeigen isoliert vorliegende Zellen in Kultur neben einer veränderten Form eine gänzlich andere Adhäsion zum jeweiligen Substrat, zudem veränderte Transport- und Permeabilitätseigenschaften, sowie eine unterbrochene Kommunikation zu ihren Nachbarzellen (Abb. 5.7). Zusätzlich finden sich teils vermehrt oder teils auch vermindert Proteine in der Plasmamembran, was wiederum Einfluss auf die Ladungsdichte und damit auf das Sekretions- bzw. Phagozytoseverhalten hat. Tatsache ist, dass aus einer im Gewebeverband integrierten Zelle durch ihre Isolierung ein komplett anderer Phänotyp hervorgegangen ist.

[Suchkriterien: Stem cell isolation primary culture tissue]

5.3.1
Vermehrung der aus Gewebe isolierten Zellen

Die aus dem Gewebe isolierten Zellen sind häufig nicht zahlreich genug und müssen zunächst in Kultur genommen und in einer Schale oder Flasche vermehrt werden. Dazu pipettiert man die isolierten Zellen in Kulturgefäße, wo sie auf dem Boden anhaften. Auf diesem experimentellen Weg soll erreicht werden, dass sich die Zellmasse so schnell wie möglich erhöht (Abb. 5.8). Essentielle Basis für diesen Schritt ist die Verwendung eines geeigneten Kulturmediums sowie die Zugabe von Wachstumsfaktoren, Patientenserum oder fötalem Kälberserum. Bei guter Proliferation der Zellen werden die Kulturen bei Bedarf in neue Kulturgefäße überführt (passagiert), bis für das weitere Vorgehen eine ausreichende Anzahl an Zellen entstanden ist. Bei entsprechend guten Kulturbedingungen sind bei der Kontrolle unter dem Phasenkontrastmikroskop nach einiger Zeit zahlreiche Mitosen erkennbar. Dies ist ein Zeichen dafür, dass sich die Zellen teilen. Nach einiger Zeit ist der gesamte Kulturgefäßboden mit einem konfluenten Monolayer überwachsen.

Abb. 5.8: Notwendigkeit der Vermehrung. Bei der Gewinnung einer Patientenbiopsie aus einem Gewebe stehen meist nur wenig Zellen für die Kultur zur Verfügung. Deshalb müssen die Zellen auf dem Boden von Kulturgefäßen mit serum- oder wachstumsfaktorhaltigem Kulturmedium so schnell wie möglich vermehrt werden.

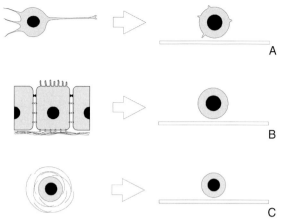

Abb. 5.9: Verlust von Eigenschaften bei der Isolierung von Gewebezellen. Zellen werden zur Kultur aus einem Gewebeverband isoliert (links), dabei geht ihre typische Struktur und Beziehung zur extrazellulären Matrix verloren, infolgedessen runden sie sich ab (rechts), wenn sie auf den Boden einer Kulturschale pipettiert werden: Neurale Zelle (A), Epithelzelle (B) und Bindegewebezelle wie z. B. Knorpel/Knochen (C).

5.3.2
Proliferationsmodus

Die Biopsie eines Patienten stellt besonders wertvolles Untersuchungsmaterial dar. Zufriedenheit stellt sich erst einmal ein, wenn die Kulturen nicht infiziert sind, die Zellen gut anhaften und sich möglichst schnell vermehren. Dennoch ist es wichtig zu wissen, was bei diesem Schritt mit einer Gewebezelle geschieht. Bei der Isolierung von Gewebezellen geht in jedem Falle ihre typische dreidimensionale Struktur verloren. Sie runden sich ab, und in der Regel tritt eine komplette Änderung des morphologischen, physiologischen und biochemischen Phänotyps auf (Abb. 5.9).

Neurone verlieren bei der Dissoziation des Gewebes die langen Zellfortsätze des Axons und der Dendriten, welche sie zur Kommunikation über lange Strecken befähigt hat. Epithelzellen lösen ihre enge Beziehung zu den Nachbarzellen und zur Basalmembran. Dabei geht die polare Differenzierung verloren. Knorpelzellen werden aus ihrer dreidimensionalen Knorpelhöhle und der Knorpelkapsel herausgelöst. Auf-

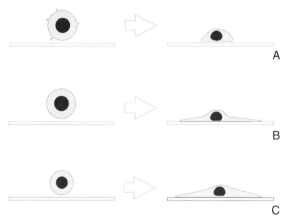

Abb. 5.10: Von der isolierten Zelle in Suspension zur adhärenten Zelle in Kultur: Neurale Zelle (A), Epithelzelle (B) und Bindegewebezelle (z. B. Knorpel/Knochen) (C). Werden isolierte Zellen zur Vermehrung in Kultur genommen, so haften sie auf dem Boden eines Kulturgefäßes an. Dabei werden sie im Vergleich zur ursprünglichen Zelle im Gewebe untypisch flach. Die einzelnen Gewebezellen gleichen sich jetzt sehr und sind mikroskopisch kaum noch voneinander zu unterscheiden.

Abb. 5.11: Fehlende Akzeptanz der Unterlage von Sammelrohr-Epithelzellen nach der Isolierung aus der Niere. Die ursprünglich isoprismatischen Epithelzellen im Sammelrohr (A) flachen auf der Oberfläche einer Kulturschale (B) ab und sind nicht mehr an ihrer Ursprungsform zu erkennen. Trotz dieser starken morphologischen Veränderungen wird ein konfluenter Monolayer ausgebildet.

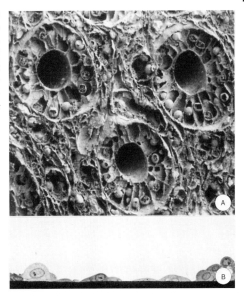

grund dieser Isolierung geht der Kontakt zur umgebenden Knorpelgrundsubstanz verloren. Ergebnis ist, dass die aus der Matrix isolierten Zellen nicht mehr als typische Gewebezellen unterscheidbar sind.

Gewebezellen werden nach der Isolierung mit Kulturmedium versetzt und suspendiert, damit sie mit einer Pipette in ein Gefäß transferiert werden können. Je nach Gewebetyp haften die Zellen mehr oder weniger gut auf dem Schalenboden an. Während die isolierten Zellen in Suspension noch eine rundliche Form aufweisen, so zeigen sich die jetzt anhaftenden Zellen auffallend flach (Abb. 5.10). In diesem Stadium sind neurale Zellen kaum noch von Epithel- oder Bindegewebezellen zu unterscheiden.

Die auf dem Boden der Kulturschale wachsenden Zellen kann man jetzt mit Spiegeleiern vergleichen, deren Zellkern analog zum Dotter den höchsten Bereich definiert. Diese in der Kultur jetzt sichtbare morphologische Dedifferenzierung ist mit vielfältigen, funktionellen Änderungen an den Zellen verbunden und kann bei einer späteren Implantation schwerwiegende Probleme verursachen (Abb. 5.11 B). Es ist nicht sicher, ob alle dedifferenzierten Zellen wieder vollständig in einen differenzierten Typ mit sämtlichen funktionellen Eigenschaften zurück entwickelt werden können.

[Suchkriterien: Cell proliferation mitosis growth factors]

5.3.3
Alter der verwendeten Zellen

Soll aus den Zellen eines Patienten ein Gewebekonstrukt entstehen, so spielt auch das Alter der jeweiligen Zellen eine wesentliche Rolle. Die Kultur von Zellen junger

Patienten zeigt, dass diese viel besser in Kultur proliferieren als Zellen älterer Patienten. Dies könnte durch unterschiedlich lange Telomere an den Chromosomen bedingt sein.

[Suchkriterien: Proliferation age tissue engineering]

5.3.4
Mitose und Postmitose

Embryonale, fötale, jugendliche und erwachsene Gewebe unterscheiden sich primär durch die Häufigkeit der auftretenden Zellteilungen. Beim wachsenden Gewebe dienen die Zellteilungen der Massenzunahme, dem Längen- und Volumenwachstum. Im erwachsenen Gewebe dagegen werden – wo nötig – durch Zellteilungen nur die notwendigen Regenerationsvorgänge gesteuert sowie mechanische und physiologische Belastungen kompensiert. Proliferierendes, embryonales Gewebe zeigt im Vergleich zu erwachsenem Gewebe noch relativ wenig typische Funktionen. Erst zum Ende der Wachstumsphase, werden in einem terminalen Differenzierungsschritt gewebespezifische Eigenschaften vollständig ausgebildet.

Die Effizienz von Zellkulturen wird meist danach bemessen, wie schnell der Boden einer Petrischale oder ein dreidimensionaler Scaffold bewachsen wird. Hierbei werden Zellen mit Wachstumsfaktoren oder fötalem Kälberserum veranlasst, so schnell wie möglich von einem Mitosephasezyklus zum nächsten zu gelangen. In gleicher Weise wird mit Zellen verfahren, die aus einem Gewebe isoliert und mit einem geeigneten Kulturmedium in die Proliferationsphase überführt werden. Meist wird nicht bedacht, dass viele der verwendeten Zellen sich unter gewebespezifischen Be-

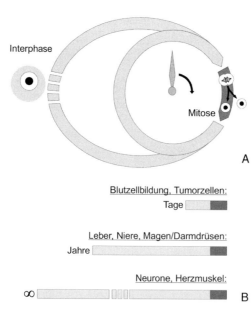

Abb. 5.12: Schema zur unterschiedlichen Dauer der Interphase. Die Lebenszyklen einer Zelle bestehen aus der Mitose und der nachfolgenden Interphase. Nach der Mitose entstehen 2 identische Tochterzellen (A). Allein die Interphase ist die Funktionsphase von Zellen, die je nach Zelltyp und Gewebe unterschiedlich lang ausgebildet ist (B).

dingungen nicht in dieser Geschwindigkeit vermehrt hätten. Bei dieser Art der Kultur werden *in vitro*-Bedingungen erzeugt, wie sie in den embryonalen, fötalen oder jugendlichen Wachstumsphasen, aber nicht wie sie in der funktionellen Differenzierungsphase von erwachsenen Geweben vorgefunden werden. Die Zellzahl nimmt dabei unter günstigen Bedingungen rasch zu, jedoch verlieren die Zellen während dieser Phase einen Großteil ihrer spezifischen Charakteristika von Geweben (Abb. 5.10). Untypisch kurz verläuft hierbei die gewebespezifische Interphase, wodurch sich die für das Tissue Engineering angestrebte Zelldifferenzierung nicht ausbilden kann (Abb. 5.12).

Zum Lebenszyklus einer Zelle gehört je nach Zell- und Gewebetyp eine unterschiedlich lang dauernde Interphase, sowie eine konstant verlaufende Mitosephase (Abb. 5.12). Mit immunologischen und metabolischen Mitosemarkern lässt sich zeigen, dass die Zellteilungsaktivität in embryonalem, reifendem und erwachsenem Gewebe ganz unterschiedlich ausgeprägt ist. Dieser Mechanismus wird durch Cycline, Cyclin-abhängige Kinasen und ihre Inhibitoren gesteuert. Experimentell stimulierbar ist die Zellteilung durch mitogene Substanzen. Häufig wird dies durch die Zugabe von fötalem Kälberserum oder Wachstumsfaktoren zum Kulturmedium erreicht.

Beim erwachsenen Menschen finden sich Zellteilungen in sehr begrenztem Maße in neuronalen Strukturen, Knorpel sowie in Herzmuskelzellen (Interphasezeit ∞; Abb. 5.12). Geringe Zellteilungsraten und damit Interphaseperioden über Jahre sind auch im Knochen, im Parenchym der Leber, Niere, Nebenniere oder in Darm- bzw. Magendrüsen zu beobachten. Im Vergleich dazu sind hohe Zellteilungsraten in bestimmten Bereichen der Haut, Magen-, Darm- und Mundschleimhaut, sowie in Zellen des blutbildenden Systems, Tumorzellen und in experimentell genutzten Zelllinien bekannt (Interphase nur 1-2 Tage).

Morphologische und funktionelle Daten zeigen, dass das Proliferationsverhalten nicht nur auf Organebene, sondern hinab bis zu der Ebene der darin befindlichen

Tab. 5.7: Beispiele für die Erneuerung von Geweben. Zellen in den Organen und Geweben erneuern sich in ganz unterschiedlichen Zeitintervallen. Dargestellt ist Gewebe der Maus (nach F.D. Bertalanffy, 1967). Verlässliche Daten von menschlichem Gewebe sind schwer verfügbar.

Zellen und Gewebe	Täglich neu gebildete Zellen (%)	Lebensdauer (Tage)
Nervenzellen	0	
Epithelzellen: (Parenchym)		
Leber	0,2-0,7	
Niere	0,3-0,4	
Schilddrüse	0,3	
Deckepithelien:		
Harnblase (basale Zellen)	2	64
Trachea	2,1	47,6
Haut (Stratum germinativum)	5,2	19,2
Magen (Corpus)	35,4	2,8
Magen (Regio pylorica)	56,4	1,8
Dünndarm (Jejunum)	79	1,3

erwachsenen Gewebe und Subpopulationen an Zellen spezifisch gesteuert wird (Tab. 5.7). Unbekannt ist, warum bei offensichtlich gleichen Milieubedingungen in einem Organ wie z. B. dem Dünndarm die Zottenepithelzellen eine sehr hohe Erneuerungsrate aufweisen, während die enterochromaffinen Zellen und Paneth'schen Körnerzellen in den unmittelbar benachbarten Krypten eine sehr niedrige Teilungsaktivität zeigen. Entwicklungsphysiologische Unterschiede gelten auch für Bindegewebezellen. Chondroblasten und Osteoblasten z. B. zeigen erstaunlich hohe Zellteilungsraten, während nach der Ausbildung einer extrazellulären Festsubstanz Chondrozyten und Osteozyten keine Teilungen mehr zeigen.

Die natürlich vorhandenen Mechanismen zur Mitosesteuerung sollten bei der Herstellung von künstlichen Geweben unter *in vitro*-Bedingungen berücksichtigt werden. Für die Generierung eines Konstruktes wird zuerst eine genügend große Anzahl von Zellen benötigt. Dazu werden serum- oder wachstumsfaktorhaltige Kulturmedien verwendet. Behält man diese Kulturbedingungen jedoch im gesamten weiteren Verlauf des Experiments bei, so werden die Zellen während der Kultur so schnell wie möglich von einem Mitosezyklus zum nächsten geführt. Dabei bleibt ihnen keine Möglichkeit, in der Interphase zu verharren und funktionelle Eigenschaften auszubilden.

Mitose und Interphase einer Zelle sind nicht parallel, sondern nacheinander ablaufende Ereignisse des Zellzyklus. Demnach kann eine sich teilende Zelle gleichzeitig nur eine minimale gewebetypische Differenzierung aufweisen. Im Organismus ist je nach Anforderung und Gewebetyp die Länge der Interphaseperiode festgelegt. Für die Generierung artifizieller Gewebe mit optimalen Differenzierungseigenschaften sollte entsprechend dieser natürlichen Voraussetzungen deshalb zuerst die Mitoseaktivität stimuliert, dann reduziert und schließlich die Interphaseperiode so lange wie möglich experimentell aufrecht erhalten werden.

[Suchkriterien: Growth arrest cell cycle differentiation]

5.4
Matrices

Allein eine Beschreibung der zur Verfügung stehenden extrazellulären Matrices, Filter, Scaffolds und Biomaterialien würde wegen ihrer großen Vielfalt ein eigenes Buch füllen. Erfahrungen der letzten Jahren zeigen, dass je nach experimenteller Fragestellung entschieden werden muss, welches Material sich am besten eignen könnte. Prinzipiell können dabei drei Wege beschritten werden:

1. Verwendung extrazellulärer Matrices, die aus tierischem oder menschlichem Gewebe hergestellt werden.
2. Gebrauch von Polymeren, die aus zahlreichen rein chemischen Grundsubstanzen gewonnen werden.
3. Einsatz von Kompositmaterialien, die aus unterschiedlichen biologischen und/ oder chemischen Komponenten fabriziert werden.

Verschiedenste Materialien stehen in Form von planen Folien, Membranen oder dreidimensionalen Faserstrukturen wie Vliesen bzw. Textilien zur Verfügung, um Zellen

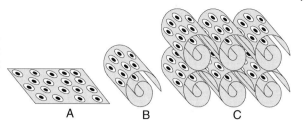

Abb. 5.13: Von der einfachen Oberfläche zur dreidimensionalen Superstruktur. Plane Matrices können mit Zellen besiedelt (A) und dann zusammen gerollt werden (B), um daraus dreidimensionale Superstrukturen zu bilden (C).

als Anhaftungsunterlage zu dienen (Abb. 5.13, 5.15). Um dreidimensionale Konstrukte erzeugen zu können, werden zweidimensionale Matrices zuerst mit Zellen besiedelt und dann anschließend zusammengerollt und zu dreidimensionalen Superstrukturen zusammengesetzt. Eine andere Möglichkeit bieten dreidimensionale Polymere, in deren Poren oder Faserzwischenräumen lebende Zellen angesiedelt werden können, um Superstrukturen zu bilden (Abb. 5.13.C).

Technisch hergestellte Matrices sind Polymermaterialien, die z. B. aus Polysacchariden synthetisiert werden, also auf Dextran, Chitosan, Stärke oder Gellan basieren. Beliebte Scaffoldmaterialien für die Generierung von Knorpel- und Knochenkonstrukten ist z. B. Hyaluronsäure mit ihren unzähligen Derivaten. Immer wieder hat sich gezeigt, dass ein einzelnes Material keine optimale Differenzierung der Zellen hervorruft. Deshalb werden immer mehr Kompositmaterialien für die Herstellung von Scaffolds wie z. B. Poly(ε-caprolacton-co-D,L-lactid)-Seide auf ihre Eignung hin untersucht. Die Aufzählung ist lange noch nicht vollständig, dennoch vermittelt sie einen Einblick in die fast unendlich erscheinenden Möglichkeiten für die Herstellung bioartifizieller Matrices.

Aufgrund der Vielfalt der zur Verfügung stehenden Matrices sollte man meinen, dass es inzwischen für jedes Gewebe mit seinen individuellen Spezialisierungen eine Matrix gibt, die das Differenzierungsgeschehen optimal unterstützt. Dies ist jedoch leider nicht der Fall. Zu lange Zeit wurde die Interaktion zwischen Zelle und dem jeweils verwendeten Biomaterial wissenschaftlich nicht systematisch genug untersucht. Die Eigenschaften von artifiziellen Biomatrices sind nicht voraussagbar. Deshalb kann die Eignung eines neu entwickelten Materials für einen bestimmten Gewebezelltyp nicht vorausgesagt, sondern nur im Experiment herausgefunden werden.

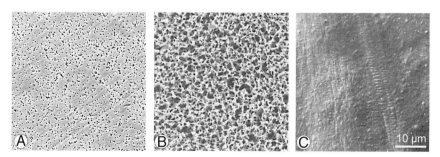

Abb. 5.14: Beispiele von rasterelektronenmikroskopischen Ansichten verschiedener Matrices, die für die Besiedlung mit Zellen geeignet sind: Filterstruktur (A), Maschenwerk (B) und Kollagenscaffold (C).

Die Auswahl einer Matrix hängt zuerst einmal vom Gewebe ab, welches generiert werden soll. Bei Epithelgewebe müssen Oberflächen besiedelt werden, dabei dürfen sich die kultivierten Zellen nicht von der Oberfläche ablösen und müssen rheologischem Stress standhalten. Bei Bindegeweben müssen Innenräume eines Scaffolds besiedelt werden. Dabei muss das verwendete Biomaterial z. B. bei der Generierung von Knorpel oder Knochen die Synthese von extrazellulärem Hartmaterial unterstützen, so dass sich daraus mechanisch belastbare Strukturen entwickeln können. Bei neuralem Gewebe wird das verwendete Material ebenfalls dreidimensional besiedelt. In diesem Fall aber müssen die auswachsenden Dendriten und Axone von der verwendeten Matrix so geleitet werden, dass sich ein zielgerichtetes Wachstum dieser Strukturen ergibt und über Synapsen Kontakte untereinander entstehen können. Bei Muskelgewebe wiederum muss die verwendete Matrix aus flexiblem Material aufgebaut sein, damit sich die entstehenden Strukturen kontrahieren können. Deutlich wird, dass jedes einzelne Gewebe eine sehr spezifische Matrix benötigt. Aus diesem Grund gibt es keine Matrix, die für die verschiedenen Gewebe mit ihren Spezialisierungen gleich gut geeignet ist.

[Suchkriterien: Scaffolds biomaterials polymers]

5.4.1
Polymere

Die extrazelluläre Matrix (ECM) besteht aus Proteinen und Glykosaminoglykanen, die der mechanischen Stabilität und der zellbiologischen Interaktion mit Zellen in den einzelnen Geweben dienen. Bei der Herstellung von künstlichen Geweben wird ein Ersatz für diese ECM benötigt. Verwendet werden dafür synthetisch hergestellte Polymere aus ganz unterschiedlichen Materialien. Um diese Materialien im Patienten risikolos anwenden zu können, müssen Zellkulturexperimente durchgeführt werden, die herausfinden, welches Biomaterial sich besonders gut als ECM-Ersatz eignet. Analysiert wird dabei die Adhäsion, das Spreading, die Zellwanderung und vor allem die funktionelle Differenzierung.

Die klinische Verwendung von Polymeren erfolgte schon vor Jahrzehnten mit der Einführung von Spritzen und Kathetern (Tab. 5.8). Dabei ging es nicht allein um ökonomische, sondern vor allem auch um hygienische Gründe. Im Vergleich zu wieder verwendbaren Spritzen aus Glas und Metall konnten durch die Verwendung von Einmalartikeln Infektionen stark vermindert werden. Inzwischen gibt es eine Vielzahl von anderen rein synthetischen Polymeren, die als preiswerte Einmalartikel Einzug in den biomedizinischen Alltag gefunden haben. Daneben sind Implantate hinzugekommen, die für kürzere oder längere Zeit in den Organismus eingesetzt werden und hier großen physiologischen Belastungen ausgesetzt sind. Hierbei handelt es sich vorwiegend um Nahtmaterial, Katheter und Implantate, die als künstliche Blutgefäße oder Herzklappen dienen. Große Bedeutung haben die Polymere auch für das Tissue Engineering, bei dem Zellen auf oder innerhalb der Polymere angesiedelt werden.

Die in der Tabelle 5.8 aufgeführten Polymere oder die in einer Kulturschale angebotene Polystyrenoberfäche besitzen keine molekulare Ähnlichkeit zu den in der ECM

Tab. 5.8: Beispiele für die beim Tissue Engineering verwendeten Polymere.

Anwendung	Polymer
Künstliche Herzen, Katheter	Polyurethan (PU)
Herzklappen, Gefäßprothesen, Katheter	Polytetrafluorethylen (PTFE)
Brustprothesen, Herzklappen, Drug delivery	Polydimethylsiloxan (PDMS)
Hüftprothesen, Katheter	Polyethylen (PE)
Herzklappen	Polysulfon (PSU)
Frakturfixierung, Linsenmaterial	Poly(methylmethacrylat) (pMMa)
Drug delivery	Poly(ethylen-covinylacetat)
Nahtmaterial, Knorpelkonstrukte	Poly(L-lactidsäure) (PLA)
Zell- und Gewebekultur	Polystyren (PS)
Blutersatz	Poly(vinylpyrrolidon) (PVP)
Kontaktlinsen	Poly(2-hydroxyethylmethacrylat) (pHEMA)
Dialysemembran	Polyacrylonitril (PAN)
Dialysemembran, Nahtmaterial	Polyamid
Nahtmaterial	Polypropylen (PP)
Blutbeutel	Poly(vinylchlorid) (PVC)

vorkommenden Komponenten. Deshalb muss man sich fragen, über welche Mechanismen und warum Zellen sich auf diesen artfremden Oberflächen überhaupt anheften können. Ein wichtiger Parameter für die Zellanheftung ist, wie gut oder schlecht das verwendete Polymer Flüssigkeit zu binden vermag. Eine optimale Zellbindung zeigen Polymere mit einer mittelmäßigen Flüssigkeitsanlagerung. Bei den meisten Polymeren zeigt sich zudem, dass Zellen besonders gut haften, wenn die Oberflächen vorher mit Serum benetzt worden sind. Möglicherweise wird dabei Fibronektin an die Polymeroberfläche gebunden, dadurch wiederum können die zellbiologisch bekannten Mechanismen der Zelladhäsion greifen. Ähnlich gute adhäsive Eigenschaften wurden bei Polymeren gefunden, die mit positiv geladenen Gruppen versehen wurden. Eine gesteigerte Synthese von Kollagen konnte bei Fibroblasten nachgewiesen werden, die auf hydrophoben Oberflächen wuchsen. Bei Kulturschalen aus Polystyren konnten z. B. Wachstumsraten gesteigert werden, wenn die Oberflächen bestrahlt oder mit Schwefelsäure behandelt wurden. Ähnlich gute Ergebnisse der Oberflächenveränderung generierte das Einbringen von Hydroxyl- (–OH) und Sauerstoffgruppen (=O). Verbesserte Adhäsion und Spreading der Zellen konnte aber auch durch Beschichten der Kulturoberfläche mit extrazellulären Matrixproteinen wie Fibronektin und Vitronektin erzielt werden. Zu erkennen ist anhand der geschilderten Strategien, dass sowohl mit extrazellulären Matrixproteinen als auch durch unterschiedliche physikochemische Oberflächenmodifikationen Anhaftung und Spreading von kultivierten Zellen beeinflusst werden können.

Polymere, die zur Herstellung von Scaffoldmaterialien verwendet werden, müssen besondere Eigenschaften besitzen. Dazu gehören strukturelle Festigkeit, eine besondere Oberflächenbeschaffenheit und eine dreidimensionale Form mit einer definierten Porösität. Ein hochporöser Scaffold wird z. B. benötigt, wenn Zellen in das gesamte Polymermaterial einwandern sollen und dabei eine große Strecke zurücklegen müssen. Besonders wichtig ist dabei, dass nach dem Einwachsen der Zellen genügend interne Oberfläche und damit Platz für die Gewebeentwicklung zur Verfügung steht. Hinzu kommt, dass das Polymermaterial biokompatibel sein muss, so dass sich das darin und in der Umgebung wachsende Gewebe optimal entwickeln kann. In den meisten Fällen ist zudem gewünscht, dass das implantierte Scaffoldmaterial nach einer gewissen Zeit abgebaut und durch neu gebildete gewebespezifische extrazelluläre Matrix ersetzt wird. Zur Unterstützung dieser Funktion sollten bioaktive Moleküle wie Wachstumsfaktoren oder extrazelluläre Matrixproteine in die Polymere eingearbeitet sein. Probleme bereiten häufig jedoch die bei der Herstellung anfallenden hohen Temperaturen und chemischen Behandlungen sowie die Vorgänge bei der Sterilisation.

Vielfach werden Zellanheftung, Mitose und Wachstum durch Proteine ausgelöst, die an Scaffoldmaterialien adsorbiert wurden. Diese stammen entweder aus Bestandteilen des Kulturmediums (Serum) oder werden von den Zellen selbst sezerniert. Zur Optimierung der Anheftung lässt man deshalb gereinigte Proteinlösungen an Polymeroberflächen absorbieren und untersucht dann das Zellwachstum. Dabei zeigt sich, dass die Zellausbreitung (Spreading) z. B. durch Behandlung des Polymers mit Fibronektin entscheidend verbessert werden kann.

Zum verbesserten Spreading von Zellen können auch biofunktionelle Gruppen in die Polymermaterialien eingebaut werden. Dabei handelt es sich um Glykolipide, Oligopeptide und Oligosaccharide. Fibronektin fördert das Spreading von Zellen durch seine RGD-Sequenz (Arg-Gly-Asp). Deshalb kann anstelle des gesamten Moleküls auch das Tripeptid RGD (Arg-Gly-Asp) auf der Polymeroberfläche verankert werden. An diese Peptidsequenz binden die Zellrezeptoren dann wie auf einer natürlichen ECM. Da nicht nur in Fibronektin, sondern auch in Kollagen, Laminin, Tenascin, Vitronektin und Thrombospondin diese Signalsequenz enthalten ist, zeigen eine Vielzahl von Zellen ein verbessertes Wachstum. Dies konnte durch die Beschichtung von Polymermaterialien wie PTFE, PET, Polyacrylamid und Polyurethan mit der RGD-Peptidsequenz erreicht werden, was zu einer entscheidenden Verbesserung des Zellverhaltens führte. Eine ähnlich gute Verbesserung der Zellanhaftung und des Spreading wird durch Beschichtungen mit Polylysin, Polyornithin oder mit Lactose und N-Acetylglukosamin erzielt. Dadurch werden in den Scaffolds spezielle Mikropfade gebildet, an denen die Zellen entlang wandern. Dieser Vorgang wird als Guiding bezeichnet.

Auch mit biophysikalischen Methoden kann versucht werden, Scaffoldmaterialien aus Polymeren mit verbesserten adhäsiven Eigenschaften und Spreadingeigenschaften herzustellen. Auf Oberflächen, die mit mikrolithografischen Methoden hergestellt wurden, zeigte sich, dass dadurch Bereiche entstehen, an denen Zellen besser und schlechter proliferieren. Man könnte vermuten, dass eine verbesserte Anheftung der Zellen auch zu einer vermehrten Mitosehäufigkeit führt. Hepatozyten zeigten auf größer mikrostrukturierten Oberflächen ein verstärktes Wachstum, während auf kleineren Arealen weniger Zellteilungen, dafür aber eine erhöhte Albuminsezernierung zu beobachten ist.

Polymermaterialien werden nicht nur in Form von soliden Folien, Vliesen und Blöcken, sondern auch als Carrier mit verankerungsabhängigen Zellen besiedelt. Dies dient einerseits der Zellvermehrung in Suspensionsreaktoren, andererseits können die besiedelten Carrier implantiert werden. Hinzu kommt, dass die Zellen völlig im Polymermaterial eingeschlossen werden können. Zellen innerhalb von implantierten Carriern sind somit vor immunologischen Reaktionen geschützt und können dennoch Proteine wie z. B. Insulin in die Umgebung sezernieren. Ursprünglich wurden DEAE-Dextranmicrocarrier verwendet, die das Anhaften und die Zellteilung von Primärzellen wie auch von Zelllinien unterstützten. Bei der heute üblichen Enkapsulierung werden Alginate und Agarose, sowie synthetische Polymere auf der Basis von Polyacryl und Polyphosphaten verwendet.

Bei der Enkapsulierung von Zellen muss speziell darauf geachtet werden, dass die Hülle wie eine optimale semipermeable Membran wirkt und dabei den Austausch von Sauerstoff und Nährstoffen unterstützt, sowie die Sezernierung von speziellen Produkten zur Therapie nicht behindert. Gleichzeitig muss sicher gestellt sein, dass die Kapsel nicht von Fibroblasten umwachsen wird, was die Diffusionsmöglichkeit einschränken und die Ausbildung von mikrovaskulären Strukturen verhindern würde.

[Suchkriterien: Polymers scaffold tissue engineering]

5.4.2
Bioabbaubare Scaffolds

Biodegradable Polymere besitzen die Eigenschaft, sich während der Kultur mit Zellen oder nach der Implantation aufzulösen und dabei durch neu gebildete gewebespezifische ECM ersetzt zu werden. Während des Abbaus des Polymers wird die Umbruchstelle von den Zellen permanent erneuert. Seit Jahrzehnten häufig angewendete Scaffoldmaterialien sind Homo- oder Heteropolymere aus Poly(L-lactat, PLA), Poly(glycolat, PGA) und Poly(lactat-co-glycolat, PLGA).

Die besondere Eigenschaft dieser Support- und Scaffoldmaterialien ist ihre Abbaubarkeit. Nach Erfüllung ihrer primären Stütz- und Zellbesiedlungsfunktion soll die Matrix durch verschiedene Degradationsmechanismen wie Polymerauflösung, Hydrolyse, enzymatische Degradation und Dissoziation von Polymer-Polymer-Komplexen abgebaut werden. Bei optimaler Anwendung werden die Degradationsprodukte des Polymers in den biologischen Kreislauf des menschlichen Körpers aufgenommen. Dabei soll das Molekulargewicht der Abbauprodukte möglichst gering sein, damit eine Elimination über die normalen Ausscheidungswege möglich ist.

Biodegradable Polymere, die im Tissue Engineering Anwendung finden, sind zum Beispiel Polylactide (PLA) und Polyglykolide (PGA). Dies sind aliphatische Polyester, die zu den Poly(α-hydroxy)säuren gehören und sich bakteriell herstellen lassen. Die Degradation erfolgt hydrolytisch. Bei der Herstellung von PGA/PLA-Copolymeren können die physikalischen und chemischen Eigenschaften durch Variation von Lac-

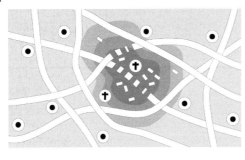

Abb. 5.15: Abbau von Scaffoldmaterialien. Biodegradable Scaffolds setzen durch Abbauprozesse Metabolite frei, die benachbarte Zellen durch partielle Ansäuerung des Mediums schädigen können (Kreuz = absterbende Zelle). Erfolgt ein verstärkter Abbau der Matrix, so werden die Metabolite auch in höherer Konzentration ins Medium abgegeben. Dadurch kann es zu einer systemischen Schädigung des gesamten Konstruktes während der Kultur, aber auch nach einer Implantation kommen.

tid- und Glycolidanteilen verändert werden. Auch die Abbauzeit variiert deutlich. Bei einer reinen PGA-Faser erfolgt die vollständige Desintegration in ca. 7 Wochen, eine PLA-Faser zeigt nach 6 Monaten erst einen ca. 10 %igen Gewichtsverlust.

Werden biodegradable Polymere als Scaffold für die Generierung von künstlichen Geweben verwendet, so bilden sich im Laufe der Zeit Abbaumetabolite wie z. B. Milch- oder Buttersäure, die in das Kulturmedium abgegeben werden (Abb. 5.15). Dabei sind zwei Effekte zu berücksichtigen. Die Scaffolds werden nicht gleichmäßig, sondern von bestimmten Zentren ausgehend abgebaut. An Stellen, an denen durch Abbau Monomere freigesetzt werden, ist die Konzentration an Milch- oder Buttersäure besonders hoch. Zellen des entstehenden Gewebes, die sich in diesem Bereich befinden, sind einer besonders hohen lokalen Ansäuerung ausgesetzt, die sich schädigend auf die Zellen und somit auf die weitere Entwicklung des Gewebes auswirken kann. In diesem Fall liegt aufgrund der lokalen Ansäuerung eine partielle Schädigung des kultivierten Gewebes vor, die zu zentralen Nekrosen führen können. Wenn die Metabolite dann in immer größer werdenden Konzentrationen ins Kulturmedium gelangen, wird zu einem bestimmten Zeitpunkt die physiologische Toleranzgrenze überschritten. In diesem Fall findet dann eine systemische Schädigung des gesamten Gewebes statt. Dies geschieht besonders dann häufig, wenn mit biodegradablen Scaffolds in dem statischen Milieu einer Kulturschale gearbeitet wird. Daher favorisieren wir Perfusionskulturen, bei denen das entstehende Gewebe kontinuierlich mit frischem Medium versorgt wird. In diesem Fall wird das verbrauchte, also die Abbauprodukte enthaltende Medium kontinuierlich entfernt und nicht rezirkuliert.

[Suchkriterien: Tissue Engineering material biodegradable]

5.4.3
Biologische Scaffolds

Bei Patienten mit Schädel- und Hirnverletzungen wird ein Ersatz für die beschädigte Dura mater benötigt. Neben verschiedenen Vliesen aus Polymeren hat sich die Dura mater von Verstorbenen als eine optimale Matrix erwiesen. Dazu wird die Dura eines speziell ausgewählten Verstorbenen entnommen, dessen Krankheitsgeschichte keinen Hinweis auf ein mögliches Infektionsrisiko wie AIDS oder Hepatitis beinhaltet. Nach der Präparation wird die isolierte Dura in unterschiedlich große Patches zurecht geschnitten, verpackt, sterilisiert und tiefgefroren. Bei Bedarf können Teile einer Dura mater für mehrere andere Patienten verwendet werden. Es ist offensichtlich, dass bei dieser Art der Präparation keine lebenden Zellen in der Dura mehr vorhanden sind. Das gewonnene Material besteht nur aus der mechanisch widerstandsfähigen extrazellulären Matrix und einigen verbleibenden Zelldebrie. Nach einer chirurgischen Implantation wandern von den Nahtstellen her Fibroblasten des Patienten in die eingesetzte Dura ein.

Ein analoges und aus reiner ECM bestehendes Präparat ist die SIS (Small Intestine Submucosa). Zur Präparation wird vorzugsweise der Darm von Schweinen verwendet. Die Mucosa mit ihrer Lamina epithelialis, Lamina propria und der Lamina muscularis mucosae wird mechanisch vom Lumen her entfernt. An der Darmaußenseite wird die Tunica muscularis abpräpariert. Aus der verbleibenden Submucosa wird zelluläres Material durch die Verwendung von Enzymen oder Detergentien entfernt. Diese wird dann fixiert, zurechtgeschnitten, verpackt und sterilisiert. Ein solches Stück SIS kann chirurgisch bei der Abdeckung von Magen- oder Darmwandläsionen aufgenäht werden. Da es die natürlichen extrazellulären Matrixproteine enthält, wandern an den Nahtstellen des Implantates körpereigene Zellen ein, organisieren einen neuen Geweberverband aus Epithel, Bindegewebe bzw. Muskulatur und verkürzen damit die Wundheilung entscheidend. In manchen Fällen wird dadurch eine Heilung überhaupt erst möglich. Ohne die Verwendung von SIS wäre in vielen Fällen eine partielle Entfernung des betroffenen Organs unumgänglich. SIS wird inzwischen kommerziell hergestellt und ist so in unterschiedlichen Größen für die verschiedensten chirurgischen Anwendungen verfügbar.

Bei den Dura mater Matrices handelt es sich um Gewebepräparationen, die neben einer sehr spezifischen extrazellulären Matrix noch abgestorbene Zellen und damit Debrie enthalten. Absolut zellfreie biologische Matrices können dagegen gewonnen werden, indem man aus Geweben die zellulären Komponenten durch biochemische Extraktion z.B. mit Detergentien wie Triton X-100 oder Desoxycholat sowie mit Enzymen herauslöst. Zudem können verschiedenste Kollagene aus Schlachtabfällen wie Knochen, Haut, Hufen, Hörnern, Fischblasen und Hahnenkämmen industriell isoliert und in reiner Form für die Herstellung von planen oder dreidimensionalen Scaffolds verwendet werden. Im täglichen Leben werden die technisch isolierten Kollagene in Form von Wursthüllen, Nahtmaterial, Koch- und Backhilfen sowie bei der Verkapselung von Medikamenten wiedergefunden. Besonders vielversprechend für das Tissue Engineering sind z.B. Schäume, die als vielfältig anwendbare Kollagensprays hergestellt werden.

Der Chitinpanzer von Krustentieren liefert ein Scaffoldmaterial, dessen Vielseitigkeit beeindruckend ist. Das natürliche Polymer Chitosan ist eng verwandt mit der Zellulose, hemmt die Bakterienbildung und verhindert Entzündungen. Es kann Feuchtigkeit speichern, bindet Proteine und ist biologisch abbaubar. Eine Vielzahl von Zellen lässt sich auf Scaffolds aus Chitosan ansiedeln.

[Suchkriterien: Tissue Engineering biological scaffolds collagen]

5.5
Kulturtechniken für das Tissue Engineering

Neben Zellen und einem optimalen Scaffold werden für die Generierung von Geweben geeignete Kulturbehälter benötigt. Während für die Vermehrung von Zellen eine kaum mehr überschaubare Vielzahl von sterilen Einwegkulturgefäßen zur Verfügung steht, gibt es für die Gewebezucht bisher nur eine sehr beschränkte Auswahl.

Die breite Einführung von Einmalprodukten im Bereich der Zellkultur hat seit Beginn der 80er Jahre zu einem allgemeinem Trend der Verwendung von gebrauchsfertigen und damit steril verpackten Standardartikeln aus Kunststoff geführt. Geschicktes Marketing trug zudem zu einem fast grenzenlosen Vertrauen in die Qualität von Zellen bei, die in solchen Kulturgefäßen gezüchtet wurden. Fast undenkbar ist dabei geworden, dass von einem selbst Änderungen zur Verbesserung des Kulturenvironments und damit Verbesserungen zur Zell- und Gewebequalität vorgenommen werden können. Bei Anwendungen im Bereich des Tissue Engineering muss den angewandten Kulturmethoden deshalb besonders viel Aufmerksamkeit geschenkt werden.

[Suchkriterien: Tissue Engineering bioreactor]

5.5.1
Petrischale

Bei der Generierung von Gewebe wird im einfachsten Fall ein Scaffold auf den Boden einer Kulturschale gelegt. Anschließend werden die Zellen zusammen mit dem Kulturmedium aufpipettiert (Abb. 5.16).

Die experimentellen Daten verdeutlichen, dass sich die Zellen bei guter Interaktion mit dem verwendeten Biomaterial binnen Stunden ansiedeln. Bei länger dauernder Kultur zeigt sich allerdings meist, dass die Entwicklung zu einem funktionellen Gewebe ab einem gewissen Zeitpunkt nicht weiter voranschreitet, da der Scaffold auf einer Seite Kontakt mit dem Kulturschalenboden hat. In dem statischen Milieu einer Kulturschale führt dies zu ungerührten Schichten mit einer schlechten Nähr- und Sauerstoffversorgung, was wiederum naturgemäß einen negativen Einfluss auf die Gewebedifferenzierung innerhalb des Scaffolds zur Folge hat (Abb. 5.16). Je länger das Kulturmedium nicht ausgetauscht wird, desto größer ist die Gefährdung des Konstruktes. Primär sammeln sich sehr schnell schädigende Stoffwechselprodukte der

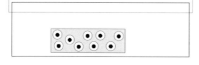

Abb. 5.16: Beispiel eines mit Zellen besiedelten Scaffolds auf dem Boden einer Kulturschale. Während die Besiedlung des Scaffolds mit Zellen so gut durchführbar ist, entstehen aber aufgrund des statischen Milieus mit zunehmender Kulturdauer des Konstruktes immer mehr Probleme. Da der Scaffold auf dem Boden der Schale aufliegt, kommt es besonders an dieser Grenzfläche zur Minderversorgung.

Zellen an. Hinzu kommen Metabolite, die z. B. durch den Abbau eines biodegradablen Scaffolds entstanden sind.

Bei der professionellen Durchführung von Experimenten zur funktionellen Gewebereifung muss umgedacht und berücksichtigt werden, dass jedes Gewebe spezielle Anforderungen besitzt, die experimentelle Anpassungen erfordern (Abb. 5.17). Konventionelle Einwegkulturgefäße wie eine Petrischale lassen eine solche spezifische Modulierung des Gewebeenvironments nur in den seltensten Fällen zu. In einer Kulturschale können Zellen fast beliebig vermehrt werden, für die Generierung von Gewebe reicht diese Technik aus verschiedensten Gründen jedoch nicht aus. Jetzt müssen Kulturmethoden angewendet werden, die den physiologischen Bedürfnissen der einzelnen Gewebe gerecht werden und damit die Ausbildung spezifischer Eigenschaften erlauben.

Anpassung an das Gewebeenvironment bedeutet, dass für die Versuche manuelle Vorarbeit unter sterilen Bedingungen geleistet werden muss. Scaffolds müssen ausgesucht, auf die geeignete Größe zugeschnitten und an Gewebeträger angepasst werden. Nach dem Aufpipettieren von Zellen auf das Scaffold muss das entstehende Gewebe unter möglichst physiologischen Bedingungen in speziellen Mikroreaktoren kultiviert werden. Dazu werden geeignete Schläuche und Verbindungen angepasst und eine Förderquelle für das Kulturmedium installiert. Schließlich bleibt zu entscheiden, ob das Gewebe in einem CO_2-Inkubator oder unter Laborluftatmosphäre entstehen soll. Je nach gewählter Strategie wird ein gewebeverträgliches Puffersystem benötigt, um Experimente bei konstantem pH für Wochen oder auch Monate durchführen zu können. Experimente mit proliferierenden Zellen dagegen können meist sehr schnell innerhalb von Tagen durchgeführt werden.

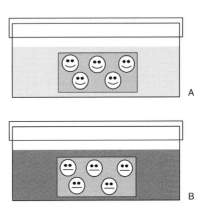

Abb. 5.17: Reifendes Gewebe vergiftet sich selbst im statischen Milieu. In frischem Kulturmedium findet ein reifendes Gewebe noch gute Bedingungen vor (A). Bereits nach wenigen Stunden verändert sich das Medium durch den Stoffwechsel sehr stark (B). Schon nach einem Tag kann das Medium so stark mit Metaboliten angereichert sein, dass es die weitere Reifung des Gewebes verhindert (C).

[Suchkriterien: Tissue Engineering petri dish]

5.5.2
Spinner bottles

Verbesserte Methoden zur Gewebeherstellung unter *in vitro*-Bedingungen sind z. B. in Glasgefäßen mit relativ großen Volumina zu erreichen, in denen das Kulturmedium mit einem Magnetrührer in permanente Bewegung versetzt wird (Abb. 5.18). Das Gewebekonstrukt wird dabei an einem Faden hängend einem permanenten Flüssigkeitsstrom ausgesetzt.

Nachteile dieser Methode bestehen trotz des größeren Flüssigkeitvolumens jedoch darin, dass das Kulturmedium wie in einer Petrischale nicht kontinuierlich ausgetauscht wird und deshalb mit zunehmender Kulturdauer immer mehr Stoffwechselprodukte im Medium angereichert sind. Außerdem muss der Verschluss des Gefäßes zumindest teilweise geöffnet sein, damit das Kulturmedium zur Sauerstoffversorgung und zur pH-Stabilisierung begast werden kann. Bei einer mehrwöchigen Kultur bedeutet dies ein erhöhtes Infektionsrisiko.

Die Vorteile dieser Methode bestehen darin, dass aufgrund der permanenten Medienbewegung das Gewebekonstrukt keinen ungerührten Schichten ausgesetzt und damit zumeist eine optimale Entfernung von Stoffwechselmetaboliten aus dem Inneren des Konstruktes möglich ist.

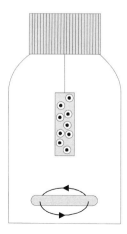

Abb. 5.18: Beispiel für die Kultur eines Gewebekonstruktes in einer Spinner bottle. Das mit Zellen besiedelte Scaffold ist an einem Faden befestigt. Ein Magnet auf dem Boden des Gefäßes setzt die Flüssigkeit in permanente Rotation.

[Suchkriterien: Spinner bottle cell culture]

5.5.3
Rotating bioreactor

Eine andere Möglichkeit für die verbesserte Kultur von Gewebekonstrukten bietet der Rotating bioreactor (Abb. 5.19). Dabei handelt es sich um eine trommelförmige Kammer. Im Innern der Trommel befindet sich ein Hohlraum, der das entstehende Gewebekonstrukt und das Kulturmedium aufnimmt. Die scheibenförmige Kammer

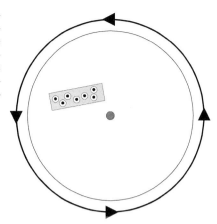

Abb. 5.19: Vermeidung von Fouling und ungerührten Schichten an Grenzflächen. Der Rotating bioreactor besteht aus einer trommelförmigen Kammer, die auf eine Antriebsachse aufgesteckt wird. In den Hohlraum der Kammer wird Medium eingefüllt und das wachsende Gewebekonstrukt eingelegt. Da die Kammer rotiert, ist das Konstrukt einer diskontinuierlichen Mikrogravitation ausgesetzt.

wird dann an der Achse eines Motormoduls befestigt. Dadurch kann die Kammer mit dem darin befindlichen Gewebekonstrukt in eine ständige rotierende Auf- und Abwärtsbewegung versetzt werden. Das Gewebekonstrukt unterliegt hierbei einer diskontinuierlichen Mikrogravitation. Auch diese Art der Kultur wird oft im statischen Milieu durchgeführt, wobei keine kontinuierliche Nährstoffversorgung mit immer neuem Kulturmedium stattfindet. Freigesetzte Stoffwechselmetabolite werden wiederum nicht kontinuierlich entfernt und können durch ihre permanente Anreicherung das reifende Gewebe schädigen.

In einer modifizierten Form des Rotating bioreactors ist es möglich, kontinuierlich oder diskontinuierlich frisches Kulturmedium in die Kammer einzuleiten und das verbrauchte Medium abzuführen.

[Suchkriterien: Cell culture rotating bioreactor microgravity]

5.5.4
Hohlfasermodul

Mit Ausnahme von Epithelien und Knorpel benötigen alle anderen Gewebe ein intaktes Kapillarnetz zur Versorgung mit Nährstoffen und Sauerstoff. Analog dazu muss die Versorgung von Gewebekonstrukten gesichert werden. Mit einem Hohlfasermodul kann unter *in vitro*-Bedingungen ein Kapillarnetz für die kultivierten Zellen oder entstehenden Gewebe simuliert werden (Abb. 5.20). Dabei ist es sogar möglich, eine einzelne Hohlfaser in einen speziellen Kulturcontainer einzulegen. Gleichzeitig werden die Enden der Hohlfaser mit einem dünnen Schlauch versehen, wodurch sie mithilfe einer Peristaltikpumpe kontinuierlich mit Medium durchströmt werden kann. Die Zellen bzw. das entstehende Gewebe siedeln sich auf der Innen- oder Außenseite der Hohlfaser an. Inzwischen gibt es Module in ganz verschiedenen Größen und mit einer unterschiedlichen Anzahl an Hohlfasern.

Bestens bewährt haben sich solche Module bisher bei der Herstellung von monoklonalen Antikörpern. Die Hybridomas werden dabei auf der Außenseite der Hohl-

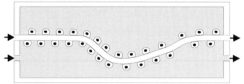

Abb. 5.20: Ein Hohlfasermodul besteht im typischen Fall aus einem Gehäuse und dem eingebauten Bündel von Hohlfasern. Zellen werden auf der inneren oder äußeren Fläche der Hohlfaser angesiedelt. Diese Konzeption ermöglicht es, dass sowohl das Innere der Hohlfaser wie auch die äußere Umgebung mit Medien durchströmt werden.

fasern gehalten, während das Innere mit neuem Medium durchströmt wird. Einerseits werden dadurch kontinuierlich Sauerstoff und kleinmolekulare Nährstoffe herantransportiert, die durch die Wand der Hohlfaser diffundieren. Andererseits können die sezernierten hochmolekularen Antikörper nicht durch die Faser diffundieren und reichern sich deshalb im Kompartiment der Zellen an, wo sie geerntet werden.

Hohlfasern können aus ganz unterschiedlichen Materialien bestehen. Bewährt haben sich Polysulfon, Acrylpolymere oder Celluloseazetat. Zellen reagieren je nach Gewebe ganz unterschiedlich in Hohlfasermodulen. Neben der Synthese von monoklonalen Antikörpern und Zytokinen wurde eine effiziente Produktion von Wachstumshormonen und Insulin mit solchen Modulen gezeigt.

In einem Kapillarmodul kann kontinuierlich immer neues Kulturmedium mit Nährstoffen und Sauerstoff an wachsendes Gewebe herangeführt werden. Kleinmolekulare Metabolite werden daher nicht angehäuft, sondern entfernt. Wächst das entstehende Gewebe auf der Außenseite der Kapillaren, so können mit einer gleichmäßigen Durchströmung des Mediums sehr konstante Umgebungsparameter im Modul erzeugt werden.

Beachten sollte man dabei, dass die Gewebeschicht nicht dicker als 150 µm sein sollte und sich das Konstrukt in der Nähe der Hohlfaser befinden muss. Wird ein Bündel von ca. 150–300 parallel verlaufender Hohlfasern mit einem Durchmesser von ca. 250 µm im Modul verwendet, so kann der Raum zwischen den Hohlfasern, also das künstliche Interstitium, theoretisch problemlos versorgt werden. Bei der praktischen Durchführung zeigt sich aber, dass das Gewebe sich nicht so gut im Modul verteilt, wie es wünschenswert wäre. Es treten Stellen auf, die dicht mit Zellen bewachsen sind, während in anderen Bereichen nur vereinzelt Zellen vorkommen. Häufig findet man Bereiche, die nur aus abgestorbenem Gewebe bestehen. Es ist relativ schwierig die Ursachen dafür zu analysieren. In Frage kommen apoptotische Auslöser, nekrotische Läsionen oder auch einfach ungerührte Schichten, in denen sich kein kontinuierlicher Austausch von Metaboliten ausgebildet hat. In jedem Fall ist die Analyse sehr schwierig und sehr umfangreich, da einzelne Kapillaren nicht aus dem Modul entfernt werden können und damit ein histologisches Profiling nur an einem gesamten Modul und an unterschiedlichen Stellen durchgeführt werden kann.

[Suchkriterien: Tissue Engineering culture hollow fiber]

5.5.5
Perfusion

Wenn Zellen unter dem statischen Milieu einer Kulturschale herangezogen werden, so sind sie bei der Inokulation einem gewissen Volumen an Medium mit den notwendigen Nährstoffen und Metaboliten ausgesetzt. Mit der Zeit und der Zunahme der Zellzahl ändern sich jedoch kontinuierlich auch eine Reihe von Parametern im Kulturmedium.

Gerade bei wachsenden Geweben können statische Milieubedingungen fatale Folgen haben, weil tief gelegene Zellschichten nicht mehr ausreichend mit Nährstoffen und Sauerstoff versorgt und stoffwechselschädigende Substanzen nicht genügend entfernt werden. Eine Lösung bieten Perfusionscontainer (Abb. 5.21), in denen ein konstantes Milieu herrscht, da sie gleichmäßig mit immer frischem Medium durchströmt werden.

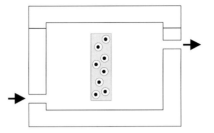

Abb. 5.21: Kultur eines Gewebekonstruktes im Zentrum eines Perfusionscontainers. Der Container wird gleichmäßig mit frischem Zellkulturmedium durchströmt. Da das Konstrukt in einem Gewebehalter ruht, kann es auf allen Seiten gleichmäßig vom Medium erreicht werden.

Reifende Gewebekonstrukte sollten nicht einfach auf den Boden eines Perfusionscontainers gelegt werden. Dies würde zu ungerührten Schichten zwischen dem Gewebekonstrukt und dem Boden des Reaktors führen. Deshalb werden Gewebeträger benötigt, die das Konstrukt mechanisch fixieren, sich im Innern des Containers unterbringen lassen und dafür sorgen, dass das Medium das reifende Konstrukt gleichmäßig erreicht (Abb. 5.22).

Abb. 5.22: Beispiel für Gewebeträger mit unterschiedlichen Matrices zur optimalen Adhäsion der Zellen.

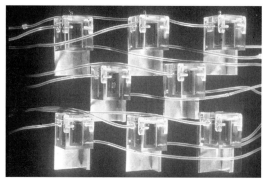

Abb. 5.23: Mikroreaktoren mit eingelegten Gewebeträgern. Zur optimalen Versorgung der Konstrukte wird das Medium kontinuierlich eingeströmt, das verbrauchte Medium wird nicht rezirkuliert, sondern gesammelt und dann verworfen.

Besonders konstante Ernährungsbedingungen lassen sich erzeugen, wenn immer frisches Kulturmedium in den Container gepumpt und das verbrauchte Kulturmedium nicht wieder rezirkuliert wird (Abb. 5.23).

Außerdem können Gewebeträger in spezielle Gradientencontainer so eingelegt werden, dass sie luminal und basal mit unterschiedlichen Medien durchströmt werden. Dadurch lassen sich z. B. Flüssigkeitsgradienten aufbauen, wie sie auch unter natürlichen Bedingungen z. B. bei Epithelien vorgefunden werden (Abb. 5.24).

Perfusionskulturen haben den Vorteil, dass während der Konstruktentstehung das umgebende Milieu kontinuierlich mit entsprechenden Sensoren auf seine Qualität hin überprüft werden kann (Abb. 5.25). Dadurch ist es möglich, auf Veränderungen des Milieus sofort zu reagieren und damit die gleichmäßige Entwicklung des Konstruktes zu sichern.

Abb. 5.24: Epithelien in Gewebeträgern lassen sich in Gradientencontainer einlegen. Damit können sie auf der luminalen und basalen Seite von ganz unterschiedliche Medien wie unter natürlichen Bedingungen durchströmt werden. Gezeigt ist ein Versuch mit einem Epithel der Niere, welches auf der luminalen Seite mit urinartigem Medium und auf der basalen Seite mit serumartigem Medium versorgt wird.

Abb. 5.25: Perfusionskulturen mit Sensorik zur Erfassung von Stoffwechselmetaboliten. In den abführenden Schlauch eines Mikroreaktors ist ein Sensor eingebaut, der kontinuierlich das Milieu des Kulturmediums misst und registriert.

[Suchkriterien: Tissue Engineering perfusion culture]

5.6
Praxis der Perfusionskultur

Analog zur Gewebeentstehung im Organismus sollte für die Generierung von Gewebe ein Weg beschritten werden, bei dem die Zellvermehrung, die optimale Adhäsion von Zellen sowie die experimentelle Erzeugung eines typischen Environments gewährleistet werden (Abb. 5.26). Als technische Hilfsmittel werden einerseits konventionelle Kulturgefäße für die Proliferation von Zellen benötigt, andererseits braucht man zusätzlich innovative Kulturgeräte wie Gewebeträger für die Aufnahme von Matrices und geeignete Perfusionscontainer für eine konstante Versorgung der entstehenden Gewebe (Abb. 5.26).

In jedem Fall muss berücksichtigt werden, dass bei der Herstellung von Geweben unter *in vitro*-Bedingungen Zellen verwendet werden, die mehr embryonale als erwachsene Eigenschaften besitzen und damit sehr sensitiv reagieren. Um die empfindlichen Zellen nicht zu schädigen, darf vom Umgebungsmilieu kein toxischer Einfluss ausgehen. Besondere Bedeutung hat dabei das jeweilige Biomaterial oder der verwendete Scaffold, auf dem die Zellen kultiviert werden. Handelt es sich z. B. um ein bioabbaubares Material, so besteht die Gefahr, dass während der Kultur und so-

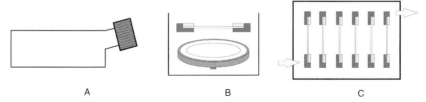

A   B   C

Abb. 5.26: Optimale Generierung von künstlichem Gewebe in drei aufeinander folgenden Schritten. Nach dem Vermehren von Zellen auf dem Boden einer Kulturflasche (A) werden die Zellen in einem Gewebeträger mit einem Biomaterial in Kontakt gebracht und in stationärem Milieu kultiviert, bis ein gutes Anhaften beobachtet werden kann (B). Nur wenn die Zellen das jeweilige Biomaterial als optimal empfinden, kann sich daraus ein funktionelles Gewebe entwickeln. Die Differenzierung der Gewebe erfolgt in Mikroreaktoren bei konstanter Erneuerung des Mediums (C).

mit in einer sehr sensitiven Phase der Gewebedifferenzierung Zellschädigungen durch Freisetzung von Metaboliten auftreten können. Aus diesem Grund findet die Generierung von Gewebekonstrukten nicht in dem statischen Milieu einer Kulturschale statt.

Tab. 5.9: Vorgaben zur Simulation eines gewebetypischen Environments. Dabei muss die Zellvermehrung, Adhäsion und gewebetypische Differenzierung experimentell in aufeinander folgenden Schritten durchgeführt werden.

In vivo	In vitro	Methode
Zellvermehrung	Kulturgefäß	Wachstumsfaktor, Serum
Adhäsion	Matrix, Scaffold, Biomaterial	Matrix im Gewebeträger
Differenzierung	Perfusionscontainer, Hormone	Adaptiertes Kulturmedium

Diese unterschiedlichen experimentellen Schritte dienen der optimalen Zellvermehrung, um für die geplanten Versuche genügend Zellmasse zur Verfügung zu haben (Tab. 5.9). Damit die Zellen im Laufe der Kultur eine gewebetypische Differenzierung entwickeln, müssen sie auf geeigneten Scaffolds angesiedelt werden. Zusätzlich ist es notwendig, geeignete Kulturmedien zu verwenden, die zudem je nach Gewebetyp ganz unterschiedliche Morphogene, Wachstumsfaktoren oder Hormone enthalten.

[Suchkriterien: Perfusion culture continuous exchange bioreactor]

5.6.1
Gewebeträger

Zellen eines reifenden Gewebes benötigen als Grundlage für eine optimale Entwicklung eine geeignete extrazelluläre Matrix, auf der sie anhaften, sich vermehren und entwickeln können. Um die Konstrukte nicht zu beschädigen und manuell gut hand-

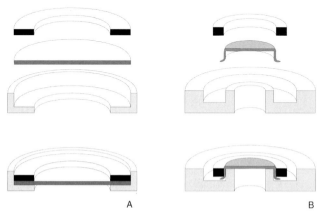

A   B

Abb. 5.27: Schema für Gewebeträger zur Aufnahme von starren (A) und flexiblen (B) Matrices. Die jeweilige Matrix wird zwischen einem Halte- und Spannring mechanisch fixiert.

Abb. 5.28: Beispiel für Gewebeträger zur Aufnahme von flexiblen Matrices (Durchmesser von 6 mm). Im Zentrum ist eine dünne Kollagenmatrix zu erkennen, die wie ein Trommelfell zwischen dem Basis- und Deckelteil des Trägers fixiert ist. Der Außendurchmesser des Gewebeträgers beträgt 14 mm.

haben zu können, wird vorzugsweise mit Trägersystemen gearbeitet (Abb. 5.27). Von der Anzuchtphase über die Differenzierungsperiode bis hin zur experimentellen oder klinischen Anwendung können die Konstrukte problemlos mit einer Pinzette transferiert werden. Da sowohl starre wie auch flexible Matrices aus ganz unterschiedlichen Materialien zur Anwendung kommen, müssen dafür jeweils geeignete Gewebeträger zur Verfügung stehen.

Flexible Matrices z. B. aus Kollagen werden am besten in einen Träger eingelegt, der aus einem speziellen Boden und Deckelteil besteht. Zwischen beiden Teilen kann die flexible Matrix wie das Fell in einer Trommel eingespannt werden (Abb. 5.28, 5.29). Zur Befestigung wird ein Spannring aufgesetzt, der die Matrix fixiert.

Die flexible Matrix kann entweder vor oder nach der Besiedlung mit Zellen in den Gewebeträger eingesetzt werden. Außerdem können dünne Gewebepräparate gewonnen und auf dem Träger mit dem Spannring fixiert werden.

Starre Matrices müssen in eine andere Art von Gewebeträger eingelegt werden (Abb. 5.30). Dazu wird ein Haltering verwendet, in dem eine große Auswahl an natürlichen oder technischen extrazellulären Matrices mit einem Durchmesser von wenigen Millimetern bis Zentimetern verwendet wird. Zur Besiedlung können plane Matrices wie Filter aus Polycarbonat oder Nitrocellulose aber auch dreidimensionale Materialien verwendet werden. Die jeweiligen Materialien werden selbst in die Halterungen eingelegt und mit einem Spannring fixiert.

Abb. 5.29: Beispiel für ein Gewebe der embryonalen Niere auf einer flexiblen Kollagenmatrix in einem Gewebeträger.

Abb. 5.30: Anleitung für den Zusammenbau eines Gewebeträgers zur Aufnahme von starren Matrices mit einem Durchmesser von 13 mm. Dazu wird die ausgesuchte Matrix in das schwarze Bodenteil eingelegt und mit dem weißen Spannring fixiert.

Danach werden die Gewebeträger in Folie verpackt und in einem geeigneten Behälter sterilisiert. Bis zur Besiedlung mit Zellen können die vorbereiteten Träger für lange Zeit am besten in einem Kühlschrank aufbewahrt werden.

[Suchkriterien: Tissue carrier perfusion culture organotypic]

5.6.2
Auswahl der geeigneten Matrix

Gewebe benötigt im Organismus für eine optimale Entwicklung eine intensive Interaktion mit der extrazellulären Matrix. Voraussetzung für eine funktionelle Gewebeentwicklung beim Tissue Engineering unter *in vitro*-Bedingungen ist deshalb, dass das individuell ausgewählte Biomaterial analog zur natürlichen extrazellulären Matrix das Differenzierungsgeschehen der besiedelten Zellen unterstützt. Deshalb muss für das jeweilige Gewebekonstrukt sehr genau erarbeitet werden, welches Scaffold, welche Matrix oder welches Biomaterial sich mehr und welches sich weniger eignet.

Zur Ermittlung einer geeigneten Matrix müssen die Gewebeträger mit Zellen besiedelt werden. Dazu können die Träger mit einem eingelegten Scaffold (Durchmesser z. B. 13 mm) an ihrem Rand mit einer Pinzette festgehalten und in eine 24-well Kulturschale eingelegt werden, ohne dass die eingelegte Matrix dabei beschädigt wird (Abb. 5.31).

Zur Besiedlung einer Matrix mit Zellen wird in jede Vertiefung der Kulturschale etwas Medium einpipettiert (Abb. 5.32). Dabei sollte der Flüssigkeitsmeniskus gerade

Abb. 5.31: Beispiel für verschiedene Matrices in Gewebeträgern. Es kann nicht vorausgesagt werden, welche der eingelegten Matrices sich am besten für die Generierung eines Gewebekonstruktes eignet. Dies muss jedes Mal experimentell ermittelt werden.

Abb. 5.32: Ermittlung einer optimalen Matrix. Dazu werden Gewebeträger mit unterschiedlichen Matrices in einer 24-well Kulturplatte mit Zellen besiedelt. Unter besonders reproduzierbaren Bedingungen kann erarbeitet werden, welche Matrix sich mehr und welche sich weniger für die Besiedlung mit Zellen eignet.

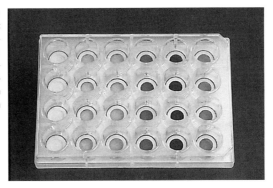

die Oberkante des Gewebeträgers benetzen. Wenn mit isolierten Zellen gearbeitet wird, sollte die Suspension vorsichtig auf die Oberfläche der jeweiligen Matrix pipettiert werden, damit keine Zellen verloren gehen. Muss ein Stück Gewebe aufgelegt werden, so ist darauf zu achten, den Flüssigkeitsmeniskus so niedrig zu wählen, dass das Gewebestück nicht wegschwimmen kann. Die Zellen müssen sich jetzt je nach gewählter Kulturstrategie vermehren und ansiedeln. Dazu werden die Gewebeträger in der 24-well Platte entweder in einem CO_2-Inkubator oder auf einem Wärmetisch unter Raumluftatmosphäre belassen.

[Suchkriterien: Perfusion culture matrix tissue engineering]

5.6.3
Zellnachweis

Da nicht nur mit transparenten, sondern auch mit vielen undurchsichtigen Matrices bei der Generierung von Geweben gearbeitet wird, werden leicht durchführbare Methoden für den Zellnachweis auf besiedelten Scaffolds benötigt. Zur Kontrolle lässt

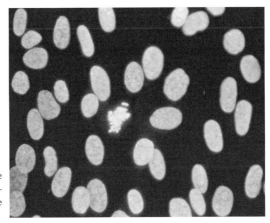

Abb. 5.33: Nachweis der Zellkerne von Zellen auf einer Matrix. Im Zentrum ist eine Zelle zu erkennen, die sich gerade in der Teilung befindet.

man die Zellen auf einem Glas- oder Thermanoxplättchen wachsen, welches aus dem gleichen Material wie die Kulturschale besteht. Nach 3 Tagen Wachstum z. B. werden die Präparate fixiert und mit einem fluoreszierenden Kernfarbstoff analysiert (Abb. 5.33). Die Zellen reagieren beim Wachstum auf den unterschiedlichen Matrices so sensitiv, dass jedes Material ein individuelles Wachstumsprofil zeigt, obwohl derselbe Zelltyp und dieselben Mediumbedingungen verwendet wurden.

Auf einem Scaffold gewachsene Zellen müssen einfach und schnell nachzuweisen sein. Obwohl die meisten verwendeten Materialien optisch nicht transparent sind, kann der Nachweis lichtmikroskopisch erfolgen. Um Zellen auf undurchsichtigen Unterlagen sichtbar zu machen und eine Aussage über deren Dichte und Verteilung zu erhalten, werden Kernfluoreszenzfärbungen angewendet. Anstatt mit Durchlicht wird hierbei mit Epifluoreszenzanregung gearbeitet, so dass auf beliebigen, also auch auf nicht-transparenten Unterlagen mikroskopiert werden kann. Bei dieser Methode müssen fluoreszierende Farbstoffe verwendet werden, die sich z. B. in doppelsträngige DNA einlagern und so zu einer deutlichen Anfärbung des Zellkerns im Fluoreszenzmikroskop führen. Solche Farbstoffe sind Propidiumiodid, DAPI (4-6-Diamidino-2-Phenylidol-di-Hydrochlorid) und Bisbenzimid. Diese Methode ist so sensitiv, dass sogar einzelne Zellen in einem weitläufigen Scaffold nachgewiesen werden können.

Ein Zellnachweis kann mit DAPI sehr rasch erfolgen. Der bewachsene Support wird für 10 Minuten in eiskaltem 70 %igem Ethanol fixiert, 2 x 2 Minuten in PBS gewaschen, DAPI-Lösung (0,2-0,4 µg/ml) aufpipettiert, 2 Minuten im Dunkeln inkubiert und wiederum für 2 x 2 Minuten in PBS gewaschen. Die Auswertung erfolgt am Fluoreszenzmikroskop unter UV-Anregung, wobei die Zellkerne leuchtend blau erscheinen (Abb. 5.33).

DAPI- und Bisbenzimid-Färbungen werden auch zur Durchführung eines Mycoplasmen-Tests verwendet. Die verdächtige Kultur wird z. B. mit DAPI gefärbt. Zeigen sich dann außerhalb der Zellkerne noch weitere diffus-fädige Anfärbungen, so ist das die gefärbte DNA von Mycoplasmen, d. h. die Kultur ist kontaminiert.

Das Ansiedeln von Zellen auf einer optimalen Matrix dauert jeweils nur wenige Stunden, während bei einer schlecht geeigneten Matrix nach Tagen noch keine befriedigende Verankerung nachzuweisen ist. Die geschilderte Methode ist so sensitiv, dass damit jede einzelne Zelle in einem Scaffold zweifelsfrei nachgewiesen werden kann.

[Suchkriterien: Cell detection dapi support]

5.6.4
Perfusionscontainer

Nach der Besiedlung mit Zellen können die Gewebeträger in verschiedene Arten von Perfusionscontainern eingesetzt werden. Dies dient der kontinuierlichen Versorgung mit immer frischem Kulturmedium (Abb. 5.34, 5.35).

Es gibt viele weitere Argumente dafür, artifizielle Gewebe in Perfusionscontainern und nicht in statischem Milieu herzustellen. Kultivierte Zellen bilden im typischen

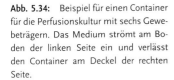

Abb. 5.34: Beispiel für einen Container für die Perfusionskultur mit sechs Geweberträgern. Das Medium strömt am Boden der linken Seite ein und verlässt den Container am Deckel der rechten Seite.

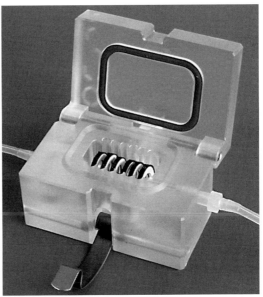

Fall einen Monolayer aus, während Gewebe in den meisten Fällen aus mehreren, also dreidimensionalen Zellschichten und teilweise dicken Lagen natürlicher extrazellulärer Matrix oder artifiziellem Biomaterial bestehen. Diese relativ dicken Schichten müssen kontinuierlich mit Nahrung und Sauerstoff versorgt werden. Als Ersatz für das fehlende Blutgefäßsystem kann *in vitro* zur Aufrechterhaltung einer konstanten Versorgung die permanente Durchströmung mit Kulturmedium dienen. Dafür eignen sich am besten Perfusionscontainer, denen permanent frisches Kulturmedium zugeführt und das verbrauchte entfernt wird. Bei einer stetigen Durchströmung der Kultur mit immer frischem Medium können kontinuierlich Nährstoffe sowie Sauerstoff herangeführt werden, während gleichzeitig den Stoffwechsel schädigende Metabolite zellulären Ursprungs entfernt werden. Besonders wichtig ist auch, dass die durch Biodegradation von Biomaterialien entstandenen Metabolite kontinuierlich eliminiert werden können. Zudem werden parakrin wirkende Zelldifferenzierungsfaktoren (Zytokine) auf einem immer gleichmäßigen Niveau gehalten. Schließlich kann die Perfusion kontinuierlich oder in definierbaren Pulsen gestaltet werden, wodurch die Bildung von ungerührten Schichten zwischen Zellen und Biomaterialien minimiert wird.

Ein weiterer Vorteil besteht darin, dass für das entstehende Gewebe je nach verwendetem Container ein physiologisches Environment moduliert werden kann, welches den natürlichen Gegebenheiten sehr nahe kommt. Damit lassen sich verschiedenste Gewebe im kleineren oder auch größeren Maßstab konzipieren. Vor allem aber ermöglicht es diese modulare Technik, auf unterschiedlichen zellbiologischen Ebenen herauszufinden, wie Umgebungseinflüsse gewählt werden müssen, um unter *in vitro*-Bedingungen optimale Voraussetzungen für die Herstellung eines funktionalen Gewebes zu entwickeln.

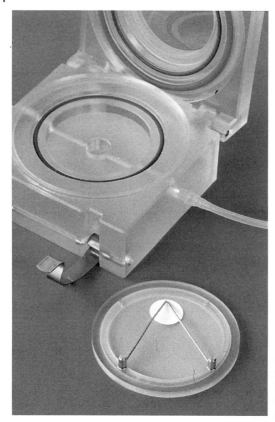

Abb. 5.35: Ansicht eines Tissue Engineering Containers, mit dem Gewebe mit besonderen dreidimensionalen Oberflächen unter Perfusionsbedingungen hergestellt werden können.

Bei der Perfusionskultur (Abb. 5.36) wird Kulturmedium mit einer Peristaltikpumpe von einer Vorratsflasche in einen Container transportiert, in den ein oder mehrere Gewebeträger eingesetzt sind. Das von den Zellen verbrauchte Kulturmedium wird in einer Abfallflasche gesammelt und nicht wieder verwendet. Dadurch werden die Kulturen mit einem immer gleichen Nähr- und Sauerstoffangebot versorgt. Stoffwechselschädigende Metabolite können sich bei dieser Methode nicht ansammeln.

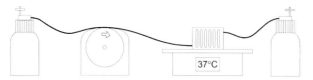

Abb. 5.36: Prinzip der Perfusionskultur. Medium wird von einer Peristaltikpumpe aus einer Vorratsflasche (links) angesaugt und in einen Kulturcontainer befördert, in dem sich Gewebeträger befinden. Das verbrauchte Kulturmedium wird in einer Abfallflasche gesammelt (rechts).

In einem Perfusionscontainer strömt das Medium an der unteren Seite des Containers ein, verteilt sich am Boden und steigt zwischen den eingelegten Gewebeträgern nach oben, wo es den Container wieder verlässt (Abb. 5.34, 5.35). Vorteile dieser Konstruktion bestehen darin, dass die Gewebeträger gleichmäßig umspült werden, dass bei Fehlen des Kulturmediums in der Vorratsflasche der Container nicht trocken laufen kann und dass entstehende Luftblasen automatisch aus dem Gehäuse entfernt werden. Bisher sind eine Vielzahl von Geweben mit unerwartet großer Differenzierungsleistung mit dieser sehr einfachen Methode generiert worden.

[Suchkriterien: Perfusion culture container]

5.6.5
Transport von Kulturmedium

Bei Perfusionskulturen muss Medium kontinuierlich transportiert werden. Am besten geschieht dies durch eine Peristaltikpumpe. Der Vorteil besteht darin, dass dabei der Pumpkopf mit seinen mehreren Kanälen nur indirekten Kontakt zum Kulturmedium über die Wandung eines Silikonschlauches hat. Zudem kann durch das verwendete Kassettensystem die jeweilige sterile Perfusionslinie problemlos und ohne ein Infektionsrisiko ein- und ausgeklinkt werden.

Wichtig sind die Transportraten. Man sollte darauf achten, dass die Pumpe sehr kleine Mengen an Medium transportieren kann. Teilweise sind dies weniger als 1 ml/h. Zudem sollte die Pumpe so einstellbar sein, dass sie sowohl kontinuierlich wie auch in Pulsen arbeiten kann. Dieser Arbeitsmodus wird benötigt, wenn ungerührte Schichten in Kulturen vermieden werden müssen und Scaffolds mit z. B. großer Materialstärke Verwendung finden. Selbstverständlich sollte auch eine R 232 Schnittstelle vorhanden sein, damit eine Kabelverbindung zu einem Personal Computer hergestellt werden kann, um einerseits die kontinuierliche Rotation zu dokumentieren und andererseits eine individuelle Programmierung der Pumpe durchführen zu können.

[Suchkriterien: Peristaltic pump culture medium]

5.6.6
Temperatur für die Kulturen

Perfusionskulturen können in einem Inkubationsschrank, aber auch unter Raumluftatmosphäre auf einer Wärmeplatte durchgeführt werden. Diese sollte eine abwaschbare Oberfläche haben und eine stabile Umgebungstemperatur von 37 °C liefern. Solche Wärmeplatten sind meist in jedem Labor vorhanden, in dem Paraffinschnitte für die Histologie gestreckt werden müssen. Eine Abdeckung aus Plexiglas minimiert Temperaturschwankungen und Staubverschmutzungen, wenn die Gewebe über Wochen oder sogar Monate in der Perfusionskultur generiert werden sollen. Falls extrem stabile (epikritische) Temperaturwerte erreicht werden müssen, so taucht man die Perfusionscontainer für die Kulturdauer einfach in ein entsprechendes Wasserbad, wie es für enzymatische Tests verwendet wird.

[Suchkriterien: Temperature cell culture perfusion]

5.6.7
Sauerstoffversorgung

Kulturmedien für die Generierung von Geweben müssen genügend Sauerstoff enthalten, um ein Absterben der Zellen durch Mangelversorgung zu vermeiden. Zur Oxygenierung des Mediums gibt es prinzipiell zwei Möglichkeiten. Die eine Möglichkeit besteht darin, über ein Ventil und eine elektronische Regeleinheit Sauerstoff in die sterile Nährflüssigkeit einzuleiten. Für Langzeitkulturen hat diese Methode jedoch den Nachteil, dass die Injektion eines Gases sehr leicht Kontaminationen erzeugt, die Gasmenge portioniert und der erreichte Gehalt von Sauerstoff im Medium wiederum gemessen werden muss. Das ist alles möglich, aber dennoch technisch aufwendig. Weitere Probleme und technischer Aufwand entstehen, wenn nicht nur eine Perfusionslinie, sondern viele Proben parallel gefahren werden sollen. Schließlich muss bedacht werden, dass es mit dieser Methode nicht nur zur Anreicherung von Sauerstoff, sondern auch zum Ausperlen von Gasblasen im Kulturmedium kommt, was unerwartet große Probleme in Perfusionskulturen erzeugen kann.

Es gibt eine einfache Methode, um den Sauerstoffgehalt des Perfusionmediums auf ein konstantes Niveau einzustellen. Als Lunge der Perfusionskultur werden gaspermeable Schläuche, am besten aus Silikon, verwendet. Der Schlauch sollte möglichst lang sein und einen möglichst kleinen Innendurchmesser besitzen. Zudem sollte die Wandstärke entsprechend dünn sein. Daraus ergibt sich eine große Oberfläche für die Gasdiffusion. Wenn ein Silikonschlauch mit 1 mm Innendurchmesser und einer Wandstärke von 1 mm für den Transport von Kulturmedium mit 1 ml/h unter Raumluftatmosphäre bei 37 °C durchgeführt wird, so ergeben sich genau definierte Werte, da sich ein O_2-Gleichgewicht zwischen Kulturmedium und umgebender Atmosphäre ausbildet (Abb. 5.37, 5.38). Dabei werden z. B. für IMDM bei einem pH von 7,4 mit dem Gasanalysator mehr als 190 mm Hg O_2 gemessen, wenn das Medium sich während des Transportvorgangs zwischen Vorratsbehälter und Kulturcontainer in Silikonschläuchen gegen atmosphärische Luft äquilibrieren kann. Im Gegensatz dazu steht

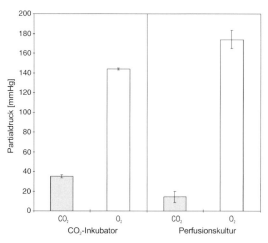

Abb. 5.37: Atemgase in Kulturmedien. Messung von O_2 und CO_2 in IMDM in einem CO_2-Inkubator und während der Perfusionskultur in Raumluftatmosphäre. Dabei zeigt IMDM in Perfusionskultur über 190 mm Hg O_2 und damit deutlich mehr Sauerstoff als das Medium im Inkubator.

in einem Inkubator den wachsenden Geweben mit 140 mm Hg O_2 deutlich weniger Sauerstoff zur Verfügung.

Überraschend einfach ist die Sauerstoffmessung durchzuführen (Abb. 5.37, 5.38). Das dafür notwendige Gerät, nämlich ein Elektrolytanalysator steht überall im klinischen Bereich und in jeder Notfallambulanz. Die Messungen werden an einem Silikonschlauch durchgeführt, in den ein T-Stück eingesetzt ist. An diesen Port wird nach Äquilibrierung des Mediums eine 1 ml Spritze angesetzt. Dann werden ca. 200 µl Kulturmedium langsam aspiriert. Um Gasdiffusion und damit Verfälschung der Messdaten zu vermeiden, muss innerhalb von 15 Sekunden die Gasmessung beginnen. Dazu wird der Spritzenkonus an die Aspirationsnadel des Analysators herangeführt. Je nach Gerätetyp werden zwischen 50 und 200 µl Kulturmedium angesaugt. Nach etwa 2 Minuten erscheinen die Analysedaten. Neben dem Gehalt von O_2 und CO_2 können bei dieser Messung zusätzlich der pH, die jeweiligen Elektrolytwerte und zudem die Konzentration von Glukose und Laktat bestimmt werden (Abb. 5.38).

[Suchkriterien: Cell culture respiratory gases]

```
        STAT PROFILE 9

    25 Jan 01    11:12
    ......................

    Proben Nr:5
    Bediener Nr.:

    Patienten Nr.:

    Arterielle Probe
    Probennahme:
    FIO2:    20.9
    BUNe:     0.    mg/dl
    ......................

    Pat. Temp.    37.0 °C
    pH         7.385
    PCO2      41.3   mmHg
    PO2       96.3   mmHg

    Hk        6.    %
    ......................

    Na+    140.8   mmol/L
    K+       3.80  mmol/L
    Cl-     98.5   mmol/L
    Ca++     0.98  mmol/L
    Glu    197.    mg/dl
    Lak      2.7   mmol/L

    Hbc      1.9   g/dl
    BE-ECF - 0.4   mmol/L
    BE-B   + 0.7   mmol/L
    SBC     25.1   mmol/L
    HCO3    24.9   mmol/L
    TCO2    26.1   mmol/L
    O2Sat   97.4   %
    O2Ct     2.8   ml/dl
    nCa++    0.97  mmol/L
    An. Gap 21.
    Osm    282.    mOsm
```

Abb. 5.38: Umgebungsparameter für Gewebekonstrukte. Gezeigt ist ein Protokollausdruck eines Gasanalysators nach Messung einer Probe IMDM. Die Werte erscheinen etwa 2 Minuten nach Aspiration der Probe. Abgelesen werden können der O_2- und CO_2-Gehalt des Mediums, der pH und die Elektrolytwerte. Zusätzlich werden die Konzentration von Glukose und das anfallende Laktat bestimmt. Errechnet wird zudem die gegenwärtige Osmolarität des Mediums.

5.6.8
Konstanz des pH

Nicht nur der zur Verfügung stehende Sauerstoff, sondern auch ein konstanter pH sind für die Generierung von funktionellem Gewebe wichtig. In unserem Körper wird der pH u. a. über das im Körper gelöste CO_2 und über das zur Verfügung stehende $NaHCO_3$ geregelt und über einen recht engen physiologischen pH-Bereich zwischen 7,3 und 7,4 konstant gehalten.

Dem Organismus nachempfunden besteht das Natriumhydrogenkarbonat-Puffersystem im Kulturmedium aus $NaHCO_3$ und CO_2.

$NaHCO_3$ dissoziiert:

$$NaHCO_3 + H_2O \Leftrightarrow Na^+ + HCO_3^- + H_2O$$
$$Na^+ + H_2CO_3 + OH^- \Leftrightarrow Na^+ + H_2O + CO_2 + OH^-$$

Diese Reaktion ist abhängig vom CO_2-Partialdruck in der umgebenden Atmosphäre. Bei niedrigem CO_2-Partialdruck wird das Reaktionsgleichgewicht auf der rechten Seite liegen, d. h. das Medium enthält viel OH und ist demnach basisch. Um dem vorzubeugen, wird im Kulturschrank je nach Bedarf mit CO_2 begast, der pH sinkt bis auf den gewünschten Wert. Verringert sich die CO_2-Konzentration, so steigt der pH erneut an und infolgedessen muss CO_2 zugeregelt werden. Auf diesem Prinzip beruht die pH-Stabilisierung in einem CO_2-Inkubator.

Wenn in einem Inkubator eine 5 %ige CO_2-Konzentration angeboten wird, dann muss auch für jedes Kulturmedium eine entsprechende Menge an $NaHCO_3$ zugegeben werden. Werden nur 4 % CO_2 angeboten, so muss entsprechend weniger $NaHCO_3$ zugegeben werden, um einen pH von 7,4 zu erreichen. Aus diesem Grund geben die Hersteller für jedes Kulturmedium den Gehalt an $NaHCO_3$ an und welche CO_2-Konzentration angeboten werden muss, um einen konstanten pH zwischen 7,3 und 7,4 zu erreichen.

Werden Perfusionskulturen nicht in einem Inkubator, sondern unter Raumluftbedingungen durchgeführt, so ist der pH-Wert sehr einfach einzustellen, wenn gaspermeable Silikonschläuche verwendet werden. Im Gegensatz zu einem Inkubator ist in der Luft naturgemäß ein immer gleicher Gehalt an CO_2 vorhanden. Im Inkubator stehen den Kulturen z. B. 5 % CO_2 zur Verfügung, während in der Raumluft nur circa 0,3 % CO_2 vorhanden sind. Die experimentelle Konsequenz daraus ist leicht zu ersehen. Wenn man ein für den CO_2-Inkubator bestimmtes Kulturmedium an der Raumluft stehen lässt, so ist nach kurzer Zeit eine Verfärbung des Phenolrot nach Lila, also in den alkalischen und damit toxischen Bereich zu beobachten. Dies ist allein auf den Gehalt an $NaHCO_3$ im Medium und auf den geringen Gehalt an CO_2 in der Raumluft zurückzuführen. Um dementsprechend einen konstanten pH von 7,2 – 7,4 unter Raumluftbedingungen zu erreichen, muss die $NaHCO_3$-Konzentration im Medium gesenkt werden. Allein mit einer verminderten $NaHCO_3$-Konzentration ist aber auf die Dauer kein konstanter pH einzustellen. Zur Stabilisierung des pH wird deshalb zusätzlich ein CO_2 unabhängiger Puffer benötigt. Am besten hat sich die Zugabe eines biologischen Puffers wie HEPES oder Buffer All (Sigma-Aldrich) bewährt.

Abb. 5.39: Titration zur Einstellung des pH von Kulturmedien unter atmosphärischer Luft. Jeweils 1 ml Kulturmedium wird in die Vertiefungen einer 24-well Platte pipettiert. Zu den Proben wird eine ansteigende Menge an biologischer Puffersubstanz zugegeben. Mit Buffer All wird z. B. eine konzentrationsabhängige Reihe von 0,8–1,4 % angesetzt. Danach lässt man die Proben auf einer Wärmeplatte bei 37 °C über Nacht gegen Raumluft äquilibrieren. Die Daten zeigen, dass die Probe mit einem pH von 7,4 durch Messung ermittelt werden muss und auf keinen Fall allein anhand der Phenolrotfärbung abgeschätzt werden kann. Bei dem hier gezeigten Beispiel müsste 1 % Buffer All dem Kulturmedium zugefügt werden, um einen konstanten pH von 7,4 unter atmosphärischer Luft zu erhalten. Phenolrot erweist sich im Bereich zwischen pH 7,2 und 7,4 als ein zu ungenauer Farbindikator.

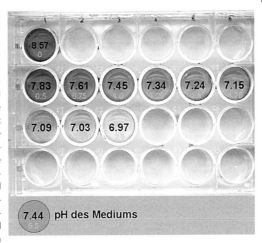

Der richtige pH für Perfusionskulturen unter Raumluftatmosphäre muss für jedes spezielle Medium eingestellt werden (Abb. 5.39). Dazu sollte Kulturmedium verwendet werden, welches einen geringen Gehalt an $NaHCO_3$ aufweist. Zum Test wird je Vertiefung 1 ml Kulturmedium in eine 24-well Kulturplatte pipettiert. Zu jedem Aliquot Kulturmedium wird eine ansteigende Menge an biologischem Puffer wie HEPES oder Buffer All pipettiert. Die 24-well Platte wird über Nacht auf einer Wärmeplatte bei 37 °C und unter Raumluftatmosphäre inkubiert. Am nächsten Morgen wird der pH jeder Probe im Elektrolytanalysator gemessen. Der gemessene pH gibt die notwendige Konzentration an biologischem Puffer an, die dem jeweiligen Medium unter Raumluftatmosphäre zugegeben werden muss. Phenolrot erweist sich im Bereich zwischen pH 7,2 und 7,4 als ungenauer Farbindikator. Mit dieser sehr einfachen Methode lässt sich ein konstanter pH im Kulturmedium für beliebig lange Zeiträume in Perfusionskulturen erhalten.

[Suchkriterien: Cell culture acidosis alcalosis]

5.6.9
Beginn der Perfusionskultur

Zu Beginn einer Perfusionskultur werden Zellen zur Vermehrung auf einem Gewebeträger in einer Kulturschale unter statischem Milieu herangezogen. Dabei ist darauf zu achten, dass die Zellen auf dem verwendeten Biomaterial optimal verankert sind und später durch den kontinuierlichen Austausch des Mediums nicht abgespült werden. Nach Zusammenbau und Sterilisation einer Perfusionslinie werden die Träger mit einer Pinzette in den zur Verwendung vorgesehenen Container eingesetzt

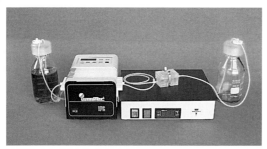

Abb. 5.40: Ansicht einer Arbeitslinie der Perfusionskultur unter Raumluftatmosphäre. Eine Peristaltikpumpe transportiert das Medium von der Vorratsflasche (links) in einen Kulturcontainer, der sich auf einer Wärmeplatte befindet. Das verbrauchte Medium wird in einer Abfallflasche gesammelt (rechts).

(Abb. 5.40). Kurz vor dem Container wird eine Klemme am Silikonschlauch geschlossen, damit unerwünschte Bewegungen des Mediums vermieden werden. Um den Zellen den Übergang vom statischen Milieu zur Perfusion so optimal wie möglich zu gestalten, wird in den Container jetzt jenes Medium einpipettiert, aus welchem die Gewebeträger entnommen wurden. Nach Einsetzen des Pumpschlauches in eine Kassette der Peristaltikpumpe wird Medium mit 1 ml/h in Richtung Container transportiert, nachdem die Klemme geöffnet wurde. Mit der Zeit wird durch die Zufuhr von immer frischem Kulturmedium das im Container befindliche Medium ausgetauscht. Es ist wichtig für eine gute Entwicklung des entstehenden Gewebes, dass kein abrupter, sondern ein sanfter Übergang zur Perfusionskultur durchgeführt wird.

Die zellbiologischen Veränderung, die sich mit dem Übergang eines Gewebes vom statischen Milieu einer Kulturschale zur Perfusionskultur ergeben haben sind drastisch. Unter dem statischem Milieu einer Kulturschale wurden die eingesetzten Zellen/Gewebe mit serum- oder wachstumsfaktorhaltigem Kulturmedium ursprünglich veranlasst, sich auf dem zur Verfügung gestellten Scaffold anzuheften und sich so schnell wie möglich zu vermehren. Bei Einleitung der Perfusionskultur dagegen wird der Serumgehalt des Mediums reduziert und wenn möglich mit komplett serumfreiem Medium für die nächsten Wochen weiter gearbeitet. Für das entstehende Gewebe bedeutet dies, dass die Proliferationsaktivität, also der beschleunigte Kreislauf von einer Zellteilung zur nächsten gestoppt wird und so die Möglichkeit zur gewebespezifischen Interphase gegeben ist. In dieser Phase sollen möglichst viele funktionelle Gewebeeigenschaften ausgebildet werden.

Die Perfusionskulturen können unter Laboratmosphäre betrieben werden, da die Linien in sich steril geschlossen sind. Die Vorratsflaschen stehen gekühlt in einem Getränkekühler (Abb. 5.41).

Abb. 5.41: Arbeitsplatz für Perfusionskulturen in T-förmiger Anordnung. Im Zentrum befindet sich eine Kühltruhe mit den Vorratsflaschen für das Kulturmedium. Drei Pumpen saugen von hier das Kulturmedium zu den einzelnen Arbeitslinien.

[Suchkriterien: Perfusion culture continuous medium exchange conditions]

5.6.10
Gradientencontainer

Großes Interesse im Tissue Engineering besteht in der Herstellung perfekter Haut-äquivalente, Gefäßimplantate, Insulin produzierender Organoide, Leber- und Nieren-module, sowie in der Generierung von Harnblasen-, Ösophagus- oder Tracheakon-strukten. Die biomedizinische Anwendung dieser Gewebe wird sich nur dann mit Erfolg durchsetzen, wenn die einzelnen Epithelgewebe erstens den notwendigen Grad an funktioneller Differenzierung aufweisen. Zweitens müssen sie eine enge strukturelle Beziehung zu den jeweiligen Biomaterialien aufbauen, die als artifizielle extrazelluläre Matrix beim Aufbau dieser Konstrukte verwendet werden, da sie allein die notwendige mechanische Stabilität liefert. Da sich zudem lebende Gewebe und artifizielle Matrix gegenseitig beeinflussen, ist es wichtig, zu erarbeiten, wie sich Epi-thelzellen auf einer Matrix verankern, wie diese Bindung experimentell beeinflussbar ist und wie lange sie einer funktionellen Belastung standhalten kann. Es geht vor allem darum, perfekte Abdichtungs- und Transporteigenschaften des Epithelgewebes zu erhalten. Das bisherige experimentelle Wissen darüber ist jedoch minimal.

Epithelgewebe in unserem Organismus bilden ohne Ausnahme funktionelle Bar-rieren aus. Dabei sind sie auf ihrer luminalen und basalen Seite ganz unterschiedli-chem Milieu ausgesetzt. Zur Simulierung dieser speziellen Gewebesituation können Gewebeträger in Gradientencontainer eingesetzt werden (Abb. 5.42). Der Gewebeträ-ger teilt den Container in ein luminales und basales Kompartiment, welcher wie unter natürlichen Bedingungen separat mit Flüssigkeit durchströmt werden kann.

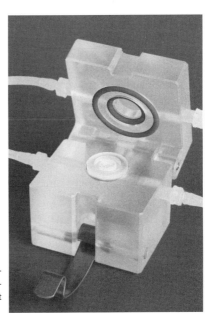

Abb. 5.42: Ansicht eines Containers zur Gradienten-kultur mit eingelegtem Gewebeträger. Nach dem Schlie-ßen des Deckels kann der Container oben und unten mit unterschiedlichen Medien durchströmt werden.

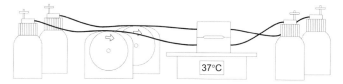

Abb. 5.43: Kultur von Epithelgewebe in einem Gradienten. Dazu wird ein Gewebeträger in einen Gradientencontainer eingelegt. Der Träger teilt den Container in ein luminales und basales Kompartiment, welche getrennt mit unterschiedlichen Medien und wie unter natürlichen Bedingungen durchströmt werden können.

Das Environment für Epithelien kann mit Gewebeträgern simuliert werden, in die eine Vielzahl von Filtern, Folien oder Kollagenmembranen eingelegt und als artifizielle Matrix für die Ansiedlung der Epithelzellen genutzt werden. Die Gewebeträger können dann in einen Gradientenkulturcontainer eingesetzt werden, der durch das wachsende Epithel in ein luminales und basales Kompartiment geteilt wird (Abb. 5.43). Untersuchungen zeigten, dass nicht nur ein einzelner Wachstumsfaktor, sondern vor allem auch Umgebungseinflüsse wie das Ionenmilieu entwicklungsweisend wirken.

Was sich logisch anhört, ist experimentell häufig schwierig zu realisieren. Immer wieder zeigt sich, dass die kultivierten Epithelien ihre Barrierefunktion nicht perfekt aufbauen oder dass diese während einer langen Kulturdauer über Wochen verloren gehen kann (Abb. 5.44 A). Undichtigkeiten des Epithels (epithelial leak) sind auf eine unzureichende Konfluenz der Zellen zurückzuführen. Aufgrund ungenügender geometrischer Verteilung oder wegen mangelnder Abdichtung zu benachbarten Zellen kann sich keine funktionelle Barriere entwickeln. Randbeschädigungen (edge damage) dagegen werden durch die Verwendung suboptimaler Matrices im Gewebeträger und/oder durch Druckunterschiede bzw. mechanische Belastungen im Kultursystem verursacht. Randbeschädigungen finden sich immer an Stellen, an denen lebendes Gewebe, artifizielle Matrix und Gewebeträger in Kontakt kommen und dabei einer zu großen mechanischen Belastung ausgesetzt sind. Probleme bereitet auch das unregelmäßige Auftreten von Druckunterschieden zwischen dem luminalen und basalen Gradientenkompartiment (Abb. 5.44 B).

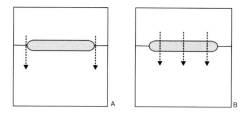

Abb. 5.44: Biologisch-technische Probleme bei der Kultur von Epithelien in einem Gradienten. Epithelgewebe kann seine Barrierefunktion wegen einem mangelhaften Kontakt zur Gewebehalterung (A; edge damage) oder aufgrund einer fehlerhaften Beziehung zu den benachbarten Zellen (B; leak) verlieren.

[Suchkriterien: Gradient tissue perfusion culture]

5.6.11
Gasblasen

Während Gasblasen bei der Durchströmung eines einfachen Kulturcontainers (Abb. 5.40) mit Medium automatisch eliminiert werden und deshalb keine Rolle spielen, zeichnen sich bei Verwendung von Gradientencontainern (Abb. 5.42) große, weil unerwartete, zellbiologische und physiologische Probleme ab. Wenn sauerstoffreiche Kulturmedien mit einer Pumpe transportiert werden, so kommt es sehr leicht zur Ansammlung von Gasblasen. Bevorzugte Stellen für ihre Konzentrierung sind Materialübergänge, wo z. B. eine Steckverbindung eines Schlauches Kontakt mit einem Perfusionscontainer hat. Bei einem Gradientencontainer und einem darin wachsenden Epithel kann dieser Effekt fatale Folgen haben. Luftblasen in der Nähe von Gewebe müssen vermieden werden, weil es in diesem Bereich zu Versorgungsproblemen kommt. An der Stelle, an der sich eine Luftblase befindet, kann sich das Medium nicht gleichmäßig verteilen. Zudem kommt es bei Zusammenlagerung von Luftblasen zu Änderungen der Oberflächenspannung, die benachbarte Zellen zum Platzen bringen und damit entstehendes Gewebe stark schädigen können.

Perfekte Bedingungen für die Kultur von Epithelien in einem Gradientencontainer findet man, wenn es zwischen dem luminalen und basalen Kompartiment keine Druckunterschiede gibt (Abb. 5.45 A; $\Delta p = 0$). Da aber bei der Kultur sauerstoffreiche Kulturmedien verwendet werden, stellen Gasblasen ein unerwartetes Problem dar. Ursache dafür ist, dass Medium mit Hilfe einer Peristaltikpumpe (1 ml/h) über dünne Silikonschläuche von einer Vorratsflasche zum Gradientencontainer transportiert wird. Dabei kommt es durch Diffusion gewollt zur Anreicherung von Sauerstoff im Kulturmedium. Einerseits ist dies unerlässlich für die Gewebeversorgung, andererseits wird dadurch das Epithel einer unerwarteten mechanischen Belastung ausgesetzt. Im Verlauf des Mediumtransportes separiert sich Gas von der Flüssigkeits-

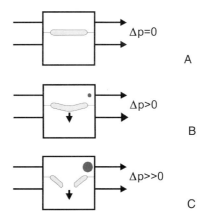

Abb. 5.45: Gasblasen führen zu gewebeschädigenden hydrostatischen Druckdifferenzen und Mangelversorgungen. Wenn sich keine Gasblasen in einem Gradientencontainer befinden, dann herrschen luminal und basal gleiche Druckverhältnisse (A). Gasblasen können sich z. B. am Ausgang eines Gradientencontainers ansammeln (B). Fatal wird die Situation, wenn in einem Kompartiment mehr Gasblasen (schwarzer Punkt) zu finden sind als in dem anderen Kompartiment. Dadurch kommt es zu Druckunterschieden. Dies bedeutet, dass das eingelegte Epithel nicht mehr flach zwischen beiden Kompartimenten wachsen kann, sondern zu derjenigen Seite vorgewölbt wird, die weniger Druck aufweist. Steigt der hydrostatische Druck in einem Kompartiment weiter an, so kommt es zur verstärkten Ausbeulung des Epithels. Zu einem nicht bestimmbaren Zeitpunkt kann das Epithel diesen Druckunterschieden nicht mehr standhalten, es kommt zu Einrissen und damit zur Leckbildung (C).

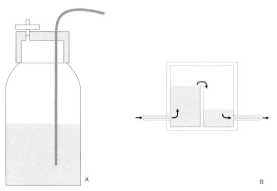

Abb. 5.46: Minimierung von Gasblasenbildung beim Transport von sauerstoffhaltigem Kulturmedium. Kulturmedium wird aus der Flasche abgesaugt, ohne dass es Kontakt mit dem Schraubverschluss hat (A). Gasblasen können in einem Gasexpandermodul (B) eliminiert werden, in dem Medium eine Barriere überwindet. Dabei trennen sich die Gasblasen von der Flüssigkeit, ohne dass sich der Gehalt an gelöstem Sauerstoff verändert.

phase des Kulturmediums. Dabei kommt es zuerst zur Bildung von kaum erkennbaren Bläschen. Ihr Vorkommen im Gradientencontainer oder innerhalb der Schläuche kann nicht vorausgesagt werden. Die Gasbläschen bleiben eine gewisse Zeit an einem Ort und werden dann aber größer. Durch die Größenzunahme verursachen sie einen zunehmenden Flüssigkeitsstau und damit eine Änderung des hydrostatischen Druckes analog zu einem Embolus in einem Blutgefäß.

Unvorhersehbar geschieht die Gasblasenbildung entweder im luminalen oder basalen Teil der Gradientenkultur. Zuerst führt dies zu einer noch reversiblen Vorwölbung des Gewebes zu dem Kompartiment mit niedrigerem Druck (Abb. 5.45 B; $\Delta p > 0$). Bei ansteigender Druckdifferenz jedoch wird das Epithel physiologisch undicht und es kommt zum Bersten des Gewebes (Abb. 5.45 C; $\Delta p > 0$). Damit kann das Epithel keine funktionelle Barriere mehr bilden.

Da Gasblasen in oxygenierten Medien bevorzugt an Stellen auftreten, an denen unterschiedliche Polymermaterialien untereinander in Kontakt treten, mussten zur Minimierung von Gasblasenbildungen spezielle Verschlüsse für Kulturmedienflaschen entwickelt werden. Ein Silikonschlauch wird dabei aus der Flasche herausgeführt, ohne dass das Kulturmedium Kontakt mit dem Material der Verschlusskappe

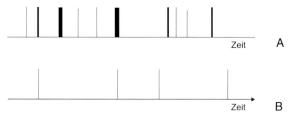

Abb. 5.47: Erfassung von Gasblasen mit einem Detektor über 96 Stunden. Beim Pumpen von Kulturmedium treten normalerweise viele und zum Teil sehr große Luftblasen im Kulturmedium auf (A). Mit Hilfe neu entwickelter Verschlusskappen für Kulturmedienflaschen und Gasexpandermodulen kann die Zahl und Größe der Gasblasen deutlich minimiert werden, ohne dass es dabei zu einer Reduktion des gelösten Sauerstoffs kommt (B).

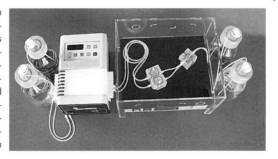

Abb. 5.48: Beispiel für die Kultur von Epithelien in einem Gradientencontainer. Eine Pumpe transportiert frisches Kulturmedium aus den beiden Vorratsflaschen (links) in das luminale und basale Kompartiment des Gradientencontainers. Das verbrauchte Medium wird gesammelt (rechts). Vor der Gradientenkammer befindet sich ein Gasexpandermodul zur Eliminierung von Gasblasen und damit zur Vermeidung von Druckunterschieden im System.

hat (Abb. 5.46 A). Zur weiteren Verminderung von Gasblasenbildung wurde zudem ein Gasexpandermodul konstruiert (Abb. 5.46 B). Das eingepumpte Medium erreicht innerhalb des Moduls ein kleines Reservoir, muss dann eine Barriere überwinden und kann danach das Modul wieder verlassen. Auftretende Gasblasen werden an der Flüssigkeitsbarriere des Moduls separiert.

Messungen mit einem Detektor über mehrere Tage ergaben, dass bei Verwendung optimierter Verschlüsse für das Absaugen von Kulturmedien und bei Verwendung eines Gasexpandermoduls eine deutliche Reduktion der Gasblasenbildung erreicht wird (Abb. 5.47 B). In der Abbildung ist zu erkennen, dass bei Verwendung geeigneter Flaschenverschlüsse und eines vorgeschalteten Gasexpandermoduls deutlich weniger Gasblasen registriert wurden als ohne Verwendung dieser Teile (Abb. 5.47 A).

Für die experimentelle Durchführung von Versuchen mit Epithelien in einem Gradientencontainer bedeutet dies, dass jetzt bei minimierter Gasblasenbildung Beschädigungen des Gewebes drastisch reduziert werden können (Abb. 5.48). Dadurch ist es möglich, insgesamt mehr Epithelien mit intakter Barrierefunktion zu generieren.

[Suchkriterien: Gas bubbles tissue culture perfusion culture]

5.6.12
Barrierekontinuität

Während einer mehrtägigen oder -wöchigen Kulturdauer ist es notwendig, zu wissen, in welchem Milieu sich die Kulturen entwickeln. Dazu wird das Milieu mit einem Blutgasanalysator kontrolliert. Über in die Schläuche eingesetzte T-Stücke wird mit einer sterilen Spritze jeweils 1 ml Medium abgesaugt. Dabei werden Messungen auf der luminalen und basalen Seite, sowie vor und hinter dem Container durchgeführt (Abb. 5.49). Für die Kultur unter atmosphärischer Luft werden die Medien mit HEPES oder BUFFER ALL gepuffert. Während der gesamten Perfusionsdauer kann damit ein stabiler pH von 7,4 eingestellt werden. Wegen des niedrigen Gehaltes an CO_2 in der Luft (0,3 %) wird vor dem Container ein relativ niedriger Gehalt von $11-12$ mm Hg CO_2 gemessen. Im Gegensatz dazu kann eine große Konzentration von über 190 mmHg Sauerstoff nachgewiesen werden, die sich während des Transportes von der Vorratsflasche zum Container allein durch Äquilibrierung des

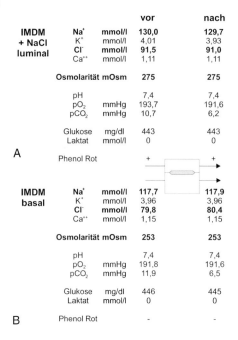

			vor	nach
IMDM	**Na⁺**	**mmol/l**	**130,0**	129,7
+ NaCl	K⁺	mmol/l	4,01	3,93
luminal	**Cl⁻**	**mmol/l**	**91,5**	**91,0**
	Ca⁺⁺	mmol/l	1,11	1,11
	Osmolarität mOsm		275	275
	pH		7,4	7,4
	pO₂	mmHg	193,7	191,6
	pCO₂	mmHg	10,7	6,2
	Glukose	mg/dl	443	443
	Laktat	mmol/l	0	0

A

Phenol Rot   +   +

			vor	nach
IMDM	**Na⁺**	**mmol/l**	**117,7**	**117,9**
basal	K⁺	mmol/l	3,96	3,96
	Cl⁻	**mmol/l**	**79,8**	**80,4**
	Ca⁺⁺	mmol/l	1,15	1,15
	Osmolarität mOsm		253	253
	pH		7,4	7,4
	pO₂	mmHg	191,8	191,6
	pCO₂	mmHg	11,9	6,5
	Glukose	mg/dl	446	445
	Laktat	mmol/l	0	0

B

Phenol Rot   -   -

Abb. 5.49: Beispiel für die Messung der physiologischen Parameter während einer Gradientenkultur mit einem intakten Epithel. Gemessen wird jeweils vor und hinter dem Container. Die Epithelien sind während der gesamten Kulturdauer z. B. einem Gradienten mit Salzbeladung auf der (A) luminalen Seite und Standardmedium (B) basal ausgesetzt (130 versus 117 mmol/l Na).

Mediums in den Silikonschläuchen einstellt. Die kontinuierlich hohe Konzentration von 415 mg/dl Glukose zeigt, dass der Austausch an Medium hoch genug ist, so dass eine Abnahme an Glukose aerobe physiologische Prozesse nicht einschränkt. Ebenso wird eine unphysiologische hohe Menge an Laktat nicht beobachtet, weil bei der beschriebenen Methode das Kulturmedium in einer Abfallflasche gesammelt und nicht rezirkuliert wird. Wegen der kontinuierlichen Erneuerung des Mediums können Metabolite während der Kultur keinen stoffwechselschädigenden Einfluss ausüben.

Im Organismus entstehen Epithelien in einem Milieu, in dem sie wegen noch fehlender Abdichtung luminal und basal dem gleichen Flüssigkeitsenvironment ausgesetzt sind. Im Laufe der Polarisierung und Ausbildung von Tight junctions an den lateralen Zellgrenzen kommt es jedoch dann zu einer physiologischen Abdichtung. Dadurch können die Epithelien jetzt luminal und basolateral ganz unterschiedliche Funktionen aufnehmen. Es entsteht ein Gradient, wodurch Moleküle ganz selektiv durch das Epithel transportiert werden.

Überträgt man diese natürliche Entwicklung auf die Kultur eines generierten Epithels, so muss auch hier zwischen einem embryonalen und einem funktionellen Environment unterschieden werden. Embryonale Bedingungen lassen sich in einem Gradientencontainer simulieren, wenn luminal und basal das gleiche Medium vorbei fließt. Für ein Epithel bedeutet das, dass es sich in einem permanenten biologischen Kurzschlussstrom befindet. Dieser kann durchbrochen werden, wenn luminal und basal unterschiedliche Medien vorhanden sind. Durch Anlegen eines zuerst kleinen und dann größer werdenden Flüssigkeitsgradienten wird die Ausbildung einer funktionellen Polarisierung unterstützt. Während einer mehrwöchigen Kultur von Epithelien in einem Gradienten muss sichergestellt sein, dass das Epithel seine biologische

Abb. 5.50: Beispiel für die Messung des luminalen/basalen Natriumgradienten über 10 Tage. Die Epithelien sind während der gesamten Kulturdauer einem Gradienten mit Salzbeladung auf der luminalen Seite und Standardmedium basal (130 versus 117 mmol/l Na) ausgesetzt. Während der Kulturdauer zeigen die Messdaten eine konstante Aufrechterhaltung des Gradienten.

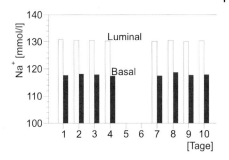

Barrierefunktion ausübt, der Gradient über die Kulturdauer erhalten bleibt und nicht durch Umgebungseinflüsse verloren geht (Abb. 5.50).

Während der Kultur muss deshalb kontinuierlich überprüft werden, ob die Barrierefunktion des Epithels aufrecht erhalten bleibt. Zur optischen Kontrolle wird Medium mit Phenolrot auf der luminalen und Medium ohne Phenolrot auf der basalen Seite verwendet (Abb. 5.48). Nur solche Epithelien werden für weiterführende Versuche verwendet, die den Flüssigkeitsgradienten während der gesamten Kulturdauer von Wochen aufrecht erhalten und es dabei zu keiner farblichen Vermischung beider Medien kommt. Zusätzlich erfolgt eine analytische Kontrolle mit dem Elektrolytanalysator (Abb. 5.50). In einem bestimmten Experiment z. B. sind die Epithelien während der gesamten Kulturdauer einem Gradienten mit Salzbeladung auf der luminalen Seite und einem Standardmedium basal ausgesetzt (130 versus 117 mmol/l Na). Messproben werden deshalb luminal und basal, sowie vor und hinter dem Container entnommen. Die Aufrechterhaltung einer intakten Epithelbarriere kann durch den Vergleich der Na-Konzentration sowie außerdem durch den gemessenen Osmolaritätsunterschied zwischen dem luminalen und basalen Kompartiment erkannt werden.

[Suchkriterien: Epithelia terminal differentiation barrier function]

6
Reifung von Gewebekonstrukten

Für jede Zelle in einem Gewebe bestehen ganz individuelle zellbiologische Interaktionen mit der natürlichen extrazellulären Matrix. Bei der Auswahl einer artifiziellen Matrix für ein Gewebekonstrukt muss deshalb kritisch hinterfragt werden, ob das ausgesuchte Biomaterial wirklich in allen Punkten zur Generierung des gewünschten Konstruktes geeignet ist.

Bei der Kultur von einzelnen Zellen ist der gesamte Vorgang noch relativ einfach zu überblicken. Die verwendeten Zellen werden vorwiegend als flache Monolayer auf Matrices mit planen Oberflächen zur optimalen Ausbreitung der Zellen kultiviert. Vorzugsweise werden transparente Matrices wie z.B. Scheibchen aus Polystyren, Glas, Polycarbonat oder Aluminiumoxid verwendet, um das Wachstum der Zellen oder wie bei Neuronen die Entwicklung von einzelnen Dendriten oder Axonen mikroskopisch verfolgen zu können.

Gewebe- und Organkulturexperimente dagegen werden bisher häufig an der Grenzfläche zwischen dem Kulturmedium und dem jeweilig verwendeten Gasgemisch in einem Inkubator durchgeführt. Hinderlich für die Versuchsdurchführung ist, wenn das kultivierte Gewebe auswächst und sich auf dem Boden einer Kulturschale ausbreitet. Aus diesem Grund werden Gewebefragmente oder Organanlagen z.B. auf einen Nitrozellulosefilter aufgelegt, möglicherweise noch mit Fibrinkleber oder Agarose überschichtet, damit das Gewebe nicht aufschwimmt und unkontrolliert verwächst. An diesen geschilderten Beispielen ist zu erkennen, dass der verwendete Nitrozellulosefilter hier primär als technischer Support für das Anhaften der Zellen und als manuell gut handhabbare Wachstumshilfe genutzt wird.

Bei der Generierung von artifiziellen dreidimensionalen Gewebekonstrukten kommt jedoch der verwendeten Matrix eine besondere Bedeutung zu. Wenn Zellen auf einem Scaffold angesiedelt werden, dann ist primär die Größe des zukünftigen Konstruktes durch die verwendete dreidimensionale Biomatrix vorgegeben. Soll sich das Konstrukt vergrößern, so muss entweder der Scaffold größere Dimensionen haben oder das Konstrukt muss seine eigene Matrix bilden, um wachsen zu können.

Auf der verwendeten Matrix werden Zellen angesiedelt, um in Verbindung mit dieser Matrix ein dreidimensionales funktionelles Gewebe zu bilden. Dazu muss die jeweils verwendete Matrix nicht nur das Anhaften und das Wandern der Zellen unterstützen, sondern vor allem sollte die Differenzierung der Zellen und die Sezernierung von extrazellulären Matrixproteinen zur mechanischen Stabilisierung des Konstruktes gefördert werden.

Wenn bioabbaubare Matrices verwendet werden, dann hat die Matrix nur temporären Charakter. Deshalb müssen die Zellen zunehmend ihre eigene und vor allem gewebetypische extrazelluläre Matrix bilden, während die artifizielle Matrix abgebaut wird. Auch dies geschieht nicht automatisch, sondern muss von der jeweils verwendeten Matrix zellbiologisch unterstützt werden.

Besonders deutlich wird die Thematik der zellbiologischen Interaktivität bei der Frage, welche Wachstumsunterlage sich für kultivierte Zellen oder welche Matrix sich für welches Gewebe am besten eignet. Tatsache ist, dass es bis heute für neu entwickelte Materialien keine Vorhersage gibt, ob der verwendete Zelltyp sich darauf gut oder schlecht entwickeln wird. Bei jedem neu entwickelten Biomaterial muss sein zellbiologischer Einfluss für eine Vielzahl von Zellen gänzlich neu erarbeitet werden.

[Suchkriterien: Tissue constructs differentiation maturation]

6.1
Primär- und Sekundärkontakte

Während bei der Zelltherapie nur eine Suspension von proliferierenden Zellen in die Zone des Defektes injiziert wird, möchte man beim Tissue Engineering Zellen auf einer artifiziellen extrazellulären Matrix (Scaffold) ansiedeln und das daraus resultierende Gewebekonstrukt als Implantat verwenden. Die Matrix muss den Zellen deshalb eine optimale Möglichkeit für Adhäsion und Differenzierung gewähren, so dass sich das Konstrukt möglichst gewebespezifisch entwickeln kann. Zusätzlich sollte die Biomatrix ein mechanisch stabiles Gerüst darstellen, das den Zellen eine natürliche, dreidimensionale Anordnung ermöglicht. Optimal wäre es, wenn die Matrix zu einem späteren Zeitpunkt abgebaut und durch gewebespezifisches Material der implantierten Zellen ersetzt werden könnte. Dabei wird häufig angenommen, dass die Zellen in jedem Fall in Kooperation mit der Matrix automatisch zu einem funktionellen Gewebe reifen. Das ist leider nicht so. Die Matrix muss eine Reihe von speziellen Eigenschaften aufweisen, damit sich daraus ein funktionelles Gewebe entwickelt. Neben den zellbiologischen Qualitäten sind weitere wesentliche Voraussetzungen, dass die Matrix bioverträglich ist und nach einer Implantation keine toxischen Auswirkungen auf das umgebende Patientengewebe hat.

Nicht nur das Zellwachstum, sondern auch die Zellfunktion und damit die Gewebedifferenzierung werden in großem Maße durch das räumliche Umfeld beeinflusst. Darum wird eine Nachahmung der natürlichen räumlichen Organisation angestrebt. Als Scaffold werden Trägerstrukturen verwendet, die den Zellen als Wachstumsunterlage für die optimale räumliche bzw. funktionelle Organisation dienen sollen. Da die Zellen auf einer künstlichen Matrix zuerst anhaften und dann mit ihr interagieren, müssen die Oberflächen eine Reihe wichtiger Eigenschaften aufweisen. Generell gilt, dass benetzbare, hydrophile Oberflächen bessere Adhäsion für Zellen bieten als hydrophobe.

6.1.1
Adhäsion

Aussagen für die Zelladhäsion gewinnt man, indem eine Suspension von Zellen in Kontakt mit dem zu testenden Scaffold bzw. Biomaterial gebracht wird. Nach einiger Zeit wird das Biomaterial aus der Zellsuspension entnommen und für mehrere Tage in frischem Kulturmedium kultiviert. Das mit Zellen bewachsene Material enthält höchstwahrscheinlich Zellen, die sehr stark haften und Zellen, die weniger stark haften. Die schlecht haftende Zellpopulation lässt sich z. B. durch Zentrifugieren abtrennen. Mit fluoreszierenden Kernfarbstoffen kann dann der prozentuale Anteil von stark und weniger stark anhaftenden Zellen ermittelt werden. Dies geschieht mit lichtmikroskopischen Techniken und elektronischen Geräten zur Bestimmung der Zellzahl. Auf diese Weise lässt sich relativ einfach zeigen, welches Biomaterial für die Zelladhäsion prinzipiell besser geeignet ist als ein anderes.

Durch die Adhäsion der Zellen erkennt man recht schnell, ob die verwendeten Zellen das angebotene Biomaterial akzeptieren (Abb. 6.1). Allerdings muss dann noch die entscheidende Frage beantwortet werden, ob das Biomaterial gleichmäßig besiedelt wird und inwieweit Zellen in ein dreidimensionales Scaffoldmaterial einwandern. Um diese Frage zu klären, lässt man die Zellen für unterschiedliche Zeiträume auf den jeweiligen Biomaterialien wachsen. Dann können mit fluoreszierenden Kernfarbstoffen und einem konfokalen Laser Scanning Mikroskop die Zahl und die Verbreitung der Zellen erarbeitet werden. Verwendet werden dazu Morphometrieprogramme, die die dreidimensionale Verteilung der Zellen in Verhältnis zur Wachstumsoberfläche des Biomaterials darstellen.

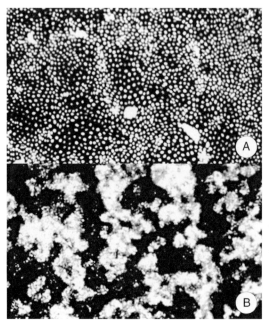

Abb. 6.1: Nachweis der Zellkerne von MDCK-Zellen mit Propidiumiodid auf einer geeigneten (A) und weniger geeigneten (B) Matrix. Bei einer geeigneten Matrix sind die Zellen gleichmäßig auf der Oberfläche verteilt, während eine ungeeignete Matrix unregelmäßige Zellanhäufungen (Cluster) aufweist.

Die Qualität der Zelladhäsion hängt entscheidend vom verwendeten Biomaterial ab (Abb. 6.1). Dies kann sehr einfach an Zellkulturen gezeigt werden, die in Petrischalen wachsen. Erfahrungsgemäß weiß man, wie lange eine Zelllinie oder eine Primärkultur benötigt, um einen konfluenten Zellrasen auf der Polystyrenoberfäche der Petrischale zu bilden. Wird der Schalenboden mit einem ungeeigneten Polymer wie z. B. Poly(2-hydroxyethylmethacrylat) beschichtet, so nimmt die Zahl der angehefteten Zellen drastisch ab und ein konfluenter Monolayer bildet sich nicht mehr aus. Dieses Beispiel zeigt deutlich, wie sensitiv Zellen reagieren, wenn sie mit einer wenig geeigneten Oberfläche zusammentreffen.

Häufig stellt sich beim Testen von Biomaterialien heraus, dass die Zellen nicht homogen verteilt vorliegen, sondern Aggregate gebildet haben. Für manche Gewebebildung ist dies als Nachteil anzusehen, während es z. B. für Drüsengewebe eine wichtige Voraussetzung für eine erfolgreiche Entwicklung sein könnte.

Es ist unklar, warum Zellen sich auf vielen Biomaterialien ansiedeln lassen, obwohl diese keinerlei molekulare Ähnlichkeit mit der natürlichen extrazellulären Matrix haben (Abb. 6.2). Es scheint, als könnte eine Reihe physicochemischer Oberflächenparameter die Adhäsion, Teilungsfähigkeit und Migration von Zellen beeinflussen. Experimente mit Fibroblasten beweisen, dass z. B. die freie Oberflächenenergie einen deutlichen Einfluss auf die Ausbreitung von Zellen auf einer Oberfläche hat.

Es wurde gezeigt, dass eine Wechselwirkung zwischen der negativ geladenen Zellmembran und der Oberfläche des jeweiligen Werkstoffes besteht. Das Zellwachstum erweist sich auf PE, PS, PC, pMMA und Glasoberflächen als ganz unterschiedlich (Abb. 6.2). Aufgrund dieser Erfahrungen kann z. B. durch Modifikation der Oberflächenladung oft auch die Zellanhaftung verbessert werden. Durch weitere chemische Modifikationen können Proteine wie z. B. Fibronektin auf der Materialoberfläche angebracht werden, mit denen Zellen dann selektiv über Ankerproteine in Verbindung treten können. Bei metallischen Werkstoffen besteht das Problem, dass die elektrische Leitfähigkeit durch ablaufende Redoxreaktionen zur Denaturierung von Proteinen in der Plasmamembran führen und somit die Zellen irreversibel schädigen kann. Für das Gewebewachstum entscheidend sind außerdem die Oberflächenbeschaffenheit und die Porengröße des verwendeten Materials.

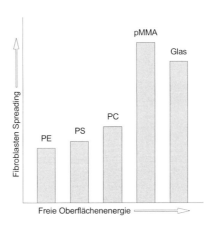

Abb. 6.2: Beispiel für das unterschiedliche Wachstum von Fibroblasten auf PE, PS, PC, pMMA und Glasoberflächen.

Die bisherigen experimentellen Erfahrungen mit Zellen auf Biomatrices verdeutlichen, dass es kein Einheitsmaterial gibt, welches für die Entwicklung eines jeden Gewebes gleich gut geeignet wäre. Vielmehr zeigt sich, dass für jedes Gewebe mit seinen sehr spezifischen Anforderungen eine Matrix ganz individuell ausgewählt und optimiert werden muss. All dies bedeutet wiederum, dass z. B. auf einer Matrix, die gut für Leberparenchymzellen geeignet ist, nicht automatisch auch Insulin produzierende Zellen aus den Langerhans-Inseln gedeihen. Für Bindegewebezellen ist diese Matrix höchstwahrscheinlich sogar völlig ungeeignet.

Wenn sich Gewebe also gut entwickeln sollen, dann werden ganz spezifische Eigenschaften der ECM benötigt. Das meist künstlich hergestellte Material muss für die Zellen optimale Anheftungsplätze bieten. Nur über eine gewebespezifische Verankerung der Zellen können über Integrinrezeptoren die für die weitere Entwicklung notwendigen Informationen in das Zellinnere übertragen werden (Abb. 6.3). Zusätzlich müssen die notwendigen Wachstumsfaktoren im Konstrukt enthalten sein oder zugeführt werden, um die Differenzierung der Zellen einzuleiten und aufrecht zu erhalten. Neben den Zellrezeptoren und den extrazellulären Matrixproteinen sind die matrizellulären Proteine wichtige Modulatoren für die Entstehung und Aufrecht-

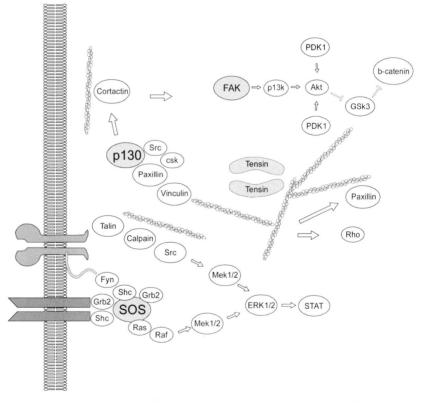

Abb. 6.3: ECM-Integrin-Signaltransduktion. Integrinrezeptoren sind in der Lage, Informationen vom extrazellulären Raum (links) über die Plasmamembran ins Innere der Zelle zu übertragen. Durch zelluläre Signalkaskaden kann die Information weiter gegeben werden, um eine Vielzahl von Funktionen zu steuern.

erhaltung der Funktionalität. Einerseits können sie die ECM-Produktion steuern und andererseits haben sie Einfluss auf die Wirkung von Wachstumsfaktoren. Diese Kontrolle geschieht allein über die Rezeptor-vermittelte Anheftung der Zelle und die gleichzeitige Expression von weiteren ganz anderen Rezeptoren auf der Zelloberfläche, wodurch von außen wiederum andere Funktionen ausgelöst werden können.

Bei der Neuentwicklung einer Matrix für einen bestimmten Zelltyp kann eine Eignung nicht vorhergesagt werden, sondern muss experimentell jedes Mal neu bestimmt werden, da allein das Differenzierungsprofil der Zellen im Kontakt mit der Matrix als Qualitätskriterium dienen kann. Zu Beginn unserer eigenen Arbeiten waren wir uns nicht bewusst, wie sensitiv Zellen auf eine angebotene Matrix mit erwünschter Differenzierung aber auch mit unerwünschter Dedifferenzierung reagieren können. Unklar ist zudem, warum die Zellen bei Besiedlung eines Scaffolds nicht automatisch alle funktionellen Eigenschaften eines Gewebes entwickeln, sondern in einem mal mehr oder mal weniger unreifen Zwischenzustand verharren.

[Suchkriterien: Cell matrix contact interaction primary]

6.1.2
Adhärenz

Nach dem Primärkontakt von Zellen auf einem Scaffold entscheidet sich, ob es zur Abwanderung kommt oder ob ein permanenter Kontakt ausgebildet wird und gewebespezifische Eigenschaften ausgebildet werden (Abb. 6.4). Das Verbleiben von Zellen

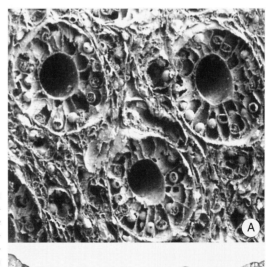

Abb. 6.4: Erhalt der Morphologie von Epithelkonstrukten. Mikroskopische Ansicht von Sammelrohren in der Niere (A) und kultivierten Sammelrohr-Epithelzellen auf einer natürlichen Unterlage (B). Hierbei behalten die kultivierten Epithelien Ihre typischen morphologischen Eigenschaften bei. Dies zeigt die biofunktionelle Unterstützung einer geeigneten Kollagenunterlage für renales Sammelrohrepithel unter Kulturbedingungen.

auf einem Biomaterial allein ist noch keine konkrete Aussage darüber, wie fest die kultivierten Zellen auf dem jeweiligen Biomaterial verankert sind. Diese Informationen sind jedoch sehr wichtig, wenn es z. B. um die Optimierung von Gefäßprothesen geht und Endothelzellen angesiedelt werden müssen, die einem starken natürlichen rheologischen Stress durch das vorbeiströmende Blut ausgesetzt sind.

Um die Bindungseigenschaften von Gefäßprothesen zu optimieren, werden mit Zellen besiedelte Biomaterialien deshalb verschiedenen Zentrifugationszyklen ausgesetzt. Dabei lösen sich je nach Biomaterial unterschiedliche Mengen an Zellen. Als Kontrolle und zum Vergleich werden Versuche mit Gefäßstücken durchgeführt.

Eine andere Testmöglichkeit besteht darin, mit Zellen besiedelte Biomaterialien unterschiedlich starken Flüssigkeitsströmen in einer Perfusionskammer auszusetzen. Dabei muss darauf geachtet werden, dass das Biomaterial mit den kultivierten Zellen zwischen möglichst parallel verlaufenden Kammerbegrenzungen gehalten werden, um eine gleichmäßige laminare Strömung zu erzeugen. Werden diese Versuche nicht nach standarisierten Bedingungen durchgeführt, können Experimente von unterschiedlichen Laboratorien kaum miteinander verglichen werden. Bei diesen Versuchen kann sowohl die Kinetik der Zellanheftung und Ablösung, als auch des Rollens von Zellen unter Fließbedingungen auf einer ECM beobachtet werden.

[Suchkriterien: Cell matrix adhesion attachment]

6.1.3
Wachstum: ERK- und MAP-Kinasen

Adhärente Zellen lassen sich problemlos unter Kulturbedingungen vermehren. Wird ihnen eine optimale Wachstumsfläche angeboten, so haften sie nach kurzer Zeit an und bleiben auf der angebotenen Unterlage. Unter guten Kulturbedingungen ist schon innerhalb von wenigen Tagen zu beobachten, dass z. B. der gesamte Kulturschalenboden mit Zellen bewachsen ist. Die jetzt konfluenten Zellen zeigen unterschiedliche Funktionszustände. Das Spektrum reicht von verschiedenen Zellteilungsstadien bis hin zur zelltypischen Interphase. Bemerkenswert für die adhärenten Zellen ist, dass sie während der gesamten Mitose, der Zytokinese und der Interphase in stetigem Kontakt mit dem Kulturschalenboden stehen und sich nie vollständig ablösen.

Die Zellteilungsrate kann nicht nur durch Zugabe von Serum zum Kulturmedium, sondern auch z. B. über einen Wachstumsfaktor oder über die Veränderung der Elektrolyte und damit über die Osmolarität stimuliert werden. Diese von außen an die Zelle herangeführten Reize müssen in das Innere der Zelle gelangen und dort zellbiologisch umgesetzt werden. Vermittelt werden diese Funktionen über ERK- (extracellular signal regulated kinases) und die MAP- (mitogen activated protein) Kinasen. Gesteuert werden dadurch in einer koordinierten Aktion die Adhäsion, Adhärenz, die Mitose und Interphase einer Zelle (Tab. 6.1).

Wenn eine Zelle sich an einer Unterlage anheftet, dann entscheidet sie allein, ob sie für einen bestimmten Zeitraum in der funktionellen Interphase bleibt oder sich teilt. Signale, die diese Vorgänge steuern, müssen zwischen dem Äußeren und Innern der Zelle übertragen sowie reguliert werden. Informationen über die Wachstumsun-

Tab. 6.1: Zellbiologische Interaktion der ERK (extracellular signal regulated kinases) und der MAP (mitogen activated protein) Kinasen.

Adhäsion – Adhärenz – Mitose – Interphase			
Nukleotidsynthese	Genexpression	Proteinsynthese	Zellwachstum
CPS II	Histone H5	Mnk1	Cyclin D1
PRPP	Zugang zur DANN	EIF-4e	Cdk4 / E2F
Erhöhung der Nukleotidsynthese	Ermöglichung der Transkription	Aktivierung der Ribosomen	Aktivierung der Wachstumsgene

terlage gelangen in das Zellinnere und werden hauptsächlich über das ERK- (extracellular signal regulated kinases) System vermittelt. Infolgedessen werden Vorgänge zur Nukleotidsynthese, Genexpression, Proteinsynthese und Wachstum stimuliert, die wiederum von den MAP- (mitogen activated protein) Kinasen gesteuert werden. Ein Schlüsselenzym für die DNA- bzw. RNA-Synthese ist z. B. die Carbamylphosphatsynthase II (CPS II). Applikation von epidermalem Wachstumsfaktor hat gezeigt, dass die ERK-/MAP-Kinasen Phosphatgruppen auf die CPS II übertragen. Diese Phosphorylierung kann durch PRPP (Phosphoribosylphosphat) beschleunigt werden, was zu einer erhöhten Nukleotidsynthese und damit zu einer erhöhten Transkriptionsaktivität führt. Das Signal von den zellulären MAP-Kinasen führt zu einer Erhöhung der Genexpression, indem Rapid Response Gene aktiviert werden. Dies geschieht über eine Aktivierung von Transkriptionsfaktoren und die Phosphorylierung von Histonproteinen. Dadurch kommt es zu einer Konfigurationsänderung des Moleküls, wodurch wiederum die DNA zur mRNA-Bildung freigelegt wird. Gleichzeitig wird die Proteinsynthese über Mnk1 und den eukaryotischen Translationsfaktor eIF-4E aktiviert. Dies führt zur Aktivierung der Proteinsynthese am endoplasmatischen Retikulum.

Das über ERK-/MAP-Kinasen vermittelte Zellwachstum wird über die Familie der CDK (cyclin dependent protein kinase) gesteuert. Aktiviert werden das Cyclin D1 Protein und sein Partner Cdk4, wodurch sich ein Komplex bildet. Wird dieses Molekül phosphoryliert, so kann es die in der Zelle vorliegende Wachstumshemmung aufheben. Dies setzt den Transkriptionsfaktor E2F frei. Dadurch kommt es zum Anstieg der Transkription von Genen, die Wachstum und DNA-Replikation unterstützen.

In Wirklichkeit sind die zellbiologischen Interaktionen viel komplizierter als hier geschildert und können nur mit entsprechender aktueller Primärliteratur sachgerecht in allen bisher bekannten Einzelheiten besprochen werden. Dennoch kann anhand der ERK-/MAP-Kinasen gezeigt werden, dass ganz unterschiedliche extrazelluläre Einflüsse einen Effekt auf das Wachstum und die Differenzierung haben können. Dazu gehören neben Morphogenen bzw. Wachstumsfaktoren die ECM, die Osmolarität des Kulturmediums und der physikochemische Stress.

Je nach ausgereiftem Gewebetyp befinden sich die Zellen für unterschiedlich lange Zeiträume in der Interphase oder auch G_1-Phase. Diese kann bei Nerven- oder Herzmuskelgewebe lebenslang, bei Nebennieren-, Leber- oder Nierenzellen Monate bzw.

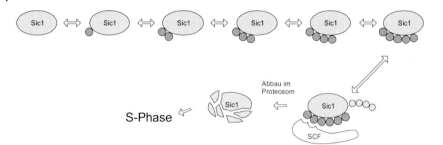

Abb. 6.5: Überführung einer Zelle von der G_1- in die S-Phase des Zellzyklus. Dieser Vorgang wird durch die sechsfache Phosphorylierung von Sic1 bewirkt.

Jahre andauern. Diese stark verlängerte G_1-Phase wird dann als G_0-Phase bezeichnet . Bei sich permanent regenerierendem Gewebe wie der Haut dauern die G_1-Phasen der einzelnen Zellen lediglich wenige Tage. Bisher ist nicht bekannt, über welchen Mechanismus die einzelnen Gewebezellen gesteuert werden, unterschiedlich lange in der G_1-Phase zu bleiben. An kultivierten Zellen kann gezeigt werden, dass nach Zugabe von fötalem Rinderserum, nach Applikation von Wachstumsfaktoren und nach Veränderung des Elektrolytmilieus Zellen von der G_1- in die S-Phase und damit in die Vorbereitung zur Mitose überführt werden können. Dabei muss man sich vergegenwärtigen, dass die Zellteilung eine ganze Serie von sehr geordneten zellbiologischen Abläufen darstellt. Die Zelle kopiert ihr genetisches Material, wächst und verteilt verdoppelte DNA in zwei neue Zellen. Nach einer Interphase beginnt dieser Prozess erneut.

Die Frage ist nun, wie dieser Mechanismus molekularbiologisch geregelt ist, damit die Zellen von der G_1- in die S-Phase des Zellzyklus gelangen. Normalerweise ist dieser Schritt durch das Protein Sic1 blockiert. Sic1 hemmt einen Proteinkomplex, zu dem Zyklin-abhängige Kinasen wie z. B. Cdk1 gehören. Solange diese Kinasen inhibiert werden, können die Zellen nicht in die S-Phase gelangen. Wenn Sic1 jedoch in einzelnen Schritten mehrmals phosphoryliert wird, dann wird der Weg in die S-Phase freigegeben. Dazu lagert sich der Proteinkomplex SCF an Sic1. Das Sic1 Molekül wird sodann ubiquiniert und anschließend im Proteasom abgebaut, so dass die S-Phase beginnen kann (Abb. 6.5). Interessanterweise kann der Abbau von Sic1 nur starten, nachdem das Molekül sechsmal phosphoryliert wurde.

[Suchkriterien: Cell cycle control kinases factors]

6.2
Strukturanlage

Zur Ansiedlung von Zellen auf einer Matrix oder einem Scaffold werden Zellen meist in Suspension, also im Kulturmedium als völlig abgerundete Zellen aufpipettiert (Abb. 6.6 A). Dazu hier ein Beispiel, wie aus Knorpelgewebe isolierte Chondrozyten auf einer Matrix angesiedelt werden. Wenn eine ausreichende Zellzahl vorliegt, wird

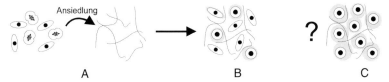

Abb. 6.6: Schrittweise Entwicklung von Gewebekonstrukten. Ansiedlung von isolierten Zellen auf einem Scaffold. Dabei entscheiden die proliferierenden Zellen, ob die Matrix zum Anhaften geeignet ist. Falls ja, suchen sie sich ihren individuellen Platz (A). Dabei bilden sie meist einen halb gereiften Differenzierungszustand aus (B). In den meisten Fällen ist unbekannt, mit welchen Faktoren die terminale Differenzierung von Geweben so angeregt werden kann, dass sich aus einem halb gereiften ein funktionelles Gewebe entwickelt (C).

das Kulturmedium aus der Flasche entfernt, mit warmer PBS Lösung gespült, 1 ml Trypsinlösung hinzugegeben und bis zur Ablösung der Zellen bei 37 °C inkubiert. Die Enzymreaktion wird durch Zugabe von serumhaltigem Medium gestoppt, die Zellsuspension in Zentrifugenröhrchen überführt und 5 Minuten lang bei 200 x g zentrifugiert. Der Überstand wird abgenommen und die Zellen werden in frischem Kulturmedium (z. B. DMEM/F12) resuspendiert. Danach wird die Zellzahl bestimmt und die Zellsuspension auf die gewünschte Konzentration im Medium verdünnt. Schließlich wird diese Zellsuspension auf die ausgewählten Matrices/Scaffolds pipettiert. Nach ca. 8 Stunden haften die Chondrozyten auf dem Scaffold und die Konstrukte können weiter kultiviert werden.

Wichtig ist jetzt die Ausbreitung und das Anhaften der Zellen zu beobachten, damit erkennbar wird, ob sie z. B. mehr an der Oberfläche eines Fasermaterials anhaften oder mehr die dazwischen liegenden Räume besiedeln (Abb. 6.6 B). Dadurch können Erfahrungen über das Sozialverhalten der Zellen innerhalb des verwendeten Scaffolds gesammelt werden. Bedenken sollte man bei diesem Schritt, dass isolierte und damit abgerundete Gewebezellen mit dem jeweiligen Scaffoldmaterial in Kontakt gebracht werden. Dabei sehen die verschiedenen Gewebezelltypen alle fast gleich aus. Im Primärkontakt zur Matrix zeigt sich dann allerdings sehr schnell, ob Bindegewebezellen, neuronale Zellen oder Muskelzellen naturgemäß das Innere des Scaffolds besiedeln und ob Epithelzellen wie zu erwarten auf der Oberfläche bleiben.

Nachdem Zellen mit einem Scaffold in Kontakt gebracht worden sind, soll sich daraus unter Kulturbedingungen möglichst schnell und möglichst gut ein gewebespezifisches Konstrukt entwickeln (Abb. 6.6 C). Dies gelingt jedoch nur, wenn die Zellen die angebotene extrazelluläre Matrix oder den Scaffold akzeptieren und im weiteren Entwicklungsverlauf als optimal empfinden. Nur dann nämlich ist die Chance einer gewebespezifischen Differenzierung gegeben. Entsprechend der Qualität der Matrix zeigt sich relativ schnell eine Reaktion. Haften die Zellen gut an, so signalisieren sie, dass sie sich wohlfühlen. Verbleiben die Zellen und bilden eine gewebespezifische Matrix aus, so ist die grundlegende Voraussetzung für die Entstehung eines funktionellen Gewebes gegeben.

Nach mehreren Tagen in Kultur wird erkennbar, ob alle angesiedelten Zellen die gleiche Entwicklungsrichtung einschlagen oder ob ein Teil der Zellen unreife Eigenschaften behält und damit eine potentielle Gefahr z. B. für eine andersartige Gewebebildung oder sogar eine spätere Tumorentstehung in sich birgt. Besondere Bedeutung haben diese wichtigen Aspekte nicht nur bei Verwendung adulter körpereigener Zellen, sondern auch besonders bei der Verwendung von Stammzellen.

[Suchkriterien: Cell scaffold tissue engineering 3D structure]

6.3
Terminale Differenzierung

Um aus proliferierenden Zellen auf einer Biomatrix ein funktionelles Gewebeimplantat herzustellen, muss sich nach Ansiedlung der Zellen eine Reifungsphase anschließen, damit aus unreifen Vorstufen funktionelle Zellen entstehen (Abb. 6.7). Überraschend wenig Informationen gibt es zur terminalen Differenzierung und damit zur funktionellen Gewebeentstehung *in vitro* und *in vivo*. Zentraler Punkt bei diesem Vorgang ist das komplexe Wechselspiel zwischen der Zell-Matrix-Interaktion, der Mitosesteuerung, der Einwirkung von Morphogenen und den extrazellulären Reizen. Aktuelle Daten zeigen, dass die mitogen-aktivierten Proteinkinasen (MAP) und Proteinphosphatasen hier eine zentrale Rolle spielen. Wesentlich dabei ist, dass die Zellteilungsaktivität über die extrazelluläre Matrix, morphogene Faktoren und über akute physiologische Parameter innerhalb der Gewebe gesteuert wird. Gänzlich unbekannt dagegen sind die morphogenen Einflüsse, die Gewebezellen zu einem gewissen Zeitpunkt veranlassen, die Mitose einzustellen und typische Funktionen auszubilden. Auch die nachgeschalteten Mechanismen, also wie aus einmal angelegten Zellen dann funktionsfähige Gewebe entstehen, sind noch nicht aufgeklärt. Völlig unbekannt sind die Vorgänge zur Regeneration an funktionellen Geweben, etwa warum eine Knochenfraktur meist in kurzer Zeit und unter Wiederherstellung der ursprünglichen Funktionen durch Proliferation und Differenzierung der beteiligten Zellen verheilen kann, während im benachbarten hyalinen Knorpel nach Beschädigung nur belastungsunfähiger Faserknorpel produziert wird.

Initiales Signal für die Gewebeentwicklung ist die Induktionswirkung eines morphogen aktiven Faktors. Im Gegensatz zum hämatopoetischen System, in dem sich jede Zelle unabhängig entwickelt, treten entstehende Gewebezellen in eine enge Interaktion zu den benachbarten Zellen und zur umgebenden extrazellulären Matrix. Bei Bindegeweben wie Knorpel oder Knochen werden dann von den reifenden Zellen große Mengen an extrazellulärer Matrix in die fast gleichmäßig strukturierten Zellzwischenräume eingebaut. Epithelien bilden die für sie typische Basalmembran und einen ein- oder mehrschichtigen Zellverband mit engsten Nachbarschaftskontakten aus, innerhalb dessen Zellen gleiche oder ganz unterschiedliche Differenzierungen aufweisen können. Diese differenzierten Zellen bleiben von einem gewissen Zeit-

Zellen   Scaffold   Funktionelles Gewebe?

Abb. 6.7: Zentrale Frage bei der Generierung von Konstrukten ist, inwiefern Zellen in Verbindung mit einer Biomatrix automatisch gewebetypische Eigenschaften entwickeln.

punkt an in der Interphase und teilen sich nicht mehr. Bisher ist unbekannt, wie diese Vorgänge im einzelnen gesteuert werden.

Vor der breiten klinischen Anwendung von Gewebekonstrukten sollten die zellbiologischen Grundlagen der Gewebeentstehung und -regeneration auf breiter Basis experimentell untersucht werden. Aus zellbiologischer und technischer Sicht stehen wir bei der Entwicklung solcher Gewebekonstrukte erst am Anfang der zukünftigen Möglichkeiten, weil uns das grundlegende Wissen zu den Abläufen der funktionellen Gewebereifung im Organismus fehlt. Verglichen mit der Vermehrung von Zellen ist das Hochregulieren und die Aufrechterhaltung einer funktionellen Differenzierung von Gewebe *in vitro* sehr schwierig und nur über viele Jahre zukünftiger Entwicklungsarbeit zu lernen und damit zu verwirklichen. Dies liegt einerseits an bislang ungelösten zellbiologischen Schwierigkeiten, andererseits an fehlenden apparativen Voraussetzungen. Die wohl größte zu überwindende Hürde ist das mangelnde Problembewusstsein auf diesem Gebiet. Es wird bisher vielfach angenommen, dass sich Gewebe unter *in vitro*-Bedingungen ohne weiteres Zutun entwickelt. Aktuelle experimentelle Daten zeigen jedoch, dass es bisher noch nicht möglich ist, mit dem Organismus vergleichbare funktionelle Gewebe unter reinen Kulturbedingungen herzustellen. Ein wesentliches methodisches Hindernis scheint die falsche Vorstellung zu sein, dass kontinuierliche Zellvermehrung immer wünschenswert ist.

[Suchkriterien: Terminal differentiation development function]

6.4
Einflüsse des Kultur-Environments auf die Entwicklung von Gewben

6.4.1
Atypische Entwicklung

Experimentelle Erfahrungen mit isolierten Zellen in Verbindung mit unterschiedlichen Scaffolds in Kultur zeigen, dass aus diesen Konstrukten nicht vollständig intakte und damit funktionelle Gewebe entstehen. Gewebe, deren Zellen soziale Gemeinschaften bilden, haben spezielle Umgebungsbedürfnisse und sind während ihrer Entwicklung auf einen hohen Komplexitätsgrad zellbiologischer Steuerung angewiesen. Es ist ausgesprochen wenig über die Entstehung von Geweben mit allen ihren funktionellen Eigenschaften bekannt. Demnach müssen neue Strategien und Methoden entwickelt werden um zu lernen, wie unter *in vitro*-Bedingungen dieses Geschehen analog zu den Vorgängen bei der Gewebeentstehung im Organismus simuliert werden kann. Nur mit diesem Wissen wird das Tissue Engineering qualitativ hochwertige Konstrukte liefern und damit die Therapie zukünftig beherrschbar machen.

Die kritische Analyse der bisher publizierten Literatur im Bereich des Tissue Engineering zeigt, dass Gewebeentwicklung *in vitro* häufig mit einer fehlenden Entstehung (Upregulation), oder einem nicht beherrschbaren Verlust (Downregulation) von Gewebeeigenschaften sowie mit einer atypischen Proteinexpression verbunden ist. Diese Vorgänge werden unter dem Begriff der zellulären Dedifferenzierung geführt. Bisher geht man davon aus, dass es bei der Implantation von unreifen Geweben zu einer vollständigen Differenzierung der Implantate im Patienten durch die Selbstorganisationsfähigkeit des Körpers im Laufe der Zeit kommt. Durch das Einbringen von unreifen Gewebekonstrukten oder von Zellsuspensionen hofft man, die Selbst-heilungskraft des Organismus zu stimulieren. Die bisherige Erfahrung zeigt, dass diese Annahme in manchen Fällen zutrifft, in vielen Fällen jedoch nicht.

Aufgrund letztendlich unbekannter Vorgänge vermindern oder beenden z. B. Insulinproduzierende Inselzellen des Pankreas ihre Hormonproduktion unter Kulturbedingungen oder nach einer Implantation. Das gleiche gilt für Dopamin produzierende Neurone, die z. B. Patienten mit Morbus Parkinson implantiert wurden. Knorpelkonstrukte zeigen sich mechanisch nicht in gleicher Weise belastbar, wie dies vom nativen Gelenkknorpel her bekannt ist. Ähnliches gilt für Knochenkonstrukte, die Patienten mit Osteoporose implantiert werden sollen. Bei extrakorporalen Leber- und Nierenmodulen steht ebenfalls das Problem der zellulären Dedifferenzierung im Vordergrund. Obwohl die Zellen in den verwendeten Modulen über lange Zeiträume am Leben erhalten werden können, gehen im Vergleich zur gesunden Parenchymfunktion im Organismus ein hoher Prozentsatz an Entgiftungsleistungen bzw. Transport- und Abdichtungsfunktionen verloren.

Ein weiteres ungelöstes Problem beim Tissue Engineering ist die Expression atypischer Proteine, was im Fall einer Implantation des Konstruktes zu mangelhafter Funktion, aber auch zu Entzündungs- und Abstoßungsreaktionen führen kann. Bei kultivierten Knorpelkonstrukten z. B. sollte natürliches Kollagen Typ II exprimiert werden, damit sich eine mechanisch belastbare extrazelluläre Matrix bilden kann. Tatsächlich wird häufig aber ein hoher Anteil an untypischem Kollagen Typ I gefunden. Herzklappen sollten aus verständlichen Gründen möglichst lange Zeit elastisch deformierbar bleiben, jedoch bereitet die Kalzifizierung der Konstrukte Probleme.

Die geschilderten atypischen Entwicklungen sind bisher nur als Phänomen bekannt und deshalb nicht zufriedenstellend experimentell untersucht. Erst langsam beginnt man zu verstehen, wie es zu dieser Entwicklung kommt und wie solche Eigenschaften experimentell zu steuern sind. Unklar ist zudem, warum das Konstrukt in vielen Fällen auch nach der Implantation eine atypische Proteinexpression beibehält und nicht durch Umgebungseinwirkung zur spezifischen Expression zurückkehrt. Dies zeigt einerseits, dass ein Implantat nicht automatisch vollständig in die Umgebung integriert wird und andererseits, dass sich ein atypischer Genswitch der Kontrolle des umgebenden Gewebes entziehen kann.

Ideal wäre es, wenn die *in vitro*-Generierung eines vollständig differenzierten und funktionellen Gewebekonstruktes gelingen würde. Das Problem dieser Realisierung liegt jedoch darin, dass es zum heutigen Zeitpunkt aufgrund fehlender zellbiologischer Kenntnisse und technischer Möglichkeiten einfach noch nicht möglich ist, die natürlichen Vorgänge der Gewebereifung *in vitro* vollständig nachzuvollziehen. Auch die funktionelle Integration von Konstrukten in bestehendes Gewebe ist bisher nicht genügend untersucht. Deshalb muss vorerst akzeptiert werden, dass mehr oder weniger gereifte Konstrukte generiert werden und zur Anwendung kommen.

Eigene Untersuchungen z. B. zeigten, das sich die isoprismatischen Zellen des renalen Sammelrohrepithels nach der Isolierung unter Kulturbedingungen stark verändern (Abb. 6.8). Auf dem Boden einer Kulturschale bilden sie zwar einen konfluenten Monolayer aus, jedoch ist ihre Morphologie untypisch flach und funktionelle Eigen-

Abb. 6.8: Steuerung der zellulären Dedifferenzierung unter Kulturbedingungen durch die Verwendung eines optimalen Scaffolds am Beispiel von renalen Tubuluszellen. (A) Sammelrohre in der Niere mit einem deutlich erkennbaren Lumen. (B) Kultiviertes Sammelrohrepithel mit isoprismatischen Zellen auf einer nierenspezifischen Unterlage. (C) Kultivierte Sammelrohrzellen auf dem Boden einer Kulturschale. Die Zellen sind hier sehr stark verändert und als typische Sammelrohrzellen nicht mehr erkennbar.

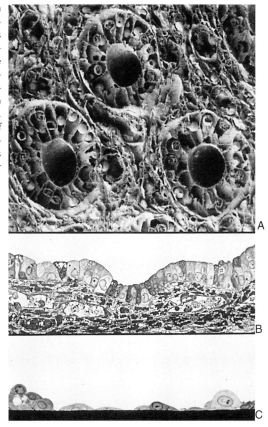

schaften sind sehr stark verändert (Abb. 6.8 C). Werden die Zellen jedoch auf einer nierenspezifischen Kollagenunterlage gehalten, so entwickeln sie ein perfektes Epithel mit isoprismatischen Zellen (Abb. 6.8 B).

Gewebe sind dreidimensionale Strukturen, die unter *in vitro*-Bedingungen eine dementsprechende Matrix benötigen. Chondrozyten z. B. zeigen ein dedifferenziertes Fibroblasten-ähnliches Erscheinungsbild, wenn sie auf dem Boden einer Kulturschale gehalten werden. Bietet man diesen Zellen ein dreidimensionales Agarosegel an, so entwickeln sie einen differenzierten Phänotyp, wie er im nativen Knorpel zu beobachten ist. Auffällig bei diesen Versuchen ist, dass der Grad der Differenzierung mit dem Vernetzungsgrad der Agarose korreliert. Es gibt Agarosekonzentrationen, bei denen eine optimale Differenzierung zu finden ist. Bei Agarkonzentrationen über 1,5 % jedoch wird die Ausbildung von Differenzierungsleistungen gehemmt. Einflüsse auf die Gewebeentwicklung haben neben dem Vernetzungsgrad des verwendeten Materials allerdings auch der Austausch des Kulturmediums und die einwirkenden mechanischen Kräfte.

[Suchkriterien: Atypical development tissue engineering]

6.4.2
Humorale Stimuli

Für die Generierung von künstlichen Geweben müssen den Kulturmedien meist Wachstumsfaktoren und/oder Hormone zugegeben werden. Diese chemisch ganz unterschiedlich aufgebauten Moleküle lassen sich der Gruppe der eigentlichen Wachstumsfaktoren, der glandulären Hormone und den Gewebshormonen zuordnen (Tab. 6.2). Verständlicherweise kann diese Gruppeneinteilung nur stark gekürzt und in keinem Fall vollständig dargestellt werden.

Die Wirkung der einzelnen Faktoren ist dabei sehr vielfältig und kann ganz unterschiedliche Vorgänge in embryonalem, reifendem und gereiftem Gewebe beeinflussen. Dies liegt zum einen an der unterschiedlichen Rezeptorexpression verschiedener Zellen, zum anderen können nach der Rezeptorbindung eines Hormons unterschiedlich nachgeschaltete intrazelluläre Reaktionen ablaufen. Unerwartet unübersichtlich sind die Effekte von Hormonen und Wachstumsfaktoren aus entwicklungsphysiologischer Sicht. Während der Gewebeentstehung kann sich die Rezeptorexpression verändern, unterschiedliche Affinitäten zum Liganden können ausgebildet werden und somit zu unterschiedlichen Zeitpunkten auch ganz unterschiedliche Effekte induziert werden.

Viele Wachstumsfaktoren im adulten Organismus haben eine seit langem bekannte physiologische Wirkung. Bei der Gewebeentstehung jedoch kann ihre Wirkung ganz anders sein. Dabei haben die einzelnen Faktoren sowohl Einfluss auf die Zellentstehung, die Zellproliferation als auch auf die Zelldifferenzierung (Tab. 6.2). Wachstumsfaktoren fördern vor allem die Zellteilung von Säugetierzellen. Ein gutes Beispiel für diesen mitogenen Effekt ist die Proliferation von Fibroblasten unter der Einwirkung des Blutplättchenwachstumsfaktors (platelet-derived growth factor, PDGF). Hierbei ist interessant, dass PDGF nicht nur während der Embryogenese mitogen wirkt, sondern auch im erwachsenen Zustand während der Wundheilung diesen Effekt auf Fibroblasten ausübt.

Wachstumsfaktoren induzieren nicht nur die Zellteilung, sondern können auch die Zelldifferenzierung beeinflussen. Der Nervenwachstumsfaktor NGF ist z. B. einerseits für die Neuronengröße, andererseits auch für die Länge der Dendriten und Axone verantwortlich. Neben den Einflüssen auf das Entwicklungsgeschehen haben Wachstumsfaktoren physiologische Wirkungen. TGFα z. B. steuert die Chloridkanalaktivität und hat gleichzeitig Einfluss auf immunologische Abwehrmechanismen. Endothelin zeigt neben einem Differenzierungseinfluss auf die Schwann-Zellen auch vasokonstriktorische Eigenschaften in den peripheren Blutgefäßen. Diese Beispiele verdeutlichen die vielfältige und an den einzelnen Geweben ganz unterschiedliche Wirkung von Wachstumsfaktoren.

Für Hormone gilt ähnliches wie für die Wachstumsfaktoren. Allerdings steht hier nicht die proliferative Wirkung, sondern die Zelldifferenzierung im Vordergrund. Die meisten Daten in diesem Zusammenhang wurden aus Zell- und Gewebekulturexperimenten gewonnen. Für Hydrokortison z. B. ist ein Einfluss auf die Entwicklung vom frühen zum späten Präadipozyten gezeigt worden. Andererseits spielt Hydrokortison eine zentrale Rolle bei der Suppression von immunologischen Reaktionen. Insulin,

Tab. 6.2: Gewebekonstrukte sind auf die Anwesenheit von Wachstumsfaktoren, glandulärer Hormone und Gewebehormone angewiesen. Reifende und gereifte Gewebe reagieren dabei häufig völlig unterschiedlich.

Gruppe	Faktor	Physiologische Wirkung	Zellentwicklung
Wachstumsfaktoren	TGFα	Chloridkanalaktivität ↓ Expression von Adhäsions- molekülen ↓ Steuerung von immuno- logischen Reaktionen	Zellzyklus Apoptose ↓ Steuerung von neuronaler Differenzierung
	TGFβ	Chemotaktische Wirkung Kollagensynthese ↑ Integrinexpression ↑	Fibroblastenproliferation ↑ Mesangiumzellproliferation ↑
	Endothelin	Vasokonstriktion Matrixsynthese ↑	Schwannzelldifferenzierung ↓ Fibroblastenproliferation ↑
	PDGF	Renale Vasokonstriktion Chemotaktische Wirkung Matrixsynthese ↑	Fibroblastenproliferation ↑ Zellzyklus
Drüsenhormone	Insulin	Regulierung des Glukose- stoffwechsels	Adipozytenreifung ↑
	Aldosteron	Renale Elektrolytausscheidung Diurese	Sammelrohrepithelreifung ↑
	Hydrokortison	Anti-inflammatorische Wirkung Glukoneogenese	Fettzelldifferenzierung Renale Epithelzelldifferen- zierung
	Trijodthyronin	Einfluss auf Fett- und Kohlenhydratstoffwechsel Aktivierung der Na/K-ATPase	Zellzyklus Neuronale Zelldifferenzie- rung
Gewebshormone	Eikosanoide	Blutdruckregulation Diurese Gastrale Chloridsekretion ↑ Bronchiokonstriktion	Glomerulusreifung ↑
	Histamin	Muskelkontraktion Aktivierung der H/K-ATPase	Neuronenentwicklung
	Gastrin	HCL-Sekretion ↑ Magenmotilität	Pankreasdifferenzierung Schleimhautwachstum ↑

welches einerseits Differenzierungseinfluss hat, nimmt aber gleichzeitig eine Schlüsselstellung im Kohlenhydratstoffwechsel des erwachsenen Organismus ein. Ähnliches gilt für die Gewebshormone, die in einzelnen Zellgruppen synthetisiert werden. Dabei können Hormone wie z. B. Gastrin an der Bildungsstätte eine physiologische Wirkung haben, indem sie die HCl-Sekretion im Magen steuern. Gleichzeitig kann Gastrin die Zelldifferenzierung in benachbarten Organen wie in der Bauchspeicheldrüse induzieren.

Erstklassige Informationen zur Wirkung von Hormonen auf die Entstehung von Gewebe und speziell zur Chondrogenese erhält man mit dem Whole Chick Sternum Modell. Es liefert Daten zur terminalen Differenzierung, zur Härtung der extrazellulären Matrix aber auch zu deren möglichen Kalzifizierung. Dazu wird das Sternum von 14 Tage alte Hühnerembryonen isoliert, in Kultur genommen und in definiertem Ham's F12-Medium gehalten, welches Dexamethason, Insulin, Trijodthyronin (T3) und Ascorbinsäure als hormonelle Zusätze enthält. Zunahme des Längenwachstums, des Zelldurchmessers und der Kollagen Typ X Produktion sind mögliche Parameter für die terminale Differenzierung und können nun mit dem Wachstum des Sternums von Hühnerembryonen verglichen werden, die im Ei belassen wurden. In einfachen Versuchsreihen lässt sich ermitteln, ob das Kulturmedium für dieses Gewebe überhaupt geeignet ist, in welcher Konzentration die einzelnen Hormone ihre maximale Bioverfügbarkeit und damit Wirksamkeit zeigen und ob sie als Cocktail additive oder diminuierende Effekte zeigen. Unerwartet sind z. B. Befunde, bei denen eine ansteigende Konzentration an Dexamethason zuerst zu einer Vermehrung, dann aber zu einer Verringerung der Kollagen Typ X Produktion führt. Dexamethason ist demnach ein Modulator für die Kollagen Typ X Produktion. Ob dies in gleicher Weise für Kollagen Typ II zutrifft, ist unbekannt. Zugabe von Insulin wirkt sich auf das Längenwachstum des kultivierten Sternums aus. Applikation von 10–60 ng/ml Insulin führt z. B. zu einer stetigen Längenzunahme, zeigt dabei im Gegensatz zu Dexamethason aber auch oberhalb dieser Konzentrationen keine hemmenden Effekte.

[Suchkriterien: Growth factors embryonic development hormones cell culture]

6.4.3
Biophysikalische Einflüsse

Um die funktionelle Differenzierung zu fördern, müssen in einem Kultursystem die biophysikalischen Parameter auf das jeweilige Gewebe abgestimmt werden. Zu diesen Einflüssen sind Druckkräfte, rheologische Beanspruchung, Scherkräfte, Temperatur, Gaspartialdrücke und viele weitere Faktoren zu zählen.

Knorpel auf der Gelenkfläche ist z. B. einer gerichteten, intermittierenden Kompression ausgesetzt, die durch die Beanspruchung des Gelenkes verursacht wird. Dieser Kompressionsreiz ist für die Aufrechterhaltung des differenzierten Knorpels notwendig. Die Ruhigstellung eines Gelenkes bewirkt eine Abnahme der Knorpeldicke im Gelenk, sowie eine Veränderung in Aufbau und Orientierung der Knorpelmatrix. Um in einem artifiziellen Knorpelkonstrukt eine korrekte Orientierung der extrazellulären Matrix zu bewirken, muss die natürliche Kompression auch *in vitro* imitiert werden. Dies kann z. B. durch eine pneumatische Einheit oder durch eine Exzenterscheibe erreicht werden, die eine physiologische, rhythmische Kompression auf das Konstrukt ausübt (Abb. 6.9).

Eine Sehne ist *in vivo*-Zugbelastungen ausgesetzt, die einen Dehnungsreiz im Gewebe verursachen. Hier kann die korrekte Orientierung und Differenzierung der Zellen innerhalb eines Sehnenkonstruktes durch eine künstlich erzeugte Zugbelastung

Abb. 6.9: Schematische Darstellung eines Gewebekonstruktes in einem Perfusionscontainer
mit rotierendem Exzenter, der durch rhythmische
Kompression Einwirkung auf die Entwicklung des
Konstruktes nimmt.

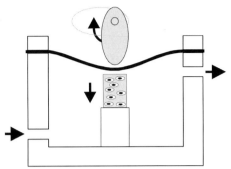

in vitro bewirkt werden. Herzmuskelzellen werden im Idealfall auf einem flexiblen
Support angesiedelt, um *in vitro* nicht in ihrer rhythmischen Kontraktionsbewegung
eingeschränkt zu werden. Zur funktionellen Differenzierung von Endothelzellen in
einem Gefäßkonstrukt kann z.B. eine pulsierende rheologische Beanspruchung beitragen. Im Körper wird eine solche Beanspruchung durch das vorbeiströmende Blut
hervorgerufen, *in vitro* kann sie z.B. durch eine rhythmische Perfusion mit Kulturmedium oder in einer Kammer mit laminarer Strömung imitiert werden.

Auch die Partialdrücke der Atemgase können entscheidenden Einfluss auf die funktionelle Differenzierung eines Gewebes haben. Schlecht oder nicht durchblutete Gewebe wie z.B. Knorpel weisen im Organismus einen deutlich reduzierten O_2-Gehalt
auf. Um optimale Kulturbedingungen für ein solches Gewebe zu schaffen, müssen
deshalb die Atemgaskonzentrationen der Situation *in vivo* angeglichen werden.

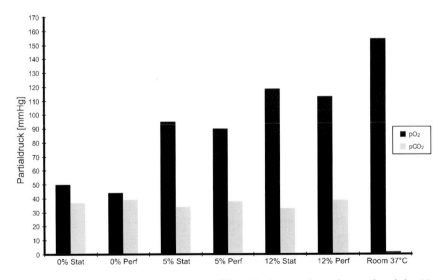

Abb. 6.10: Kontrolliertes Absenken des Sauerstoff-Partialdrucks im Kulturmedium, während der CO_2-
Partialdruck konstant gehalten wird. Messwerte von statischen Kulturen (Stat) und Perfusionskulturen
(Perf).

Ein frisch implantiertes Gewebekonstrukt wird nach der Implantation in den Patienten zuerst einmal hypoxischen Bedingungen ausgesetzt sein, da es noch nicht vaskularisiert, also noch nicht mit Blutgefäßen versorgt ist. Im ungünstigsten Fall wird ein Implantat zudem noch von Fibrozyten umkapselt, so dass die Versorgung noch weiter eingeschränkt ist. Durch kontrolliertes Absenken des O_2-Partialdrucks *in vitro* kann deshalb versucht werden, ein Konstrukt schon während der Kultur an hypoxische Bedingungen zu gewöhnen, so dass es die erste Zeit nach einer Implantation in den Patienten besser übersteht (Abb. 6.10).

[Suchkriterien: Compression stress tissue constructs]

6.4.4
Darling Kulturmedium

Erkundigt man sich, warum in einem bestimmten Labor gerade dieses Kulturmedium im laufenden Experiment verwendet wird, so stößt man meistens auf die Aussage, dass es so im Protokoll steht und es übrigens auch der Vorgänger schon verwendet habe. Man könne sich kaum vorstellen, ein anderes Kulturmedium für diesen Versuch zu verwenden.

Auch in unserem Arbeitsbereich machten wir uns lange keine Gedanken, ein seit langem überliefertes Medium zu verwenden. Allerdings nur bis zu dem Tag, an dem wir uns entschlossen, zu untersuchen, ob Medien mit unterschiedlicher Elektrolytzusammensetzung auch generell einen Einfluss auf das Differenzierungsverhalten zeigen. Generierte renale Sammelrohrepithelien wurden deshalb in Medien mit unterschiedlichen NaCl-Konzentrationen unter komplett serum-freien Bedingungen für 14 Tage in Perfusionskultur gehalten und danach immunhistochemisch auf ihren Differenzierungsgrad hin untersucht (Abb. 6.11).

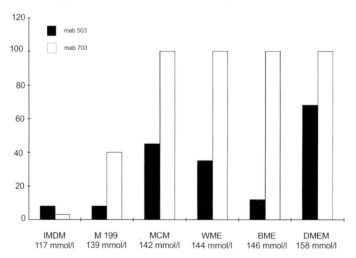

Abb. 6.11: Differenzierungsprofil von renalen Sammelrohrepithelzellen, die in Medien mit geringem und hohem NaCl-Gehalt nach 14 Tagen in Perfusionskultur erhalten werden.

Die Ergebnisse zeigten, dass mit allen verwendeten Kulturmedien ein morphologisch perfekt erscheinendes Epithel generiert werden konnte. Dem morphologischen Erscheinungsbild nach konnte kein Epithel einem bestimmten Kulturmedium zugeordnet werden, d. h. die Gewebe glichen einander sehr. Drastische Unterschiede zeigte dagegen das immunhistochemische Differenzierungsprofil anhand von zwei nierenspezifischen Markern mab 703 und 503 (Abb. 6.11). Kulturmedien mit geringem NaCl-Gehalt ließen im kultivierten Gewebe ganz andere Eigenschaften entstehen als Medien mit einem hohen NaCl-Gehalt. Die Entwicklung der mab 703 Bindung verläuft dabei parallel zum NaCl-Anstieg. Ganz anders verläuft jedoch die Entwicklung der mab 503 Bindung, die keine Korrelation zum NaCl-Gehalt des Mediums aufweist. Tatsache ist jedoch, dass jedes Kulturmedium ein eigenes Differenzierungsprofil im Epithel entstehen lässt.

Diese vorliegende Versuchsserie muss sehr vorsichtig interpretiert werden. Kulturmedien sind komplexe Lösungen. Trotz des unterschiedlichen NaCl-Gehaltes der verwendeten Kulturmedien kann die Veränderung des Differenzierungsprofils nicht auf die Veränderung der Elektrolyte allein, sondern auch auf eine Vielzahl von anderen Faktoren zurückzuführen sein. Dennoch bleibt der Befund, dass je nach Wahl oder Veränderung des Kulturmediums mit Veränderungen des Differenzierungsprofils des Gewebes gerechnet werden muss. Dadurch können für das Gewebe typische, aber auch atypische Strukturen durch Überexpression oder Unterexpression entstehen. Außerdem können gewebefremde Proteine gebildet werden. Neuronale Kulturen z. B. zeigten bei einer erhöhten NaCl-Belastung die Expression von muskelspezifischen Proteinen, die sich in diesem Gewebe im Organismus nicht entwickeln würden.

[Suchkriterien: Culture media quality composition]

6.4.5
NaCl und Plastizität

Kulturmedien sind generell komplexe Lösungen und zeigen ganz unterschiedliche Konzentrationen an Elektrolyten. Infolgedessen sollte festgestellt werden, ob allein bei Veränderungen der NaCl-Konzentration im Medium eine Beeinflussung des Differenzierungsprofils in einem kultivierten Epithel der Niere zu beobachten ist.

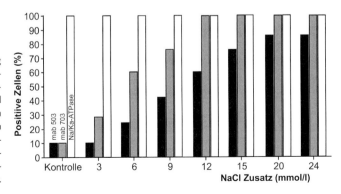

Abb. 6.12: Modulierung der Differenzierungseigenschaften mit Elektrolyten. Gezeigt sind Beispiele von renalem Sammelrohrepithel in Medien mit unterschiedlicher NaCl-Konzentration nach 14 Tagen in Perfusionskultur.

Deshalb wurden Versuchsreihen mit IMDM und ansteigenden NaCl-Konzentrationen durchgeführt (Abb. 6.12). Dabei zeigte sich unerwarteterweise, dass schon kleine Veränderungen der NaCl-Konzentration um die +/- 6 mmol/l Differenzierungseigenschaften modulieren können und dass die Erhöhung der NaCl-Konzentration mit einer konzentrationsabhängigen Reaktion der Zellen in Bezug auf die Expression der Marker mab 703 und 503 verbunden ist. Die Ausbildung eines wichtigen Proteins zum Pumpen der Elektrolyte (Na/K-ATPase) ist dagegen von den Elektrolytveränderungen im Medium nicht betroffen.

[Suchkriterien: Sodium chloride cell plasticity]

6.4.6
Natürliches Interstitium

Ein ungelöstes Problem im Bereich des Tissue Engineering ist die Frage, wie sich aus embryonal angelegten Strukturen funktionelle Gewebe entwickeln, welche morphogenen Faktoren an diesem Prozess beteiligt sind und vor allem, welchen Stellenwert dabei die Umgebungseinflüsse haben. Dazu gehört primär die extrazelluläre Matrix und sekundär das Elektrolytenvironment.

Ein embryonal angelegtes Epithel entwickelt sich generell in einem Milieu, bei dem es auf seiner luminalen und basalen Seite einem gleichen Flüssigkeitsmilieu ausgesetzt ist. Mit Einsetzen der Polarisierung und Abdichtung der lateralen Zellzwischenräume ändert sich dies. Das Epithel bildet jetzt eine biologische Barriere mit spezifischen Transporteigenschaften aus und befindet sich von diesem Zeitpunkt an in einem Gradienten, weil sich luminal und basal ein ganz unterschiedliches Flüssigkeitsenvironment bildet. Solche Entwicklungsvorgänge lassen sich in einem Gradientenkulturcontainer simulieren (Abb. 5.42).

Bedingungen für ein embryonales Epithel können hiermit erzeugt werden, wenn luminal und basal das gleiche Kulturmedium im Gradientencontainer durchströmt wird. Umgebung für ein erwachsenes Epithel entsteht, indem luminal und basal unterschiedliche Medien vorbeigepumpt werden. Damit befindet sich das Epithel in einem Gradienten und kann in einer Ventilfunktion Stoffe von A (luminal) nach B (basal) oder umgekehrt transportieren (Abb. 5.42, 5.43). Mit dieser Anordnung lässt sich besonders gut und unter fast natürlichen Bedingungen untersuchen, in wie weit ein wachsendes Epithel auf die Veränderungen seiner Umgebung reagiert.

Bei unseren Arbeiten verwenden wir als Modellgewebe Sammelrohrepithel aus der Säugerniere, welches zwei Besonderheiten zeigt. Erstens wird es aus embryonalen Zellen generiert, die aus der Sammelrohrampulle der sich entwickelnden Niere stammen. Dabei handelt es sich also um eine Stammzellpopulation. Diese Zellen bewirken zuerst die Entstehung (Induktion) sämtlicher Nephrone in der Niere, danach entwickeln sie sich zu einem hoch spezialisierten Sammelrohrepithel. Im Gegensatz zu allen anderen Nephronabschnitten ist das Sammelrohrepithel aus mehreren Zelltypen aufgebaut. Für die Untersuchung können Nieren von neugeborenen Kaninchen verwendet werden, da bei der Geburt diese Entwicklungsvorgänge noch nicht abgeschlossen sind. Eine weitere Besonderheit besteht darin, dass sich das Epithel auf einer nierenspezifischen Matrix entwickeln kann, die aus der kollagenhaltigen Nierenkapsel (Capsula fibrosa), unreifen Nephronen und embryonalem Mesenchym besteht. Ohne Zellen mit Proteasen isolieren zu müssen, kann mit diesem Modell somit unter sehr realistischen Bedingungen die Reifung von einem embryonal angelegten zu einem funktionellen Epithel untersucht werden.

Die Frage ist nun, wie aus einem embryonal angelegten Epithel ein funktionelles Gewebe entsteht. Lange Zeit wurde angenommen, dass allein Wachstumsfaktoren diese Entwicklung steuern. Unklar ist, ob andere Gewebe diese Stoffe bilden (parakrin) oder ob nur das entstehende Gewebe diese zu bilden vermag (autokrin). Geklärt werden muss außerdem, wann der auslösende Reiz für die funktionelle Gewebeentwicklung entsteht, wann die Reaktionsfähigkeit (Kompetenz) aufgebaut wird und welcher Mechanismus die Kooperation mit anderen reifenden Strukturen herstellt. Aufgrund experimenteller Daten gehen wir jetzt davon aus, dass neben Wachstumsfaktoren und der extrazellulären Matrix das Flüssigkeitsenvironment eine wesentliche Rolle bei der Gewebereifung spielt.

In den Versuchen mit Gradientencontainern wurde generiertes Sammelrohrepithel der Niere in einer ersten Versuchsreihe mit IMDM sowohl luminal als auch basal perfundiert, um ein embryonales Environment zu simulieren. Eine Zugabe von 12 mmol/l NaCl zum luminal perfundierten IMDM in einer zweiten Versuchsreihe sollte eine Gradientensituation hervorrufen. Man mag fragen, warum ausgerechnet diese Konzentration verwendet wurde. Das ist ganz einfach zu erklären. In unseren Kulturversuchen wurde aus alter Tradition IMDM als Standardmedium verwendet, welches z. B. 117 mmol/l Na^+ und 81 mmol/l Cl^- enthält. Beim Messen dieser Elektrolytwerte wurde festgestellt, dass hier eine große Diskrepanz zwischen den Elektrolytwerten des Mediums und denen des Serums als Modell für das interstitielle Flüssigkeitsmilieu besteht. Im Serum werden z. B. 142 mmol/l Na^+ und 103 mmol/l Cl^- gemessen. Diese Elektrolytlücke sollte experimentell durch Zugabe von 12 mmol/l NaCl zu IMDM geschlossen werden. Bei der Angleichung des Elektrolytwertes von IMDM an die Serumkonzentration zeigte sich dann, dass kultivierte Epithelien nach Zugabe von NaCl ganz andere Eigenschaften entwickelten als vorher (Abb. 6.13).

Die Kultur im Gradientencontainer wurde für zwei Wochen unter völlig serum-freien Bedingungen durchgeführt. Nach Beendigung der jeweiligen Versuche musste zuerst die Qualität des entstandenen Epithels untersucht werden. Die morphologischen Befunde mit licht- und elektronenmikroskopischen Methoden zeigten, dass in jedem Fall ein polar differenziertes Epithel mit gut erkennbaren Tight junctions ausgebildet war. Da aber aufgrund der morphologischen Befunde der sonstige Reifungsgrad der Epithelien nicht ersichtlich war, musste immunhistochemisch die Expression individueller Proteine untersucht werden. Da sich das Ausgangsgewebe für die Kultur in einem embryonalen Zustand befand, waren spezifische Markerproteine des erwachsenen Gewebes zu diesem Zeitpunkt noch nicht nachweisbar. Deshalb ging es um die Frage, ob die Zellen im Laufe der Kultur die Fähigkeit erlangen, diese spezifischen Proteine zu bilden und ob nur einzelne oder vielleicht alle Zellen des Epithels adulte Gewebestrukturen ausbilden.

Perfusion mit gleichem Kulturmedium auf der luminalen und basalen Seite (Abb. 6.13 A) ergab, dass z. B. Zytokeratin 19 als Leitprotein schon in der embryonalen und später auch in der funktionellen Phase in allen Zellen des Epithels zu finden war. Mit einem Lektin wie Peanut agglutinin (PNA) konnte außerdem gezeigt werden, dass nach der ersten Woche kaum Zellen Reaktion mit dem Lektin zeigten, während nach 14 Tagen mehr als 80 % positiv reagierten. Diese Eigenschaft wird aber nur ausgebildet, wenn dem Kulturmedium ein Hormon wie Aldosteron als Maintenance Factor zugefügt wurde. Insofern diente die Ausbildung von PNA-Bindungseigenschaften nach Zugabe von Aldosteron neben dem Nachweis von Zytokeratin 19 als eine weitere Kontrolle für die Gewebeentwicklung. Andere Eigenschaften wie die Entwicklung von Bindungseigenschaften von sammelrohrspezifischen monoklonalen Antikörpern wie mab (cd; collecting duct) CD9, 703 und 503 Bindung werden nur zu einem sehr geringen Prozentsatz und von unter 10 % der Zellen im Epithel ausgebildet, wenn es luminal und basal mit gleichem Kulturmedium durchströmt wird.

Wenn jedoch Epithelien mit unterschiedlichen Kulturmedien auf der luminalen und basalen Seite und damit in einem Gradienten mit Salzbeladung (130 versus 117 mmol/l Na$^+$) kultiviert wurden, so ergab sich ein ganz neues Differenzierungsprofil (Abb. 6.13 B). Nach 14 Tagen entwickelte ein Großteil der Zellen Antigene, an die die monoklonalen Antikörper (mab) CD9, 703 und 503 banden. Dies war nicht nachzuweisen, wenn das Gewebe identischem Medium auf der luminalen und basalen Seite ausgesetzt war (Abb. 6.13 A).

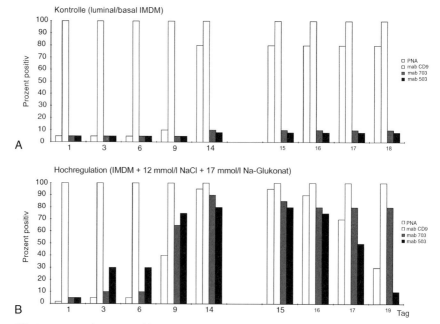

Abb. 6.13: Beispiele zur Entwicklung von gewebespezifischen Eigenschaften eines renalen Sammelrohrepithels in einer Gradientenkulturkammer. Durchströmung von gleichem Medium (IMDM) auf der luminalen und basalen Epithelseite (A). Durchströmung von IMDM auf der basalen Seite und IMDM, welches zusätzlich 12 mmol/l NaCl auf der apikalen Seite enthält (B). Die Versuche zeigen, dass in einem Flüssigkeitsgradienten von dem Epithel ganz andere Zelleigenschaften ausgebildet werden. Auffallend dabei ist, dass erst zwischen dem 6. und 14. Tag die Expression der individuellen Proteine deutlich sichtbar wird.

Auffallend ist die Beobachtung, dass die Entwicklung dieser Eigenschaften nicht in der ersten, sondern erst in der zweiten Woche der Kultur nachweisbar wird. Ähnlich lange Entwicklungszeiten werden jedoch auch für das Entstehungsprofil der Zytokeratine in Leberzellen festgestellt. Erst mit den hier geschilderten Versuchen ist uns bewusst geworden, welchen enormen Einfluss das Elektrolytmilieu auf das Differenzierungsverhalten eines Epithels haben kann. Dabei wurde lediglich die NaCl-Konzentration im Kulturmedium etwas modifiziert.

Wenn Elektrolyte wie NaCl die Entwicklung von Eigenschaften in embryonalem Gewebe zu induzieren vermögen, so liegt es nahe, zu untersuchen, ob nach Wegnahme des Stimulus die erworbenen Eigenschaften auch wieder herunterreguliert werden. Deshalb wurden Sammelrohrepithelien in einem NaCl-Gradient kultiviert und nach 14 Tagen wurde wieder Standardmedium auf der luminalen bzw. basalen Seite perfundiert (Abb. 6.13 B). Danach wurde die Kultur bis zum 19. Tag fortgesetzt. Dabei zeigt sich, dass bei Wegnahme des Gradienten manche Eigenschaften wie mab 703 oder CD9 Bindung im Epithel erhalten bleiben, während die mab 503 Reaktion in dieser Zeit wieder auf weniger als 10 % der Zellen zurückfällt. Daraus lässt sich folgern, dass das Elektrolytmilieu nicht nur für die Ausbildung, sondern auch für die Aufrechterhaltung der Proteinexpression von großer Wichtigkeit im generierten Epithel ist.

[Suchkriterien: Modulation differentiation gradient perfusion culture]

6.5
Schritt für Schritt

Bei den geschilderten Kulturexperimenten mit unterschiedlichen NaCl-Belastungen war aufgefallen, dass sich gewebetypische Eigenschaften nicht in den ersten Tagen, sondern frühestens im Verlauf der zweiten Woche voll entwickelten (Abb. 6.13). Dies musste einen Grund haben, der von uns recht lange Zeit nicht erkannt wurde. Bei der morphologischen Durchsicht der Gewebe fiel schließlich auf, dass diese während der Kultur nicht sichtbar an Volumen zugenommen, sondern ihre ursprüngliche Größe beibehalten hatten. Aufgrund dessen wurde die Zellvermehrung während der Kultur mit immunhistochemischen Markern untersucht (Abb. 6.14).

Zur Generierung wurden die Epithelgewebe zuerst für 24 Stunden in serumhaltigem Kulturmedium gehalten und dann für zwei Wochen in serumfreiem Medium weiterkultiviert. Zu bestimmten Zeitpunkten der Kultur wurden die Konstrukte immunhistochemisch mit Antikörpern gegen Proteine wie Ki67 oder MIB1 untersucht, die Aussagen zum ablaufenden Zellzyklus zulassen (Abb. 6.14). Während zu Beginn der Kultur noch zahlreiche Mitosen mit dem monoklonalen Antikörper gegen das Zellzyklusprotein MIB1 nachgewiesen werden konnten, waren nach der ersten Woche keine sich teilenden Zellen mehr sichtbar. Das Gewebe hatte damit ein Postmitosestadium erreicht, wie es auch im der erwachsenen Niere nachgewiesen werden kann.

Die Entstehung von Gewebeeigenschaften und die gleichzeitige Verringerung der Mitosefrequenz müssen über einen bestimmten Mechanismus zusammenhängen.

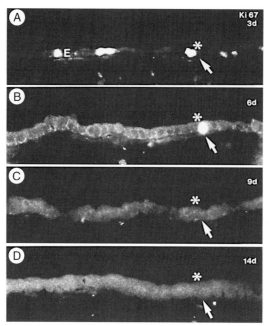

Abb. 6.14: Steuerung der Interphase in Gewebekonstrukten. Die Abbildung zeigt die Mitosehäufigkeit im Sammelrohrepithel nach dem Entzug von Serum (A) und unter serumfreien Bedingungen nach mehreren Tagen (B-D). Während zu Beginn der Kultur noch zahlreiche Mitosen mit dem monoklonalen Antikörper gegen das Zellzyklusprotein MIB1 nachgewiesen werden können, sind nach zwei Wochen keine sich teilenden Zellen mehr zu erkennen. Das Gewebe hat ein Postmitosestadium erreicht, wie es innerhalb der adulten Niere nachgewiesen wird. Das Erreichen des Postmitosestadium fällt genau mit dem Zeitpunkt zusammen, ab dem spezifische Charakteristika exprimiert werden.

Kulturversuche von Epithelien in einem Gradientencontainer zeigten einerseits, dass das Elektrolytmilieu Eigenschaften im Gewebe verändert (Abb. 6.14 B). Auffallend dabei ist, dass das Gewebe unerwartet spät reagiert und erst am Ende der ersten Kulturwoche mit der Hochregulierung von Eigenschaften beginnt. Andererseits fällt diese Periode mit einem zweiten wichtigen Ereignis zusammen: Werden Epithelien von der serumhaltigen auf serumfreie Kultur umgestellt, so findet man auch erst am Ende der ersten Woche einen vollständigen Verlust der Mitosen (Abb. 6.14 D). Demnach werden in den Epithelien zellspezifische Eigenschaften erst dann hochreguliert, wenn die Mitoseaktivität der Zellen zum Stillstand gekommen ist.

Literaturdaten zeigen, dass auch bei der Skelettmuskelentwicklung die Arretierung der Mitose mit der Ausbildung spezifischer Charakteristika zusammenfällt. Diese wird durch den Transkriptionsfaktor Pax3 aktiviert, der wiederum die zwei muskelspezifischen Transkriptionsfaktoren Myf5 und MyoD induziert. Diese beiden Faktoren gehören zu der Gruppe der myogenen bHLH (basic helix-loop-helix) Proteine, die an die DNA binden und dadurch spezielle Gene aktivieren. MyoD aktiviert die Synthese der muskelspezifischen Keratinphosphokinase und den Acetylcholinrezeptor. Als Folge der Induktion muss MyoD immer in großer Menge gebildet werden, weil es nur dann in ausreichender Menge an die DNA binden kann, um so die Genaktivität aufrecht zu erhalten. Auf diese Weise entstehen zuerst einmal Myoblasten.

Muskelgewebe dagegen entsteht erst in einem weiteren Schritt durch die Fusion der einkernigen Myoblasten zu vielkernigen und später quergestreiften Muskelfasern. Die Fusion beginnt, wenn die Myoblasten die Zellteilungen beendet haben. Diese sezernieren große Mengen an Fibronektin und erhöhen die Synthese ihres Fibronektinankerproteins (α5,β1 Integrin). Die Bindung zwischen Integrin und Fibronektin ist entwicklungsweisend. Wird dieser Schritt experimentell z. B. mit einem Antikörper blockiert, so unterbleibt die folgende Muskelgewebeentwicklung, bei der sich Ketten von Myoblasten zusammenlagern. Auch Glykoproteine wie Cadherine und Cell adhesion molecules (CAMs) sind an der Zusammenlagerung beteiligt. Das Fusionsarrangement findet nur statt, wenn sich die Myoblasten als solche erkennen. Hierbei sind offensichtlich Ca^{2+}-Ionen maßgeblich beteiligt, da mit einem Ionophor wie A 23187 die Fusion aktiviert werden kann. Zusätzlich spielen Metalloproteinasen aus der Familie der Meltrine eine große Rolle.

Bei der Kultur von Geweben sollte man immer kritisch analysieren, welcher Entwicklungszustand angestrebt war und welchen Entwicklungszustand das Gewebe unter Kulturbedingungen tatsächlich zu bilden vermag. Ein Gewebe in der Wachstumsphase wird immer vermehrt Zellen mit hohen Teilungsraten beinhalten, während in Phasen der funktionellen Reifung die Zellteilungsaktivität nebensächlich ist. Entsprechend diesen natürlichen entwicklungsphysiologischen Gegebenheiten müssen die Milieubedingungen der Kultur an die Bedürfnisse des reifenden Gewebes angepasst werden. Für wachsendes Gewebe werden deshalb Kulturmedien verwendet, denen Serum oder Wachstumsfaktoren zugegeben werden. Für Gewebe, welches nicht mehr an Größe zunehmen, sondern funktionelle Eigenschaften entwickeln soll, arbeitet man ohne Serum bzw. Wachstumsfaktoren und verwendet am besten elektrolytadaptierte Medien.

[Suchkriterien: Cell proliferation differentiation growth arrest]

6.6
Gewebefunktion nach Implantation

Wenn ein Knorpelkonstrukt nach einer Implantation in möglichst kurzer Zeit eine hohe mechanische Stabilität aufweisen soll (Abb. 6.15), dann muss es bereits *in vitro* unter optimalen Bedingungen hergestellt werden. Üblicherweise werden isolierte Chondrozyten meist in DMEM/F12-Medien kultiviert. Allerdings ist nicht bekannt, ob sich differenziertes hyalines Knorpelgewebe des Menschen in diesen Medien über einen längeren Zeitraum am Leben erhalten lässt.

Um dies zu untersuchen, wurden in einer Versuchsserie Explantate von gesundem menschlichem Gelenkknorpel über Zeiträume von 2, 4, 6 und 8 Wochen kultiviert. Die Kultur erfolgte in einem Perfusionssystem unter kontinuierlichem Mediumaustausch. Als Kulturmedium wurde serumfreies DMEM/F12 Medium verwendet. Zum Vergleich wurden Knorpelexplantate auch unter stationären Bedingungen in der Kulturschale kultiviert und am Ende der Kulturperiode mit histochemischen, immunhistochemischen sowie morphologischen Methoden auf ihre Vitalität und den Erhalt spezifischer Merkmale der Gewebedifferenzierung hin untersucht. Die Ergebnisse der Untersuchung zeigen, dass der kurzfristige Erhalt von differenziertem Knorpelgewebe unter allen getesteten Kulturbedingungen möglich ist, wogegen bei längeren Kulturanwendungen die Perfusionskultur deutliche Vorteile aufweist. Unter Perfusionskulturbedingungen sind z. B. nach acht Wochen noch viele spezifische Differen-

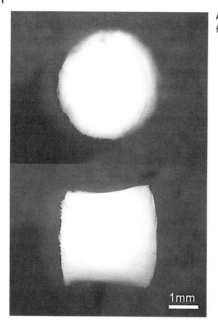

Abb. 6.15: Beispiel für ein natives Knorpelexplantat für die Perfusionskultur.

zierungsmerkmale auf hohem Niveau erhalten, wogegen es unter stationären Bedingungen zu einer starken Dedifferenzierung des Gewebes kommt, die sogar zu einer morphologischen Veränderung des Explantates führt.

[Suchkriterien: maintenance function tissue engineering differentiation]

6.7
Die Gewebeentwicklung verläuft in drei Schritten

Gewebestrukturen entstehen in einem Organismus durch Entwicklungsvorgänge, die auf ganz unterschiedlichen zellbiologischen Ebenen gesteuert werden (Tab. 6.3). Die aktuelle Literatur im Bereich des Tissue Engineering zeigt jedoch, dass bei der Herstellung von Gewebekonstrukten oftmals zu einfach vorgegangen wird. Entsprechende Protokolle lesen sich häufig überspitzt ausgedrückt wie folgt: Man nehme kultivierte Zellen, bringe sie in Kontakt mit einer künstlichen extrazellulären Matrix und kultiviere das Ganze in einer Kulturschale in serumhaltigem Kulturmedium. Bei kritischer Durchsicht der Veröffentlichungen ist eindeutig zu ersehen, dass sich je nach verwendeter Matrix und angewandten Kulturbedingungen Konstrukte bilden, die meist mehr Unterschiede als Ähnlichkeiten zu den Geweben in unserem Körper zeigen. Morphologische, physiologische und biochemische Charakteristika sind durch zelluläre Dedifferenzierung stark verändert. Zudem werden häufig atypische Proteine exprimiert, die im Falle einer geplanten Implantation des Konstruktes zu Entzündungen und Abstoßungsreaktionen führen können. Nach heutigem Kenntnisstand ist es bisher in keinem Fall gelungen, eine den Geweben im Organismus identische Gewebequalität unter *in vitro*-Bedingungen zu generieren.

Erst langsam bildet sich ein Bewusstsein für die vielfältigen zellbiologischen und technischen Probleme bei der Herstellung von künstlichen Geweben und speziell der Gewinnung von Konstrukten in adäquater Qualität. Alle bisher geschilderten Vorgehensweisen sind Ergebnisse von langjährigen Erfahrungen in einem sonst bisher wenig erforschten Bereich. Aufgrund fehlender Informationen waren unsere Arbeiten auf die Fragen ausgerichtet, wie sich Gewebe innerhalb eines Organismus entwickeln. Viele Informationen ließen sich dabei direkt aus der Natur für die Generierung von Gewebekonstrukten übernehmen.

Mit großer Sicherheit sind viele der aufgeworfenen zellbiologischen und technischen Probleme bei der funktionellen Gewebereifung noch nicht gelöst. Dennoch zeichnet sich klar ab, dass man zuerst lernen muss, die gewebespezifische Prolifera-

Tab. 6.3: Steuerung der Gewebeentwicklung. Bei der Generierung von Geweben müssen Zellteilungsphase und Differenzierung experimentell eindeutig getrennt werden, da diese Prozesse im natürlichen Zellzyklus nicht parallel, sondern nacheinander ablaufen.

	Schritt 1	Schritt 2	Schritt 3
Vorhaben	Expansion der Zellen	Beginn der Differenzierung	Aufrechterhaltung der Differenzierung
Epithelien	A	A	A
Bindegewebe	B		B
Kulturtechnik	Statische Kultur	Perfusionskultur	Perfusionskultur
Medium	Wachstumsfaktoren FCS im Medium	Serum-freie Medien	Electrolyt-adaptierte, Serum-freie Medien
Biophysikalische Einflüsse	Keine	Gering	Gesteigert
Hormonelle Stimulation	Keine	Vorhanden	Vorhanden
Reaktion	Schneller Zellteilungszyklus	Verlangsamter Zellteilungszyklus	Postmitose Interphase
Mitotischer Stress	Hoch	Niedrig	Niedrig
Differenzierung	Niedrig	Zunehmend	Hoch

tionsaktivität und die unterschiedlich lang dauernde Interphase experimentell zu steuern. Dabei sollte ganz individuell entschieden werden, wie lange Zellen sich teilen sollen und zu welchem Zeitpunkt gewebespezifische Eigenschaften unter Kulturbedingungen induziert bzw. aufrechterhalten werden sollen. Dazu muss der natürliche Lebenszyklus einer Zelle im Auge behalten werden (Abb. 6.5, Tab. 6.3), denn eine sich teilende Zelle kann nicht gleichzeitig funktionelle Differenzierung aufweisen. Man sollte sich von der sicherlich unbewusst existierenden Vorstellung lösen, dass Zellen und Gewebe in jedem Fall in serumhaltigem Kulturmedium generiert werden müssen.

Analog zu der natürlichen Entwicklung von Geweben arbeiten wir mit Kulturen nach einem Schema, welches im wesentlichen drei aufeinanderfolgende Schritte beinhaltet (Tab. 6.3). Der erste Schritt umfasst dabei die Vermehrung der Zellen, um für das weitere Vorgehen genügend Zellmaterial zu besitzen. Das verwendete Kulturmedium enthält Wachstumsfaktoren, fötales Kälberserum oder Humanserum vom Erwachsenen. Im zweiten Schritt wird dagegen mit serumarmen oder serumfreien Medien gearbeitet, um die Mitosefrequenz der Zellen zu drosseln und gleichzeitig die Hochregulierung spezifischer Eigenschaften im reifenden Gewebe zu induzieren. In dieser Kulturphase sind die Gewebe keinem stationären Milieu in einer Kulturschale mehr ausgesetzt, sondern das Gewebe wird in Perfusionscontainern kontinuierlich mit frischem Medium versorgt. Kann auf fötales Kälberserum nicht verzichtet werden, so wird depletiertes Serum vom erwachsenen Spender in geringer Konzentration angewendet, wodurch Wachstumsfaktoren verringert, aber sonstige nutritive Eigenschaften erhalten bleiben. Die bisher vorgestellten Experimente haben gezeigt, dass dafür mindestens zwei Wochen Kulturzeit benötigt werden. Im dritten Schritt muss sichergestellt sein, dass es zu einer Stabilisierung der Differenzierungsleistung kommt und einmal induzierte Eigenschaften während der weiteren Kultur nicht wieder verloren gehen. Letztendlich muss man sich aber auch darüber im klaren sein, dass alle bislang zur Verfügung stehenden Medien nur wenig Gemeinsamkeit mit der interstitiellen Flüssigkeit im Gewebe haben. Deshalb muss hier noch lange Zeit mit experimentellen Kompromissen gelebt werden.

[Suchkriterien: Cell culture technique differentiation organogenesis]

7
Entwicklung des Perfusionssystems Tissue Factory

Während die Vermehrung der isolierten Zellen in den verwendeten Petrischalen meist noch ohne größere Schwierigkeiten gelingt, beobachtet man bei vielen reifenden Gewebekonstrukten morphologische, physiologische und biochemische Veränderungen durch Dedifferenzierung, die in dieser Form an nativem Gewebe nicht vorkommen. Zahlreiche Untersuchungen haben gezeigt, dass die Qualität von künstlich hergestelltem Gewebe in hohem Maß von den verwendeten Scaffolds, der Zellverankerung, der interzellulären Kommunikation sowie von den jeweiligen Kulturbedingungen beeinflusst wird. Dies Faktoren müssen sich optimal ergänzen, da sonst Gewebe mit unerwünschten Eigenschaften entstehen. Typische Beispiele sind die Expression von atypischem Kollagen in artifiziellen Knorpel- und Knochenkonstrukten, die Verkalkung von künstlich hergestellten Herzklappen, der Verlust des notwendigen Endothelzellbesatzes von Gefäßkonstrukten sowie die Herunterregulierung von spezifischen Zellleistungen, die bei Leber-, Pankreas- und Nierenkonstrukten zu beobachten sind.

In einem Organismus entwickeln sich Gewebe zu hoch funktionellen Strukturen. Bei der Kultur von Gewebekonstrukten unter *in vitro*-Bedingungen dagegen sind deutliche Abweichungen von diesem Entwicklungsmuster zu beobachten. Daran ist zu erkennen, dass prinzipiell die Kulturbedingungen verbessert werden müssen. Aus diesem Grund wurde von uns ein modular aufgebautes Perfusionssystem konzipiert, welches "Tissue Factory" genannt wird. In den Kulturcontainern lassen sich beliebige dreidimensionale Gewebe unter physiologischen Bedingungen herstellen, da das Mikroenvironment den speziellen Bedürfnissen einzelner Gewebe angepasst werden kann. Um ein verbessertes physiologisches Environment zu schaffen und damit eine typische Gewebedifferenzierung zu erreichen, wird in den Containern sowohl der Raum für das wachsende Gewebe als auch ein umgebendes artifizielles Interstitium moduliert.

Ein einfaches Konstruktionsprinzip ermöglicht die Herstellung von Gewebekulturcontainern, Gasanreicherungs- und Gasausgleichsmodulen. Die Komponenten können sowohl einzeln als auch in einem zusammengefassten Modul betrieben werden. Denkbar ist, dass sich daraus eine Plattform von Geräten zur standardisierten Herstellung von artifiziellen Geweben für die Biomedizin bildet.

[Suchkriterien: Tissue factory]

7.1
Ansprüche an das Kultursystem

Experimentelle Erfahrungen zeigen, dass sich im statischen Milieu einer Petrischale funktionelle Gewebe nicht optimal herstellen lassen. Das liegt daran, dass die Entstehung von Gewebestrukturen nicht von der Wirkung eines einzelnen Wachstumsfaktors abhängt, sondern über eine Vielzahl von zellulären und extrazellulären Einflüssen gesteuert wird. Deshalb werden Kultursysteme benötigt, mit denen sich für die einzelnen Gewebe auch ganz individuelle Umgebungsbedingungen simulieren lassen, wodurch ein optimaler Grad an zellulärer Differenzierung erreicht werden kann.

In allen bisher bekannten Perfusionskulturcontainern befindet sich zwischen der Kammerwand und dem darin befindlichen Gewebe ein unnötig großer Totraum, der vom Medium eingenommen wird (Abb. 7.1). Dieser Raum wirkt bei Perfusion mit erheblicher hydraulischer Wucht und gibt ankommende Druckunterschiede ungemindert an das benachbarte Gewebe weiter. Hinzu kommt, dass in diesem Raum durch das Medium herangeführte Luftblasen leicht Platz finden können, die im Laufe der Kultur immer größer werden. Es resultieren Bereiche, die aufgrund der vorhandenen Luftblasen nicht mehr gleichmäßig mit Medium versorgt werden. Zudem lösen aggregierende Luftblasen Oberflächenspannungen aus, die mechanische Beschädigungen an dem wachsenden Gewebe zur Folge haben.

7.2
Artifizielles Interstitium

Optimierung der Milieubedingungen an der Grenzfläche von entstehenden Geweben in Perfusionskulturcontainern muss einerseits eine Druckminderung und andererseits eine gleichmäßige Druckverteilung des Mediums beinhalten. Zudem müssen die im Medium gelösten Atemgase kontinuierlich verteilt an das Gewebe heran- bzw. weggeführt werden, um die Bildung von Gasblasen zu minimieren. Zudem sollten je nach Anwendung in der Umgebung des kultivierten Gewebes wachstumsfördernde bzw. wachstumshemmende Eigenschaften experimentell moduliert werden können. Zur technischen Lösung wird in neu konzipierte Kulturcontainer poröses, biokompatibles Material mit einer kapillarähnlichen Wirkung zur Druckverminderung und -verteilung sowie zum mechanischen Schutz des kultivierten Gewebes eingesetzt. Gleichzeitig wird dadurch der Totraum der Kammer minimiert.

Denkbar sind als Füllmaterial für den Kapillarraum Vliese aus Cellulose, Glasfasern oder schwammähnliche Materialien aus Kunststoffen, azellularisierte Biomatrices oder Polymermatrices mit zellbiologischen Funktionen. Die geschilderten Materialien können sich einerseits in Distanz befinden und andererseits in direkten Kontakt zum kultivierten Gewebe treten. Die Oberfläche des Interstitiums kann individuell angepasst werden und damit Wachstums- bzw. Differenzierungseinflüsse ausüben. Denkbar ist, dass der artifizielle Kapillarraum genutzt wird, um Morphogene, Wachstumsfaktoren oder Hormone wie in einer natürlichen ECM anzukoppeln. Im Zuge der Matrixdegeneration könnten diese Stoffe dann in unmittelbarer

Nähe zum reifenden Gewebe abgegeben werden und damit zur funktionellen Reifung im kultivierten Gewebe beitragen. Das artifizielle Kapillarnetz könnte aber auch durch die kontrollierte Freisetzung von Wachstumsfaktoren und geeigneten extrazellulären Leitstrukturen dazu dienen, dass vom benachbarten Gewebe Zellen auswachsen. Auf diese Weise könnte Stück für Stück ein Gewebe vergrößert werden. Da sich das Kapillarnetz in unmittelbarem Kontakt zum eingelegten Gewebe befindet, können definierte Bereiche z. B. mit Proteinen der extrazellulären Matrix beschichtet werden, um ein zielgerichtetes Wandern von Zellen (Guiding) und den Aufbau von Gewebestrukturen (Differenzierung) zu ermöglichen. Mit diesen ganz unterschiedlichen Materialien lassen sich dreidimensionale Räume in Gewebecontainern bauen, die Informationen von biologischen Sequenzen für zellbiologische Aktivitäten wie z. B. die Zellverankerung, die Zellwanderung, die Teilung und Interphase enthalten. Damit wird es möglich, Grenzen zwischen dem wachsenden Gewebe und dem interstitiellen Raum festzulegen, zu verschieben und die Ausbildung von Oberflächenkonturen des wachsenden Gewebes zu fördern oder zu hemmen.

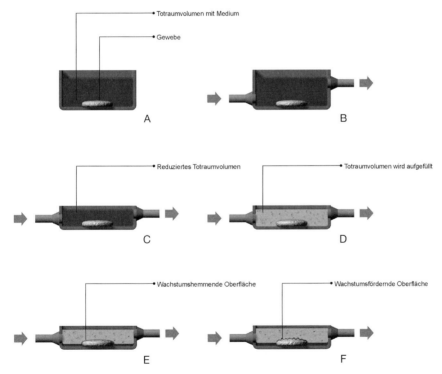

Abb. 7.1: Tissue factory – Von der Kulturschale zum Mikroreaktor zur Herstellung von Gewebekonstrukten. (A) Gewebe auf dem Boden einer Kulturschale mit viel Totvolumen. (B) Gewebe auf dem Boden eines Perfusionscontainers mit viel Totvolumen. (C) Reduktion der lateralen Wandungshöhe des Containers zur Reduktion des Totvolumens. (D) Einsetzen eines artifiziellen Interstitiums zwischen Containerwand und Konstrukt. (E) Wachstumsförderndes artifizielles Interstitium. (F) Wachstumshemmendes artifizielles Interstitium.

Zur Anwendung als artifizielles Interstitium können auch natürliche und chemisch aufgearbeitete extrazelluläre Matrixproteine kommen. Dazu gehören z. B. Kollagenpräparationen von beliebigen Spezies z. B. aus Haut, Knochen, Knorpel, Horn, Huf und aus Gewebepräparationen wie Schwimmblasen von Fischen, Hahnenkämmen und Luftröhren. Spezielle Kollagene wie z. B. Retikulin könnte aus individuellen Organpräparationen hergestellt werden. Dabei gibt es die Möglichkeit, neben den unterschiedlichen Kollagenformen andere für die Gewebeentwicklung wesentlichen Matrixproteine wie Proteoglykane, Fibronektine, Vitronektine und Laminine individuell in der Präparation zu belassen, zu entfernen oder zusätzlich hinzuzufügen.

7.3
Smart Matrices

Interstitielle Matrices für das neue Kultursystem können auch aus rekombinanten Matrixproteinen bestehen. Analog zur Aminosäuresequenz von bekannten Strukturproteinen lassen sich beliebige fibrilläre Proteine mit kollagenen bzw. nicht-kollagenen Eigenschaften von extrazellulären Matrixproteinen herstellen. Diese Bestandteile können dann miteinander co-polymerisiert werden, so dass dreidimensionale Netze mit unterschiedlichen Maschenweiten entstehen. Solche Konstrukte lassen sich im Gegensatz zu natürlich vorkommenden Kollagenen noch im Hinblick auf funktionelle Eigenschaften optimieren. Da rekombinante Kollagene und andere Matrixproteine sequentiell aus einzelnen Aminosäuren aufgebaut werden, können während der Synthese in die natürliche Aminosäurenfolge noch zusätzliche Informationsmotive eingebaut werden. Diese Motive sind besonders wichtig für die Zelladhäsion und interagieren mit Zellverankerungsproteinen wie Integrinen, Cadherinen, Immunglobulinen und Selektinen. Solche Peptidsequenzen bestehen z. B. aus Arg-Gly-Asp (RGD Sequenz), welche bei Vitronektin, Fibronektin und Kollagenen gefunden wird. Tyr-Ile-Gly-Ser-Arg (YIGSR Sequenz) wird in β1-Laminin gefunden. Arg-Glu-Asp-Val (REDV Sequenz) ist Bestandteil von Fibronektin. Mit solchen oder ähnlichen Motiven lassen sich Informationen für Zellanhaftung, Zellwanderung, Zellteilung oder Differenzierung individuell einarbeiten und dienen damit der gezielten Steuerung von Zellen. Wird eine solche smarte Matrix auf ein wachsendes Gewebe aufgelegt, so können damit verschiedene Zelleigenschaften an der Grenzfläche des Wachstums beeinflusst werden. Damit lassen sich Bereiche definieren, an denen Zellen in die Matrix einwachsen können oder wo das Einwachsen der Zellen speziell verhindert werden soll.

Eine weitere Möglichkeit, einen künstlichen interstitiellen Raum zu schaffen, sind organische Polymere, die mit entsprechenden funktionellen Gruppen zur Zellinteraktion ausgestattet werden. So können z. B. RGD Motive u. a. auf Polyethylenterephthalat (PET), Polytetrafluorethylen (PTFE), Polyvinylalkohol (PVA), Polyacrylamid und Polyurethan aufgebracht werden. Oberflächenmodifikationen auf der Basis von Aminosäuresequenzen können bei hydrophilen Polymeren wie Polyvinylpyrrolidon (PVP), Polyethylenglykol (PEG), Polyethylenoxid (PEO) und Polyhydroxyethylenmetacrylat (HEMA) durchgeführt werden.

7.4
Optimales Gehäuse für das Perfusionssystem

Zur Optimierung der Kulturbedingungen für differenziertes Gewebe werden neben einem artifiziellen Interstitium entsprechende Perfusionskulturcontainer benötigt. Wesentliche Voraussetzung für die Generierung optimaler Konstrukte ist, dass sich darin eine Vielzahl von physiologischen Bedingungen simulieren lassen. Durch die konstruktive Trennung zwischen einem artifiziellen Interstitium und einem Raum für das wachsende Gewebe, sind Kulturcontainervariationen in fast beliebiger Form und Größe denkbar (Abb. 7.1, 7.2).

Die von uns konzipierten Kulturcontainer bestehen aus einem Bodenteil und einem Deckel (Abb. 7.2). Eine Perfusionskammer ist so aufgebaut, dass auf einer Bodenplatte ein Zellträger oder ein Gewebestück aufgebracht wird. Dann wird ein Deckelteil aufgelegt, dessen Inneres mit einem artifiziellen Interstitium ausgefüllt ist. Zwischen Deckelteil und Bodenplatte ist eine Dichtung vorhanden. Im Deckelteil und/oder in der Bodenplatte ist zudem ein Einlass für das Kulturmedium vorgesehen. Auf der gegenüberliegenden Seite des Containers befindet sich ein Auslass für das Medium. Nach dem Aufsetzen des Deckelteils auf die Bodenplatte, wird die Kammer durch Anpressen mit Hilfe eines Verschlusses abgedichtet. Im Innern der Kammer legt sich das artifizielle Interstitium dicht an das eingesetzte Gewebe. Der Vorteil dieser Neuentwicklung besteht darin, dass die Kammern nur noch minimale Bauhöhen besitzen, dadurch das Totvolumen reduziert und gleichzeitig der Austausch von Medium optimiert wird (Abb. 7.2).

Eine Gradientenkammer lässt sich aus zwei gleichartigen Deckelteilen und einer modifizierten Bodenplatte herstellen. Beim Zusammenbau wird ein geeigneter Gewebeträger in eine Bohrung der Bodenplatte eingesetzt und dient der funktionellen Abdichtung zwischen dem luminalen und basalen Kammerkompartiment (Abb. 7.2). Ein weiterer Vorteil dieser Bauweise besteht darin, dass prinzipiell alle bisher verwendeten Gewebeträger und Filtereinsätze integriert werden können. Oberhalb und unterhalb der Bodenplatte wird dann ein Deckelteil montiert. Das obere und untere Kompartiment kann jeweils getrennt mit gleichen oder auch mit unterschiedlichen

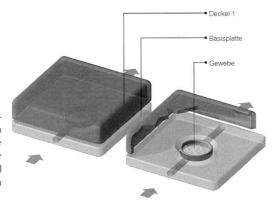

Abb. 7.2: Ein Kulturcontainer bestehend aus einem Bodenteil und einem Deckel. Der Zellträger wird auf der Bodenplatte der Perfusionskammer aufgebracht. Dann wird ein Deckelteil aufgelegt, dessen Inneres mit einem artifiziellen Interstitium ausgefüllt ist.

Medien durchströmt werden. Damit lassen sich Gradienten an Geweben anlegen, wie sie unter natürlichen Bedingungen in unserem Organismus vorgefunden werden.

Bindegewebe, Muskelgewebe und Nervengewebe können in den neu konzipierten Containern mit individuell abgestimmten Medien versorgt werden. Epithelien können wie unter natürlichen Bedingungen mit unterschiedlichen Medien auf der luminalen und basalen Seite in einem physiologischen Gradienten kultiviert werden. Dabei kann das Gewebe ganz unterschiedlichen Flüssigkeiten oder gasförmigen Medien ausgesetzt sein, wie dies für die einzelnen Epithelgewebe in einem Organismus typisch ist.

7.5
Versorgung des reifenden Gewebes mit Medium

Reifende Gewebe müssen zur optimalen Differenzierung kontinuierlich oder in Intervallen mit frischem Medium versorgt werden (Abb. 7.3). Dazu benutzt man vorzugsweise eine Peristaltikpumpe mit individuell wählbaren Pumpraten von wenigen Millilitern pro Stunde. Das Kulturmedium wird normalerweise über ein Leitungssystem transportiert, das aus ganz unterschiedlichen Materialien besteht. In dem Leitungssystem sollen jedoch Medien transportiert werden, die zur optimalen Versorgung der Kulturen z. B. maximal mit Sauerstoff beladen sind. Problematisch werden jetzt Luftblasen, die sich bevorzugt an Materialübergängen bilden und sich nach nicht vorhersehbaren Zeitabständen lösen. Beim Ansaugen des Mediums entstehen in der Flüssigkeitssäule mit dem Auge zuerst nicht erkennbare kleine Gasblasen, die mit zunehmendem Transport des Mediums immer größer werden und schließlich wie ein Embolus eine Weiterleitung des Mediums massiv behindern. In unregelmäßigen Abständen gelangen die Luftblasen dann in den nachgeschalteten Kulturcontainer. Bereiche, an denen sich Luftblasen befinden, werden dadurch nicht mehr gleichmäßig mit Nährmedium versorgt.

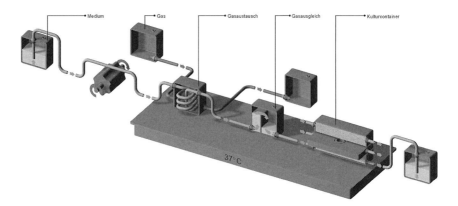

Abb. 7.3: Tissue factory – Modularer Aufbau von Komponenten zur verbesserten Herstellung von Gewebekonstrukten.

Aus den geschilderten Gründen muss nach unseren Erkenntnissen das gasgesättigte Kulturmedium über ein Leitungssystem den Kulturen zugeführt werden, welches möglichst nicht aus unterschiedlichen, sondern aus einem einheitlichen Material besteht und ein möglichst kleines sowie konstantes Lumen aufweist. Dafür wurde ein neuer Verschluss für die Vorratsflaschen entwickelt, welcher mehrere Durchlässe aufweist und Kontaminationen im Innern des Gefäßes verhindert. Zur Minimierung der Gasblasenbildung wird durch einen der speziellen Durchlässe bis zum Boden des Behälters ein Schlauch eingeführt, der das Medium ansaugt und gleichzeitig als Pumpgefäß dient. Durch einen anderen Durchlass wird ein Schlauch geführt, mit dem das Gefäß gefüllt oder belüftet werden kann. Es kann auch ein Sterilfilter aufgesetzt werden, der beim Leeren des Gefäßes zum Ausgleich sterile Gase nachströmen lässt. Vom Kulturmediumvorrat bis zum Container und Sammelbehälter wird jetzt erstmalig nur noch ein einheitliches Leitungsmaterial ohne Naht verwendet, welches keine Entstehung bzw. Ansammlung von Luftblasen mehr zulässt.

Zur Sauerstoffanreicherung und zur Stabilisierung des pH wird häufig ein Gasgemisch mit Überdruck in einen Vorratsbehälter des Kulturmediums eingeleitet. Der Nachteil dieser Methode besteht jedoch darin, dass sich Gase in Form von Bläschen unterschiedlicher Größe im Kulturmedium ansammeln. Wird ein solches gasreiches Kulturmedium über ein Schlauchsystem in einen Kulturcontainer transportiert, so perlen im Verlauf des Transportes Gasblasen aus, sammeln sich an beliebigen Stellen des Systems, verdrängen Flüssigkeit, führen zu Druckunterschieden und stören damit die gleichmäßige Durchströmung des Kulturcontainers. Zudem werden bei dieser Methode häufig Infektionen beobachtet, die durch verunreinigtes Gas in das Kulturmedium gelangen. Das technische Dilemma bei der Perfusionskultur besteht darin, dass einerseits eine optimale Anreicherung von Sauerstoff im Kulturmedium erreicht, andererseits ein Ausperlen von Gasen am Konstrukt verhindert werden muss, da Stellen mit Luftblasen nicht mehr gleichmäßig mit Medium versorgt werden. Deshalb wird ein Modul benötigt, mit dem auf einfache Art beliebige Gase in steriles Kulturmedium gelangen können und gleichzeitig ein Ausgasen des Mediums im Kulturcontainer verhindert wird.

Bei unserer Methode zur Gasanreicherung (Abb. 7.3) wird Kulturmedium langsam durch einen langen Schlauch mit einem kleinen Innendurchmesser gepumpt. Die Wand des Schlauches ist gaspermeabel und kann z. B. aus Silikon bestehen. Das Material garantiert eine optimale Diffusion von Gasen zwischen dem Kulturmedium im Innern des Schlauches und der umgebenden Atmosphäre. Durch die Dicke des Wanddurchmessers, den Innendurchmesser und die Länge des Schlauches lassen sich durch Diffusion Sauerstoff oder beliebige Gasgemische wie z. B. Carbogen im Medium auf eine sehr einfache und zuverlässige Art anreichern. Der gaspermeable Schlauch mit definiertem Innendurchmesser sowie definierter Wandstärke und Länge wird in einer Halterung spiralförmig aufgewickelt. Die Schlauchspirale wird dann in einen verschließbaren Behälter eingesetzt, der einen Gaseintritt und einen Gasauslass besitzt. An der Schlauchspirale können beliebige Gasgemische mit unterschiedlicher Intensität vorbeigeströmt werden. Wird Kulturmedium durch den Spiralschlauch gepumpt, so kommt es durch Diffusion über die Wandung des Schlauches zur Anreicherung des Gases im Kulturmedium. Somit können unter absolut sterilen

Bedingungen beliebige Gase im Kulturmedium angereichert werden. Gleichzeitig kann über diese einfache Vorrichtung der pH des Kulturmediums ohne komplizierte Injektionsgeräte für beliebig lange Zeiträume gasblasenfrei geregelt werden.

Ausperlen von Gasblasen aus dem Kulturmedium kann durch einen Gasausgleichsbehälter minimiert werden. Dazu wird das mit Gas beladene Kulturmedium auf der unteren Seite in einen speziellen Behälter gepumpt. In einem Kanal im Innern des Containers steigt das Medium in die Höhe. Nach kurzer Zeit endet der Kanal. Das Medium kann sich jetzt in einer gasgefüllten Kammer beliebig ausbreiten und äquilibrieren. Gasblasen werden in diesem Bereich aus dem Medium austreten. An einer trichterförmigen Stelle sammelt sich die Flüssigkeit wieder und wird über einen Schlauch in den Kulturcontainer geleitet. Das Medium ist jetzt optimal mit Gas angereichert, enthält jedoch keine Blasen mehr.

Der geschilderte Ausgleichsbehälter wird an seiner oberen Seite entlüftet. Diese Entlüftung kann an einen parallel stehenden zweiten Ausgleichbehälter angeschlossen werden. Auf diese Weise werden 2 Kanäle eines Gradientencontainers über eine Gasbrücke miteinander verbunden, damit Medium sowohl frei von Gasblasen als auch unter identischen Druckbedingungen in das luminale und basale Kompartiment eines Gradientencontainers fließen kann.

Die meisten Gewebe müssen bei einer konstanten Temperatur, vorzugsweise bei 37 °C generiert werden. Dazu können das Gasanreicherungsmodul, das Gasausgleichsmodul und der jeweilige Gewebecontainer in einen Inkubator gestellt werden. Dieses Vorgehen hat jedoch Nachteile, da die einzelnen Teile nicht von allen Seiten gut zugänglich sind. Aus diesem Grund ist es vorteilhafter, die Module auf einer temperierbaren Wärmeplatte zu halten, die z. B. auf einem Tisch steht, von allen Seiten gut zugänglich ist und zum Schutz vor Wärmeverlust mit einer Abdeckhaube versehen ist.

Besonders vorteilhaft ist es, wenn ein elektronisches Relais mit einer Heizvorrichtung unmittelbar in die Module eingebaut wird. Ganz einfach kann dies realisiert werden, indem eine heizbare und regelbare Thermofolie in eine Wand eines Moduls eingeschoben oder aufgeklebt wird. Zur Vermeidung von Stromschlagunfällen sollte die Wärmequelle mit einer Niedervoltspannung und einem Schutzschalter versehen werden. Dabei steht das Wärmemodul nicht in direktem Kontakt mit dem Kulturmedium und dem eingelegten Gewebe, damit diese nicht einem Fremdmaterialkontakt ausgesetzt sind.

Für die Kultur von Geweben werden die einzelnen Komponenten zu einer Arbeitslinie zusammengebaut (Abb. 7.3). Von einem Vorratsgefäß wird das Kulturmedium über einen Pumpschlauch und eine Peristaltikpumpe mit ca. 1 ml/h in das Gasaustauschmodul transportiert. Entstehende Gasblasen können im angeschlossenen Gasexpander eliminiert werden, bevor das Medium den Gewebecontainer erreicht. Das verbrauchte Kulturmedium wird in einem Abfallbehälter gesammelt und nicht wieder rezirkuliert. Gasaustauschmodul, Gasexpander und der jeweils verwendete Kulturcontainer befinden sich auf einer Wärmeplatte, welche die Umgebungstemperatur konstant hält. Während der Kulturdauer ist die Wärmeplatte mit den darauf befindlichen Modulen bzw. Containern mit einer schützenden Plexiglasabdeckung versehen. Ist der Puffer des Mediums für das im Austauscher befindliche Gas eingestellt, so kann das System für beliebig lange Zeit und ohne Kontaminationsprobleme unter sehr reproduzierbaren Bedingungen betrieben werden (Abb. 7.3). Auf sehr einfache Art lassen sich mit einer Peristaltikpumpe mit mehreren Kanälen Arbeitslinien in beliebigen Konfigurationen parallel betreiben (Abb. 7.3).

Zusammengefasst. Vorgestellt wird hier ein Konzept für ein modulares System, mit dem unterschiedliche Gewebearten unter physiologischen Bedingungen reifen und über lange Zeiträume in differenzierter Form erhalten werden können. Dazu gehören neu entwickelte Kulturcontainer mit einem artifiziellen Interstitium, spezielle Transporttechniken für das Kulturmedium, sowie neue Gasaustausch- und Gasexpandermodule für eine sauerstoffreiche, aber gasblasenfreie Versorgung der Konstrukte.

8
Sicherung der Gewebequalität

Zwischen dem Herstellungsbeginn und der Fertigstellung des Gewebekonstruktes liegen viele verschiedenen Arbeitsschritte. Alle technischen Vorgänge wie Pipettieren, Ansetzen von Medien, Inkubation von Gewebe und Protokollführung lassen sich nach klar definierten Qualitätsnormen reproduzierbar durchführen. Viel zu wenig oder gar keine qualitative Beurteilung erfahren hierbei bisher der Reifungsgrad und die Funktion des Gewebekonstruktes selbst.

Aus der Sicht des Chirurgen ist es unwichtig, ob ein generiertes Implantat reif oder unreif ist, solange es perfekt einheilt und die verlorengegangenen Funktionen ersetzt. Dieser Standpunkt ist verständlich. Nicht berücksichtigt wird dabei allerdings, dass es bisher nur relativ wenige klinische Erfahrungen zur Implantation von kultivierten Gewebekonstrukten gibt und dass es noch viele Jahre wenn nicht Jahrzehnte dauern wird, bis klare Aussagen über eine für den Patienten optimale Anwendung vorliegen. Auch bei den Metall- oder Polymerimplantaten als künstlicher Gewebeersatz wurde erst in einem über mehrere Jahrzehnte dauernden Optimierungsprozess der heutige Wissens- und Qualitätsstandard erreicht. Gleiches gilt für künstlich generierte Gewebe. Der Schlüssel für den späteren Erfolg liegt sicherlich in der Fähigkeit, die gewebetypische Differenzierung in den entstehenden Konstrukten zu steuern.

[Suchkriterien: Quality control tissue engineering]

8.1
Normen und Zellbiologie

Besonders schwierig scheint die Abfassung von Richtlinien für das Qualitätsmanagement von Gewebekonstrukten zu sein. Hierbei geht es nicht allein um die Definition des jeweiligen Arbeitsplatzes mit seinen spezifischen Geräten und den damit verbundenen Arbeitsabläufen wie bei den Standard operation procedures (SOPs), sondern um die erkennbare oder möglicherweise auch verborgene Entwicklungspotenz von Gewebekonstrukten, die einem Patienten implantiert werden sollen. Diese Qualität des Konstruktes selbst und die damit verbundene zellbiologische Differenzierung wird in allen uns bekannten Normen und Vorschriften bisher nicht berücksichtigt. Allein aus diesem Grund ist es in den nächsten Jahren besonders wichtig, zu untersuchen, ob z. B. die hauptsächlich an Mäusezellen gewonnenen Daten zu Stammzellen in gleicher Weise auch für den Menschen gelten. Stellen sich dabei keine Entwicklungsunterschiede heraus, so wird es relativ bald nutzbare therapeutische Verfahren geben. Zeigen sich aber elementare Unterschiede, so kann mit dieser Erkenntnis und einem wachsenden kritischen Bewusstsein nach einer neuen sinnvollen Strategie gesucht werden. Erkennbar wird, dass nicht die Arbeitstechnik, sondern allein die enthaltene zellbiologische Potenz der kultivierten Gewebezellen zum Schrittmacher für das weitere Vorgehen wird.

Für die Entwicklung von Gewebekonstrukten müssen außerdem neue Strategien für die Kultur gefunden werden, da sich viele der bisher entwickelten Methoden als wenig brauchbar erwiesen haben. Zusätzlich müsste gesichertes Wissen über die Gewebeentwicklung im Organismus zur Verfügung stehen. Dann könnten von der Natur erprobte Entwicklungswege *in vitro* übernommen und damit die Qualität der Konstrukte entscheidend verbessert werden. In diesem Bereich muss besonders viel aufgeholt werden. Denn überraschend viel ist über die Funktionssteuerung einzelner Zellen in jüngerer Vergangenheit erarbeitet worden. Dagegen weiß man vergleichsweise wenig über die molekularen Abläufe bei der Gewebeentwicklung. Vernünftig realisierbar ist die professionelle Gewebeherstellung aber nur mit gesichertem Wissen in gerade diesem Bereich. Deshalb müssen dort verstärkt Forschungsarbeiten erfolgen. Außerdem muss bildungspolitisch die Einsicht entstehen, dass die anstehenden Probleme der Differenzierungssteuerung nur mit adäquaten Forschungsprogrammen auch zu lösen sind.

Viele fühlen sich kompetent, um bei Fragen der Stammzelldifferenzierung mitzureden und darüber zu urteilen. Von der Mehrzahl der Medien und einem Teil der Wissenschaftswelt wird der Bevölkerung mitgeteilt, dass es völlig risikolos sei, aus den embryonalen Stammzellen alle Arten von Geweben herzustellen. Der Eindruck der hierbei erweckt wird, ist jedoch zum derzeitigen Zeitpunkt euphorisch und damit unsachlich. Richtig ist vielmehr, dass es bisher nur gelungen ist, aus Stammzellen Vorläufer von funktionellen Neuronen, Bindegewebe-, Muskel-, oder Epithelzellen als Monolayer in einer Kulturschale zu erhalten. Ein Monolayer mit Vorläuferzellen ist aber definitiv noch kein funktionelles Gewebe. Die Entwicklung zu einem funktionellen Gewebe konnte bisher allerdings noch in keinem Fall gezeigt werden und bleibt deshalb eine wissenschaftliche Aufgabe für das nächsten Jahrzehnt.

Die bisher nicht gelösten Schwierigkeiten und die damit verbundenen Herausforderungen bestehen darin, aus kultivierten Zellen mit Hilfe von Mikroreaktoren ein wirklich funktionelles dreidimensionales Gewebe zu generieren. Dieses Konstrukt muss mit einer Pinzette fassbar und implantierbar sein und sollte einen perfekten Anschluss an das Gefäßsystem haben oder finden können. Fachleute wissen, dass sich bisher aus den Konstrukten nicht automatisch funktionelle Gewebe entwickeln.

[Suchkriterien: ISO quality cell culture]

8.2
Beurteilung der Komplexität

Bei der Herstellung von Gewebekonstrukten müssen alle Faktoren beachtet werden, welche die zelluläre Differenzierung und die daraus resultierende biologische Variabilität des Konstruktes beeinflussen können. Am Beispiel des hämatopoetischen Systems wurde vorher schematisch gezeigt, dass sich embryonal angelegte Zellen in mehreren Zwischenstufen zu funktionellen, aber isoliert vorkommenden Blutzellen entwickeln (Abb. 8.1). Man weiß, dass es bei diesem Vorgang keine umkehrbaren Zwischenschritte gibt. Ein Erythrozyt kann sich nicht wieder in einen Proerythroblasten verwandeln (Abb. 8.1).

Gleiche Entwicklungsrichtung gilt im Körper nicht für alle, aber für die meisten Gewebezellen. Aus einer Mesenchymzelle entsteht z. B. ein Chondroblast und daraus ein Chondrozyt (Abb. 8.2).

Im Gegensatz zur Chondrogenese (Abb. 8.2) verläuft die künstliche Herstellung von Knorpelgewebe ganz anders. Der ursprünglich in der Knorpelkapsel vorkommende, rundliche Chondrozyt wird nach seiner Isolierung zu einem flachen, Mesenchym- bzw. Fibroblasten-ähnlichen Zelltyp (Abb. 8.3), ist aber dennoch keine ursprüngliche Mesenchymzelle mehr.

Mit Hilfe eines Scaffolds wird sodann versucht, die Fibroblasten-ähnliche Zelle wieder in einen Chondroblasten und wenn möglich in einen Chondrozyten zurück zu entwickeln, der mechanisch belastbare Knorpelgrundsubstanz bildet. Zahlreiche Untersuchungen haben gezeigt, dass hierbei nicht allein gewebetypische Chondrozyten, sondern viele Zwischenstufen von Fibroblasten über Chondroblasten bis hin zum adulten Zelltyp gefunden werden.

Hämatopoese

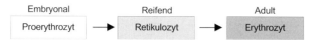

Abb. 8.1: Terminale Differenzierung eines Erythrozyten. Während der im Organismus ablaufenden Erythropoese entstehen aus embryonal angelegten Vorstufen funktionsfähige Zellen. Dies ist ein irreversibler Vorgang.

Chondrogenese

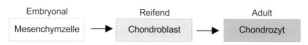

Abb. 8.2: Terminale Differenzierung eines Chondrozyten. Der natürliche Entwicklungsweg einer Mesenchymzelle verläuft über einen Chondroblasten zu einem Chondrozyten und ist irreversibel.

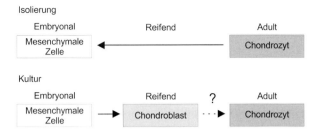

Abb. 8.3: Reembryonalisierung eines Chondrozyten zur mesenchymalen Zelle bei Tissue Engineering. Während der Isolierung eines Chondrozyten aus erwachsenem Gewebe entsteht unter *in vitro*-Bedingungen eine Zelle, die wieder einer mesenchymalen Zelle gleicht, aber nicht mit ihr identisch ist. Völlig untypisch für diese Zelle ist, dass sie unter Kulturbedingungen vermehrt wird, damit sich daraus möglichst viele Chondroblasten entwickeln. Im Knorpelgewebe hätte eine Knorpelzelle dies nicht getan. Inwieweit daraus ein wirklich funktionsfähiger Chondrozyt entstehen kann, ist bisher unklar.

Im Vergleich zur natürlichen Knorpelentwicklung ist die Generierung von artifiziellem Knorpelgewebe unter *in vitro*-Bedingungen ein Vorgang, der reversible Entwicklungsschritte beinhaltet. Ein Chondrozyt kann durch Abbau von Knorpelgrundsubstanz experimentell isoliert und in Kultur genommen werden (Abb. 8.3). Im Gegensatz zum Chondrozyt im Knorpelgewebe kann man ihn jetzt vermehren und zur Herstellung eines künstlichen Knorpelkonstruktes verwenden. Dabei hat die isolierte Zelle vollständig ihre Form verändert. Sie ist jetzt nicht mehr typisch rund, sondern flach und sieht aus wie ein Fibroblast. Aus bisher unbekannten Gründen schaltet die Synthese von knorpeltypischem Kollagen Typ II auf knorpeluntypisches Kollagen Typ I um. Dies wiederum bedeutet, dass die sezernierten Kollagenmonomere nicht mehr zu einer mechanisch belastbaren extrazellulären Matrix verknüpft werden können, die Interzellularsubstanz wird untypisch weich und ist damit für den Ersatz einer Gelenkoberfläche nur bedingt geeignet.

Knorpel ist außerdem nicht gleich Knorpel. Es gibt histologisch und funktionell gesehen drei verschiedene Arten von Knorpel, die an spezifischen Stellen des Körpers vorkommen. Es konnte bisher keine einzige Literaturstelle gefunden werden, in der z. B. die unterschiedliche Herstellung von hyalinem und elastischem Knorpel oder auch von Faserknorpel beschrieben wäre. Eine Ohrmuschel, die elastische Eigenschaften aufweisen muss, lässt sich nicht durch unelastischen hyalinen Knorpel allein ersetzen. Benötigt wird dafür künstlich hergestellter elastischer Knorpel, der aber unter *in vitro*-Bedingungen bisher nicht generierbar ist. Keine Daten gibt es zudem zur Frage, warum bei einzelnen Knorpelgeweben eine ganz unterschiedliche Anzahl von Chondrozyten in den jeweiligen Knorpelhöhlen wohnt. In keiner Arbeit konnten Aspekte zur Entstehung der Knorpelkapsel gefunden werden, welche die Chondrozyten zur ECM hin begrenzt. Hinzu kommt, dass häufig geeignete Marker zum Nachweis von Differenzierungsunterschieden fehlen. Dadurch können ungereifte, reifende und gereifte Zellen im Gewebe nicht voneinander unterschieden werden. Diese Mängel im Wissen beziehen sich nicht allein auf die Generierung von Knorpel, sondern gelten auch für alle anderen Gewebe in unserem Organismus. Es ist schon eigenartig, dass seit fast einem Jahrhundert bekannt ist, zu welchem Zeitpunkt eine Organanlage entsteht oder wann sich ein Muskel entwickelt. Wie aber das jeweilige Gewebe reift und daraus funktionelle Strukturen entstehen, ist entwicklungsphysiologisch gesehen nach wie vor fast unbekannt.

[Suchkriterien: Differentiation functional *in vitro*]

8.3
Expressionsverhalten

Es wird heute bereits versucht , die verschiedensten Gewebe in Kultur zu generieren, indem Zellen auf einem Scaffold angesiedelt werden. Erfahrungsgemäß entstehen dabei nicht perfekte Konstrukte, vielmehr kommt es häufig zur Dedifferenzierung. Experimentell zeigt sich außerdem, dass nicht jeder Scaffold gleich gut für die Ansiedlung von Zellen geeignet ist und damit die Entwicklung optimaler Gewebestrukturen eingeschränkt wird. Wichtig ist deshalb, dass entstehende Gewebekonstrukte sehr kritisch auf das Wachstumsverhalten der Zellen und die entstehende Differenzierung hin untersucht werden. Vor allem sollte man analysieren, ob sich neben typischen auch atypische Strukturen entwickeln. Es geht um nichts anderes, als dass die Qualität von kultivierten Zellen und Geweben adäquat bewertet wird. Ziel sollte es dabei sein, ein Konstrukt zu generieren, welches funktionell gleichwertig mit den entsprechenden Strukturen in unserem Organismus ist. Erst anhand dieser Vergleiche wird es möglich, eindeutige Aussagen darüber zu treffen, ob die Kulturergebnisse als gelungen oder fehlgeschlagen zu bezeichnen sind.

Jede Zelle in einem Gewebe trägt Informationen in ihrer DNA, die im Zuge der zellulären Differenzierung im Zellkern in mRNA umgeschrieben und dann ins Zytosol transportiert wird. Am endoplasmatischen Retikulum und an den Ribosomen wird die Information umgesetzt, um aus einzelnen Aminosäuren Proteine zu synthetisieren. Diese werden dann entweder für zelleigene Aufgaben verwendet oder aber aus der Zelle ausgeschleust. Die Informationsbildung bis zur mRNA wird als Transkription bezeichnet, während die Umsetzung der mRNA in Protein als Translation bekannt ist (Abb. 8.4).

Die in der mRNA enthaltene Information wird nicht automatisch in funktionelles Protein umgesetzt. Die gebildete mRNA allein gibt deshalb keine gesicherte Auskunft über das später zur Verfügung stehende funktionelle Protein, denn sie dient als Zwischenschritt zur Bildung des Proteins. Das Protein steht dabei am Ende der komplexen Bildungskette, welches z. B. am Golgiapparat durch Anknüpfung von Zuckerresten erst seine funktionellen Eigenschaften als Glykoprotein erhält. Hier ist zu berücksichtigen, wie vielfältig die eigentliche Funktion des Proteins über seine Faltung, Glykosilierung oder Phosphorylierung beeinflusst werden kann.

Gerade in Zell- und Gewebekulturen ist eine normale Prozessierung von Proteinen nicht garantiert und eine Transkription bedeutet nicht die sofortige und komplette

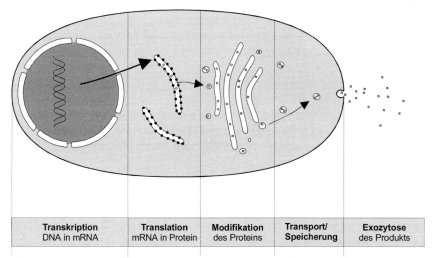

Transkription	Translation	Modifikation	Transport/	Exozytose
DNA in mRNA	mRNA in Protein	des Proteins	Speicherung	des Produkts

Abb. 8.4: Proteine der Zelle entstehen auf einer Transkriptions- und einer Translationsebene. Bei der Generierung von künstlichen Geweben kann die Synthesekette auf ganz unterschiedlichen Ebenen unterbrochen sein, wenn die Umgebungsparameter nicht optimal sind.

Umsetzung in die erwartete Translation. Es ist erstaunlich, wie viel Bedeutung mRNA Befunden gerade in Zell- oder Gewebekulturen zugemessen wird und wie wenig Wissen auf der Translationsebene über die Regulation der Proteinbiosynthese vorhanden ist. Im Zuge der angelaufenen Proteomforschung wird sich das jedoch sicherlich sehr schnell ändern.

Beim Testen einer Zell- oder Gewebequalität (Profiling) stellt sich generell die Frage, ob das oder die Syntheseprodukte auf der Transkriptions- oder der Translationsebene nachgewiesen werden sollen. Prinzipiell gilt, dass am besten auf beiden Ebenen gemessen wird, wenn die geeigneten Methoden und Marker zur Verfügung stehen. Völlig probremlos kann dieser Weg beschritten werden, wenn bekannte Proteine nachgewiesen werden sollen. Mit der PCR-Methode kann biochemisch auf der Transkriptionsebene nachgewiesen werden, ob die entsprechende mRNA von den Zellen überhaupt gebildet wird. Mit der *in situ*-Hybridisierungsmethode wird am Schnittpräparat morphologisch mit licht- und elektronenmikroskopischen Methoden gezeigt, ob die jeweiligen Zellen und nicht vielleicht eine benachbarte Zellpopulation die entsprechende mRNA bilden. Vorausgesetzt es gibt einen geeigneten Antiköper, so kann auf der Translationsebene das entstandene Produkt mit Methoden der Immunhistochemie sichtbar gemacht werden. Auf licht- oder elektronenmikroskopischer Ebene lässt sich hierbei visualisieren, ob z. B. ein synthetisiertes Protein an der Zelloberfläche oder an der extrazellulären Matrix vorkommt. Mit Hilfe elektrophoretischer Methoden können schließlich Proteinfraktionen der Zelle getrennt werden. Im WB wird anhand einer markierten Bande ein vorkommendes Protein mit einem entsprechenden Antikörper erkennbar. Mit all diesen Experimenten lässt sich zweifelsfrei und sehr sensitiv nachweisen, ob die Kulturen spezielle Proteine synthetisieren oder unter den gewählten Kulturbedingungen nicht ausgebildet haben.

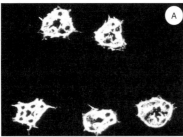

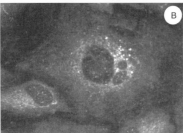

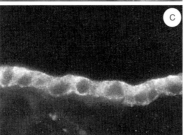

Abb. 8.5: Verlust der Antigenexpression durch suboptimale Kulturbedingungen. Immunhistochemische Markierung von Sammelrohren in der Niere (A), von kultivierten Monolayerzellen des Sammelrohres auf einem Deckgläschen (B) und von generiertem Sammelrohrepithel auf einer nierenspezifischen Matrix (C). Die immunhistochemische Markierung mit einem monoklonalen Antikörper zeigt, dass Zellen des Sammelrohrsystems in der Niere eindeutig markiert sind. Sammelrohrzellen als Monolayer auf einem Deckgläschen haben nur eine punktuelle und damit untypische Markierung (B). Das nachgewiesene Protein wird zwar gebildet, kann aber nicht zur Plasmamembran transportiert werden. Generiertes Sammelrohrepithel auf einer nierenspezifischen Unterlage zeigt wie in der Niere eine deutliche Markierung an allen Zellen (C).

Wenn Gewebekonstrukte hergestellt werden, so müssen sie möglichst gründlich mit den jeweiligen Geweben im Organismus verglichen werden. Dabei sollten nicht nur das adulte Gewebe, sondern auch embryonale und vor allem halb gereifte Strukturen zum Vergleich herangezogen werden, um möglichst viele Informationen zu den aktuellen Entwicklungsabläufen im Konstrukt zu erhalten. Dabei zeigte sich u. a., dass Zellen, die aus der Niere isoliert wurden und als Monolayer auf einem Deckgläschen wachsen, die notwendige mRNA für bestimmte Proteine besitzen und diese Proteine auch bilden können (Abb. 8.5). Unter den beschriebenen Kulturumständen gelingt es den Zellen jedoch nicht, die gebildeten Proteine in die Plasmamembran einzubauen. Schuld daran ist die Gestaltveränderung der Zellen beim Wachsen auf einer für die Zellen ungeeigneten Unterlage. Aus ursprünglich isoprismatischen Zellen sind untypisch flache Zellen geworden (Abb. 8.5 B). Mit Hilfe von PCR und Western-Blot würde das Ergebnis positiv, aber dennoch unvollständig für ein solches Protein ausfallen. Das entsprechende Protein wird zwar gebildet, ist aber aufgrund der Gestaltveränderung der Zellen an der falschen Stelle lokalisiert, da es nicht in der Plasmamembran nachgewiesen werden kann. Solche wichtigen Befunde erhält man nur dann, wenn je nach Möglichkeit adäquate morphologische, molekularbiologische und immunhistochemische Methoden kombiniert genutzt werden.

Kulturbedingungen müssen generell so gewählt werden, dass die Zellen in einem Konstrukt in der Lage sind, ein Protein nicht nur zu synthetisieren, sondern auch gewebegerecht zu prozessieren, damit spezifische Funktionen entstehen (Abb. 8.5 C). Aus diesem Grund empfehlen wir bei Kulturexperimenten zuerst auf Translationsebene im Western-Blot zu untersuchen, ob ein spezielles Protein nachweisbar ist. Danach wird immunhistochemisch analysiert, ob das Protein an der richtigen Stelle zu finden ist. Wenn dieser Befund positiv ausfällt, steht einer weiteren produktiven Kultivierung meist nichts mehr im Weg.

[Suchkriterien: Cell features culture detection]

8.4
Eignung eines Scaffolds

Wenn Zellen auf einem Scaffold kultiviert werden, ist es besonders wichtig, zu überprüfen, ob sie sich gleichmäßig verteilen und damit als Epithelzelle die gesamte Oberfläche oder als Bindegewebezelle bzw. als neuronale Zelle dreidimensional den zur Verfügung stehenden Raum besiedeln. Entscheidend für die Qualität der künftigen Gewebeentwicklung ist es, ob die Zellen in eine enge funktionelle Interaktion mit dem

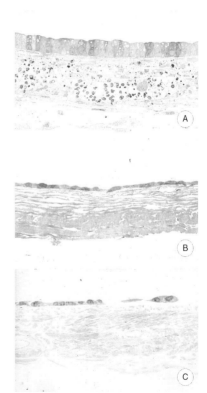

Abb. 8.6: Wechselspiel zwischen Gewebeentwicklung und verwendetem Scaffold. Ein generiertes Epithel muss abdichten und die gesamte Oberfläche eines Scaffolds überwachsen. Dabei müssen typische funktionelle Eigenschaften ausgebildet werden. Anhand der Zellverteilung wird die optimale (A), mittelmäßige (B) und schlechte Eignung (C) eines Scaffolds erkennbar.

verwendeten Biomaterial treten und dabei eine typische Verteilung zeigen. An der Reaktion beim Primär- und Sekundärkontakt ist zu erkennen, ob Epithelzellen auf einem Gefäßimplantat perfekt haften und damit später dem Vorbeiströmen des Blutes standhalten können (Abb. 8.6).

Für Bindegewebezellen bedeutet der Primärkontakt mit der artifiziellen Matrix, dass z. B. nur bei einer homogenen Verteilung von Chondrozyten auch die mechanisch belastbare Interzellularsubstanz aufgebaut werden kann (Abb. 8.7). Wenn die Zellen im Laufe des Sekundärkontaktes den Scaffold nur an wenigen Stellen besiedeln, so kann auch nur an diesen Stellen typische Interzellularsubstanz aufgebaut werden. Dadurch entsteht eine inhomogene, also mechanisch nicht belastbare Matrix, die als Implantat später wenig Nutzen bringen würde.

Um das optimale Scaffoldmaterial für die jeweilige Gewebeherstellung zu finden, müssen zahlreiche Testserien zuerst mit Zelllinien und dann mit Primärkulturen durchgeführt werden. Dazu werden die Zellen auf unterschiedlichen Scaffolds in Gewebeträgern herangezogen. Nach festgelegten Zeitpunkten der Kultur können die Gewebeträger fixiert und mit einem fluoreszierenden Kernfarbstoff markiert werden (Abb. 8.8). Unabhängig davon, ob der Scaffold optisch transparent oder völlig undurchsichtig ist, kann die Verteilung der Zellen mit einem Mikroskop im Epifluoreszenzmodus sichtbar gemacht werden. Dieser einfache und bestechende Arbeitsmodus ist in allen modernen Fluoreszenzmikroskopen vorhanden. Probleme kann allein die Eigenfluoreszenz des jeweilig verwendeten Biomaterials/Scaffolds machen. Falls diese stark ist und das Signal der Kernfärbung überstrahlt, kann zumeist auf einen anderen Farbstoff mit einem anderen Fluorochrom ausgewichen werden (z. B. DAPI anstatt Propidiumiodid).

Matrices können das Wachstumsverhalten von Zellen und Geweben enorm beeinflussen (Abb. 8.8). Zu Beginn unserer Arbeiten war uns nicht bewusst, wie sensitiv Zellen auf den Kontakt mit einem Biomaterial reagieren. Gezeigt werden z. B. sechs verschiedene Matrices, die alle mit der gleichen Anzahl von MDCK-Zellen besiedelt wurden. Nach drei Tagen Kultur in statischem Milieu wurden die Zellen fixiert und

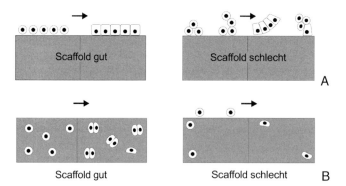

Abb. 8.7: Qualitäten von Scaffoldmaterialien in Verbindung mit Epithelzellen (A) und Bindegewebezellen (B). Gezeigt ist die Ansiedlung auf einem optimalen und einem ungeeigneten Scaffold für die Gewebeherstellung. Bei der homogenen Verteilung der Zellen auf einem Scaffold sind die Chancen für eine optimale Gewebeentstehung besonders groß.

Abb. 8.8: Ermittlung eines geeigneten Scaffoldmaterials. Darstellung von MDCK-Zellen auf sechs unterschiedlichen Biomaterialien mit fluoreszierender Kernmarkierung. Die Zellen reagieren beim Wachstum so sensitiv, dass jedes Material ein individuelles Wachstumsprofil der Zellen zeigt. Ein homogenes Wachstumsprofil mit guter Anhaftung zeigt nur eine Probe (A).

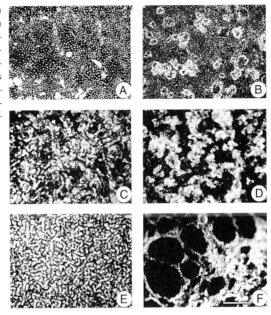

mit einem fluoreszierenden Kernfarbstoff markiert. Die markierten Zellen zeigen bei sechs verwendeten Matrices völlig unterschiedliche Wachstumsprofile. Ein Modul, bei dem z. B. fest anhaftende Epithelzellen benötigt werden, könnte demnach nur mit der Matrix A (Abb. 8.8) gebaut werden. Bei der Matrix F (Abb. 8.8) z. B. wachsen die Zellen nur lückenhaft, und bilden Cluster und Zysten. Ein solches Biomaterial kann für die Besiedlung von Epithelgewebe prinzipiell nicht verwendet werden, da es eine optimale Zellanhaftung, physiologische Abdichtung und Entwicklung von Transportfunktionen nicht unterstützt.

Je nach Verteilung des Zelltyps im jeweiligen Scaffold kann demnach entschieden werden, ob das verwendete Biomaterial gleichmäßig mit Zellen durchdrungen ist oder nur auf der Oberfläche mit Zellanhäufungen besiedelt wird. Nach dem Mikroskopieren der Referenzprobe ist abzuschätzen, welches Material besser und welches schlechter für das Anhaften der Zellen geeignet ist. Anhand dieser Kriterien kann dann leicht entschieden werden, mit welchem Biomaterial es Sinn macht weiter zu arbeiten.

Scaffoldmaterialien können jedoch mehr als nur die Lage einzelner Zellen definieren. Bei Gewebekulturen der Niere zeigt sich, dass z. B. Scaffolds aus unterschiedlichen Kollagenaufarbeitungen sowohl die Epithelausbildung, wie auch die Entwicklung einer natürlich vorkommenden Lamina propria drastisch beeinflussen können (Abb. 8.9). Als Beispiel ist ein Scaffold A gezeigt, der die Entwicklung eines Epithels wie auch die Ausbildung des darunter liegenden Bindegewebes unterdrückt (Abb. 8.9 A). Der Scaffold B dagegen verhindert die Ausbildung des Epithels, unterstützt dafür aber die Entwicklung der Lamina propria (Abb. 8.9 B). Nur beim natürlich vorkommenden Scaffold C findet sowohl die Entwicklung eines Epithels als auch die Ausbildung der dazu gehörenden Lamina propria statt (Abb. 8.9 C).

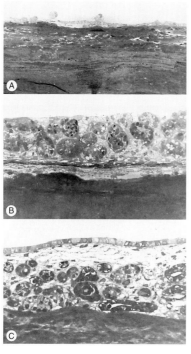

Abb. 8.9: Der verwendete Scaffold hat Einfluss auf die Entwicklung von Epithel- und Bindegewebe der Niere. (A) Beim Scaffold A ist zu erkennen, dass weder das Epithel-, noch das Bindegewebe deutlich entwickelt sind. (B) Der Scaffold B zeigt eine deutliche Ausbildung von Bindegewebe, aber nicht von Epithelgewebe. (C) Scaffold C unterstützt deutlich die Bildung von Bindegewebe und einem luminal begrenzenden Epithelgewebe.

[Suchkriterien: Scaffold cell distribution fluorescence]

8.5
Versteckte Heterogenität

Herausforderung bei der Herstellung künstlicher Gewebe ist die Entwicklung spezifischer Eigenschaften und die Vermeidung der zellulären Dedifferenzierung. Möglichst alle typischen zellulären und extrazellulären Merkmale eines bestimmten Gewebes sollten während der Kultur dauerhaft ausgebildet werden. Zudem sollte eine eindeutige Richtlinie aufgestellt werden, nach der die kultivierten Gewebe mit den Strukturen in einem Organismus vergleichbar werden. Ohne eine kritische zellbiologische und pathologische Beurteilung kommt man dabei nicht aus. Bei diesem Profiling werden ausgebildete, fehlende und atypische Eigenschaften ermittelt.

Eine schnelle und effektive Methode für den morphologischen Nachweis spezifischer Gewebeeigenschaften ist das Anfertigen eines Gefrierschnitts. Dazu wird entweder das aus einem Organ entnommene oder ein künstlich generiertes Gewebe möglichst schnell auf einer Unterlage mit Tissue tec bedeckt und in einem Gewebehalter unter heftiger CO_2-Begasung eingefroren. Der Gewebehalter wird danach in ein Gefriermikrotom eingespannt. Anschließend werden möglichst dünne (ca. 5-10 µm) Gefrierschnitte angefertigt und auf Glasobjektträger aufgezogen. Danach erfolgt das Färben mit einer 1 % Toluidinblaulösung, das Entwässern mit Alkohol, die Aufhellung durch Xylol und das Eindeckeln mit einem Deckglas.

Unter dem Mikroskop ist schnell erkennbar, ob vitale Zellen und entwickeltes Gewebe vorhanden sind. Gleichzeitig können weitere wichtige Fragen beantwortet werden, ob z. B. ein isoprismatisches Epithel entstanden ist oder ob das Gewebe sich zu einem untypischen flachen Epithel entwickelt hat. Ebenso kann geklärt werden, ob die Zellen einschichtig oder mehrschichtig wachsen, ob sie eng benachbart sind oder in diskretem Abstand zueinander vorgefunden werden. Veränderungen der Zellkernlage, der Zellform oder des Schichtenaufbaus eines Gewebes geben zudem erste wichtige Informationen über Eigenschaften wie Polarisierung, Transportfähigkeit oder mechanische Belastungsfähigkeit von Geweben.

Mit der indirekten Immunfluoreszenz-Methode können eindeutige Aussagen zum Vorhandensein und zur Verteilung bestimmter Proteine in einem Gewebe gemacht werden. Nach Herstellung eines Kryostatschnittes erfolgt eine Fixierung der Präparate für 10 Minuten in eiskaltem Ethanol (100 %), dann wird 2 x 5 Minuten in PBS gewaschen und 30 Minuten in Blockierlösung inkubiert (PBS + 1 % BSA, Rinderalbumin + 10 % Pferdeserum, HS), um unspezifische Bindungsstellen abzusättigen. Die Blockierlösung wird abgesaugt und die Präparate werden für 90 Minuten in der Primärantikörperlösung inkubiert. Dabei handelt es sich um denjenigen Antikörper, der mit dem nachzuweisenden Protein am Gewebeschnitt reagiert. Dann wird wieder 2 x 5 Minuten in PBS + 1 % BSA gewaschen und für 45 Minuten in FITC-Sekundärantikörperlösung inkubiert. Der mit einem Fluorochrom markierte Sekundärantikörper bindet an den Antigen-Primärantikörperkomplex und macht diesen so sichtbar. Von diesem Zeitpunkt an muss die Inkubation vor Licht geschützt werden. Schließlich wird wiederum 3 x 5 Minuten in PBS + 1 % BSA gewaschen, um die Präparate auf einen Objektträger zu überführen und einbetten zu können. Die Im-

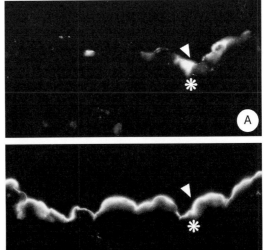

Abb. 8.10: Individuelle Proteinexpression von Gewebe. Renales Sammelrohrepithel wurde in IMDM (A) und IMDM + NaCl (B) generiert. In beiden Fällen ist ein durchgängiges und polar differenziertes Sammelrohrepithel entstanden. Anhand rein morphologischer Befunde können beide Epithelien nicht voneinander unterschieden werden. Erst die immunhistochemische Markierung mit mab 703 zeigt klare Unterschiede. Während die Kultur in IMDM nur wenige antikörperbindende Zellen entstehen lässt, sind unter IMDM + NaCl alle Zellen im Epithel markiert.

munfluoreszenz kann dann an einem Epifluoreszenzmikroskop bei einer Anregungswellenlänge von z. B. 495 nm ausgewertet werden.

Sehr häufig sind unterschiedlich behandelte Gewebeproben lichtmikroskopisch nicht voneinander zu unterscheiden. Deshalb lohnt es sich, Unterschiede des Expressionsprofils von Proteinen immunhistochemisch zu untersuchen. An Gefrierschnitten lässt sich dies sehr effektiv durchführen.

Renales Sammelrohrepithel kann z. B. entweder in IMDM oder in IMDM mit zusätzlich 12 mmol/l NaCl generiert werden (Abb. 8.10). In beiden Fällen entsteht ein durchgängiges und polar differenziertes Sammelrohrepithel. Anhand der lichtmikroskopischen Befunde können beide Epithelien nicht voneinander unterschieden werden. Erst die immunhistochemische Markierung mit mab 703 zeigt klare Unterschiede (Abb. 8.10). Während in der Kultur mit IMDM nur wenige antikörperbindende Zellen entstanden sind, werden unter IMDM + NaCl alle Zellen im Epithel markiert. Diese Befunde können nun mit dem Expressionsprofil im Sammelrohrepithel der Niere verglichen werden. Erst anhand dieser Resultate kann dann entschieden werden, ob im kultivierten Epithel ein typischer Zustand ausgebildet wurde oder ob eine Hypo- bzw. Hyperexpression des Proteins entstanden ist.

[Suchkriterien: Cell culture heterogeneity expression]

8.6
Untersuchung zellulärer Ultrastrukturen

Häufig reichen lichtmikroskopische Techniken beim Profiling nicht aus. Im Gegensatz zur Lichtmikroskopie kann die Transmissions-Elektronenmikroskopie (TEM) die optische Auflösung zellulärer Strukturen wesentlich erhöhen und so einen Einblick in

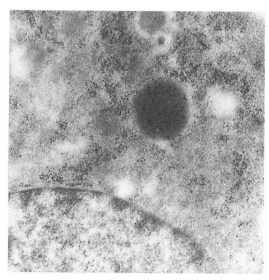

Abb. 8.11: Elektronenmikroskopisch-immunhistochemischer Nachweis eines Granulums mit Renin in kultiviertem Nierengewebe. Die Goldmarkierung in Form von schwarzen Körnchen ist ausschließlich innerhalb des Granulums sichtbar.

die subzelluläre Verteilung von Organellen, den Aufbau der Zellmembran und der Basalmembran sowie in Oberflächendifferenzierungen und Zellkontakte geben. Allerdings ist die Herstellung eines elektronenmikroskopischen Präparates erheblich aufwendiger, zeitintensiver und damit teurer als die Anfertigung eines lichtmikroskopischen Schnittes. Der Vorteil der Elektronenmikroskopie liegt jedoch in der unübertroffenen und damit eindeutigen Identifikation von Strukturen innerhalb der Zelle. Die entscheidenden Fragen zur einsetzenden Oberflächendifferenzierung und Zellpolarisierung sind nur elektronenmikroskopisch zu beantworten. Dazu gehört eine Visualisierung der gerichteten Transportfunktion oder Produktabgabe, die z. B. nur in topologischer Relation zum Golgiapparat möglich wird.

Nicht nur die zelluläre Polarisierung, sondern auch die Orientierung sowie der Inhalt von Organellen innerhalb der Zelle ist im Elektronenmikroskop und vor allem mit immunhistochemischen Methoden eindeutig zu erkennen (Abb. 8.11). Hierbei werden anstelle eines mit Fluorochrom markierten Sekundärantikörpers gold-markierte Sekundärantikörper verwendet, die im TEM als elektronendichte und damit dunkle Punkte sichtbar werden. In diesem Zusammenhang kann analysiert werden, ob z. B. eine räumlich intakte Entwicklung des Trans-Golgi-Netzes zur Oberfläche des Epithels ausgebildet ist und damit Proteine entlang dieser Straße prozessiert werden können.

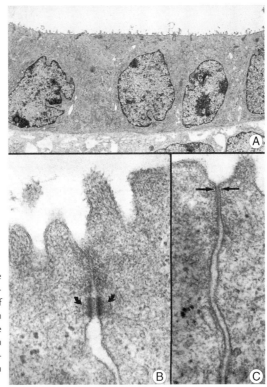

Abb. 8.12: Elektronenmikroskopische Ansicht eines generierten renalen Sammelrohrepithels. (A) Das Epithel hat auf seiner basalen Seite eine Basalmembran ausgebildet. (B) und (C) An der Grenze zwischen der apikalen und lateralen Plasmamembran sind eindeutig erkennbare Tight junctions zur funktionellen Abdichtung ausgebildet.

Immunhistochemische Markierung mit Antikörpern gegen Tight junction Proteine wie ZO1 oder Occludine können lichtmikroskopisch zwar zeigen, dass diese speziellen Moleküle exprimiert werden und eine Zell-Zellverbindung im generierten Gewebe aufgebaut ist. Obwohl spezifische Proteine im Konstrukt mit Antikörpern nachgewiesen sind, kann es dennoch sein, dass die Dichtung funktionell nicht genügend ausgebildet ist. Dies kann z. B. daran liegen, dass eine nicht ausreichende Anzahl von anastomosierenden Einzelsträngen ausgebildet ist. Normalerweise findet man 5 – 7 solcher Stränge (Abb. 8.12). Sind jedoch nur 3 – 5 ausgebildet, so ist die Tight junction physiologisch undicht. Der typische Aufbau von funktionellen Tight junctions in einem Epithel ist nur elektronenmikroskopisch und mit einer Gefrierbruchreplik eindeutig zu beurteilen.

[Suchkriterien: Transmission electron microscope ultrastructure tissue]

8.7
Funktionsübertragungen

8.7.1
ECM und Verankerung

Gewebezellen synthetisieren ihre extrazelluläre Matrix bzw. Basalmembranen zum Teil selbst, zum Teil zusammen mit benachbarten Geweben, wodurch eine spezielle Kompartimentierung ausgebildet wird. Dadurch werden Zellen, aber auch Gewebe in bestimmten Abständen zueinander gehalten, in Gruppen gefasst oder voneinander getrennt. Die Zusammensetzung der extrazellulären Matrix zeigt in jedem Gewebe zudem ganz spezifische Eigenschaften. Die wesentlichen Grundbestandteile der ECM wie Fibronektin, Kollagen und Proteoglykane sind immer vorhanden, jedoch in unterschiedlicher Menge und Zusammensetzung. Hinzu kommt, dass es über 20 verschiedene Kollagene und kollagenähnliche Moleküle gibt, die durch eine Polymerisation mit Fibronektin und Proteoglykanen eine unendliche Vielfalt an dreidimensionaler Vernetzung ermöglichen. In die Aminosäuresequenz dieser Moleküle sind zudem Informationsabschnitte für Zellanhaftung und Zellbewegung eingebaut. Mit zellbiologischen Methoden und Antikörpern kann man das Vorkommen dieser vielfältigen Proteine nachweisen. Durch konsekutive Immuninkubationen an elektronenmikroskopischen Schnittpräparaten oder mittels Rekonstruktion am Computer können Aussagen über die Beteiligung und Vernetzungen einzelner Proteine aufgezeigt werden. In der Zwischenzeit zeichnet sich ab, dass die extrazelluläre Matrix eines jeden Organs mit seinen speziellen Geweben ganz eigene Charakteristika zu haben scheint.

Gewebezellen können in lockerem oder auch sehr engem Kontakt zu ihrer extrazellulären Matrix stehen (Abb. 8.13). An den Stellen, an denen die Plasmamembran von Zellen fokal oder auch großflächig in Kontakt mit der extrazellulären Matrix tritt, werden Zellverankerungsproteine etabliert. Dabei handelt es sich um integrale Membranproteine, die an spezifische Aminosäuresequenzen der extrazellulären Matrix binden und als Integrine bezeichnet werden. Diese Moleküle sind heterodimer aufge-

Abb. 8.13: Gewebespezifische Reaktion der Verankerung zwischen ECM und Zelle. Gezeigt ist die Ausbildung der Verankerung von Epithelzellen (A) und einer Bindegewebezelle (B) mit der Basalmembran bzw. extrazellulären Matrix über spezifische Integrine. Dabei zeigt sich, dass je nach Zelltyp ganz unterschiedliche Integrine ausgebildet werden.

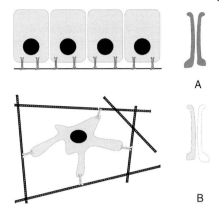

baut und bestehen somit aus zwei unterschiedlichen α- und β-Untereinheiten. Es gibt mindestens je acht verschiedene α- und β-Untereinheiten, die wiederum miteinander kombiniert an ganz unterschiedliche Strukturen der extrazellulären Matrix binden können. Somit wird verständlich, wie die einzelnen Gewebezellen durch eine unterschiedliche Zusammensetzung der α- und β-Untereinheiten wiederum an verschiedene Komponenten der extrazellulären Matrix binden. Die Konstellation von α- und β-Untereinheiten ist innerhalb eines Gewebes nicht konstant, sondern zeigt in der Regel reifungsabhängige Unterschiede.

Integrine bewirken beispielsweise, dass Endothelzellen als Auskleidung der Gefäßinnenwände fest an der Matrix haften und durch den Blutstrom nicht weggespült werden. Wird ein Biomaterial als Prothese für ein Gefäß mit Endothelzellen besiedelt, so kann es geschehen, dass typische Integrine nicht oder zu wenig exprimiert oder sogar atypische Integrindimere ausgebildet werden. In diesem Fall können die Endothelzellen auf dem ausgewählten Biomaterial nicht haften. Die Oberflächenstruktur des Biomaterials muß dann so lange optimiert werden, bis die Endothelzellen ihre spezifischen Zellanker ausbilden. Gleiches gilt für Knochenzellen (Osteoblasten), die erst nach einer optimalen Verankerung über Integrine mit der Bildung und Vernetzung von Kollagen Typ I und einer nachfolgenden Calcifizierung reagieren.

Das letzte Beispiel zeigt, dass über die Verankerung nicht nur ein rein mechanischer Kontakt zwischen den Zellen und der extrazellulären Matrix hergestellt wird, sondern auch eine Funktionskopplung zum zellulären Stoffwechsel bestehen kann. Gesteuert werden solche Vorgänge durch Kinasen der ERK-Gruppe (extracellular signal regulated kinases) und den MAP-Kinasen (mitogen activated protein kinases). In Abhängigkeit von der extrazellulären Matrix wird über diese Funktionskaskade die Zelladhäsion, die Zellteilung und die Länge der funktionellen Interphase gesteuert. Experimentell lassen sich die im Zellinnern resultierenden Prozesse von außen schwer steuern, so dass allein die Interaktion zwischen Zelle und verwendetem Biomaterial die weitere Zellfunktion bestimmt. Ohne ein geeignetes Biomaterial und die gewebetypische Integrinexpression können also Kulturexperimente zur Herstellung funktioneller Gewebe nicht erfolgreich durchgeführt werden.

[Suchkriterien: Extracellular matrix integrin signal transduction kinases]

8.7.2
Ausbildung von Zell-Zell-Kontakten

Bei der Generierung z. B. von Epithelien muss deren Polarisierungsverhalten beurteilt werden. Dabei wird überprüft, ob in der apikalen bzw. basolateralen Plasmamembran die richtigen Proteine eingebaut werden, die eine natürliche funktionelle Barriere entstehen lassen. Ein wichtiges Merkmal für Epithelzellen sind die Tight junctions als Bestandteil von lateralen Zell-Zell-Kontakten. Stark abdichtende Epithelien verhindern eine Passage von Molekülen zwischen den Zellen hindurch und lassen somit nur einen transzellulären Transport zu. Damit entscheiden allein Kanalstrukturen oder Transportproteine in der luminalen bzw. basolateralen Plasmamembran über diejenigen Moleküle, die in die Zellen eintreten können oder von der Epithelbarriere abgewiesen werden.

Wichtige strukturelle und funktionelle Komponenten von Tight junctions sind die 24 Mitglieder der Claudin-Familie, die Occludine und das Junctional Adhesion Molekül (JAM). In Tight junctions von verschiedenen Epithelien werden analog zu den Integrinen unterschiedlich korrespondierende Claudinpaare ausgebildet. Weiterhin existieren mit Tight junctions assoziierte Proteine. Diese sind z. B. immunhistochemisch oder im Western-Blot leicht mit einem Antikörper nachzuweisen. Allerdings verrät der Nachweis von Occludinen allein wenig über die funktionellen, abdichtenden Eigenschaften. Diese müssen dann physiologisch und morphologisch untersucht werden.

Neben den Tight junctions sind die Gap junctions wichtige Vermittler von funktionellen Zell-Zell-Kontakten bei epithelialen und nicht-epithelialen Gewebestrukturen. Diese erlauben den Stoffaustausch von Zelle zu Zelle. Gap junctions bestehen aus zwei korrespondierenden durch die Plasmamembran reichende Kanalstrukturen (Connexone), die wiederum sechs gleichartige Connexine enthalten. Es sind inzwischen viele unterschiedliche Connexine bekannt, wodurch der Austausch von Stoffen und Informationen zwischen einzelnen Zellen sehr unterschiedlich gestaltet werden kann. Auch hier kann mit Antikörpern, die gegen Aminosäuresequenzen einzelner Gap junction Proteine (Connexine) gerichtet sind, deren gewebespezifische Expression analysiert werden. Wichtiges Beispiel ist die Verbindung zwischen Herzmuskelzellen in den Glanzstreifen, die u. a. dem kleinmolekularen Stoffaustausch und der elektrophysiologischen Erregungsausbreitung im Myokard dienen. Dadurch kann die Kontraktion aller verbundenen Zellen zeitlich synchronisiert werden. Verständlich ist, dass *in vitro* generierte Kardiomyozyten Gap junctions in genügender Menge ausbilden müssen, um nach einer Implantation funktionelle Kontakte zu benachbarten Zellen zu finden. Zur Implantation in ein kontraktiles Gewebe müssen die Zellen auf einer elastisch deformierbaren extrazelluären Matrix angesiedelt sein. Zugleich müssen die Zellen an ihrer Oberfläche oder in der engsten perizellulären Matrix Informationsmotive besitzen, die ein schnellst mögliches Einwachsen von Kapillaren in das Konstrukt zur Versorgung des Gewebes fördern.

Gap junctions mit ganz unterschiedlichem Aufbau werden nicht nur in den Epithelien, sondern auch in embryonalen, reifenden und erwachsenen Bindegeweben gefunden. Damit können räumlich getrennt lebende Zellen über lange Zellausläufer funktionell miteinander koppeln und Informationen miteinander austauschen. Wie bei den epithelialen Strukturen kommen Gap junctions hier regelmäßig vor und verbinden das Zytoplasma benachbarter Zellen. Dies dient unter anderem der optimalen synchronisierten Funktion, wie sie beispielsweise beim Aufbau der Matrix von Röhrenknochen notwendig ist. Hierbei kalzifizieren vergleichsweise riesige Areale, die in ihrem Innern mit einem kommunizierenden Netz an Osteozyten belebt werden. Neurales Gewebe bildet wiederum eine ganz andere Kommunikationstechnik aus. Hier findet die Informationsübertragung an extrem lang ausgebildeten Dendriten und Axonen statt. Dabei müssen eingehende Informationen umgeschaltet oder gebündelt werden. Dies geschieht dann über Synapsen mit Relaisfunktion, die zwischen Neuronen oder einem Erfolgsorgan ausgebildet sind.

[Suchkriterien: Cell contact gap junctions connexin review]

8.7.3
Zytoskelett

Alle Zellen haben ein Zytoskelett, welches aus Aktinfilamenten, Intermediärfilamenten und Mikrotubuli besteht. Je nach Gewebezelltyp unterscheiden sich diese Strukturen in ihrer Zusammensetzung und Lokalisierung. Das Zytoskelett durchzieht dreidimensional das Zytoplasma und bildet auf diese Weise das Endoskelett einer Zelle. Dabei bilden die Zytoskelettbestandteile kein statisches, sondern ein elastisch deformierbares Gerüstsystem, welches der Aufrechterhaltung der Zellform, Positionierung von Organellen, Modulierung von Bewegungsvorgängen und der Bildung von Transportrouten in der Zelle dient.

Die Bedeutung des Zytoskeletts im Zusammenhang mit der Ausbildung von Transportrouten wird besonders deutlich am Beispiel des Mikrotubuligeflechtes in Nervenzellen (Neuronen). Wie in anderen Zellen ist die Proteinsynthese auch in Nervenzellen an den Zellkern, das endoplasmatische Retikulum und an den Golgiapparat gebunden. Diese Zellelemente befinden sich in den Nervenzellkörpern (Perikaryen) der Nervenzellen, welche in einigen Fällen bis zu 1 m vom distalen Ende des Muskel innervierenden Nervenzellfortsatzes (Axon) entfernt sein können. Somit ist die Transportroute für Stoffe wie für Transmitter in den Nervenzellen außergewöhnlich lang. Entlang der Axone verlaufende Mikrotubuli dienen als Transportweg. Entlang dieser Mikrotubuli kann nun gerichteter Stofftransport erfolgen, wobei Motorproteine für die Bindungs- und Bewegungsvorgänge verantwortlich sind. Das Motorprotein Kinesin wandert mit seiner Fracht zum Plusende eines Mikrotubulus, das Motorprotein Dynein dagegen zum Minusende eines Mikrotubulus. Somit ist für den Bewegungsvorgang die Interaktion zwischen den Motorproteinen und den Mikrotubuli notwendig. Vorraussetzung für die Funktionalität von Nervengewebe ist daher unter anderem das Vorhandensein dieser genannten Proteine, was z. B. durch immunhistochemische Methoden in kultiviertem Gewebe leicht überprüft werden kann.

Je nach Gewebetyp findet man ganz unterschiedliche Intermediärfilamente. Typisch für Epithelzellen ist z. B. die umfangreiche Gruppe der Zytokeratine (Tab. 8.1). Experimentell wurde gezeigt, dass jedes Epithel seine eigene Zytokeratin-Ausstattung besitzt. In anderen Geweben wie der Muskulatur befindet sich als Äquivalent Desmin. In Astrozyten wird saures Gliafaserprotein nachgewiesen (GFAP), während in Nervenzellen Neurofilamente immunhistochemisch gezeigt werden können. In vielen mesenchymalen Geweben ist Vimentin vorhanden.

Tab. 8.1: Vorkommen von ganz unterschiedlichen Zytokeratinen in den einzelnen Epithelien.

Zytokeratin-Typ	Vorkommen
1	Epidermis, Portio uteri
2	Epidermis, Portio uteri
3	Cornea
4	Talgdrüsen, Portio uteri, Speiseröhrenepithel
5	Epidermis, Talgdrüsen, Schweißdrüsen, Trachealepithel
6	Epidermis, Schweißdrüsen
7	Schweissdrüsen, Brustdrüsen, Niere, Urothel
8	Schweißdrüsen, Trachea, Urothel, Darmepithel, Hepatozyten
9	Epidermis
10	Epidermis
11	Epidermis
12	Cornea
13	Portio uteri, Speiseröhre, Trachealepithel, Niere
14	Talgdrüsen, Zungenschleimhaut, Exokrine Drüsen
15	Exokrine Drüsen, Trachealepithel
16	Zungenschleimhaut, Epidermis
17	Haarfollikel, Brustdrüsen, Trachealepithel
18	Niere, Urothel, Darmepithel, Hepatozyten
19	Niere, Urothel, Darmepithel, Exokrine Drüsen

Bezogen auf die Epithelzellen ist der Nachweis von bestimmten Zytokeratinen sehr hilfreich in Kulturexperimenten. Im Sammelrohr der Niere findet man z. B. das Zytokeratin Typ 19. In anderen tubulären Strukturen der Niere findet man dieses Zytokeratin nicht. So kann bei der Herstellung von renalen Primärkulturen mit einem Antikörper gegen Zytokeratin Typ 19 immunhistochemisch sehr leicht überprüft werden, ob sich nur ein einziger Zelltyp in Kultur befindet. Außerdem kann so an den Kulturen überprüft werden, ob das gewebespezifische Zytokeratin erhalten bleibt oder durch ein atypisches ersetzt wird, was wiederum eine zelluläre Dedifferenzierung bedeuten würde.

Die zelluläre Differenzierung bzw. Dedifferenzierung in entstehenden Geweben lässt sich immunhistochemisch mit einem Set an Antikörpern leicht nachweisen. Typischerweise verwendet man dazu zuerst einen Pan-Antikörper gegen Zytokeratin. Dieser erkennt, ob prinzipiell ein Zytokeratin in den Zellen exprimiert wird, ohne dabei Auskunft zu geben, ob es sich um ein gewebespezifisches Zytokeratin handelt. Fällt diese Reaktion positiv aus, so ist nachgewiesen, dass eine Epithelzelle entsteht. Für jedes reifende Epithel gibt es weitere Antikörper gegen sehr spezifische Zytokeratine, die im Vergleich zu den jeweils differenzierten Epithelzellen angewendet werden können (Tab. 8.1).

Die Expression von spezifischen Zytokeratinen lässt sich eindeutig an Gefrierschnitten des jeweiligen Gewebes eines Organismus überprüfen. Werden diese gewebespezifischen Zytokeratine auch in der Kultur nachgewiesen, so bestehen gute Chancen für eine zelluläre Differenzierung des Epithels. Sind diese gewebespezifischen Zytokeratine dagegen nicht vorhanden, so signalisiert dies eine zelluläre Dedifferenzierung.

[Suchkriterien: Cytokeratin epithelia cytoskeleton]

8.7.4
Plasmamembranproteine

Entscheidend für die Funktionen eines Gewebes sind Komponenten in der Plasmamembran wie Kanäle, Carrier und Pumpen. Molekularbiologisch, pharmakologisch und immunhistochemisch kann deren Expression während der Kultur bestimmt werden. Darüber hinaus kann anhand ihrer Lokalisation erkannt werden, ob deren Transport und Einbau in die Plasmamembran korrekt erfolgt ist. Da Gewebeeigenschaften unter Kulturbedingungen nicht automatisch entstehen, sondern es zu zahlreichen Fehlbildungen kommen kann, muss eine exakte phänotypische sowie funktionelle Charakterisierung der Plasmamembranen des Konstruktes auf Translationsebene erfolgen.

Beispielhaft soll dies an einem generierten Sammelrohrepithel gezeigt werden, welches als einziges Tubulusepithel der Niere aus ganz unterschiedlichen Zelltypen aufgebaut ist (Abb. 8.14). Von Interesse ist hierbei, ob Hauptzellen und unterschiedliche Typen an Nebenzellen in Kultur ausgebildet werden können und ob charakteristische

Abb. 8.14: Generierung eines heterogenen Sammelrohrepithels mit hellen Hauptzellen und dunklen Nebenzellen in der Perfusionskultur.

Membranproteine nachzuweisen sind. Die Hauptzellen besitzen u. a. luminal den epithelialen Na$^+$-Kanal (ENaC) und einen Wasserkanal (Aquaporin 2). Diese Moleküle sind Bestandteile hormoneller Regulationsmechanismen, die den Natriumhaushalt und die Wasserausscheidung in der Niere regulieren. In der basolateralen Plasmamembran der Hauptzellen findet man die Na/K-ATPase und die Aquaporine 3 bzw 4.

Die α-Typ Nebenzellen weisen eine luminale Expression der H$^+$-ATPase auf, die je nach Bedarf Säureequivalente in den Urin abgibt und ihn damit ansäuert. Intrazytoplasmatisch findet man die Carboanhydrase Typ II, die H$^+$-Ionen entstehen lässt.

Die β-Typ Nebenzellen dagegen besitzen luminal den Anionenaustauscher (Exchanger) Typ 1, worüber der Harn alkalisiert wird. Mit geeigneten immunologischen Markern kann zweifelsfrei geklärt werden, ob die natürlich vorkommenden funktionellen Proteine auch in *in vitro* generierten Epithelien nachzuweisen sind. Im optimalen Fall kann es sein, dass diese Strukturen unter Kulturbedingungen auf der Transkriptions- und Translationsebene exprimiert werden. Dennoch sagt dies noch nicht viel über die wirklich funktionellen Eigenschaften aus. Es fehlen Informationen, ob die Transportwege intakt sind und ob sie hormonell stimulierbar sind. Deshalb muss mit physiologischen Methoden geklärt werden, ob ein Epithel abdichtet und einen vektoriellen Transport von luminal nach basal oder umgekehrt ausgebildet hat.

Speziell transportierende Epithelien sind nicht nur in der Niere anzutreffen. Epithelien, die im Lumen befindliche Flüssigkeiten verändern können, sind z. B. fast allen exokrinen Drüsenendstücken nachgeschaltet. Das Produkt der exokrinen Drüsen wird in Ausführungsgänge abgegeben. Besondere Abschnitte dieses Ausführungsgangsystems sind die Streifenstücke in den Speicheldrüsen, in denen das gebildete Sekret bezüglich der Osmolarität und Ionenzusammensetzung durch spezielle Membranmoleküle im Epithel verändert werden kann. Ein anderes Beispiel für die Membranmoleküle mit Transporterfunktion ist in den Enterozyten (Darmoberflächenzellen) des Darmes zu finden. Dabei ähneln sich die Transporter in den Epithelzellen der einzelnen Organe. So finden wir auch hier die Aquaporine oder epitheliale Natriumkanäle (ENaC), wodurch die Eindickung des Darminhaltes erfolgen kann. Bei Generierung von solchen Epithelstrukturen muss natürlich auch hier die jeweils typische physiologische Transportfunktion überprüft werden.

[Suchkriterien: Membrane proteins channels transporters]

8.7.5
Rezeptoren und Signale

Viele zelluläre Funktionen werden von Hormonen ausgelöst. Für diesen Vorgang benötigt die Zelle Rezeptoren. Diese können bei Peptidhormonen als Zelloberflächenrezeptoren oder bei Steroidhormonen als intrazelluläre Rezeptorproteine vorliegen. Andere Zellfunktionen wiederum können über extrazelluläre Elektrolyte wie z. B. Calcium gesteuert werden, wobei Ionenkanäle bzw. Ionenpumpen eine wichtige Rolle bei der Signalwirkung spielen. An Zelloberflächenrezeptoren werden meist hydrophile Liganden gebunden, die wiederum funktionell z. B. an Ionenkanäle oder regulatorische Proteine der Adenylatzyklase gekoppelt sein können. Ihre Aktivierung führt über Signalmoleküle zu einer schnell veränderten Zellfunktion binnen Sekunden oder Minuten. Intrazelluläre Rezeptoren dagegen werden meist durch hydrophobe Liganden wie z. B. Cortison, Cortisol oder Aldosteron gebunden und führen zu einer Aktivierung der Transkription nach Stunden und damit zu einer andauernden Proteinexpression von Tagen. Häufig zeigt sich jedoch, dass bei Gewebekonstrukten Rezeptoren vermindert vorkommen und dass diese fehlerhaft mit den zellulären Reaktionskaskaden verbunden sind.

Bei der Generierung von Gewebe sollte zudem berücksichtigt werden, dass zum Medium zugegebene Hormone wegen ihrer schlechten Löslichkeit ausfallen, an Kulturgefäßoberflächen unspezifisch binden and an Scaffoldmaterialien absorbieren können und damit nicht zur Stimulation zur Verfügung stehen. In jeden Fall ist es sinnvoll, eine Messung über die Bioverfügbarkeit eines Hormons durchzuführen und damit Informationen zur wirklichen Menge des im Medium gelösten Moleküls zu erhalten. Um eine ausreichende Bioverfügbarkeit unter Kulturbedingungen zu erreichen, müssen deshalb Hormone häufig in hyperphysiologischen Konzentrationen zugegeben werden.

Ein Peptidhormon wie z. B. Vasopressin stimuliert im renalen Sammelrohrepithel der Niere die Adenylatzyklase und sorgt dafür, dass nach Freisetzung des Hormons dem Körper möglichst viel Wasser durch Resorption erhalten bleibt und nicht mit dem Harn abgeführt wird. Durch die Hormonwirkung entsteht im Zytoplasma der Sammelrohrepithelzellen zyklisches Adenosinmonophosphat (cAMP) als Mediator innerhalb der Signalkette. Applikation von Vasopressin führt in der adulten Niere zu einer ca. 30fachen Stimulierung der cAMP-Produktion, während sich bei Primärkulturen von Nierenzellen meist nur eine 2-3fache Stimulierung zeigen lässt. Nachgewiesen wurde in diesen Versuchen, dass der Vasopressinrezeptor im kultivierten Epithel vorhanden ist. Außerdem konnte eine unspezifische Stimulierung der Adenylatzyklase mit Pertussis-Toxin gezeigt werden. Was fehlt, ist jedoch eine intakte Ausbildung der Signaltransduktion mit den regulatorischen Untereinheiten der Adenylatzyklase. Diese Beispiele sollen verdeutlichen, dass eine deutliche Erhöhung des Wassertransports durch die geringe Stimulierbarkeit der Adenylatzyklase und der regulatorischen Untereinheiten im kultivierten Epithel experimentell bisher nicht erreicht werden konnte.

Die immunhistochemische oder im Western-Blot nachgewiesene Existenz von entsprechenden Rezeptoren oder Transduktionsmolekülen kann viele Hinweise zur Funktionssteuerung einer Zelle geben. Allerdings sagt die Rezeptorexpression allein ohne den Nachweis der entsprechenden intakten funktionellen Signalkaskaden recht wenig über den echten Differenzierungszustand einer Zelle aus. Rezeptoren an kultivierten Geweben müssen stimulierbar sein und die natürlichen Signalkaskaden auch auslösen können. Falls diese Eigenschaften nicht entwickelt sind, liegt das Problem der zellulären Dedifferenzierung vor.

Ein weiteres Beispiel für die Interaktion von Ligand und Signalwirkung ist die von Transmittern kontrollierte Ionenkanalfunktion im Bereich von synaptischen Verbindungen. Dabei erreicht ein über das Axon verlaufendes Aktionspotential die präsynaptische Membran, die durch einen Spalt von der postsynaptischen Membran getrennt ist. Das Aktionspotential führt im Bereich der präsynaptischen Membran zu einer Transmitterfreisetzung. Die Transmitter binden an Rezeptoren der postsynaptischen Membran, wodurch es zur Öffnung von Ionenkanälen kommt und das hiermit ausgelöste Aktionspotential die elektrische Reizleitung bewirkt. Nervenzellen, die hauptsächlich der Fortleitung von Nervenimpulsen dienen, müssen zur Erfüllung ihrer Funktion in permanentem Kontakt mit Rezeptoren in anderen Geweben stehen. Zur Vermittlung dieser Funktion ist die Kopplung zwischen Rezeptor und nachfolgender Reaktionkaskade zwingend notwendig und muss deshalb im generierten Gewebe immer kritisch überprüft werden. Dies wiederum kann nur über funktionelle Studien wie z. B. elektrophysiologische Ableitungen erfolgen. Implantationsversuche von Neuronen in Rückenmarksläsionen z. B. bei Ratten zeigen, dass die Axonanbindung nicht automatisch und fehlerfrei geschieht. Häufig kommt es nur zum ungenügenden Auswachsen von Axonen und Dendriten und damit zu einer mangelhaften oder fehlenden Funktionskopplung.

[Suchkriterien: Membrane receptors cell signalling]

8.7.6
Zelloberfläche

Die Glykokalix bildet eine Schicht aus Oligosacchariden, die an extrazellulär liegende Domänen der Membranproteine und Membranlipide gebunden ist. Eine unerwartet große Anzahl von Membranproteinen trägt solche Zuckerreste. So ist z. B. auch ein Wasserkanalprotein wie das Aquaporin 2 stark glykosyliert, was sich im Western-Blot leicht nachweisen lässt. Das Oligosaccharidmuster von Zellen und Geweben zeigt wiederum eine sehr unterschiedliche Zusammensetzung, die allerdings analytisch genutzt werden kann. Lektine binden an die terminalen Zuckerreste von Membranstrukturen in tierischen Zellen, die bei entsprechender Koppelung mit Fluorochromen im Lichtmikroskop sichtbar gemacht werden. Somit können Lektine neben den Antikörpern als praktikable Marker für die Phänotypisierung von kultiviertem Gewebe dienen.

[Suchkriterien: Glycocalyx saccharides lectins]

8.7.7
Konstitutive und fakultative Eigenschaften

Immunhistochemie und mikroskopische Kontrolle sind für eine exakte Phänotypisierung von generiertem Gewebe unerlässlich. Neben der zellulären Lokalisierung sollte jedoch zusätzlich immer überprüft werden, ob die exprimierten Proteine ihr natürliches Expressionsmuster erhalten haben. Dazu werden zweidimensionale (2D) Gel-Elektrophoresen von Gewebekonstrukten angefertigt, die Proteinspots der Gelplatte dann auf Nitrocellulose übertragen und mit entsprechenden Antikörpern analysiert. Mit dieser Methode kann zweifelsfrei geklärt werden, ob ein Proteinspot mit dem dafür vorgesehenen Antikörper reagiert und ob der reaktive Spot entsprechend seiner

Ladung und seinem Molekulargewicht an der richtigen Position innerhalb der Acrylamidplatte vorgefunden wird.

Vor Beginn der Elektrophorese müssen die Gewebekonstrukte homogenisiert und die Proteine in Lösung gebracht werden. Da viele der im Gewebe vorkommenden Proteine schwer löslich sind, wird die Probe in einem Puffer aufbereitet, der in der Regel Harnstoff und Detergentien wie CHAPS, Nonidet oder Triton enthält. Anschließend wird die Konzentration der gelösten Proteine bestimmt und je circa 50 µg Protein werden für eine Analyse weiter verarbeitet.

In der ersten Dimension werden die Proteine durch den Aufbau eines pH-Gradienten mit Hilfe von Ampholyten nach ihrem isoelektrischen Punkt getrennt. Für die zweite Dimension werden die fokussierten Gele dann in einem SDS-Puffer äquilibriert und in einer SDS Gel-Elektrophorese nach ihrem Molekulargewicht getrennt. Jetzt liegen die Proteine nicht mehr in Form von Banden vor, sondern als rundliche Spots (Abb. 8.15), die im Gel nun mit steigender Sensitivität durch Coomassie Blau, Silberfärbung oder durch Fluoreszenzfarbstoffe nachgewiesen werden können.

Die Lage eines Spots innerhalb der 2D-Gelplatte zeigt den isoelektrischen Punkt und das Molekulargewicht eines Proteins. Anhand dieser beiden Kriterien kann ein Protein sicher erkannt und damit auf die molekulare Struktur des Moleküls geschlossen werden (Abb. 8.15). Höchste Sensitivität jedoch und vor allem Spezifität für den Nachweis eines Proteinspots stellt der Western-Blot einer zweidimensionalen Gelplatte dar. Mithilfe eines Antikörpers kann zweifelsfrei ermittelt werden, ob ein Spot spezifisch erkannt wird oder nicht reagiert. Die geschilderte Methode ist so sensitiv, dass ca. fünf Moleküle eines Proteins pro Zelle identifiziert werden können.

Bei der Generierung von Gewebe ist in den wenigsten Fällen bekannt, ob es noch unter physiologischen oder vielleicht schon unter Stressbedingungen kultiviert wird. Auch in diesem Fall bietet es sich an, 2D-Elektrophoresen mit einem nachgeschalteten Western-Blot durchzuführen. Zur Verwendung kommen nun Antikörper, die konstitutiv oder fakultativ exprimierte Proteine erkennen können (Abb. 8.16). Konstitutiv exprimierte Proteine werden von Zellen immer gebildet, während fakultativ exprimierte Proteine nur unter besonderen Bedingungen wie Hormonbehandlung oder

Abb. 8.15: Zweidimensionale (2D) Elektrophorese von einem Gewebekonstrukt der Niere zur Identifizierung gewebespezifischer Proteine. Dazu wird ein Proteingemisch zuerst in einem pH-Gradienten (horizontal) und dann nach seinem Molekulargewicht (vertikal) aufgetrennt. Zu erkennen sind zahlreiche Proteinspots, die mit Coomassie Blau sichtbar gemacht wurden. Das jeweilige Spotmuster ist typisch für ein bestimmtes Gewebe. Anhand des isoelektrischen Punktes und des Molekulargewichtes sind die einzelnen Proteine zu identifizieren.

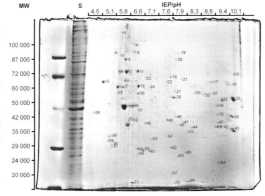

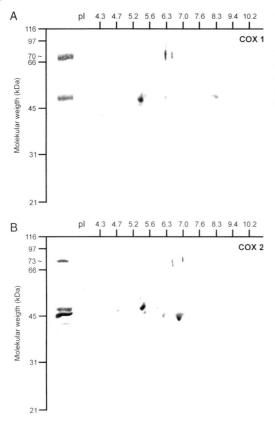

Abb. 8.16: 2D-Elektrophorese mit nachfolgendem Western-Blot in einem Epithelkonstrukt der Niere. Enzyme wie die Cyclooxygenase 1 (A) können entweder immer (konstitutiv) oder wie die Cyclooxygenase 2 (B) nur unter bestimmten Stresssituationen (fakultativ) wie z. B. aufgrund einer erhöhten NaCl-Belastung gebildet werden.

Stress erscheinen. Als Beispiel ist die Darstellung der Cyclooxygenasen 1 und 2 eines renalen Sammelrohrepithels nach erhöhter NaCl-Exposition gezeigt. Alternativ könnten auch Antikörper gegen Heat Shock Proteine (HSP) verwendet werden, die nur unter besonderer Stressbelastung des Gewebes nachweisbar sind.

Die zweidimensionale Elektrophorese eröffnet zusätzlich weitere Möglichkeiten. Entsprechende Analysen können zeigen, dass Kulturen im Vergleich zu dem nativen Gewebe kein identisches Spotmuster auf der zweidimensionalen Elektrophoreseplatte erkennen lassen, sondern dass auch Spots in atypischer Lage vorgefunden werden. Dieser Nachweis bietet die große Chance, Veränderungen der Gewebequalität und damit eine beginnende zelluläre Dedifferenzierung analytisch zu untersuchen. Um einen interessanten Spot weiter zu untersuchen, wird dieser mit einer kleinen Stanze aus der Gelplatte gelöst und daran eine Sequenzanalyse (MALDI TOF) des Proteins durchgeführt. In diesem Verfahren wird ein Teil der Aminosäuresequenz des Proteins ermittelt. Eine Sequenzdatenbank zeigt anschließend Übereinstimmungen zu bekannten Proteinen und gibt Hinweise zu seinem bisherigen Vorkommen und zu seiner möglichen Funktion.

[Suchkriterien: Atypical protein expression cell culture]

8.7.8
Nachweis der Gewebefunktionen

Neben den morphologischen, immunologischen und biochemischen Aspekten zur Analyse der Gewebedifferenzierung müssen die funktionellen und damit physiologischen Parameter berücksichtigt werden. In den Wasser oder Elektrolyte resorbierenden tubulären Strukturen der Niere sind die Typ 2 Aquaporine nicht nur in der luminalen Plasmamembran eingebaut, sondern sie sind auch im apikalen Zytoplasma innerhalb von Vesikeln zu finden. In der immunhistochemischen Untersuchung erkennt man somit nicht nur ein auf die luminale Plasmamembran beschränktes Fluoreszenzsignal, sondern auch eine diffuse Reaktion im apikalen Zytoplasma. Bekannt ist, dass die Wasserrückresorption hormonell über Vasopressin gesteuert wird. Bei einer Applikation von Vasopressin ins Kulturmedium an der basalen Seite des kultivierten Epithels mit intakter Funktion müsste die natürliche Reaktionskaskade ablaufen. Vasopressin bindet zuerst an den V2-Rezeptor. Die in den Vesikeln gelegenen Aquaporine fusionieren dann mit der luminalen Plasmamembran. Diese Kanaltranslokation wäre immunhistochemisch daran zu erkennen, dass das diffuse Signal im apikalen Zytoplasma nach Vasopressingabe nicht mehr vorhanden ist und durch den Einbau der Wasserkanäle in die luminale Plasmamembran nur noch ein scharf abgegrenztes Signal erkennbar wird. An einem solchen gewebetypischen Beispiel können Rezeptorexpression, die Ausbildung der Signaltransduktion und die Verpackung von Kanalstrukturen in Vesikel mit Membranstrukturen analysiert und so auf eine intakte Funktionalität geschlossen werden.

Tatsache ist, dass trotz vieler eigener Kulturversuche ein perfekt Wasser-transportierendes Epithel von uns bisher nicht generiert werden konnte. Trotz optimaler Abdichtung und Vorhandensein der notwendigen Kanalstrukturen und der daran beteiligten Rezeptoren konnten wir diesem Ziel bisher nicht genügend nahe kommen. Aus noch unbekannten Gründen ist die Reaktionskaskade zwischen dem Vasopressinrezeptor und der beteiligten Adenylatzyklase unvollständig ausgebildet.

Im Vergleich dazu ist allerdings der mit Aldosteron stimulierbare und mit Amilorid hemmbare Na^+-Transport im generierten Sammelrohrepithel der Niere perfekt ausgebildet. An dem Modell einer anderen Gruppe konnten wir beobachten, wie ursprünglich apikal angelegte Kanalstrukturen während der Kultur nur noch gewebeuntypisch in die basolaterale Plasmamembran eingebaut wurden. In diesem Fall kommt es zur partiellen Umkehr der zellulären Polarisierung, die trotz vieler Bemühungen bisher ebenfalls nicht befriedigend gelöst werden konnte.

Isolierte Nervenzellen in Kultur dienen häufig als Modell für wissenschaftliche Untersuchungen. Im Sinne des Tissue Engineerings allerdings, bei dem die spätere Funktion des generierten Gewebes im Vordergrund steht, muss die Nervenimpulsweiterleitung auf eine andere Zelle immer vorhanden sein und bleiben. Das ist unabdingbare Vorraussetzung für die Heilung von erkrankten integrativen Prozessen im Nervensystem. Beim Morbus Parkinson z. B. liegt eine fehlende Dopaminsynthese im Mittelhirn vor. Das dort lokalisierte Nervengewebe ist beim gesunden Menschen durch den Transmitter Dopamin funktionell mit den Basalganglien gekoppelt, wodurch Abstimmungen der Körperbewegungen gesteuert werden. Bei der Therapie dieses krankhaft befallenen Hirnareals durch die Implantation von Zellen oder Gewebe sollten mindestens zwei wichtige Funktionen erfüllt sein: Erstens darf das Konstrukt nur begrenzte Zellteilung aber kein Migrationsverhalten zeigen. Zweitens sollten die transplantierten Zellen dopaminerg, also zur Dopaminsynthese befähigt sein. Dabei kann man nicht davon ausgehen, dass nach Implantation eines Gewebekonstruktes oder von isolierten Zellen in diese Region die Dopaminsynthese automatisch erfolgt. Deshalb müssen entsprechende Versuche hier noch zweifelsfrei zeigen, dass die Neurone sich tatsächlich in die spätere Gewebeumgebung integrieren, über lange Zeiträume die notwendigen Transmitter zu bilden vermögen und funktionell in der jeweiligen Synapse verarbeiten können.

Das hergestellte Gewebe muss nach einer Implantation im medizinischen Sinn funktionieren, soll dem Patienten nützen und darf ihm unter keinen Umständen schaden. Dabei ist unerheblich, ob für die Implantation ein embryonales, halb gereiftes oder differenziertes Gewebe verwendet wird. Analog verhält es sich mit einem extrakorporalen Modul für die Unterstützung einer Leber- oder Nierenfunktion, wenn es mit dem Blutfiltrat eines Patienten in Kontakt gebracht wird, um bestimmte Stoffe zu metabolisieren oder zu entfernen. Solche Funktionen sollen von Modulen übernommen werden, in denen Epithelien generiert werden. Was nützt jedoch z. B. ein kultiviertes Epithel für ein Nierenmodul, wenn zwar ein Aquaporin 2 Kanal in der luminalen Plasmamembran zellulär installiert worden ist, aber dem resorbierten Wasser nun der Weg nach basal versperrt ist, weil aufgrund der Dedifferenzierung die Aquaporine 3 und 4 nicht exprimiert werden? Zudem muss das generierte Gewebe in einem hohen Maße widerstandsfähig gegenüber rheologischem, hydrostatischem und pulsatilem Stress sein, der durch das vorbeifließende Serum bzw. Medium verursacht wird und vor allem Resistenz gegen die im Serum vorkommenden Harnstoffkonzentrationen zeigen. Uns sind bisher kaum Arbeiten bekannt, in denen diese Aspekte systematisch untersucht worden wären.

Ähnliche Probleme gilt es beim Bau von extrakorporalen Lebermodulen zu lösen (Abb. 8.17). Diese sollen bis zur Benutzung am Patienten für Wochen und Monate in einem Stand-by Zustand gehalten werden. Bei Bedarf müssen die kultivierten Zellen die gewünschten Entgiftungsleistungen dann sofort und in ausreichendem Maße erbringen. Bei längerem Gebrauch des Moduls müsste zudem die Synthese von Blut-

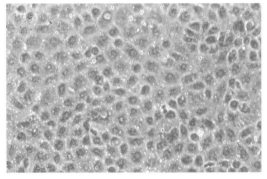

Abb. 8.17: Parenchymzellen der Leber auf einer planen Matrix.

serumproteinen steuerbar sein, um z.B. eine Mangelsituation bei den Blutgerinnungsfaktoren zu kompensieren. Alle diese Probleme müssen experimentell noch auf einer sehr breiten Basis geklärt werden, bevor an die allgemeine Anwendung von Lebermodulen gedacht werden kann.

Bei der therapeutischen Anwendung des TE am Patienten wird natürlich nicht in analytisch kleinem Labormaßstab, sondern in technisch großer Dimension gearbeitet. Die Erfahrung zeigt, dass Probleme, die im kleinen Maßstab gelöst erscheinen, häufig nicht auch unmittelbar auf große Maßstäbe übertragen werden können. Auch für diese Projekte gilt, dass die für den Einsatz in solchen Modulen bestimmten Zellen nicht einfach kultiviert werden können, sondern dass gerade der Differenzierungsgrad und damit die Funktionalität der Zellen in den jeweiligen Geweben von entscheidender Bedeutung ist. Auch für das Scaling up in Organmodulen gilt, dass die Ausbildung von Zelleigenschaften in kultivierten Geweben nicht automatisch geschieht, sondern durch eine ganze Reihe von Faktoren beeinflusst wird, die teils experimentell beherrschbar, teils aber noch völlig unbekannt sind.

[Suchkriterien: Differentiation dedifferentiation functional expression]

8.8
Qualitätssicherung

In der Zwischenzeit gibt es viele Arbeitsgruppen und auch mehrere Firmen, die Gewebekonstrukte professionell herstellen und für therapeutische Zwecke anbieten. Im Bereich der Orthopädie z.B. wird viel mit Chondrozyten und ganz unterschiedlichen Scaffolds zur Gewinnung von mechanisch belastbarem Knorpelgewebe für die Implantation bei Gelenkschäden gearbeitet. Unklar ist dabei noch, durch welche Strategie und Methode das beste d.h. das optimale therapeutische Produkt hergestellt werden kann. Gleiches gilt für Gruppen, die an der gewebetypischen Herstellung von Knochen, Sehnen und lockerem Bindegewebe arbeiten. Viele Arbeitsgruppen nutzen Herzmuskelzellen, Drüsengewebe, endokrines Gewebe oder neuronale Zellen, um daraus funktionelle Gewebekonstrukte herzustellen. Aber auch hierzu gibt es keine vergleichenden experimentellen Analysen, die sich mit der Qualität der generierten Konstrukte auseinandersetzen. Häufig wird argumentiert, wer den besten Scaffold benutzt, habe das beste Konstrukt. Zu diesen Ausführungen werden jedoch meist keine überprüfbaren experimentellen Fakten geliefert.

Vergleicht man aktuelle Publikationen von miteinander konkurrierenden Gruppen, die gleiche bzw. sehr ähnliche Gewebekonstrukte herstellen, so gestaltet es sich als schwierig, welches Konstrukt wirklich die beste gewebespezifische Differenzierung zeigt. Das Problem besteht darin, dass in den meisten Fällen mit ganz unterschiedlichen Methoden und analytischen Verfahren gearbeitet wird. Da zudem verschiedene immunologische Marker für die Bestimmung von Differenzierungscharakteristika verwendet werden, ist die beschriebene Qualität der Gewebekonstrukte in den meisten Fällen nicht eindeutig abzulesen und kann deshalb nach objektiven Kriterien nicht verglichen werden. Qualitätsvergleiche werden zusätzlich dadurch erschwert, dass viele der angegebenen Antikörper, die zur Bestimmung der Gewebedifferenzierung genutzt wurden, für andere Gruppen häufig gar nicht zur Verfügung stehen oder im Experiment nach unseren zahlreichen Erfahrungen nicht das beschriebene Ergebnis zeigen.

Neben der notwendigen Vermehrung von Zellen und der Generierung unter optimierten Kulturmethoden ist die erreichte Qualität des Konstruktes von entscheidender Bedeutung für die spätere biomedizinische Anwendung. Dabei geht es zunächst einmal um ein möglichst gut reproduzierbares manuelles Arbeiten unter Laborbedingungen, wie es in den Richtlinien zum Good Manual Practice (GMP) verlangt wird. Mit den GMP-Richtlinien werden alle Arbeitsabläufe im Labor und deren Dokumentation genau vorgeschrieben. Merkwürdigerweise wird dabei das Endprodukt, also die erzeugten Zellen und Gewebe, nicht angesprochen. Zur objektiven Beurteilung eines Gewebekonstruktes kann dieser sehr wesentliche Aspekt zukünftig jedoch nicht einfach ausgeklammert bleiben. Es geht schließlich um die alles entscheidende Frage, wie gut das Konstrukt für die medizinische Therapie ist, wie weit sich die zelluläre Differenzierung in den Konstrukten ausgebildet hat und inwieweit die Bildung atypischer Charakteristika vermieden werden konnte.

Eine besondere Bedeutung gewinnt der Aspekt einer optimalen Gewebeentwicklung bei der Verwendung von Stammzellen, die Favoriten bei der zukünftigen Gewebeherstellung zu sein scheinen. Unabhängig davon, ob Stammzellen aus Embryonen, Nabelschnurblut oder adulten Geweben gewonnen werden, werden in jedem Fall gleichartige embryonale Zellen vermehrt und mit geeigneten Morphogenen und Wachstumsfaktoren zu unterschiedlichen Gewebezellen umgebildet. Auch diese Zellen müssen wie vorher beschrieben auf einem Scaffold angesiedelt werden, um zu einem funktionellen Gewebe zu reifen. In diesem Zusammenhang ist es besonders wichtig, zuerst zu analysieren, ob aus den Stammzellen unterschiedliche oder gleichartige Gewebezellen entstanden sind.

Aktuelle Daten zeigen, dass aus einer Stammzelllinie Vorläufer von Fett-, Knorpel- und Knochengewebe entstehen können (Tab. 8.2). Da diese verschiedensten Gewebevorstufen experimentell aus einem Zelltyp hervorgegangen sind, sollte zuerst untersucht werden, inwieweit sich die entstandenen Gewebezellen prinzipiell voneinander unterscheiden. Als nächstes sollte dann geklärt werden, ob sich wirklich alle Stammzellen zu Adipoblasten, Chondroblasten und Osteoblasten entwickelt haben, oder ob

Tab. 8.2: Beispiel für eine ziemlich oberflächliche Identifizierung von Lipoblasten, Chondroblasten und Osteoblasten, die aus einer Stammzelle entstehen können.

Gewebe	Zelluläre Leistung	Histologie / Immunhistologie
Fett	Lipidtröpfchen	Ölrot Färbung
Knorpel	Sulfatierte Proteoglykane Kollagen Typ II Synthese	Alcian Blau Färbung (pH 1) Kollagen Typ II Antikörper
Knochen	Alkalische Phosphatase (AP) Calzifizierungen	Histochemie: AP Von Kossa Färbung

sich ein gewisser Prozentsatz an Zellen diesem Differenzierungsschritt entzogen hat und weiterhin Stammzelle bleibt. Diese Population an nicht entwickelten Zellen verhält sich nach einer Implantation wie Stammzellen und nicht wie reife Gewebezellen. Von solchen gar nicht oder möglicherweise auch unvollständig entwickelten Gewebezellen geht die Gefahr aus, dass nach der Implantation des Konstruktes Zellen ins Wirtsgewebe einwandern und dort ektopische Gewebestrukturen oder möglicherweise auch Tumore bilden.

Möglich ist allerdings auch, dass sich nur ein Teil der Zellen zu Adipoblasten entwickelt, während ein anderer Teil Eigenschaften von Chondro- und Osteoblasten annimmt. Solche Zellen müssen sicher identifiziert und notwendigerweise eliminiert werden, bevor ein funktionelles Gewebe entsteht. Würde ein heterogenes Gewebe mit unterschiedlichen, weil nicht erkannten Zelltypen implantiert werden, so wäre ebenfalls mit bisher unkalkulierbaren Entwicklungsrisiken zu rechnen.

[Suchkriterien: Tissue markers differentiation histochemistry]

8.8.1
Erscheinungsbild des Konstruktes

Die zur Differenzierung angeregten Stammzellen müssen im weiteren Vorgehen vom Monolayerstadium auf dem Boden einer Kulturschale in ein funktionelles dreidimensionales Gewebe überführt werden. Dazu werden sie auf einem Scaffold angesiedelt. Soll Knorpelgewebe generiert werden, so reicht es für die Differenzierungsbestimmung nicht aus, lediglich zu analysieren, ob die auf einem Scaffold wachsenden Zellen Kollagen Typ II bilden (Tab. 8.2). Genauso wichtig ist es zu wissen, ob das Kollagen Typ II in der extrazellulären Matrix polymerisiert wird und ob sich daraus eine mechanisch belastbare Interzellularsubstanz entwickelt. Beim Fettgewebe muss zusätzlich geklärt werden, ob retikuläre Fasern gebildet werden und als dreidimensionales Netzwerk der Zellstabilisierung dienen.

Eine Anfärbung mit Ölrot kann nur das Vorkommen von lipidhaltigen Zellen nachweisen, die als Monolayer auf dem Boden einer Kulturschale wachsen. Mit Sicherheit sind diese Zellen aber aufgrund vieler fehlender Charakteristika noch keine reifen Adipozyten, theoretisch könnte es sich sogar aufgrund der Anfärbung auch um steroidhormonproduzierende Zellen handeln. Analog gilt für die Muskelentstehung,

Tab. 8.3: Beispiele für gewebespezifische Proteine im erwachsenen Organismus, die eindeutig immunhistochemisch oder im Western-Blot nachgewiesen werden können.

Gewebe	Marker
Bindegewebe	Kollagene, Vimentin
Epithelgewebe	Zytokeratine, Occludine
Muskelgewebe	Desmin, Myosin
Nervengewebe	Neurofilamente, Myelin

dass die Expression von Myosin allein noch kein Kriterium für eine langdauernde Kontraktionsfähigkeit ist. Vor allem ist nicht geklärt, ob anstelle von Herzmuskelzellen nicht vielleicht auch Skelettmuskelfasern gebildet wurden.

Für jedes Gewebe steht in der Zwischenzeit eine große Auswahl an kommerziell erhältlichen Antikörpern zur Verfügung, mit denen prinzipielle Eigenschaften von Geweben zweifelsfrei dokumentiert werden können (Tab. 8.3). Es wäre ein guter Anfang, wenn mit solchen Antikörpern die Eigenschaften von generiertem Gewebe eindeutig ermittelt und vor allem mit geeignetem Referenzgewebe verglichen würden. So ist es in der Pathologie bereits üblich, die Diagnose von Erkrankungen und Tumoren mit Hilfe einer Vielzahl von Markern durchzuführen.

[Suchkriterien: Markers differentiation dedifferentiation control]

8.8.2
Analytische Mikroskopie

Das Verteilungsmuster von Zellen auf oder innerhalb eines Scaffolds lässt sich sehr leicht mit einem fluoreszierenden Farbstoff untersuchen, der z. B. wie DAPI mit Bestandteilen des Zellkerns reagiert. Anhand der Kernverteilung lässt sich meist auf den ersten Blick im Fluoreszenzmikroskop erkennen, ob das verwendete Biomaterial gleichmäßig oder nur teilweise mit Zellen bewachsen ist. Mit goldmarkierten oder fluoreszierenden Antikörpern lässt sich zusätzlich erarbeiten, ob gewebetypische extrazelluläre Matrixproteine nachgewiesen werden können und inwieweit bestimmte Differenzierungsmarker von den Zellen ausgebildet wurden (Abb. 8.18).

Trotz optimierter Kulturmethoden kann es sein, dass die entstehenden Gewebezellen auf den verwendeten Scaffolds nur Teilaspekte ihres natürlichen Differenzierungsprofils ausbilden. Das Ausmaß einer solchen Entwicklung lässt sich mit lichtmikroskopischen Methoden leicht erkennen. Die Ursache dafür zu finden, ist jedoch sehr zeitraubend und kann sich schwierig gestalten. Am besten werden in diesem Fall die Gewebekonstrukte zuerst sehr sorgfältig mit elektronenmikroskopischen Methoden untersucht, um mögliche Auswirkungen abschätzen zu können.

Abb. 8.18: Zweifelsfreie Identifizierung von Renin produzierenden Zellen mit immunhistochemischen Methoden. Dargestellt sind drei immunpositive Zellen, die auf einer Schicht nicht markierter Zellen wachsen.

Die Aufarbeitung eines Gewebekonstruktes mit einem artifiziellen Scaffold für die elektronenmikroskopische Technik, speziell für die Transmissionselektronenmikroskopie (TEM) ist meist recht umfangreich. Dazu müssen die Gewebekonstrukte zuerst möglichst schonend fixiert werden, um keine Formveränderung durch Schrumpfung oder Rissbildung entstehen zu lassen. Zudem müssen die Präparate nach der Fixierung zur weiteren Aufarbeitung entwässert werden. Dies geschieht meist mit Lösungsmitteln wie Alkoholen und Aceton. Das Gewebe selbst lässt sich damit sehr gut entwässern. Große Probleme bereiten häufig jedoch die im Konstrukt enthaltenen Scaffolds, die in den aufsteigenden Lösungsmittelreihen leicht beschädigt werden oder sich auflösen, weil sie nicht lösungsmittelbeständig sind. Deshalb muss ein Weg für die elektronenmikroskopische Präparation gesucht werden, der einerseits einen optimalen Gewebeerhalt bietet und andererseits eine Beschädigung des verwendeten Scaffolds vermeidet.

Bei der Fixierung von Gewebekonstrukten ist zudem strikt darauf zu achten, dass sie keinen osmotischen Schock erleiden, weil dies zu Veränderungen der Ultrastruktur führen würde. Deshalb wird unter isoosmotischen Bedingungen mit einer definierten Konzentration Glutaraldehyd fixiert, welches speziell für die Elektronenmikroskopie gereinigt ist. Dieser Vorgang ist sehr einfach und vor allem optimal gewebeschonend. Dazu wird ein kleines Stück Gewebe in ein Kulturgefäß eingelegt, welches z. B. exakt 1 ml Medium ohne Serum- oder Proteinzusätze enthält. Dann wird in einem separaten Reagenzglas eine Lösung angesetzt, die das gleiche Kulturmedium allerdings mit 3 % Glutaraldehyd enthält. Jetzt wird exakt 1 ml dieser Lösung entnommen und zu dem 1 ml Medium hinzu pipettiert, welches die Gewebeprobe beinhaltet. Durch die Mischung entstehen 2 ml Lösung, welche jetzt 1,5 % Glutaraldehyd enthält. Eine gewebeschonendere Methode der Fixierung ist momentan nicht bekannt.

Man sollte weiterhin darauf achten, dass die Fixierungsschritte auf einer Kühlplatte oder im Eisbad bei ca. 2 °C durchgeführt werden. Die fixierten Proben werden dann in PBS überführt, welches Kalzium und Magnesium, 0,1 M Sodiumcacodylat sowie 0,1 M Sucrose enthält und einen pH von 7,4 hat. In dieser Lösung können die Proben im Kühlschrank nur für wenige Tage aufbewahrt werden. Die Nachfixierung der Proben erfolgt mit einer Lösung aus 1 % Osmium, 0,1 M Sodiumcacodylat sowie 0,1 M Sucrose und bei einem pH von 7,4 für 60 Minuten. Anschließend werden die Präparate im Kühlschrank gelagert und mehrmals mit PBS gewaschen, bis der Überstand klar bleibt. Die nachfixierten Gewebe können für beliebig lange Zeit im Kühlschrank aufbewahrt werden.

Die mit Osmium nachfixierten Proben müssen entwässert werden, bevor sie in Kunststoff eingebettet werden. Je nach Gewebe und verwendetem Scaffoldmaterial ist darauf zu achten, dass einerseits eine optimale Entwässerung erreicht wird und andererseits das Lösungsmittel keinen Schaden anrichtet. Zusätzlich müssen die entwässerten Präparate gut vom gewählten Kunststoff durchdrungen werden, damit er möglichst homogen polymerisieren kann. Je nach Lösungsmittelbeständigkeit des verwendeten Scaffolds muss deshalb entschieden werden, ob die Entwässerung in einer aufsteigenden Reihe mit Ethanol oder Butanol erfolgt und ob Aceton, Propylenoxid oder ein anderes Intermedium vor der Kunststoffeinbettung verwendet werden muss.

Auch die Wahl des richtigen Kunststoffes bei der Einbettung des Gewebeblockes bereitet Probleme und wird meist völlig unterschätzt. Je nach Gewebe muss entschieden werden, ob als Einbettharz Spurr, Araldit oder Epon verwendet werden soll. Dazu muss man wissen, dass einzelne Gewebe bei der Fixierung, Entwässerung und Einbettung verschieden spröde werden und deshalb ganz unterschiedliche Eigenschaften beim Schneiden des Blockes zeigen, wenn im Ultramikrotom mit dem Glas- oder Diamantmesser die benötigten ultradünnen Schnitte angefertigt werden. Hinzu kommt, dass bei kultivierten Konstrukten nicht nur das gebildete Gewebe, sondern auch der dazu verwendete Scaffold geschnitten werden muß. Häufig muss man dabei feststellen, dass sich das Gewebe recht gut schneiden lässt, während dagegen der Bereich mit dem Scaffold splittert und daher keine brauchbaren Schnitte angefertigt werden können. In diesem Fall muss eine neue Fixierlösung, eine andere Entwässerungsreihe und ein geeigneterer Kunststoff für die Gewebeeinbettung ausprobiert werden. Solche optimierten Verfahren sind einerseits mit einem unerwartet großen Arbeitsaufwand verbunden, andererseits bieten sie die Chance für sehr wesentliche Befunde, die mit anderen Methoden nicht zu erhalten sind.

Sehr viel schwieriger noch werden die elektronenmikroskopischen Arbeiten, wenn die Lokalisierung eines speziellen Antigens am Ultradünnschnitt mit einem Antikörper erarbeitet werden muss. In diesem Fall muss das Gewebekonstrukt besonders schonend fixiert und mit einem speziellen wasserhaltigen Harz in gekühlter Atmosphäre eingebettet werden. Erst die Inkubation der Ultradünnschnitte mit dem Antikörper zeigt, ob die Einbettprozedur so schonend vollzogen wurde, dass das Antigen in seiner Struktur erhalten geblieben ist und somit nachgewiesen werden kann (Abb. 8.19). Reagiert der Antikörper auf diesen speziellen Schnitten nicht, so bleibt nur der Weg über eine Preembedding Inkubation des Antikörpers oder die Anfertigung von Ultradünnschnitten von gefrorenem Material. Aber auch hier zeigt erst der Versuch, ob der verwendete Scaffold sich im gefrorenen Zustand überhaupt schneiden lässt.

Die Aufarbeitung von Gewebekonstrukten für die Analyse im Rasterelektronenmikroskop (SEM) ist vergleichsweise relativ einfach. Die wie oben beschrieben fixierten Präparate müssen zuerst entwässert werden. Dazu wird PBS gegen destilliertes Wasser ausgetauscht und jeweils 10 Minuten in 35 %, 70 %, 85 %, 95 % und absolutem Alkohol gewaschen. Die Trocknung der Präparate kann in einem Kritischen Punkt

Abb. 8.19: Immunhistochemie am ultradünnen elektronenmikroskopischen Präparat. Zu erkennen ist die eindeutige schwarze Goldkörnchenmarkierung an der apikalen Plasmamembran und im Zytoplasma eines generierten Sammelrohrepithels.

Trocknungsapparat (critical point drying, CPD) vorgenommen werden. Alternativ können die Proben in ein möglichst kleines Volumen Hexamethylsilan eingetaucht werden. Unter einem Abzug lässt man dann das Hexamethylsilan verdunsten. Ohne weiteren Apparateaufwand kann nach kurzer Zeit die Probe auf einem Halter mit doppelseitigem Klebeband befestigt werden. Um eine elektrische Leitfähigkeit des Gewebes herzustellen, muss zwischen den Geweberändern und dem Halter kolloidales Silber ausgestrichen werden. Danach wird das Gewebe mit einer dünnen Schicht Gold oder Kohle bedampft. Nach dieser mehrstündigen Arbeitsprozedur können die Präparate schließlich im Rasterelektronenmikroskop analysiert werden.

[Suchkriterien: Electron microscope analysis cell culture]

8.8.3
Nachweis der Gewebestrukturierung

Zum Vergleich von zwei unterschiedlichen Zelltypen können z. B. Antikörper verwendet werden, die zeigen, ob gleiche oder ungleiche Zytoskelettstrukturen ausgebildet wurden. Werden dagegen Gewebe miteinander verglichen, so reicht es nicht aus, lediglich zelluläre Elemente untereinander zu vergleichen. Auch die extrazellulären Komponenten müssen berücksichtigt werden (Abb. 8.20). Deshalb macht es keinen Sinn, bei dem einen Gewebe nur Marker für Zelleigenschaften und bei dem anderen Gewebe nur Marker für die extrazelluläre Matrix als Vergleichskriterium anzuführen. Grundsätzlich muss beim Profiling deshalb zwischen Zelleigenschaften einerseits und Gewebeeigenschaften andererseits unterschieden werden.

Embryonale Stammzellen, mesenchymale Progenitorzellen und unreife Gewebezellen entwickeln sich im Organismus über eine lange Kette von Zwischenstadien zu einem funktionellen Gewebe (Abb. 8.2). Je komplexer eine solche Entwicklung ist, desto mehr Risiken können dabei auftreten. Es können wie gewünscht gleiche, aber bei ungünstigem Verlauf ebenso auch ganz unterschiedliche Zellen in den Konstrukten entstehen. Eine zeitgemäße immunhistochemische Typisierung von Gewebe ist deshalb unerlässlich, wenn die Qualität des generierten Gewebekonstruktes objektive Kriterien erfüllen soll (Tab. 8.4).

Mit Markern wie CD 14 (Monozyten, Makrophagen), CD 45 (Leukozytenantigen) und CD 34 (Stammzellen, Progenitorzellen) wird z. B. ersichtlich, ob sich in Stammzellkulturen Blutzellen entwickelt haben. Das Auftreten von Endothelzellen lässt sich

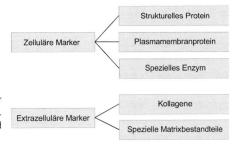

Abb. 8.20: Identifizierung gewebetypischer Eigenschaften mit zellbiologischen Methoden. Dabei wird konsequent zwischen zellulären und extrazellulären Markern unterschieden.

Tab. 8.4: Immunhistochemisches Typisierungsschema zur Unterscheidung von Zellen, die sich aus embryonalen oder fötalen Zellen zu einem funktionellen Geweben entwickeln. Anhand des Profiling lassen sich Gleichheiten, Ähnlichkeiten und vor allem Unterschiede erarbeiten.

Zelltyp	Marker
Hämatopoetische Zellen	CD 14 (Monozyten, Makrophagen)
	CD 45 (Leukozytenantigen)
	CD 34 (Stammzellen, Progenitorzellen)
Endothel	MUC 18
	Vascular cell adhesion molecule 1 (VCAM-1)
Neuronale Zellen	Neurofilamente
Glatte Muskelzellen	Myo D
	α-smooth muscle Aktin (α-SM actin)
Knorpel	Kollagen Typ II
	Proteoglykan
	Chondronektin
Knochen	Alkalische Phosphatase
	Kollagen Typ I
	Osteonektin
	Osteopontin
	Osteocalcin
	Bone sialoprotein (BSP)
Fett	Peroxisomal proliferation activated receptor $\gamma2$ (PPARγ)
	Retikulin
Fibroblasten	Kollagen Typ III
	Fibroblast growth factor 2

anhand von MUC 18 und dem Vascular cell adhesion molecule 1 (VCAM-1) zeigen. Eigenschaften von neuralen Zellen lassen sich mit Antikörpern gegen Neurofilamente nachweisen. Das Vorkommen von glatten Muskelzellen kann durch Myo D aus Myozyten und α-Smooth muscle actin geklärt werden. Knorpeleigenschaften kann man mit dem Vorkommen von Kollagen Typ II sowie Proteoglykanen wie Aggrecan und Chondronektin zeigen. Charakteristika von Knochen wiederum lassen sich durch die Analyse von alkalischer Phosphatase, Kollagen Typ I, Osteonektin, Osteopontin, Osteocalcin und dem Bone sialoprotein (BSP) gegenüber Knorpel abgrenzen. Dem gegenüber kann die Entstehung von Fettgewebe durch den Nachweis von Peroxisomal proliferation activated receptor $\gamma2$ (PPARγ) und Retikulin gesichert werden. Schließlich kann man Fibroblasten anhand von Kollagen Typ III und dem Fibroblast growth factor 2 identifizieren.

Die Auflistung zeigt nur einzelne Beispiele und kann aus verständlichen Gründen bei weitem nicht vollständig sein. Dennoch vermittelt sie einen Einblick in die Möglichkeiten der zellbiologischen Gewebetypisierung sowohl auf der Transkriptions- als auch auf der Translationsebene. Gezeigt werden soll, dass auf diese Weise gleichartige, aber auch unterschiedliche Zell- und damit erwünschte bzw. unerwünschte Gewebeentwicklungen rechtzeitig erkannt werden können. Zudem ist das Auftreten von fehlenden Charakteristika und möglicherweise von atypischen Strukturen sicher zu analysieren. Für jeden Versuchsansatz muss individuell entschieden werden, ob allein strukturelle Moleküle nachgewiesen werden sollen oder ob es vorteilhafter ist, intrazelluläre Funktionskaskaden mit den entsprechenden Antikörpern im Western-Blot zu zeigen. Dazu gibt es inzwischen fertig zusammengestellte Sets von Antikörpern der entsprechenden Firmen, mit denen solche Differenzierungsleistungen zweifelsfrei und vor allem objektiv untersucht werden können.

[Suchkriterien: Immunohistochemical markers tissue differentiation]

8.8.4
Definitive Reifungserkennung

Wichtig für das weitere Vorgehen bei der Qualitätssicherung ist das eindeutige Erkennen des Reifungszustandes der Zellen im erhaltenen Gewebekonstrukt. Erarbeitet werden sollte, inwieweit die Zellen einen erwachsenen Zustand erreicht haben und ob möglicherweise noch embryonale oder halb gereifte Eigenschaften enthalten sind. Mit morphologischen Methoden allein können diese dringenden Fragen nicht beantwortet werden. Hierfür muss jetzt eine ganze Palette an zellbiologischen Techniken herangezogen werden. Auf der Ebene der Transkription können Aussagen zur aktuellen Genaktivität, auf der Ebene der Translation die Proteinexpression verfolgt werden. Besonders kritisch muss dabei analysiert werden, ob die entstehenden Gewebezellen Mischcharakteristika haben oder atypische Proteine bilden.

Neben der Hochregulierung von Eigenschaften könnten in artifiziellem Gewebe auch Strukturen getestet werden, die in embryonalen bzw. reifenden Zellen vorhanden sind, in erwachsenen Zellen dagegen verloren gehen (Tab. 8.5). Eine Gewebezelle entwickelt sich von einem embryonalen über einen unreifen zu einem terminal differenzierten Zustand, der über viele Zwischenschritte ablaufen kann. Während dieser Entwicklung werden neue Eigenschaften erworben, gleichzeitig gehen andere Eigenschaften verloren. Fötale Leberzellen z. B. bilden α-Fetoprotein, stellen die Produktion jedoch mit zunehmender Differenzierung und Aufnahme der Funktionalität wieder ein. Ähnlich verhält es sich mit dem Carcinoembryonic Antigen (CEA). Auch

Tab. 8.5: Beispiele für die Identifizierung von Proteinen, um den eindeutigen Verlust von embryonalen Eigenschaften im Gewebe zu erkennen.

Embryonal	Adult
A-Fetoprotein	–
CEA (Carcinoembryonic Antigen)	–
$P_{CD}Amp1$	–

P$_{CD}$Amp 1 ist ein solches Antigen, welches nur in embryonalen bzw. reifenden, nicht aber in gereiften Sammelrohrepithelzellen der Niere gefunden wird. Leider gibt es für die Downregulation von Eigenschaften während der Entwicklung von Geweben bisher nur relativ wenige Beispiele und dementsprechend wenige Marker.

[Suchkriterien: Embryonic tissue development transient protein expression]

8.8.5
Transitorische Expression

Es wäre ideal, wenn isoliert vorliegende Gewebezellen oder auch Stammzellen mit ihren mehr oder weniger embryonalen Eigenschaften angeregt werden könnten, sich analog zur Differenzierung *in vivo* zu funktionellen Gewebezellen mit einer kompletten extrazellulären Matrix zu entwickeln. Die Generierung solcher Konstrukte unter *in vitro*-Bedingungen ist das Resultat vieler und sehr komplex ablaufender Entwicklungsmechanismen. Außerdem wird eine überraschend lange Zeit (einige Wochen) dazu benötigt. Dabei entstehen aus noch unreif vorliegenden Zellen in mehreren Zwischenschritten Gewebe mit ihren mehr oder weniger spezifischen Eigenschaften.

Während der Gewebeentwicklung gibt es ganz unterschiedliche Expressionsmöglichkeiten für Proteine, deren Auftreten entlang der embryonalen und fötalen Zeitachse beobachtet werden kann (Abb. 8.21). Analog zur Organismusentwicklung durchläuft generiertes Gewebe eine Phase von einem völlig unreifen (embryonalen) zu einem funktionell adulten Zustand. Dabei werden Proteine nicht nur hoch- oder herunterreguliert, sondern es gibt unterschiedlich lange transitorische Expressionsphasen. Die Hochregulation von funktionellen Proteinen kann demnach zeitlich parallel oder aber auch versetzt mit dem transitorischen Vorkommen von Proteinen auftreten.

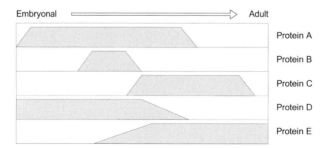

Abb. 8.21: Schema zu transitorischen Expressionsphasen während der Gewebeentstehung. Protein A wird für eine lange Zeit während der embryonalen Entwicklungsphase gebildet, während Protein B nur kurz exprimiert wird. Protein C erscheint lediglich in der späten Embryonalphase bis in die adulte Entwicklung hinein. Protein D wird bei der Hochregulation von Protein C herunterreguliert. Protein E erscheint nur, wenn adulte Strukturen ausgebildet werden.

Zum analytischen Nachweis dieser unterschiedlich exprimierten Proteine in den einzelnen Geweben gibt es bisher nur wenige Marker, die kommerziell zur Verfügung stehen. Deshalb bleibt häufig nichts anderes übrig, als gewebespezifische Marker selbst herzustellen, die den unterschiedlichen Entwicklungszustand von reifendem Gewebe zeigen. Mit diesen Antikörpern kann dann geklärt werden, ob spezifische Eigenschaften entstehen, zu welchem Zeitpunkt der Entwicklung sie hochreguliert werden oder ob gewebeuntypische Proteine vorliegen. Die Reaktion solcher Antikörper könnte zukünftig zudem durch einen Standard abgesichert werden, der für alle interessierten Arbeitsgruppen zugänglich ist.

[Suchkriterien: Embryonic development temporal transient expression]

8.8.6
Bereitstellung neuer Marker

Grundeigenschaften von Gewebe können in der Zwischenzeit mit kommerziell erhältlichen Antikörpern gut bestimmt werden. Jedoch fehlen Marker, mit denen embryonale Strukturen gegenüber halb gereiften und funktionellen Stufen unterschieden werden können. Für diese speziellen Fragen lohnt sich die Herstellung von monoklonalen Antikörpern, die nach der Immunisierung mit embryonalem, halb gereiftem und differenziertem Gewebe isoliert werden können.

Antikörper sind globuläre Proteine (Immunglobuline, Ig), die von den B-Lymphozyten gebildet und ausgeschieden werden. Dies geschieht als Antwort auf die Anwesenheit einer fremden Substanz, eines Antigens. Ein B-Lymphozyt erkennt nur ein spezifisches Antigen und bildet nur eine Art von Antikörper gegen dieses Antigen. Diese Spezifität wird in der Forschung und in der praktischen Anwendung genutzt, um sehr spezifisch Moleküle aufzuspüren und sichtbar zu machen. Ein Antikörper hat eine spezifische Affinität zu einer ganz bestimmten Stelle auf dem Antigen, die

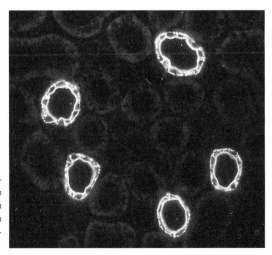

Abb. 8.22: Bindung von Fluorochrommarkierten Antikörpern an speziellen Tubuluszellen der Niere. Mit solchen Markern können individuelle Zellen in Gewebekonstrukten sicher nachgewiesen werden.

als Epitop bezeichnet wird. Ein Antigen kann mehrere verschiedene Epitope besitzen und deshalb von verschiedenen Antikörpern gebunden werden.

Im tierischen Organismus werden infolge einer Immunisierung mit einem Antigen immer viele verschiedene Immunzellen zur Antikörperproduktion aktiviert. Durch diese heterogene Immunantwort entstehen verschiedene Klone, die entsprechend viele verschiedene Antikörper bilden. Diese polyklonalen Antikörper richten sich zwar gegen dasselbe Antigen, können aber, da sie nicht von derselben Mutterzelle abstammen, erstens eine unterschiedliche Struktur besitzen und zweitens an verschiedenen Epitopen des Antigens angreifen.

In der praktischen Anwendung werden die monoklonalen Antikörper den polyklonalen unter anderem deshalb vorgezogen, weil sie in ihrer Struktur und Funktion exakt definierbar und standardisierbar sind und weil sie in fast beliebiger Menge hergestellt werden können. Eine Methode zur Produktion großer Mengen monoklonaler Antikörper wurde 1975 von Cesar Milstein und George Köhler entwickelt. Ihr Prinzip ist die künstliche Verschmelzung von Tumorzellen (Myelomzellen) mit Antikörper produzierenden B-Lymphozyten (Maus, Ratte, Kaninchen, Meerschweinchen, Mensch).

Die Fusionsprodukte aus den Myelomzellen und den Antikörper produzierenden B-Lymphozyten werden Hybridomazellen genannt und vereinigen die nützlichen Eigenschaften beider Elternzellen. Dazu gehören permanentes Wachstum, Produktion von spezifischen Antikörpern und spezielle Enzymausstattung.

Um monoklonale Antikörper zu gewinnen, müssen die Zellen kloniert werden. Dazu gibt es verschiedene Verfahren wie z. B. das Grenzverdünnungsverfahren. Hierbei werden von der zu klonierenden Zellsuspension Verdünnungen hergestellt, die etwa 5 Zellen pro ml, 1 Zelle pro ml und 0,2 Zellen pro ml enthalten. Diese verdünnten Zellsuspensionen werden in speziellen Kulturgefäßen ausplattiert und kultiviert. Um sicher zu sein, dass reine Klone isoliert wurden, muss die Klonierung immer noch ein zweites Mal durchgeführt werden. Um das Wachstum der jungen Hybride zu fördern, gibt man zum Kulturmedium frisch isolierte Milzzellen oder Peritonealzellen als Feederzellen. Diese Zellen stellen allein durch ihre Gegenwart und durch die Sekretion natürlicher Wachstumsfaktoren eine fördernde Umgebung für die Hybridomazellen dar. Nicht jede Fusion zwischen einer Myelomzelle und einem B-Lymphozyt führt dazu, dass das resultierende Hybrid den Antikörper produziert, an dem man interessiert ist. Deshalb müssen die Kulturüberstände in den Kulturschalen mit hybriden Zellklonen auf Aktivität gegen das Antigen getestet werden, mit dem ursprünglich immunisiert wurde.

Möchte man Antikörper gegen ein bestimmtes Protein gewinnen, so ist es heute nicht mehr zwingend notwendig, ein Tier zu immunisieren. Der gleiche Effekt lässt sich durch die *in vitro* Immunisierungstechnik erreichen. Dazu werden Milzzellen isoliert und in Kultur gebracht. Das Protein, gegen das man Antikörper erzielen möchte, wird dem Kulturmedium beigegeben. Die Kultur erfolgt über drei Tage, danach werden die kultivierten Milzzellen mit Myelomzellen zu Hybridomazellen fusioniert. Schon nach 10 – 14 Tagen kann ausgetestet werden, ob die Hybridomas spezifische Antikörper ins Kulturmedium sezernieren. Diese Methode ist konkurrenzlos schnell und aussagekräftig.

Das Austesten der vielen entstandenen Antikörper geschieht am besten immunhistochemisch an Gefrierschnitten von embryonalen, halb gereiften und adulten Geweben (Abb. 8.22). Das fluoreszierende Bindungssignal eines gewonnenen Antikörpers kann z. B. zeigen, dass nur embryonale, nicht aber erwachsene Strukturen erkannt werden. Umgekehrt kann man Antikörper gewinnen, die keine embryonalen, wohl aber erwachsene Zellen markieren. Möglicherweise lassen sich mit anderen Antikörpern unterschiedlich weit entwickelte Zwischenstadien von Zellen erkennen.

Die beschriebene Technik lässt sich auf alle Gewebe anwenden. Zusätzlich zur immunhistochemischen Anwendung kann im Western-Blot einer 2D-Elektrophorese das neu erkannte Protein isoliert und mit dem neu generierten Antikörper dargestellt werden. Es wird ausschließlich aus der Platte ausgeschnitten und einer Mikrosequenzierung (MALDI-TOF) zugeführt. Anhand der ermittelten Aminosäuresequenz lässt sich schließlich auf die Identität des Proteins schließen. Häufig erhält man so Hinweise darauf, ob der generierte Antikörper ein funktionelles oder strukturelles Protein erkennt und an welchen zellulären Strukturen es gefunden wird. Sehr wahrscheinlich ist es, dass mit dieser Methode noch viele bisher nicht oder zu wenig beachtete Proteine entdeckt werden können, die zukünftig als Differenzierungsmarker für das Tissue Engineering zur Verfügung stehen werden.

Eine hervorragende Übersicht über die Bezugsmöglichkeiten von Antikörpern für die Gewebedifferenzierung liefert folgende Adresse:

LINSCOTT'S DIRECTORY
Immunological and Biological Reagents
4877 Grange Road, Santa Rosa, CA 95404, USA
Phone: 707-544-9555
Fax: 415-389-6025

[Suchkriterien: Specific production monoclonal antibodies hybridoma]

8.9
Implantat-Host-Interaktionen

Gewebekonstrukte sollen medizinisch genutzt werden. Als ein typisches Beispiel soll hier die Implantation von künstlichem Knorpelgewebe in eine beschädigte Gelenkoberfläche am Knie dargestellt werden. Zunächst muss das Kniegelenk eröffnet werden, um das generierte Konstrukt einzusetzen. Dies geschieht entweder durch eine Schnittoperation mit einer relativ großen Wundfläche oder durch minimal invasive Techniken.

Bei der klassischen Schnittoperation können beliebig geformte Gewebekonstrukte mit starren Matrices in die beschädigte Gelenkoberfläche eingesetzt werden (Abb. 8.23). Der Vorteil bei dieser Operationstechnik besteht darin, dass vorgereifte und damit mechanisch belastbare Konstrukte implantiert werden können. Der Nachteil dieser Methode ist jedoch darin zu sehen, dass hierbei relativ lange Wundheilungsphasen mit einer längeren Aufenthaltszeit im Krankenhaus verbunden sind.

Bei der Implantation mit minimal invasiven Techniken können Konstrukte nur dann implantiert werden, wenn sie entsprechend klein und vor allem flexibel sind

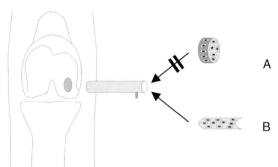

Abb. 8.23: Minimal invasive Operationstechnik bei einer Knorpelverletzung am Kniegelenk. Ein starres Konstrukt (A) kann durch die kleinlumigen Operationsgeräte nicht in das Knie eingeführt werden. Eine flexible besiedelte Matrix (B) kann zusammengerollt und durch das Operationsgerät geschoben werden.

(Abb. 8.23). Sie müssen durch einen Instrumentenkanal mit wenigen Millimetern Innendurchmesser in das Knie eingebracht werden, um dann auf der beschädigten Knorpeloberfläche befestigt zu werden. Operationstechnisch ist dies ohne Schwierigkeiten realisierbar, die Liegezeit im Krankenhaus ist kurz und die kleinen Wunden heilen meist schnell ab. Zellbiologisch gesehen können für das Gewebekonstrukt jedoch nur flexible Matrices verwendet werden. Dies bedeutet, dass sich während der Entwicklung des Konstruktes unter *in vitro*-Bedingungen keine feste Knorpelmatrix bilden darf. Somit können nur Vorläufer von Gewebe appliziert werden, die mehr oder weniger unreif und in keinem Fall funktionelle Eigenschaften zeigen.

Nach der Implantation eines Gewebekonstruktes muss sich dieses in seine neue Umgebung integrieren und einheilen. Idealerweise bildet das Implantat eine mechanisch belastbare Oberfläche aus. An seiner lateralen und basalen Seite muss es in besonders engen Kontakt zum umgebenden Gewebe treten, damit es verwachsen kann. Verschiedenste Experimente haben gezeigt, dass dieser ideale Zustand bei vielen Implantaten nicht eintritt. Häufig werden Oberflächenveränderungen und Schrumpfprozesse beobachtet, oder das Implantat wird nicht in das umliegende Gewebe integriert (Abb. 8.24).

Bei der Implantation von artifiziellen Gewebekonstrukten muss man sich vergegenwärtigen, dass dieser Eingriff nicht nur heilende, sondern auch entzündliche und immunologische Reaktionen hervorrufen kann. Diese können durch die eingebrachten Gewebezellen, genauso aber auch durch das gleichzeitig implantierte Scaffoldmaterial verursacht werden. Eine primäre Reaktion findet immer an der Grenzfläche zwischen dem Implantat und dem umschließenden Gewebe statt. Wenn das Implantat toxische Eigenschaften besitzt, führt dies zu Nekrosen in der unmittelbaren Nachbarschaft. Hat das Implantat inerte Eigenschaften, dann geht es keine Verbindung mit dem umliegenden Gewebe ein und bildet eine untypische Bindegewebekapsel aus. Ist das Implantat bioaktiv, so wird das umliegende Gewebe eine sofortige funktionelle Einbindung aufbauen. Wenn das Implantat zudem einen biodegradablen Scaffold besitzt, so wird dieser mit der Zeit durch heranwachsendes Gewebe interaktiv ersetzt. Voraussetzung dafür ist, dass das Scaffoldmaterial graduell ersetzt wird und dabei die Resorptionsrate auf die Neubildung von Gewebe abgestimmt ist, damit die notwendige mechanische Festigkeit des regenerierenden Gewebes während des gesamten Heilungsprozesses erhalten bleibt.

Abb. 8.24: Passgenauigkeit eines Gewebekonstruktes nach der Implantation z. B. in eine Gelenkoberfläche. (A) Perfekter Sitz, (B) Oberflächenveränderung, (C) Schrumpfung und (D) Verlust.

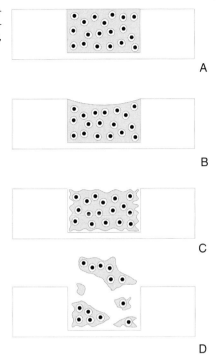

Speziell bei der Knochenregeneration gibt es häufig unterschätzte Reaktionen. Werden biotolerante Scaffolds verwendet, so kommt es zur Distanzosteogenese, bei der das Implantat mit einer Bindegewebeschicht überwachsen wird und keinen direkten Kontakt zum umliegenden Knochen aufnimmt. Bioinerte Scaffolds erzeugen eine Kontaktosteogenese. In diesem Fall findet keine Ummantelung des Implantates mit Bindegewebe statt. Die Knochenbildung findet sowohl im Implantat als auch im umliegenden Knochen statt. Allerdings kommt es zu keiner optimalen Verwachsung an der Implantatoberfläche.

Optimale Verhältnisse finden sich dagegen bei bioaktiven Scaffolds. In diesem Fall wachsen aus der Umgebung des Implantates sofort Zellen ein und bilden ein funktionelles Gewebe aus. Dieser Vorgang ist allerdings wiederum abhängig von der Osteokonduktion und Osteoinduktion. Im Fall einer optimalen Osteokonduktion enthält die Oberfläche des verwendeten Scaffolds geeignete chemische oder physikalische Eigenschaften, welche die dreidimensionale Gewebeausbreitung unterstützen. Neben der Ausbreitung und Proliferation von Vorläuferzellen der Osteoblasten müssen bei der Osteoinduktion Eigenschaften im Scaffoldmaterial enthalten sein, welche die Differenzierung einleiten. Erst dadurch können aus Progenitorzellen Osteoblasten und Osteozyten und damit funktionelle Osteone aufgebaut werden.

[Suchkriterien: Graft host interaction tissue engineering]

9
Perspektiven

Bisher weiß man generell nur sehr wenig über die Entwicklung von funktionellen Geweben mit ihren unterschiedlichen terminal differenzierten Zelltypen. Aus embryonalen Zellen entstehen Vorläufer von Gewebezellen, die im Laufe der Entwicklung sozial agierende Verbände in einer speziellen Matrix entstehen lassen und schließlich Eigenschaften von adulten Geweben annehmen. Diese im Körper wie selbstverständlich ablaufenden Vorgänge werden nicht durch einen einzelnen Wachstumsfaktor, sondern durch eine Vielzahl von ganz unterschiedlichen Mechanismen gesteuert (Abb. 9.1). Dazu gehört die Adhäsion an die extrazelluläre Matrix, die Steuerung des Zellzyklus über die Mitose und Interphase, die Wechselwirkung zwischen benachbarten Zellen, die Einwirkung von Hormonen sowie biophysikalische Einflüsse wie Druck, Flüssigkeitsbewegungen, Sauerstoffgehalt und Nahrungsangebot. Wie diese interaktiven Vorgänge beginnen und zeitlich koordiniert ablaufen, ist bisher kaum analysiert. Welcher von diesen Faktoren hierarchisch gesehen wiederum der Wichtigste ist, lässt sich bisher nur schwer abschätzen. Bei experimentellen Ar-

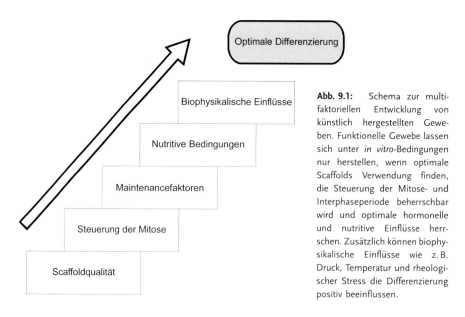

Abb. 9.1: Schema zur multifaktoriellen Entwicklung von künstlich hergestellten Geweben. Funktionelle Gewebe lassen sich unter *in vitro*-Bedingungen nur herstellen, wenn optimale Scaffolds Verwendung finden, die Steuerung der Mitose- und Interphaseperiode beherrschbar wird und optimale hormonelle und nutritive Einflüsse herrschen. Zusätzlich können biophysikalische Einflüsse wie z.B. Druck, Temperatur und rheologischer Stress die Differenzierung positiv beeinflussen.

beiten mit artifiziellen Geweben unter *in vitro*-Bedingungen zeigt sich jedoch eindeutig, dass keiner dieser Einflüsse unterbewertet werden darf.

Natürliche Entwicklung bedeutet das Erreichen einer optimalen Funktionalität in jedem der spezifischen Gewebe, bei der die Zellen und die dazugehörende extrazelluläre Matrix eine typische Differenzierung erreichen. Die aktuellen experimentellen Daten bei der künstlichen Gewebeherstellung zeigen, dass erfolgversprechende Anfänge gemacht wurden, die Wissenschaft aber noch weit vom Ziel der Generierung einer optimalen Funktionalität in den Konstrukten entfernt ist. Zu lösen sind diese Probleme nur durch die Entwicklung von verbesserten Kulturmethoden, den dazugehörenden spezifischen Scaffolds, Mikroreaktoren und Medien, die an die jeweiligen Bedürfnisse optimal adaptiert sein müssen.

Ideal wäre es, wenn man isolierte Gewebe oder Gewebekonstrukte für lange Zeit unter Kulturbedingungen halten könnte, ohne dass es zu Migrationsphänomenen, Umstrukturierungen und Dedifferenzierung der Zellen kommt. Mit solchen Konstrukten könnten gezielt Gewebebanken aufgebaut werden. Bei Bedarf könnte so ein Gewebeimplantat in benötigter Form und Größe in kürzester Zeit mit der notwendigen Logistik bereit stehen.

An optimalen Gewebekonstrukten könnte man aber auch erstmalig die Entstehung akuter und chronischer Entzündungen sowie degenerativer Erkrankungen unter reinen *in vitro*-Bedingungen untersuchen. Man könnte diese Modelle nutzen, um experimentell klar definierte Verletzungen zu setzen, um sodann Informationen über die Fähigkeit zur Regeneration der Konstrukte zu sammeln. Nicht zuletzt wären solchermaßen erzeugte Gewebe ideale Modelle, um die Einheilung von neu entwickelten Biomaterialien ohne die Interferenz eines Organismus zu analysieren.

Bisher gibt es viel zu wenig Wissen über die interaktiv ablaufenden Vorgänge in den einzelnen Geweben. Auch die Kultivierung von Geweben außerhalb des Körpers wird bisher technisch nicht ausreichend beherrscht. Wie will man optimale Konstrukte entstehen lassen, wenn nicht einmal ein Stück isolierter Knorpel bzw. Knochen in optimaler Form unter Kulturbedingungen für lange Zeit am Leben erhalten werden kann? Wie viel besser würde ein Modul mit Leber-, Pankreas- oder Nierenparenchymzellen arbeiten, wenn man erst in kleiner Dimension die dazu notwendigen Kulturbedingungen optimieren und damit das Differenzierungsverhalten kennen lernen würde? Mit der Zeit könnte man erfahren, wie sich die Differenzierung optimal steuern lässt. Phantastisch wäre es, wenn am isolierten Rückenmarksegment das gezielte Auswachsen neuer Axone simuliert werden könnte. Allerdings ist die Wissenschaft noch lange nicht so weit, als dass die Heilung von querschnittsgelähmten Menschen in nächster Zukunft bevorsteht.

Wir müssen uns davor hüten, auf voreilige und falsche Versprechungen hereinzufallen, wenn es um die Generierung von Geweben geht. Für die Zukunft hilft nur eins, nämlich die Fortsetzung einer intensiven Forschungsarbeit an der sterilen Werkbank, um die vielen ungelösten zellbiologischen Probleme bei der Entstehung von Gewebekonstrukten zu lösen. Benötigt werden dafür ein Erkennen der Notwendigkeit und eine innere Bereitschaft, die aktuellen Fragen experimentell auch anzugehen. Dazu ist eine solide finanzielle Unterstützung über viele Jahre notwendig.

[Suchkriterien: Tissue Engineering advances review]

10
Ethische Aspekte

Wenn künstlich hergestelltes Gewebe zur Implantation verwendet werden soll, so drängen sich zwangsläufig Überlegungen zu den ethischen Aspekten des Vorhabens auf. Im Vordergrund steht dabei die Frage, wie die Qualität des Gewebekonstruktes beschaffen ist und welches Risiko davon ausgeht. Nicht weniger wichtig sind Überlegungen zur Integration des Konstruktes. Werden autologe adulte Zellen dafür verwendet, wird dies sicherlich wenige ethische Bedenken hervorrufen. Ganz anders stellt sich dies jedoch bei der Verwendung von embryonalen Stammzellen oder Stammzelllinien da. Neben dem therapeutischen Nutzen muss bei Verwendung von embryonalen Stammzellen geklärt werden, ob sich wirklich alle implantierten Zellen zu dem gewünschten Gewebe entwickeln. Möglicherweise verhält sich ein kleiner Teil der Zellen zunächst indifferent und damit unauffällig. Mit der Zeit kann sich daraus jedoch ein unerwünschtes Gewebe oder sogar ein Tumor entwickeln. Besondere Brisanz hat die Frage auch deshalb, weil die Zellen eines Gewebekonstruktes nicht nur im Bereich des Implantats verweilen, sondern in den ganzen Körper auswandern können. Man muss sich darüber im klaren sein, dass wir erst am Anfang einer faszinierenden Entwicklung des Tissue Engineerings stehen. Aus diesem Grund können auch die meisten ethischen Fragen in diesem Bereich zu diesem Zeitpunkt nur aufgeworfen und nicht abschließend beantwortet werden.

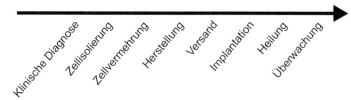

Abb. 10.1: Die Herstellung von künstlichem Gewebe ist ein multifaktorieller Vorgang, bei dem sich eine Vielzahl ganz unterschiedlicher Tätigkeiten aneinanderreiht. Dazu gehört die klinische Diagnose, die Zellisolierung, die Vermehrung der Zellen, die Herstellung eines Konstruktes, das Versenden des Konstruktes, die Implantation, die Heilung und die Überwachung des Patienten über viele Jahre.

Beim Tissue Engineering sind eine Vielzahl von diagnostischen, präparativen, analytischen und logistischen Tätigkeiten miteinander verknüpft. Daraus resultiert ein sehr komplexer Vorgang. In jedem einzelnen Glied dieser Kette können Fehler entstehen, die mit ernsten Konsequenzen einhergehen. Aus medizinischen und ethischen Gründen müssen deshalb auftretende Fehler so früh und so schnell wie möglich erkannt werden. Deshalb kommt der einwandfreien Dokumentation sämtlicher Ereignisse innerhalb der Entstehungskette eines Gewebekonstruktes eine zentrale Bedeutung zu. Nur mit diesem kritischen Bewußtsein können die biomedizinischen Risiken für die Zukunft minimiert werden. Dies ist sicherlich auch die einzige Möglichkeit ethischen Bedenken eindeutig argumentativ zu begegnen.

[Suchkriterien: Ethical considerations tissue engineering transplantation]

Glossar

24-well-Kulturplatte	Kulturplatte mit 24 Einzelkammern
2D Elektrophorese	Auftrennung von Proteinen nach Isoelektrischem Punkt und nach dem Molekulargewicht
3T3-Zellen	Fibroblasten Zelllinie
Aaerob / Anaerob	Auf das Vorhandensein von Sauerstoff angewiesen / nicht angewiesen
Abstoßungsreaktion	Reaktion des Immunsystems auf körperfremdes Material oder Gewebe
Aceton	Farblose, leicht brennbare und aromatisch riechende Flüssigkeit (Dimethylketon), die als Lösungsmittel für viele Farben, Lacke und Harze verwendet wird
Activin	Ehemals Vegetalisierender Faktor, Wachstumsfaktor
Adenylatzyklase	Enzym, das ATP in cAMP umwandelt, meist rezeptorassoziiert
Adhäsion	Anhaftung
Adhäsionsmoleküle	Moleküle zur Zellanhaftung wie z. B. Integrin, Cadherin
Adipozyt	Fettzelle
Adult	Erwachsen
Affinität	Stärke der Bindung zwischen zwei Molekülen über eine einzelne Bindungsstelle
Agarose	Lineares Polysaccharid aus Rotalgen
Agglutination	Zusammenballung
Aggrecan	Proteoglykan, aggregiert mit Hyaluronsäure zu großen Komplexen
Agrin	Sezerniertes Protein, das bei Muskelzellen die Ausbildung von Synapsen an den innervierenden Neuronen steuert
AIDS	Aquired Immunedeficiency Syndrome, durch Virusinfektion verursachte Immunschwäche
Aktin	Protein des Zytoskeletts, Grundbaustein der Aktinfilamente, bildet zusammen mit dem Protein Myosin die Kontraktionseinheit der Muskelzellen
Albumin	Serumprotein, Transport, Puffer und Druckausgleichsfunktion
Aldehydgruppe	[-CH=O]
Aldosteron	Hormon der Nebenniere
Alecithal	Enthält wenig oder keinen Dotter
Alginat	Aus der Zellwand von Algen gewonnenes Polymer

Aliquotieren	Portionieren
Alkalose	Anstieg des Blut-pH über 7,44
Alpha-Actinin	Verankerungsprotein, das Actinfilamente miteinander verbindet
Alpha-Fetoprotein	Hauptsächlich im Gewebe des Ungeborenen vorkommendes Protein
Alveole	Einzelnes Lungenbläschen, auch Zahnfach des Zahnes
American Type Culture Collection	Weltweit die größte Sammlung von tiefgefrorenen Zellen (USA)
Aminopterin	Hemmstoff im DNA-Syntheseweg
Aminosäure	Aminosäuren sind organische, stickstoffhaltige Moleküle, die als Bausteine von Eiweißen (Proteinen) dienen
Amphibium	"Zweierlei Leben". Tier, das sich sowohl auf dem Land als auch im Wasser aufhalten kann, verbringt den größten Teil des Erwachsenenlebens an Land, kehrt aber zum Eierlegen ins Wasser zurück
Amphoter	Mit Säure- und Baseneigenschaften
Amphotericin	Starkes Antimykotikum (Fungizone)
Amylase	Stärke und Glykogen spaltendes Enzym
Anatomie	Die Lehre des inneren Körperbaues, der Lage und des Baues der Organe und Gewebe
Angiogenese	Gefäßneubildung während der Embryonalentwicklung oder der Wundheilung sowie bei der Gewebeneubildung in soliden malignen Tumoren oder während des monatlichen Zyklus der Frau
Angiopoetine	Ligand für Tie-2, Wirkung auf die Blutgefäßentwicklung
Anionenaustauscher	Ionenaustauscher mit positiv geladenen Festionen und negativ geladenen Gegenionen, die gegen andere, negativ geladene Ionen austauschbar sind
Annexine	Gruppe von Kalzium-bindenden Proteinen, die mit sauren Membranphospholipiden interagieren
Annulus fibrosus	Äußere fibröse Schicht der Bandscheibe, mit überlappenden Kollagenfaserbündeln
Antibiotikum	Überwiegend von Mikroorganismen synthetisierte Substanzen, die andere Mikroorganismen in ihrer Entwicklung hemmen, sie schädigen oder töten
Antigen	Organismusfremdes Protein, das durch sein Eindringen die Bildung von Antikörpern auslöst
Antigene Determinante	Stelle auf der Oberfläche eines Antigens, mit der ein Antikörper spezifisch reagiert
Antikörper	Globuläre Proteine, die von bestimmten Zellen des Immunsystems als Antwort auf die Anwesenheit körperfremder Proteine gebildet werden
Antimykotikum	Eine das Pilzwachstum hemmende Substanz
antimykotisch	Das Wachstum von Pilzen hemmend
Antiserum	Blutserum eines Tieres, das Antikörper gegen ein (monospezifisches A.) oder gegen mehrere (polyvalentes A.) Antigene enthält
Apikal	Spitzenwärts, die Spitze betreffend
Aplasie	Keine oder unvollständige Ausbildung eines Organs
Apokrine Sekretion	Knospende Sekretion von Drüsenzellen
Apoptose	Programmierter Zelltod
Aqua destillata	Destilliertes Wasser, das keine Ionen mehr enthält

Aquaporine	Wasserkanalproteine, integrale Membranproteine, die die Wasserpermeabilität der Zellmembran steigern
Äquilibrierung	Einstellung eines Gleichgewichtszustandes
Araldit	Wasserunlösliches, relativ weiches Kunstharz zum Einbetten von Präparaten für elektronenmikroskopische Untersuchungen
Arginin	Essentielle Aminosäure
Arteriole	Kleinste Arterie, die durch Eng- oder Weitstellung den Strömungswiderstand im Blutkreislauf reguliert und sich in die Haargefäße (Kapillaren) verzweigt
Arthrose	Gelenkverschleiß
Ascorbinsäure	Vitamin C, starkes Reduktionsmittel
Aseptisch	Keimfrei
Asparaginsäure	Aspartat, Aminosäure
Astrozyten	Makrogliazellen mit strahlenförmigen Fortsätzen (vor allem im Zentralnervensystem)
Asymmetrische Teilung	Zellteilung, bei der z. B. aus einer Stammzelle eine Stammzelle und eine differenzierte Zelle entsteht
Atmungskette	Aufeinanderfolgende Kette von Elektronenüberträgern in der inneren Membran der Mitochondrien. Bei der Übertragung der Elektronen wird Energie frei, die in Form von ATP gespeichert wird
ATP	Adenosintriphosphat, wirkt in der Zelle als Energiespender und Energietransformator aufgrund seiner energiereichen Phosphatverbindungen
ATPase	Spalten Phosphorsäurereste von ATP ab. Dadurch wird Energie frei
Atrophie	Gewebeschwund
Autoklav	Dampfdrucksterilisator
Autokrine Sekretion	Sekretion eines Faktors, der auf die produzierende Zelle selbst wirkt
Autolog	Übereinstimmend, z. B. Transplantation von Zellen des selben Organismus
Autolyse	Selbstauflösung, Selbstverdauung
Axon	Am Axonhügel einer Nervenzelle entspringender, langer Fortsatz zur Impulsweiterleitung
Azidophil	Mit den sauren Gruppen bestimmter Farbstoffe reagierend
Azidose	Ansäuerung des Blutes unter einen pH von 7,36
Azinus	Kleine, sackförmige Struktur, die von sekretorischen Zellen umgeben ist
Basalganglion	Corpus striatum; ursprünglicher, am Boden des Vorderhirns (Telencephalon) der Wirbeltiere gelegener Teil des Zentralnervensystems (ZNS)
Basalmedium	Exakt definiertes Grundmedium, das alle lebensnotwendigen Salze, Aminosäuren und Vitamine, jedoch keine weiteren Zusätze enthält
Basalmembran	Extrazelluläre Schicht unterhalb der basalen Plasmamembran von Epithelzellen, die aus verschiedenen extrazellulären Matrixproteinen wie Kollagen Typ IV und Laminin aufgebaut ist.
Basic fibroblast growth factor	Mesodermaler und neuroektodermaler Wachstumsfaktor
Basophil	Mit den basischen Gruppen bestimmter Farbstoffe reagierend
Becherzelle	Stielglas- oder becherförmige, muzinbildende Epithelzelle (solitär oder gruppiert) der intraepithelialen Drüsen

Begasungsschrank	Inkubator
β-Oxidation	Hauptstoffwechselweg des Fettsäureabbaus, führt zu β-Ketosäuren
Bidirektional	In einer bestimmten Richtung und in deren Gegenrichtung
Biglycan	Kleines Proteoglycan der extrazellulären Matrix
Bindegewebe	Eines der 4 Grundgewebe, es besteht zu einem großen Teil aus Interzellularsubstanz und erfüllt Stütz- und Stoffwechselfunktionen
Binokular	Lupe, Vergrößerungsapparatur zur räumlichen Abbildung
Biodegradation	Biologischer Abbau
Biokompatibilität	Verträglichkeit von medizinischen Materialien (z. B. Implantatmaterialien)
Biomedizin	Biologische Forschung und Entwicklung zur medizinischen Anwendung
Biopsie	Kleine Gewebeprobe, die dem lebenden Organismus entnommen wurde
Biotechnologie	Verfahren, die lebende Zellen oder Enzyme zur Stoffumwandlung und Stoffproduktion nutzen
Biotin	Vitamin H, Wachstumsfaktor und Coenzym
Bioverfügbarkeit	Effektiver Nutzen für ein biologisches System, systemische Verfügbarkeit, Prozentsatz einer Substanz, die nach Applikation ihren Wirkungsort erreicht
Bipolare Nervenzelle	Nervenzelle mit einem Axon und einem Dendriten
Blastozyste	Stadium des Embryos während des vierten bis siebten Tages seiner Entwicklung
Blastulastadium	Hohlkugelstadium mit einschichtigem Epithel während der Embryonalentwicklung
Blebbing	Charakteristische Veränderung der Oberflächenmembran bei Apoptose (Zytosolreste von weitgehend intakter Zellmembran umgeben)
Blotmembran	Membran (z. B. Nitrocellulose) zum Proteintransfer für den Western-Blot
Blut-Hirn-Schranke	Teilweise durchlässige Barriere zwischen Blut und Hirnsubstanz; Schutzeinrichtung, die schädliche Stoffe von den Nervenzellen abhält
Blutkoagulation	Enzyminduzierte Gerinnung des Blutes zum Wundverschluß
Blutplättchen	Thrombozyten, Blutplättchen spielen bei der Gerinnung und der Abdichtung verletzter Blutgefäße eine zentrale Rolle
B-Lymphozyten	Antikörper-produzierende Zellen des Immunsystems
BM-40	Osteonectin, Kalzium-bindendes Protein in Knochen
BMOC	Zellkulturmedium (Brinster's Modified Oocyte Culture Medium)
BMP	Bone Morphogenic Protein, Wachstumsfaktor
Booster-Effekt	Verstärker-Effekt durch wiederholte Behandlung
Bouin-Lösung	Fixationslösung für lichtmikroskopische Präparate
Bradytroph	Stoffwechselträge
Branching morphogenesis	Entwicklung verästelter Strukturen durch Aufzweigung am Ende von gestreckten Abschnitten
Brückenmolekül	Moleküle, die Kontakt oder Elektronentransfer zwischen anderen Molekülen vermitteln
BSE	"Bovine Spongiforme Enzephalopathie" (Rinderwahnsinn), durch infektiöse Proteine (Prionen) verursachte Erkrankung
Buffer All	Kommerziell erhältliches Puffergemisch

Bürstensaum	Von parallelen Plasmamembranausstülpungen gebildeter Saum auf der apikalen Zelloberfläche, der die Resorptionsoberfläche der Zelle vergrößert
Bypass	Alternativer Versorgungsweg
Cadherin	Integrales Membranprotein, das an der Kalzium-abhängigen Zelladhäsion beteiligt ist
Calmodulin	Ubiquitäres, hoch konserviertes Kalzium-bindendes Protein
Calpain	Kalzium-aktivierte zytosolische Protease
Calzifizierung	Kalkablagerung in Geweben
Capsula fibrosa	Fibröse Kapsel der Niere
Carbohydrate	Kohlenhydrate $C_n(H_2O)_n$
Cardiomyozyten	Herzmuskelzellen
Carrier	Träger
Cartilage oligomeric matrix protein	In der Knorpelmatrix vorkommendes Protein aus der Thrombospondin-Familie
Casein	Wichtigster Proteinbestandteil der Milch
Caspase	Proteasen, welche die Effektormaschinerie der Apoptose bilden
CEA	Carcino-embryonales Antigen, Tumormarker
Ced Gene	In Apoptoseprozessen involvierte Gene
Chelatbildner	Ringförmiges Molekül, das bestimmte Metallionen zangenartig umgibt und bindet (z. B. EDTA)
Chemotaxis	Durch chemische Reize ausgelöste gerichtete Bewegung von Zellen auf die Reizquelle hin oder das Fortbewegen von der Reizquelle weg (positive oder negative Chemotaxis)
Chitosan	Polysaccharid aus Chitin
Cholesterin	Grundsubstanz der Steroidhormone und Gallensäuren, wird mit der Nahrung (z. B. tierische Fette) aufgenommen oder im Körper selbst produziert
Cholinchlorid	Vitamin B4, wichtig für Leberfunktion und Fettstoffwechsel
Chondroblast	Knorpelmatrix-bildende Zelle
Chondroitinase	Chondroitin- und Dermatansulfat zerschneidendes Enzym
Chondron	Chondrozyten und die sie unmittelbar umgebende Matrix
Chondronektin	Glycoprotein des Knorpelhofs
Chondrozyt	Knorpelzelle, die sich mit Knorpelmatrix umgeben hat
Chorda dorsalis	Urwirbelsäule
Chromatin	Lockere, flockig-fädige Struktur im Zellkern, bestehend aus Desoxy-ribonukleinsäuren (DNA/DNS) und spezifischen basischen Proteinen (Histone)
Chromosom	Organisationsform der genomischen DNA, abgegrenzter Teil des Erb-materials im Zellkern jeder Zelle, auf dem eine festgelegte Anzahl von Genen lokalisiert ist
Claudine	Parazelluläres Abdichtungsprotein, Teil der Tight junction
Cokultur	Kultur verschiedener Zellen oder Gewebe miteinander
Collagenase	Kollagen-spaltendes Enzym
Colon	Dickdarm, zwischen Ileum und Rectum

Connexine	Tunnelbildende Proteine bei Gap Junctions
Connexone	Aus Connexinen bestehender Proteintunnel bei Gap Junctions
Coomassie Blau	Proteine anfärbender blauer Farbstoff
Copolymere	Polymere, die aus mehr als einer Monomerart aufgebaut sind
Cryoröhrchen	Einfrierröhrchen
Cyclooxygenase (COX)	Enzym des Arachidonsäurestoffwechsels
DAG	Diacylglycerol, spielt eine Rolle in der Signaltransduktion
Darmkrypte	Einfaltungen der Darmschleimhaut in die Lamina propria hinein
Deckknochen	Desmale Knochen des Hirn- und Gesichtsschädels
Decorin	Kleines Proteoglykan das an Kollagenfasern bindet
Dedifferenzierung	Verlust an Spezialisierung. Rückbildung in einen mehr oder weniger embryonalen Zustand
Degeneration	Entartung, Rückbildung/Abbau von Organen und Geweben
Dekubitus	Wundliegen. Druckgeschwür, Drucknekrose
Dendrit	Relativ kurzer, sich peripher stark verzweigender u. meist mehrfach vorhandener Zytoplasmaausläufer der bi- und multipolaren Nervenzellen
Derivat	Struktur, die sich auf eine entwicklungsgeschichtlich ältere zurückführen lässt
Dermatom	Innervationsbereich einzelner Rückenmarkswurzeln auf der Haut
Dermis	Haut
Desaminierung	Abspaltung einer Amino-Gruppe von einem Molekül
Desmin	Protein des Zytoskeletts, Baustein einer Gruppe der Intermediärfilamente
Desmosomen	Mechanische Zell-Zell-Verbindungen, die mit Intermediärfilamenten in Verbindung stehen
Detektor	Messgerät
Detergenz	Tensid, grenzflächenaktive Verbindung
Determinierung	Festlegung der Entwicklung während der Embryogenese
Dextran	Hochmolekulares Polysaccharid
Dialyse	Blutreinigungsverfahren durch Austausch gelöster Teilchen über eine semipermeable Membran, die nur die Diffusion niedermolekularer Teilchen zulässt, "Blutwäsche"
Diastole	Phase der Herzmuskelerschlaffung. In dieser Phase wird das Herz mit Blut gefüllt
Differenzierung	Entwicklung einer Zelle vom embryonalen Zustand zu einer spezialisierten Zelle mit spezieller Form, Funktion und speziellem Stoffwechsel
Diktyosomen	Zellorganell, das sich aus Stapeln von Membranzisternen zusammensetzt. In ihrer Gesamtheit bilden die Dictyosomen den Golgi-Apparat
Dimer	Ein Dimer ist ein Molekül, welches aus 2 gleichen Molekülen entstanden ist
Dimethylsulfoxid (DMSO)	Organisches Lösungsmittel, Frostschutzmittel
Dispase	Metalloprotease bakteriellen Ursprungs
Disse Raum	Raum zwischen dem durchbrochenen Endothel der Lebersinusoide und den Leberzellplatten
Diurese	Verstärkte Harnausscheidung
DNA	Desoxyribonukleinsäure, Träger der Erbsubstanz

Domäne	Die kleinste Einheit eines Proteins mit einer definierten und unabhängig gefalteten Struktur
Dopamin	Neurotransmitter in Gehirn, Nebenniere, sympathischen Nervenendigungen u.s.w.
Doublecortin	Mikrotubuli-assoziiertes Protein, das in Nervenzellen exprimiert wird
Drug delivery	Wirkstoffverabreichung
Drug release	Allmähliche Freisetzung von Wirkstoffen
Drüse	Zellen oder Gewebestrukturen, die spezifische Wirkstoffe (Sekrete) bilden und diese nach außen (z. B. in die Mundhöhle) oder nach innen, direkt in die Blut- oder Lymphbahn abgeben
Dura	Äußere Hirnhaut, direkt unter der Schädeldecke und teilweise mit dieser verwachsen
Dynein	Motorprotein, das Stoffe unter ATP-Verbrauch an den Mikrotubuli entlang transportiert
Dystrophin	Muskelspezifisches Protein. Das Fehlen des Proteins stört den Kalzium-Haushalt der Zellen, sodass diese zu Grunde gehen
EGF	Epidermaler Wachstumsfaktor (Epidermal growth factor)
Eikosanoide	Biologisch aktive Substanzen die von der Arachidonsäure abstammen. Prostaglandine, Thromboxane und Leukotriene
Einbettharz	Kunstharz, in das Präparate eingegossen werden
Ektodermal	Vom äußeren Keimblatt des Embryo abstammend
Elastin	Hauptbestandteil der elastischen Fasern. Kollagenähnliches Protein
Elektronenmikroskopie	Mikroskopische Verfahren, die statt mit sichtbarem Licht mit Elektronenstrahlen arbeiten
ELISA	Enzyme-linked immunosorbent assay, Test, bei dem ein gebundener Antikörper durch einen zweiten erkannt wird; der zweite Antikörper ist durch ein Enzym markiert und wird über die Reaktion mit dessen Substrat sichtbar gemacht
Embolus	Material, das zum Verschluss einer Blutbahn führt (z. B. Thrombusteile, Luft)
Embryo	Heranwachsendes Kind im Mutterleib bis zum Abschluss der Organentwicklung im dritten Schwangerschaftsmonat
Embryogenese	Embryonalentwicklung
Embryonale Zelle	Unspezialisierte Zelle, die noch alle (viele) Grundeigenschaften besitzt und sich in jede Richtung spezialisieren könnte
ENaC	Epithelialer Natriumkanal
Endokrine Drüsen	Organe, welche Hormone in den Blutkreislauf absondern
Endoplasmatisches Retikulum	Intrazelluläres Membransystem in der Zelle mit Transportfunktion
Endosomen	Endosomen bilden sich bei der Endozytose von Makromolekülen; sie verschmelzen anschließend mit primären Lysosomen, dann werden die Makromoleküle hydrolytisch gespalten
Endothelzelle	Flacher Zelltyp, der das einschichtige Plattenepithel des Blutgefäßsystems bildet
Entaktin	Protein des Zytoskeletts

Enterochromaffine Zelle	Chrom- und silberaffine Zellen, die verstreut in der Speiseröhren- und Magen-Darm-Schleimhaut sowie in Gallengängen liegen, Teil des diffusen endokrinen Systems, bilden Polypeptidhormone, z. B. Gastrin, Sekretin, Somatostatin
Enterochromaffine Zelle	Serotonin-produzierende Zellen des Verdauungstrakts
Enterozyt	Saumzelle, an der Resorption im Darm beteiligt
Entodermal	Vom inneren Keimblatt des Embryo abstammend
Environment	Umgebung
Ephrin	Signalmolekül zur Steuerung des Axonwachstums
Epicard	Herzaußenhaut
Epicondylus	Der einem Gelenkknorren (Condylus) aufsitzende Knochenvorsprung für Muskelursprünge oder -ansätze
Epidermis	Oberhaut, äußere Schicht der Haut
Epigenetisch	Genetische Informationen, die im Zytoplasma und nicht im Nukleus vorhanden sind
Epiglottis	Kehldeckel
Epilepsie	Cerebrale Krampfanfälle
Epithel	Flächenhaft ausgebreitetes Gewebe, das äußere und innere Oberflächen des tierischen Organismus bekleidet; die Zellen sind fast ohne Zwischenzellsubstanz mosaikartig aneinander gefügt
Epitop	Antigene Determinante (siehe dort)
Epon	Spezielles, wasserunlösliches Kunstharz
ERK	Extern regulierte Kinase, Enzym zur Signaltransduktion ins Zellinnere
Erythropoetin	In der Niere gebildeter Wachstumsfaktor, der die Blutbildung anregt
Erythrozyt	Kernloses rotes Blutkörperchen, bewirkt durch sein Hämoglobin den Sauerstofftransport im Organismus
Exokrine Drüsen	Organe, die Hormone nach außen z. B. an die Haut oder in den Darm abgeben
Exon	Kodierender, informationstragender Abschnitt eines Gens
Exozytose	Ausschleusung von Partikeln aus der Zelle
Extrakorporal	Außerhalb des Körpers
Extraktion	Herauslösen von bestimmten Bestandteilen aus festen oder flüssigen Substanzgemischen durch geeignete Lösungsmittel
Extrazelluläre Matrix	Von den Zellen nach außen synthetisierte Proteine, die an der Zelloberfläche ein Geflecht oder eine Schicht bilden
FCS	Fötales Kälberserum
Feederzellen	"Versorgungszellen", Zellen mit "Ammen"-Funktion, die empfindliche Zellen (z. B. Hybridomazellen) eine wachstumsfördernde Umgebung liefern
Fibrin	Blutfaserstoff, bildet unlösliche Fibrinnetze bei der Blutgerinnung
Fibrinogen	Vorstufe von Fibrin
Fibroblast	Zelle des Bindegewebes, die an der Synthese der Interzellularsubstanz beteiligt ist
Fibronektin	Extrazelluläres Protein, das mit verschiedenen Makromolekülen wie Kollagen, Fibrin, Heparin und Plasmamembranproteinen interagieren kann

Fibrozyt	Ruheform des Fibroblasten, nach Abschluss der Synthesetätigkeit
Fibulin	Kalzium-bindendes Protein der extrazellulären Matrix
Filterampullen / Filterkerzen	Steriler Membranfiltereinsatz für die Druckfiltration
FITC	Fluorescinisothiocyanat, Fluoreszenzfarbstoff
Fleckdesmosomen	Fleckförmige äußerst stabile Haftkomplexe
Flimmerepithel	Epithel, welches auf seiner apikalen Oberfläche Kinozilien trägt
Flügelzelle	Fibrozyt in der Sehne mit dünnen Ausläufern, der an die Form der Faserbündel angepasst ist
Fluoreszenzmikroskop	Mikroskop, bei dem das Objekt mit einer gewählten Lichtwellenlänge bestrahlt wird, und das vom Objekt abgestrahlte Fluoreszenzlicht auf einem gesonderten Strahlenweg zum Beobachter gelangt
Fluorochrom	Molekül, das bei Anregung mit energiereicher Strahlung Licht aussendet
Folinsäure	Derivat der Folsäure
Follikel	Bläschenförmige Struktur, die von einem Epithel gebildet wird
Fötus	Bezeichnung für die Frucht im Mutterleib nach Abschluss der Organbildung
Freund'sches Adjuvans (CFA)	Substanz zur Steigerung und Modifizierung der Immunantwort bei geringen Antigen-Konzentrationen
G-Protein	Guanin-Nucleotid-bindendes Protein der Zelle, an das z. B. Neurotransmitter-Rezeptoren gekoppelt sind
Gamma-Bestrahlung	Beim radioaktiven Zerfall freiwerdende elektromagnetische Strahlung
Gap junction	Gürtelförmige Verbindung zwischen benachbarten Zellen
Gastrin	Peptidhormon, das die Bildung von Magensäure anregt, wird von G-Zellen der Magenschleimhaut gebildet
Gastrulation	Verlagerung der dotterreichen Zellen sowie des Mesoderms und Entoderms in das Innere des Embryos unter Bildung der Gastrula
Gaswächter	Gerät, welches die automatische Umschaltung von einer leeren auf eine volle Gasflasche steuert
Gedächtniszellen	Zellen des Immunsystems, verantwortlich für die sekundäre Immunantwort bei einer wiederholten Infektion
Gefrierschnitte	Mit einem Gefriermikrotom angefertigter Schnitt
Gelenk	Bewegliche Verbindung
Gen switch	Genetischer Schalter, der die Expression eines Proteins reguliert
Genitalleiste	Verdickung des Coelomepithels an Medialseite der Urogenitalfalte
Genomics	Die systematische Untersuchung des Genoms
Gentamycin	Breitbandantibiotikum
Gewebe	Verband annähernd gleichartig differenzierter Zellen
Gewebshormon	Hormone, die nicht von Drüsen, sondern von einzelnen, in bestimmten Organen oder Organsystemen lokalisierten Zellen gebildet werden
Glanzstreifen (Disci intercalares)	Bereich, in dem Herzmuskelzellen miteinander mechanisch und zytoplasmatisch verbunden sind
Gliazellen	Bindegewebszellen des Nervensystems mit Stütz-, Schutz- und Versorgungsfunktion
Globuläre Proteine	Proteine, die durch starke Knäuelung ihrer Aminosäureketten kugeligen Charakter aufweisen

Glomerulus	Knäuelbildende Kapillarschleife in der Niere, Teil des Filtersystems
Glukagon	In der Bauchspeicheldrüse gebildetes Hormon, das den Blutzuckerspiegel im Blut anhebt
Glukokortikoide	Hormone der Nebennierenrinde, wie z. B. Hydrocortison
Glukoneogenese	Glucosesyntheseweg aus kohlehydratfreien Vorstufen wie Lactat oder Aminosäuren
Glutaraldehyd	Häufig verwendetes Fixierungsmittel mit guter Strukturerhaltung, besonders des Zytoskeletts
Glycerol	Glyzerin, einfachster dreiwertiger Alkohol
Glycin	Aminosäure
Glykogen	Energiespeicher aus Kohlehydratketten innerhalb der Zelle
Glykokalix	Spezielle Struktur aus Glykoproteinen und Glykolipiden auf der Zelloberfläche
Glykolipide	Verbindung von Oligosacchariden mit Lipiden in Membranen (Ganglioside, Sphingomyeline)
Glykoproteine	Proteine mit Zuckeranteilen
Glykosilierung	Übertragung von Zuckerresten bei der Biosynthese von Glykoproteinen
Golgi-Apparat	Aus mehreren Stapeln von flachgedrückten Membransäckchen (Dictyosomen) und Bläschen (Golgi Vesikel) bestehendes Zellorganell, Ort der Proteinmodifikation und Schleimbildung
Golgi-Zelle	Die Golgi-Typ I-Nervenzelle hat lange Axone wie die Motoneurone des Rückenmarks oder die Purkinje Zellen des Kleinhirns, dagegen besitzt die Golgi-Typ II-Nervenzelle kurze Neurone und ist als Interneuron zu finden
Good Manual Practice	GMP, Arbeiten nach klar definierten Vorschriften und Normen
Gradient	Unterschied oder Gefälle zwischen zwei Medien
Gradientenzentrifugation	Zentrifugation in einem linearen Dichtegradienten im Zentrifugenröhrchen. Die zu trennenden Partikel wandern bis zu der Stelle im Dichtegradient, der ihrer Eigendichte entspricht
Granula	Mikroskopisch kleine Körnchen, die aus synthetisiertem Material bestehen
Granulationsgewebe	Gefäßreiches Neugewebe bei der Heilung von Wunden
Grb	Adaptorprotein
Grenzverdünnungsverfahren	Methode zum Vereinzeln von Zellen: Von der Zellsuspension werden verschiedene Verdünnungen hergestellt – bis hin zu einer Konzentration von weniger als einer Zelle pro ml – und diese ausplattiert, Ziel ist eine einzige Zelle pro Kulturschale
Grundsubstanz	Amorpher Bestandteil der Interzellularräume bei Bindegeweben
GSK	Glycogen synthase kinase
GTPase	Guanidintriphosphat (GTP) spaltendes Enzym
Guiding	Experimentelles Leiten von Zellen auf einem Scaffold
Hämatopoese	Blutbildung
Hämoglobin	Markerprotein der roten Blutkörperchen, bestehend aus dem Proteinanteil Globin und dem Nichtproteinanteil Häm; im Häm sitzt das Eisenatom, über das der Sauerstoff gebunden wird
Hämozytometer	Neubauer Zählkammer zur Bestimmung der Zellzahl

Hauptzellen	Spezieller Zelltyp im Sammelrohr der Niere
Hautanhangsgebilde	Haare, Talg- und Schweissdrüsen, Nägel, Reservefalten
Haverscher Kanal	Zentralkanal im Osteon des Röhrenknochens
Heat Shock Protein	HSP, spezielle Proteinbildung unter Adaption oder Stress
Hemidesmosom	Kontaktzone einer Epithelzelle mit der Basalmembran
Hemizysten	Ansammlung von Epithelzellen ohne Ausbildung einer kontinuierlichen Basalmembran, auch als Dome bezeichnete blasenförmige Ausstülpungen innerhalb eines Epithels
Henlesche Schleife	Teil des Nephrons
Heparansulfat	Kohlehydratanteil von Proteoglykanen
Heparin	Stark sulfatiertes Glykosaminoglykan
Heparinase	Heparin spaltendes Enzym
Hepatocyte growth factor	Wachstumsfaktor
Hepatozyt	Parenchymzelle der Leber
HEPES	4-(2-Hydroxyethyl)-1-perazin-ethan-sulfonsäure, Puffersubstanz
Herzklappe	Biologisches Ventil zwischen Atrium und Ventrikel im Herzen
Herzschlauch	Anlage des Herzens; während der Entwicklung bestehend aus zwei Herzfeldern, die das Endocard, Myocard und Pericard bilden
heterodimere Moleküle	Verbindungen aus zwei unterschiedlichen Untereinheiten
Heterophil	Moleküle, die andersartige Moleküle binden
Hinterwurzel	Teil zur Aufnahme der sensiblen Impulse des Rückenmarkes
Hippocamus	Teil des Temporallappens im Gehirn
Hirnmark	Teil des Gehirns mit zu- und abführenden Fasern
Hirnrinde	Sitz der Neurone im Gehirn
histiotypische Eigenschaften	Gewebetypische Eigenschaften
Histoarchitektur	Morphologische Struktur von Geweben
Hitzeinaktivierung	Spezielle Behandlung von Seren für das Kulturmedium
Hohlfaser	Faser mit einem Lumen
Holoklone	Spezielle Population von Zellen in mehrschichtigen Epithelien
Holokrin	Sezernierung von Syntheseprodukten und gleichzeitiges Absterben einer Drüsenzelle
Hormon	Spezifisches Molekül mit Informationsgehalt für eine Zelle, vom Organismus selbst gebildeter Botenstoff zur Regulation und Koordination physiologischer Prozesse
Hormonrezeptor	Spezielles Molekül zur Erkennung und Bindung eines Hormons
Humoral	Übertragung von Information mittels eines Moleküls über das Blut oder die interstitielle Flüssigkeit
Hyaliner Knorpel	Spezielles Bindegewebe
Hyaluronidase	Enzym, das Hyaluronsäure abbaut
Hyaluronsäure	Bestandteil der Glykosaminoglykane
Hybride	Verschmelzungsprodukt zweier Zellen
Hybridoma	Fusionsprodukt zweier Zellen zur Produktion von monoklonalen Antikörpern

Hybridomazellen	Verschmelzungsprodukt einer Myelomzelle mit einer Antikörper produzierenden Zelle
Hydratation	Mit Wasser angereicherter Zustand
Hydrocortison	Steroidhormon der Nebennierenrinde
Hydrogel	Spezielle extrazelluläre Matrix aus synthetischem Material
Hydrolysate	Fragmentierungsprodukt aus Proteinen
Hydrolyse	Spaltung von zwei Molekülen meist mit einem Enzym
Hydrophil	Wasserliebend, Eigenschaft von Substanzen mit polaren Gruppen wässrige Lösungen zu bilden oder Wasser zu binden
Hydrophil / hydrophob	Moleküle mit Wasser liebenden und Wasser abstoßenden Eigenschaften
Hydrophob	Wasserfeindlich, Eigenschaft von Substanzen ohne polare Gruppen in Gegenwart von Wasser ein Zweiphasensystem zu bilden
Hydrostatischer Druck	Der in ruhender Flüssigkeit allseitig ausgeübte Druck
Hydroxylapatit	Molekül bei der Mineralisierung von Knochen, Dentin und Schmelz
Hydroxylapatitkristalle	Sichtbare Primärstruktur bei der Mineralisierung von Knochen, Dentin und Schmelz
Hydroxylgruppe	Hydrophile Gruppe an einem Molekül
Hyperplasie	Vermehrung von lebender Substanz durch Zunahme der Zellzahl
Hypertrophie	Vermehrung von lebender Substanz durch Größenzunahme
Hypoblast	Stadium des Embryo vor der Keimblattentwicklung
Hypophyse	Zentrale für die Steuerung von Organen und Geweben über Hormonausschüttung
Hypoxanthin	Purinbase, Zwischenprodukt im Nukleinsäurestoffwechsel
Hypoxanthin-Guanin-Phosphoribosyl-Transferase	Enzym im DNA-Syntheseweg
Hypoxie	Minder- bzw. Mangelversorgung mit Sauerstoff
ICAM	Intercellular adhesion molecule
IGF1R	Insuline-like growth factor receptor
Ileum	Abschnitt des Dünndarms
Immediate-early growth response Gene	Genantwort binnen Minuten nach Stimulierung der Zelle
Immunglobulin	Globuläres Protein, das als Antikörper wirkt und körperfremde Substanzen bindet
Immunhistochemie	Nachweis von Molekülen mit Antikörpern meist auf einem Gewebeschnitt
Immunhistochemisch	Untersuchung von Zellen und Geweben mit immunchemischen Methoden
Immunkomplex	Verbindung eines Antikörpermoleküls mit einem Antigenmolekül
Immunofluoreszenztest	Nachweis eines Antigens (oder ersten Antikörpers) mittels eines Antikörpers (oder zweiten Antikörpers), an den ein Fluoreszenzfarbstoff gekoppelt ist
Immunologie	Wissenschaftsfeld über die immunologischen Abwehrmechanismen des Körpers
Immunsuppression	Therapie zur Vermeidung der Abstoßung von transplantierten Organen und Geweben
Immunsuppressiva	Medikamente, die das körpereigene Immunsystem unterdrücken

Impfstoff	Medikament zur Vermeidung von Infektionskrankheiten
Implantate	Materialien zur Unterstützung von Regenerationsvorgängen
Implantation	Einsetzen eines Implantates
***In situ* Hybridisierung**	Spezifischer Nachweis von DNA und RNA im histologischen Schnitt mittels kurzer DNA/RNA Sonden
In vitro	"Im Glas", d.h. im Labor durchgeführt
***In vitro* Fertilisation**	Befruchtungsvorgang in einer Kulturschale
Induktion	Auslösung eines Wachstums- oder Differenzierungsvorgangs in einer Zelle oder Zellgruppe
Induktionsreiz	Auslösung einer Induktion mit morphogenen Substanzen
Industrial cell culture processing	Zellkultur und Gewinnung von synthetisierten Produkten im industriellen Maßstab
Inhibition	Hemmung von Vorgängen
Inkubation	Bebrütung, Kultivation
Inkubator	Behälter zur Schaffung konstanter Umgebungsbedingungen von Kulturen
Innenohr	Teil des Hörorgans
Innervation	Verbindung einer Nervenzelle mit einer gleichen oder anderen Gewebestruktur
Inositol	Zum Vitamin B_2 Komplex gerechnetes Vitamin
Insect cell culture	Kultur mit Insektenzellen, häufig zur Herstellung rekombinanter Proteine
INSR	Rezeptor für Insulin
Insulin	Hormon des Kohlenhydratstoffwechsels
Integrin	Oberflächenmoleküle vieler Zelltypen, zur Anhaftung, Interaktion und Signalübertragung
Interleukine	Zellhormone, Mediatorsubstanzen des Immunsystems
Intermediärfilamente	Gesamtheit der Proteinfilamente des Zytoskeletts, die mit 8-10 nm Durchmesser breiter als die Aktinfilamente und dünner als die Mikrotubuli sind
Intermediärzone	Mittlere Zellzone in mehrschichtigen Epithelien
Internist	Facharzt für innere Erkrankungen
Interphase	Phase im Zellzyklus zwischen zwei Teilungen
Interstitium	Mit Flüssigkeit gefüllter Raum zwischen den einzelnen Geweben und Zellen
Interzellularraum	Raum zwischen einzelnen Zellen
Interzellularsubstanz	Zwischenzellsubstanz, bestehend aus einer lichtmikroskopisch strukturlos erscheinenden Masse, in die faserförmige Proteine eingelagert sind
Intraperitoneal	In der Bauchhöhle
Intravenös	In der Vene
Intravital	Im lebenden Zustand
Intron	Nichtkodierte Bereiche innerhalb kodierter Sequenzen in Genen
Inversmikroskop	Mikroskop, bei dem der Strahlengang im Vergleich zum herkömmlichen Mikroskop umgekehrt wurde, und die Objektive von unten an den Objekttisch herangeführt werden
***In-vitro-*Versuch**	Experiment unter reinen Kulturbedingungen d.h. ohne ein Tier

In-vivo-Versuch	Ausführungen am Menschen oder einem Tier
Involucrin	Protein bei der Differenzierung von Keratinozyten
Involution	Rückbildung eines Organs oder Gewebes
Isoelektrische Fokussierung	Trennverfahren für amphotere Stoffe nach ihrem isoelektrischen Punkt
Isoelektrischer Punkt	IP, typischer Punkt für die Ladungseigenschaft von Proteinen in einem Ampholytgradienten; pH-Wert, bei dem amphotere Stoffe infolge gleich starker Dissoziation ihrer sauren und basischen Gruppen elektrisch neutral erscheinen
Isoform	Gleiche Art
Isoosmotisch	Umgebung für Zellen unter natürlichen Bedingungen
Isoprismatisches Epithel	Epithelzellen so breit wie hoch, würfelförmig
Isoton	Den gleichen osmotischen Druck aufweisend
Itoh Zelle	Spezieller Zelltyp der Leber im Disse Raum
JAM	Junctional Adhesion Protein, ein in Tight junctions vorkommendes Protein
JE Gene	Werden durch PDGF induziert und auch MCP-1 genannt
Jejunum	Abschnitt des Dünndarms
JNK	c-Jun N-terminal Kinase
Jun	c-Jun N-terminal Kinase, siehe JNK
Kalzifizierung	Mineralisierung und damit mechanische Härtung des Knochen
Kanalikuli	Kleinste Durchtrittsstellen z. B. Beginn des Gallengangsystems in der Leber
Kanalstruktur	Durchtritt für Flüssigkeiten
Kapillare	Kleinstes Blutgefäß
Kardiomyozyt	Adulte Herzmuskelzelle
Karzinogen	Krebserregend
Karzinom	Aus Epithelgewebe entstandener Tumor
Katalase	Enzym, das die Zersetzung von Wasserstoffperoxid in Wasser und Sauerstoff katalysiert
Katalyse	Beschleunigungsvorgang bei der Synthese
Kathepsin	Protein spaltendes Enzym
Keimblatt	Urgewebe bestehend aus Ektoderm, Entoderm oder Mesoderm
Keimdrüse	Synonym für Hoden bzw. Ovar
Keimscheibe	Frühes Stadium des menschlichen Embryo
Keratine	Proteine des Zytoskeletts
Keratinozyten	Keratinbildende Hautzelle
Keratohyalingranula	Bestandteile für die Verhornung der Haut
Keratoplastik	Erneuerung der Cornea im Auge
Keratoprothese	Ersatz für die Cornea im Auge
Keratozyten	Epithelzellen der Cornea
Kernfluoreszenzfärbung	Färbung mit Fluoreszenzfarbstoffen, die im Zellkern eingelagert werden (z. B. DAPI)
Ki67 Protein	Auch MIP1, exprimiertes Protein während der Zellteilung, nicht exprimiert während der Interphase
Kinase	Enzym mit Überträgerfunktion

Kinderlähmung	Viruserkrankung vorwiegend im Kindesalter
Kinesin	Protein für Transportaufgaben
Kinozilien	Zellorganellen mit Bewegungsfunktion auf manchen Epithelzellen
Kleinhirnkerne	Ansammlung von speziellen Perikaryen im Kleinhirn
Klon	Die durch Teilung aus einer Mutterzelle hervorgegangene Nachkommenschaft an Zellen
Klonen	Aus einer Zelle viele gleichartige Zellen erzeugen
Klonieren	Klone züchten
Klonierschale	Speziell zur Klonierung geeignete Kulturschale mit mehreren Kammern (wells)
Klonierzylinder	Spezieller Hohlzylinder zum Isolieren einer einzelnen Zelle
Knochenmark	Spezielles, hauptsächlich Blutzellen bildendes Gewebe in der Pars spongiosa von Knochen
Knock out Tier	Tier mit einer im Experiment erzeugten fehlenden Genfunktion
Knorpelhöhle	Wohnort für Chondrozyten
Knorpelkontusion	Knorpelprellung
Kofaktor	Beteiligtes Molekül
Kollagen	Prolinreiches Protein, Hauptbestandteil mesenchymaler extrazellulärer Matrix, eingeteilt in fibrilläre und nicht-fibrilläre Kollagene
Kollagenase	Enzym, das Kollagen abbaut
Kolloid	Besteht aus Thyroglobulin und ist nachweisbar in Follikeln der Schilddrüse
Koma	Zustand tiefer Bewusstlosigkeit
Kompartiment	Mikroskopischer Reaktionsraum innerhalb einer Zelle
Kompetenz	Fähigkeit von Zellen, während eines bestimmten Zeitraums auf ein Morphogen zu reagieren
Komplement	Komplexes System des Immunsystems, bestehend aus mindestens 17 Proteinen des Blutplasmas, verschiedenen Aktivatoren und Inhibitoren; das Komplement ergänzt die Arbeit der T- und B-Lymphozyten
Komplementfaktoren	Verschiedene Proteine des Immunsystems
Kompositmaterial	Aufbau z. B. eines Scaffold mit unterschiedlichen Materilien
Konfluentes Wachstum	Gleichmäßiges Bedecken einer Oberfläche mit engen Zellkontakten
Konsekutiv	Aufeinander folgend
Konstrukt	Künstlich aufgebautes Gewebe
Kontamination	Verunreinigung
Kontraktion	Zusammenziehen von Zellen oder Gewebe
Kornea	Durchsichtiges Epithel an der Vorderwand des Auges
Körnerzelle	Zelltyp im zentralen Nervensystem
Körpersegment	Teil des Körpers, scheibenweise Anlage während der Embryonalentwicklung
Kreuzkontamination	Übertragung einer Verunreinigung von einer Kulturschale auf eine andere
Krox-20	Transkriptionsfaktor; spielt eine zentrale Rolle bei der Entwicklung der Schwann Zellen
Kryoprotektivum	Gefrierschutzmittel
Kryostat	Gerät zum Anfertigen von dünnen Gefrierschnitten für die Mikroskopie

Kryostatschnitt	Am Kryomikrotom hergestellter Gefrierschnitt
Krypten	Epitheliale Einsenkungen in die Lamina Propria
Kulturcontainer	Mikroreaktor für die Herstellung von künstlichen Geweben
Kulturmedium	Nährflüssigkeit für die Kultur von Zellen und Geweben
Kulturschrank	Gerät zur Kultivierung von Zellen
L1	Von vielen Axonen exprimiertes Adhäsionsmolekül
Laktat	Milchsäure, Stoffwechselprodukt
Lamellenknochen	Spezieller Knochentyp
Laminar Air Flow	Werkbank zum sterilen Arbeiten
Laminin	Glykoprotein in der Basallamina
Langerhans Zellen	Hormon produzierende Zellen der Bauchspeicheldrüse
Laser Scanning Mikroskop	Spezielles Mikroskop zum Erkennen von dreidimensionalen Strukturen
Lateral	Seitlich, von der Mitte abgewandt
Lektin	Spezifisch mit bestimmten Kohlenhydraten reagierende Proteine und Glykoproteine pflanzlicher Herkunft
Lentigo senilis	Altersflecken der Haut
Letal	Tödlich
Leukotriene	Zwischenstufen im Stoffwechsel von Arachidonsäure und Prostaglandinen
Leukozyten	"Weiße Blutkörperchen", unterteilt in Granulozyten, Lymphozyten und Monozyten
L-Glutamin	Aminosäure mit Schlüsselstellung im Aminosäurestoffwechsel
Lichtmikroskopie	Darstellung histologischer Strukturen
LIF	Leukemia inhibiting factor
Ligand	Bindendes Molekül
Limbus	Übergang zwischen Kornea und Sklera, Vorkommen von Stammzellen im Auge
Lipase	Fett spaltendes Enzym
Lipofuchsingranula	Pigmentgranula in der Zelle, meist endgelagerte Stoffwechselabfall-produkte, eingeschlossen in ehemaligen Lysosomen
Lipoproteine	Protein mit Fettanteil
Logarithmische Wachstumsphase	Wachstumsphase, bei der sich die Zellpopulation pro Zeiteinheit ver-zehnfacht
Lumen	Lichtung eines Hohlorgans, apikale Begrenzung von Epithelien
Lumican	Corneal keratan sulfate proteoglycan
Lymphozyt	Zelle des Immunsystems
Lysin	Aminosäure, häufig glykosyliertes Vorkommen in Kollagen
Lysosomen	Vesikuläre Organellen mit spezifischer Enzymausstattung zur intrazellulären Verdauung
Lysozym	Bacterizides Enzym, Vorkommen in Paneth Körnerzellen
mRNA	Messenger-RNA, Information für die Proteinherstellung in Zellen
Mad cow disease	BSE ähnliche Erkrankung
Makromolekül	Hochpolymeres Molekül aus über 1000 Atomen

Makrophagen	Spezieller Zelltyp des Blutes; langlebige, aus Monozyten hervorgehende Riesenzellen, die u. a. Fremdstoffe phagozytieren können
Makroskopie	Anatomischer Unterricht an der Leiche
MALDI TOF	Matrix assisted laser desorption and ionisation time of flight mass spectrometry
MAPK	Mitogen-activated protein kinase
Markerprotein	Typisches Protein, zur Identifikation einer bestimmten Zelldifferenzierung geeignet
Markscheide	Ummantelung von Nervenfasern
Massenspektroskopie	Methode zum Nachweis von Molekülen
Mastzelle	Spezieller Zelltyp des Blutes
Matrigel	Von Tumorzellen synthetisierte extrazelluläre Matrix
Matrix	ECM, extracellular matrix
Matrizelluläre Proteine	Spezielle Proteine zwischen der Plasmamembran und der extrazellulären Matrix
MCAF	Monocyte chemotactic activating factor
MCP-1	Monocyte chemoattractant protein-1
M-CSF	Macrophage colony stimulating factor
MDCK- Zellen	(Madin-Darby-Canine-Kidney) kontinuierliche Zelllinie, die aus der Niere einer Cockerspanielhündin stammt und 1958 von S.H. Mardin und N.B. Darby isoliert wurde. Kann keinem speziellen Zelltyp des Nephrons zugeordnet werden, da sie Mischcharakteristika zeigt
Mechanorezeptor	Sensor für Mechanik und elastische Deformierung
Medium design	Entwicklung von neuen Kulturmedien
Medulla	Mark, innerer Teil eines Organ
Medulloblastom	Schnell wachsender, undifferenzierter Tumor im Kleinhirn
MEF	Murine embryo fibroblast
Melanozyt	Spezieller Zelltyp der Haut
Meltrine	Mitglied der ADAM Metalloproteinasen in der ECM
Membrandepolarisation	Veränderung der elektrischen Eigenschaften in der Plasmamembran
Merokrin	Spezielle Art der Sezernierung von Drüsenzellen
Mesangium	Stützendes Bindegewebe im Glomerulum
Mesangiumzelle	Spezieller Zelltyp im glomerulären Mesangium
Mesenchym	Embryonales Bindegewebe, das größtenteils aus dem Mesoderm hervorgeht
Mesoderm	Keimblatt des Embryo
Mesothel	Einschichtiges Epithel im Brust- und Bauchraum
Messenger-RNA (mRNA)	"Boten"-RNA, ablesbare Kopie bestimmter Gene, die aus dem Kern zu den Ribosomen im Zytoplasma transportiert und dort in Proteine übersetzt wird
Mest	Mesoderm-specific transcript, früher Peg1
Metabolic engineering	Experimentelle Optimierung von Stoffwechselabläufen unter Kulturbedingungen

Metabolite	Im biologischen Stoffwechsel auftretende niedrigmolekulare Substanzen, oft Zwischen- und Endstufen
Metalloproteinasen	Familie von Enzymen zum Ab- und Umbau der ECM
Metastase	Aus einem Tumor ausgewanderte Krebszellen
Methylierung	Übertragung von Methylgruppen auf Moleküle
Migration	Wanderung, spontaner Ortswechsel
Migration	Wanderung von Zellen
Mikrofibrille	Elektronenmikroskopisch erkennbare Kollagenfibrille
Mikrofilamente	Zytoskelettfilamente, die aus Aktinmolekülen aufgebaut sind
Mikroglia	Schmale und lange Zellen, kommen sowohl in der grauen als auch weissen Substanz des zentralen Nervensystems vor
Mikroreaktor	Gerät zur Herstellung von künstlichen Geweben
Mikroskopie	Visualisierung von Strukturen
Mikrostrukturierung	Scaffold mit speziellen Eigenschaften der Oberfläche
Mikrotubuli	Röhrenförmige Zytoskelettstrukturen, aufgebaut aus 13 Protofilamenten, die ihrerseits aus Tubulindimeren zusammengesetzt sind
Mikrovilli	Spezielle Oberflächendifferenzierung; fingerförmige, meist unverzweigte Ausstülpungen der Plasmamembran
Milieu	Umgebung für Zellen und Gewebe
Mitochondrien	Spezielle Zellorganellen u.a. für die Energiegewinnung
Mitogen	Substanz welche die Zellproliferation anregen
Mitose	Zellteilung
Mnk1	MAP kinase interacting kinase 1
Modulation	Veränderung von Eigenschaften
Molekulargewicht	Grösse eines Moleküls
Monoklonal	Von einem einzigen Klon abstammend
Monolayer	Einschichtige Zelllage, die auf einer Oberfläche wächst
Monozyt	Spezieller Zelltyp des Blutes
Morbus Alzheimer	Präsenile Demenz durch unaufhaltsam fortschreitende Großhirnrindenatrophie
Morbus Parkinson	Degeneration der Substantia nigra mit Verminderung der Transmittersubstanz Dopamin
Morphogen	Gestaltentwicklung steuernde Substanz
Morphologie	Lehre von Bau und Gestalt (Morphe) der Lebewesen und ihrer Organe
Morulastadium	Frühes Embryonalstadium
Motiv	Bestimmter Abschnitt der Aminosäuresequenz in Peptiden und Proteinen
Motoneuron	Neuron für motorische Impulse
Motorische Endplatte	Synaptische Verknüpfung zwischen dem Axon eines Motoneurons und einer Muskelfaser
Motorprotein	Intrazelluläres Protein für Transport- und Bewegungsaufgaben
MSOS	Mammalian son of sevenless, guanidin nucleotide exchange factor for RAS und RAC
MTL	Methanethaniol

Mucosa	Schleimhaut
Mukös	Schleimhaltig
Multiple Sklerose	Relativ häufige Entmarkungskrankheit des zentralen Nervensystems
Multipolare Nervenzelle	Neuron mit zahlreichen Dendriten und einem Axon
Multivakuolär	Zellen mit zahlreichen Vakuolen
Muskeldystrophie	Abbau des Muskelgewebes
Muskelfaszie	Umhüllung eines Muskels
Muskelkontraktion	Verkürzung eines Muskels
Mutante	Zelle mit verändertem Chromosomensatz
Myelin	Teil der markhaltigen Nervenfaser
Myelinscheide	Auch markhaltige Ummantelung eines Axon
Myeloid	Knochenmarkartig
Myelomzellen	B-Lymphozyten, Tumorzellen
Myf5	Myogenic regulatory factor 5
Mykoplasmen	Wandlose Prokaryonten, die parasitisch in eukaryontischen Zellen leben; häufige Verunreinigung in tierischen Zellkulturen, Nachweis durch elektronenmikroskopische, histochemische und immunologische Methoden
Myoblast	Unreife Muskelzelle
MyoD	Myogenic transcription factor
Myofibrille	Kontraktiles Element
Myofibroblast	Kontraktiler Fibroblast
Myogenin	Myogenic transcription factor
Myokard	Herzmuskel
Myosin	Zweite Hauptkomponente des Actomyosin-Systems, Markerprotein der Muskelzellen
Myosinköpfchen	Molekularer Anteil des kontraktilen Apparates
Myotom	Muskelsegment bei der Embryonalentwicklung
Na/K- ATPase	Aktive Natrium/Kalium-Pumpe
Nachniere	Bleibendes Nierenorgan, Metanephros
Narbenbildung	Regenerationsgewebe
N-CAM	Neural-cellular adhesion molecule
Nck	Adaptorprotein
Nebenschilddrüse	Hormondrüse
Nekrose	Zelltod durch Noxen
Neokortex	Teil des Großhirns
Neoplasie	Neubildung von Gewebe, Tumorentstehung
Nephrotom	Ort der Nierenentstehung während der Embryonalentwicklung
Nerve growth factor	Wachstumsfaktor
Nervenfaser	Dendriten und Axone
Netrine	Proteine für chemotaktische Aufgaben einer Zelle
Neubauer Zählkammer	Spezieller Objektträger, mit exakt eingraviertem Gittersystem zur Bestimmung der Zellzahl

Neural	Das Nervensystem oder dessen Funktion betreffend
Neuralplatte	Struktur in der Embryonalentwicklung
Neuralrohr	Anlage des zentralen und peripheren Nervensystems
Neurit	Axon
Neuroblastom	Tumor des Nervensystems
Neurofilamente	Gruppe der Intermediärfilamente des Zytoskeletts
Neuroglia	Alle Bestandteile des Nervensystems mit Ausnahme der Neurone
Neurologie	Medizinisches Fachgebiet der neuralen Erkrankungen
Neuron	Nervenzelle
Neuropilin	Corezeptor für Semaphorine
Neurotransmitter	Überträgersubstanzen an den Synapsen
Neurotrophin	Wie z. B. Hippocampus-derived neurothrophic factor
Neurulastadium	Entwicklungsstadium
Nexine	Proteine des Zytoskeletts
Nicotinamid	Wichtiges Coenzym
Nidogen	Verbindungsprotein zwischen Zytoskelett und ECM
NIH	National Institute of Health, Washington, USA
Nissl Färbung	Spezielle histologische Färbung für Neurone
Nitrocellulose	Nitrierte Baumwolle z. B. als Scaffold für Epithelien
NrCam	Neural cell adhesion molecule
Nucleus pulposus	Innerer Teil der Bandscheibe
Nukleinsäuren	Genetische Informationsträger in den Chromosomen und der RNA
Nukleolus	Kernkörperchen wird nur in der Interphase des Zellzyklus beobachtet
Nukleus	Zellkern
Nutritiv	Nahrung bzw. Ernährung betreffend
Occludine	Tight-junction Proteine
Oct4	Transkriptionsfaktor
Oligodendrozyt	Myelin bildende Zellen des ZNS
Oligosaccharide	Aus 3–12 Monosacchariden bestehende Kohlenhydrate
Onkotischer Druck	Osmotischer Druck einer kolloidalen Lösung
Ontogenese	Gesamtheit der Formbildungsprozesse von der befruchteten Eizelle bis zum ausgewachsenen Organismus
Organ	Funktionseinheit bestehend aus Parenchym und Stroma; abgegrenzter Bereich eines Organismus mit charakteristischer Lage, Form und Funktion, in der Regel aus mehreren Gewebetypen bestehend
Organanlage	Erstes Erkennen einer Organentstehung
Organismus	Körper
Organoid	Eine organähnliche Struktur
Orthopäde	Facharzt für den Bewegungsapparat
Orthopädie	Medizinisches Fachgebiet für den Bewegungsapparat
Osmium	Fixationsmittel in der Elektronenmikroskopie mit guter Strukturerhaltung, besonders der Membranen

Osmiumkontrastierung	Kontrastierung eines Gewebes mit Osmium
Osmolarität	Maßeinheit für die gelösten Moleküle in einer Flüssigkeit
Osmolyt	Osmotisch wirksame Substanz
Ösophagus	Speiseröhre
Osteoblast	Zelle mesenchymalen Ursprungs, welche Knochengrundsubstanz sezerniert
Osteocalcin	Wichtiges Protein bei der Knochenbildung
Osteocyt	Gereifter Osteoblast nach Einschluss in die Interzellularsubstanz
Osteoinduktion	Anregung von Osteoblasten zur Knochenbildung in einem Scaffold
Osteoklast	Knochen-abbauende Zellen, bilden zusammen mit den Knochen-aufbauenden Zellen das knochenbildende System
Osteokonduktion	Leiten von Osteoblasten in einem Scaffold in einer bestimmten Richtung zur Knochenbildung
Osteon	Kleinste funktionelle Einheit eines Lamellenknochens
Osteopontin	Wichtiges Protein bei der Knochenbildung
Osteoporose	Erkrankung des Skeletts, erkennbar an der Abnahme der Knochendichte
Östrogen	Hormon
Ouchterlony- Test	Test zur Bestimmung der Immunglobulinklasse eines Antikörpers. Der unbekannte Antikörper wird mit Antikörpern gegen die verschiedenen Immunglobulinklassen in Kontakt gebracht, und man beobachtet, mit welchem es zu einer Erkennungsreaktion kommt
Oval cells	Stammzellen der Leber
Oxidase	Enzym, das den Ablauf einer Oxidation oder Reduktion katalysiert
Oxygenierung	Versorgung mit Sauerstoff
P130CAS	Adapterprotein, beteiligt bei der Wanderung und Anheftung von Zellen
P53	Spezielles phosphoryliertes Protein
Paneth Körnerzelle	Epithelzellen in den Dünndarmkrypten, mit stark oxyphilen Körnchen
Pankreas	Bauchspeicheldrüse
Parakrin	In unmittelbarer Nachbarschaft
Parathormon	Spezielles Hormon
Paraxial	Parallel zur Achse
Parenchym	Funktionsgewebe, das eigentliche Funktionsgewebe der Organe
Partialdruck	Maßeinheit für gelöstes Gas
Passagieren	Subkultivieren
Pasteurpipette	Dient dem Transferieren von Zellen
Patch	Biologischer Flicken
Pathogen	Krankheitserregend
Pathologie	Krankheitslehre
Pax-2	Nukleärer Transkriptionsfaktor, der u.a. in Differenzierungsvorgänge eingeschaltet ist
Paxillin	Adhäsionsmolekül, welches Aktinfilamente mit der Plasmamembran verknüpft
PBS	Phosphate buffered solution, Phosphat-Pufferlösung

PDGF	Platelet derived growth factor, von Thrombozyten gebildeter Wachstumsfaktor
Pellet	Bodensatz nach Zentrifugation einer Suspension
Penicillin G	Antibiotikum
Peptid	Ein aus weniger als 30 Aminosäuren bestehendes Polymer
Perfusionskultur	Zellkultur unter kontinuierlicher Durchströmung mit frischem Kulturmedium
Perikard	Herzbeutel, welcher als bindegewebige Haut das Herz umfasst
Perikaryon	Nervenzellkörper, der fast alle Zellorganellen beherbergt
Perimysium	Bindegewebsschicht, die Muskelfasern umfasst
Periost	Gefäß- und nervenreiche Bindegewebsschicht um den Knochen
Peripherie	Bereich fern des Zentrums
Peristaltik	Rhytmische Kontraktionswellen von Hohlorganen
Peritonealzellen	Zellen aus der Bauchhöhle
Peritoneum	Bauchfell, welches den Bauchraum und die Bauchorgane bedeckt
Perizellulär	Um die Zelle herum, parazellulär
Perlecan	Proteoglykan der Basalmembran, bestehend aus 5 perlenförmig angeordneten globulären Abschnitten, die über Heparansulfatseitenketten mit Integrinrezeptoren in Verbindung stehen
Permeabilität	Eigenschaft z. B. durch eine Membran Stoffe treten zu lassen
Peroxisomen	Vesikuläre Zellorganellen, die als charakteristisches Enzym die Peroxidase besitzen
Peroxisomen	Kleine Zellorganellen, die das Enzym Katalase beinhalten
pH	Maß für die Wasserstoffionenkonzentration
Phagozytose	Aufnahme von festen Bestandteilen in die Zelle
Phänotyp	Merkmalsbild eines Lebewesens, das gesamte Erscheinungsbild eines Individuums zu einem bestimmten Zeitpunkt seiner Entwicklung
Pharmakologie	Arzneimittellehre
Phasenkontrast-Mikroskopie	Spezielles Verfahren in der Lichtmikroskopie, bei dem Unterschiede in den Brechungsindices in Hell-Dunkel-Unterschiede übersetzt werden
Phenolrot	Farbstoffindikator, welcher im groben Maße den pH-Wert anzeigt
Phosphatase	Phosphatgruppen abspaltende Hydrolase, wodurch zelluläre Proteine aktiviert oder inaktiviert werden
Phospholipid	Molekül mit hydrophoben und hydrophilen Anteilen, bestehend aus einem zentralen Molekül, Fettsäuren und phosphoryliertem Alkohol; Phospholipide sind die Grundbausteine aller biologischen Membranen
Phosphorylierung	Veresterung von Ortho-, oder Pyrophosphorsäure mit OH-Gruppen enthaltenden organischen Verbindungen, Aktivierung zellulärer Proteine durch Anlagerung eines Phosphorsäureesters
Phylogenese	Stammesgeschichtliche Entwicklung eines Organismus, das entwicklungsphysiologische Durchlaufen eines Organismus durch erdgeschichtlich ältere Stämme
Physiologisch	Natürlich, als natürlicher Lebensvorgang
Physiologische Kochsalzlösung	Mit dem Blutserum isotone Kochsalzlösung mit einem Gehalt von 0,9 % NaCl

Pigment	Jeder Farbstoff im Körper
Plasmamembran	Die Zelle umschließende Membran, bestehend aus einer Doppelschicht aus Phospholipiden und anderen Lipiden, in die zahlreiche Proteine eingelagert sind
Plasmazelle	Enddifferenzierte Form des B-Lymphozyten als Produzent von Antikörpern
Plasmin	Aktive Protease, die Fibrin und Basallaminaproteine spaltet
Plasminogen	Inaktive Vorstufe des Plasmins
Plastizität	Fähigkeit einer Zelle, weitere oder andere Funktionen aufzunehmen
Plattenepithel	Epithelform mit abgeflachten Zellen
Plazenta	Mutterkuchen, der die Versorgung des Embryos gewährleistet
Pleura	Brustfell, welches die Brusthöhle und die Lunge bedeckt
Pluripotenz	Eigenschaft von Stammzellen, sich in unterschiedliche Zellarten entwickeln zu können
PNA	Pflanzliches Glykoprotein
Podozyt	Den Kapillarschlingen der Nierenglomeruli aufliegende Zelle
Polycarbonat	Hitzebeständiger, glasklarer Thermoplast aus der Gruppe der technischen Kunststoffe
Polyethylenterephtalat	Aromatischer Polyester, der z. B. in künstlichen Blutgefäßen als Werkstoff Einsatz findet
Polyklonal	Von mehreren Klonen abstammend
Polylactide	Bioabbaubare Polymere aus Milchsäuremonomeren
Polylglykolide	Bioabbaubare Polymere aus Glykolsäure
Polymer	Makromolekül, das sich aus einheitlichen monomeren Molekülen zusammensetzt
Polymorph	Vielgestaltig
Polypeptide	Lineare Polypeptide, die durch Peptidbindungen verknüpft sind
Polyribosomen	Gebilde aus mehreren Ribosomen, die eine mRNA in ein Protein umschreiben
Polysomen	Polyribosom
Portio uteri	Gebärmutterhals
Postmitotisch	Nach Abschluss der Proliferation
Prächordalplatte	Kraniale Verdickung des Entoderms
Präzipitat	Niederschlag
Pre-Pro-Form	Vorstufe von gebildetem Protein
Primäre Immunantwort	Frühe Reaktion auf das Eindringen eines Antigens; die B-Lymphozyten kommen erstmals mit dem Antigen in Kontakt, bilden Klone und sezernieren spezifische Antikörper
Primaria-Schalen	Spezielle Kulturschalen, deren Oberflächen so behandelt sind, dass positiv geladene Gruppen zugänglich sind, die Proteinstruktur imitieren und dadurch das Anhaften von speziellen Zellen fördern
Primärkultur	Kultur von aus einem Organismus unverändert gewonnenem Zell- oder Gewebematerial
Primitivknoten	Kraniales Ende des Primitivstreifens
Primitivstreifen	Medial gelegene Verdickung der Keimscheibe

Prionen	Infektiöse Proteine, die degenerative Hirnerkrankungen auslösen sollen
Proerythroblasten	Unreifste Stufe der Erythrozytendifferenzierung
Profiling	Bestimmung von Zelleigenschaften
Progenitorzelle	Uni- oder bipotente Stammzelle
Prokollagen	Kollagenvorstufe
Prolactin	Hormon, welches die Milchproduktion der Brustdrüsen anregt
Proliferation	Vermehrung durch Zellteilung
Prolin	Hydrophobe Aminosäure
Propidiumjodid	Farbstoff zum Anfärben von DNA
Prostaglandine	Gewebshormone aus Arachidonsäurevorstufen. Funktion bei Schmerz, Fieber, Entzündung etc.
Proteaseinhibitor	Hemmstoff von Proteinspaltenden Enzymen
Proteasen	Sammelbegriff für alle Enzyme, die die Spaltung von Proteinen katalysieren
Protein	Ein aus mehr als 50 Aminosäuren bestehendes Molekül, welches für die Mehrzahl von biologischen Funktionen verantwortlich ist
Proteinbiosynthese	Bildung von Proteinen
Proteoglykan	Protein mit kovalent gebundenen Aminozuckerketten, Bestandteil der extrazellulären Matrix, Glykoproteine, die ein Kernprotein beinhalten, woran Glykosaminoglykane gekoppelt sind
Proteolyse	Proteinabbau im Rahmen der physiologischen Eiweißverdauung oder als biochemische Methode
Protonenpumpe	ATPasen, die H^+-Ionen durch Membranen transportieren
Protrusion	Vortreibung, Vorwölbung
Pseudounipolare Nervenzelle	Nervenzelle, die in Spinalganglien vorkommt und einen Zellausläufer hat, der sich kurz nach dem Abgang T-förmig teilt
Puffer	Lösung, deren pH-Wert sich bei Zugabe von Wasserstoff- oder Hydroxylionen innerhalb bestimmter Konzentrationsgrenzen nicht ändert
Pulvermedium	Pulver, das nach Hinzugabe von Flüssigkeit als Kulturmedium dient
Purkinje-Zelle	Nervenzellen der Kleinhirnrinde mit einem auffälligen Dendritenbaum
Querstreifung	Aufgrund der Sarkomeranordnung zustande kommende morphologische Eigenschaft der Skelettmuskulatur
Radial	Strahlenförmig
Radioaktiv	Strahlung aussendend
Radio-Immunoassay (RIA)	Radioimmunologischer Antigennachweis zur quantitativen Bestimmung kleinster Substanzmengen
Raf	Moleküle, die an der Signaltransduktion beteiligt sind
Ranvier-Schnürring	Myelinfreier Bereich zwischen zwei Gliazellen
Rasterelektronenmikroskop	Elektronenoptische Darstellung von Oberflächen
Reduplizieren	Verdoppeln
Regeneration	Wiederherstellung einer biologischen Funktion
Rekombinant	Durch Transformation im Rahmen der Gentechnologie entstanden
Rekombinantes Protein	Durch Transformation im Rahmen der Gentechnologie entstandenes Protein

Relais-Modell	Eine durch ein Signal induzierte Induktionskaskade, die in daraufhin differenzierten Nachbarzellen eine erneute Signalinduktion in weiteren Nachbarzellen bewirkt
Relaxieren	Erschlaffen
Renin	In der Niere gebildetes Schlüsselenzym der Blutdruckregulation
Repeats	Wiederkehrende Aminosäuresequenzen
Repulsion	Abstoßende Wirkung von einem Signalmolekül auf das Zellausläuferwachstum
Residualkörper	Restkörper, endgelagerte Stoffwechsel-Abfallprodukte, meist ehemalige Lysosomen
Resorption	Aufnahme
RET	Rezeptor-Tyrosin-Kinase
Retikuläre Fasern	Versilberbare Kollagenfaser
Retikulin	Protein der retikulären Fasern des Bindegewebes
Retikulozyt	Vorstufe des Erythrozyten, der noch Reste des Proteinbiosyntheseapparates aufweist
Retina	Netzhaut
Rezeptor	Molekül, das nach Bindung durch einen Liganden eine zelluläre Antwort auslöst
Rezeptorprotein	Protein, das bestimmte Signale empfängt
RGD-Motiv	Kleinstes Strukturelement in Form eines Tripeptides, welches zur Bindung eines Integrinmoleküls an ein Kollagenmolekül führt
Rheologie	Fließlehre
Rho	GTP bindende Proteine
Riboflavin	Vitamin B_2
Ribonukleinsäure	RNA
Ribosom	Molekülkomplex, wo die Proteinsynthese stattfindet
Ribosomen	Zellorganellen, bestehend aus Nukleinsäuren und Proteinen, ohne Membranhülle, Orte der Proteinsynthese
RNA	Ribonukleinsäure, aus Nukleotidbausteinen bestehender zellulärer Informationsträger
Roller Bottles	Kulturflaschen, die während der Kultivation gerollt werden, wodurch der Gas- und Nährstoffaustausch im Vergleich zur stationären Kultur verbessert wird
S-Phase	Replikationsphase des Zellzyklus, in der DNA-Synthese erfolgt
Saltatorische Erregungsausbreitung	Schnelle Erregungsausbreitung über ein myelinscheidentragendes Axon
Sammelrohr	Tubulusstruktur, in der die Urinzusammensetzung als letztes modifiziert werden kann
Sarkolemm	Plasmamembran der Muskelzelle
Sarkom	Bösartiger Tumor des Bindegewebes
Sarkomer	Kontraktile Einheiten einer Myofibrille
Satellitenzelle	Ammenzellen von pseudounipolaren Nervenzellen
Scaffold	Gerüst, dreidimensionales Zellträgermaterial im Tissue Engineering

Scaffolding	Zellbiologische Beeinflussung von Zellen auf oder innerhalb einer extrazelluären Matrix
Schaf Dolly	Erstes geklontes Schaf
Schaltlamelle	Reste von Genearallamellen des Haverssystems, die Lücken im Knochen füllen
Schaltzellen	Bestimmter Zelltyp des Sammelrohres, der Einfluss auf den pH des Urins hat
Schleimhaut	Innere Hohlräume des Körpers auskleidendes Oberflächenepithel
Schwann-Zelle	Periphere Gliazelle, die Myelinscheiden um Axone bildet
Schweißdrüse	Exokrine Drüsen der Haut, die den Flüssigkeitsverlust über die Haut regulieren
Screening-Kit	Käufliches Testsystem zum Überprüfen der Anwesenheit eines bestimmten Merkmals (z. B. Existenz von Mykoplasmen, Produktion von Antikörpern u.ä.)
Sehne	Bindegewebige, zugfeste Verbindung zwischen Muskulatur und Knochen
Sekretgranula	Durch Membranen begrenzte Vesikel, die Sekretprodukte beinhalten
Sekretprodukt	Produkt einer Drüse
Sekundäre Immunantwort	Reaktion auf das wiederholte Eindringen eines Antigens, gegen das schon einmal spezifische Antikörper gebildet wurden; es existieren B-Lymphozyten, die den spezifischen Antikörper bereits einmal synthetisiert haben und jetzt schneller und stärker reagieren können
Selektine	Zell-Zell-Adhäsionsproteine, die ihre Interaktion über Zuckermoleküle vermitteln
Selektionsmedium	Medium, welches bei Anwendung zur Selektion eines Zellklones führt
Semaphorine	Klasse von Molekülen, die das Wachstum von Axonen lenken
Semiquantitativ	Die Menge ungefähr erfassend, zur Abschätzung
Sequenzanalyse	Bestimmung der Aminosäuresequenz eines Proteins
Serös	Bezeichnung von Drüsenendstücken, die ein dünnflüssiges Sekret produzieren
Sertoli-Zelle	Stützzelle des Keimepithels
Serum	Nicht gerinnbarer Anteil des Blutes ohne Zellanteile
Serumcharge	Bestimmte abgepackte Menge eines Serums, die experimentell genutzt werden soll
Sezernierung	Absonderung
SHH	Differenzierungsfaktor der Hedgehog-Familie
Sialoprotein	Glykoprotein der Knochenmatrix
Sic1	Zellzyklusprotein
Siegelringform	Typische Zellform von univakuolären Adipozyten in Paraffinschnitten
Siemens	Maßeinheit für den elektrischen Leitwert
Signalkaskade	Rezeptorvermittelte intrazellulär ablaufende Reaktionskette
Signalsequenz	Aminosäuresequenz, die als ein biologisches Signal interpretiert werden kann
Sinneszelle	Zelle, die Sinnesreize aufnehmen kann
SIS	Biomatrix

Slice-Kultur	Kultur dünner Gewebeschnitte
Somatostatin	Das die hypophysäre Ausschüttung von Somatotropin hemmende Tetradecapeptid des Hypothalamus
Somit	Zeitlich begrenzt existierende Segmente des paraxialen Mesoderms, die zur segmentalen Gliederung des Mesoderms führen
Sonic hedgehog	Protein, welches maßgeblich die Gliedmaßenentwicklung steuert
Sox	Gruppe von 30 Transkriptionsfaktoren, die u. a. in Entwicklungsvorgänge involviert sind
SPARC	Auch Osteonectin genannt, welches bei der Knochenbildung beteiligt ist
Speicheldrüse	Exokrine Drüsen, deren Produkt den Speichel bildet
Spermatogonie	Vorläufer von Spermien, die im basalen Bereich des Keimepithels vorhanden sind
Spezies	Lebewesensart
Spinalganglion	Ansammlung von pseudounipolaren Nervenzellen, die afferente Impulse zum ZNS leiten
Splicing	Ausschneiden von Introns aus dem Primärtranskript und Verbinden der zurückbleibenden Exons
Spreading	Zellausbreitung
Stammzellen	Selbsterneuernde Zelle, deren Teilung zu einer Zelle mit vollem und/oder eine mit eingeschränktem Entwicklungspotenzial führt; Zelle mit der Fähigkeit sich selbst beliebig oft durch Zellteilung zu reproduzieren und Zellen unterschiedlicher Spezialisierung hervorzubringen
Stammzellnische	Wohnort einer Stammzelle
Stärke	Primäres Speicherkohlenhydrat der Pflanzenzelle, welches nur aus Glukosemolekülen aufgebaut ist
STAT	Transkriptionsfaktor
Stem cell factor	Wachstumsfaktor
Sterilfiltration	Durch Porengröße erzielte Sterilität
Sterilität	Keimfreiheit
Stickstoffmonoxid (NO)	Vasodilatatorisches Molekül
Strands	Tight junction Stränge
Stratum corneum	Oberste Schicht der Haut
Stratum ganglionare	Purkinjezellschicht in der Kleinhirnrinde
Stratum granulosum	Zellschicht der Haut, in der Keratohyalingranula zu erkennen sind
Stratum moleculare	Äußere Schicht der Kleinhirnrinde
Streifenstück	Ausführungsgang einer exokrinen Drüse, in der das Sekret modifiziert werden kann
Streptomycin	Antibiotikum
Stria vaskularis	Epithel des Innenohres, welches vaskularisiert ist
Stroma	Bindegewebiges Stützgewebe eines Organs
Stromelysin	Matrix Metalloproteinasen
Subkultivation	Umsetzen von Zellen von einer Kulturflasche in eine neue
Submukosa	Bindegewebsschicht unter der Mukosa

Subpopulation	Teil einer Population, der Nachkommen bilden kann, aber nicht mit dem Rest der Population in Verbindung steht
Suchrose	Saccharose, Rohrzucker
Superinfektion	Überdeckung eine Infektion durch eine andere
Support	Trägermaterial
Suspension	Gemenge aus unlöslichen Teilchen in einer Flüssigkeit
Suspensionskultur	Kultur von Zellen, die keinen Kontakt mit einer Unterlage haben
Synapse	Transmittervermittelte funktionelle Verbindung von zwei Nervenzellen
Syndecan	Integrales Membranproteoglykan
Synovia	Gelenkflüssigkeit, die u. a. die Knorpelzellen ernährt
Synzytium	Durch Zellfusion entstandene mehrkernige Zelle
Systole	Blutauswurfphase des Herzens
Talgdrüse	Exokrine Drüse der Haut, die Talg über einen holokrinen Mechanismus abgibt
Talin	Aktin bindendes Protein
Target selection	Auswahl des Zielortes beim Axonwachstum
Tcf3	Transkriptionsfaktor-3
Telomer	Endregion eines eukaryontischen Chromosoms, welches stetig repliziert wird, wodurch einer Verkürzung des Chromosoms während einer Replikation entgegen gewirkt wird
Tenascin	6-armiges extrazelluläres Glykoprotein, welches während der Entwicklung und in Sehnen vermehrt vorkommt
Tensin	Aktin assoziiertes Protein, welches phosphoryliert werden kann
Teratokarzinome	Mischgeschwulst
Terminale Differenzierung	Die Ausbildung von spezifischen Zellfunktionen nach abgeschlossener Anlagenentwicklung
Territorium	Knorpelzelle und Knorpelhof gemeinsam
Thermanox	Polymer
Thrombin	Spaltet Fibrinogen zu Fibrin
Thrombospondin	Extrazelluläres Glykoprotein
Thymidin	Baustein der DNA
Thyminkinase	Enzym, das die Phosphorylierung von Thymin katalysiert
Thymozyten	Zelle des Thymus
Thyroidea	Schilddrüse
Tight junction	Gürtelförmiger Zell-Zell-Kontakt zwischen benachbarten Epithelzellen; verhindert die Diffusion durch den Interzellulärraum
Tissue engineering	Herstellung künstlicher Gewebe
Tissue factory	Modulares System des Tissue Engineerings
Tonsille	Organ mit immunologischer Funktion, auch Mandel genannt
Totipotenz	Zelle, die sich in alle drei Keimblätter entwickeln kann
Toxisch	Giftig
Trachea	Luftröhre
Transdifferenzierung	Differenzierung einer Zelle über eine andere Zellart

Transduktion	Umwandlung eines Signals
Transferrin	Oft gebrauchtes Kulturagenz
Transfilterexperiment	Kulturmethode, bei der Zellen nach Erreichen eines Monolayers von basal ernährt werden können
Transformation	Die Änderung genetischer Eigenschaften durch Einbau fremder DNA-Stränge in das Genom der Wirtszelle
Transforming growth factor β	Differenzierungsfaktor
Transgen	Höhere Lebewesen, die fremdes Erbgut in sich tragen
Transkription	Ablesen der DNA
Transkriptionsfaktor	Proteine, die die Transkription regulieren
Translation	"Übersetzung" der in der mRNA gespeicherten genetischen Information in die Aminosäuren-Sequenz eines genspezifischen Polypeptids bei der Proteinbiosynthese
Translation	Bildung eines Proteins aus mRNA
Transmembranprotein	Protein, welches die komplette Plasmamembran durchzieht
Transmitter	Moleküle, die bei Signaltransduktionen in den synaptischen Spalt abgegeben werden
Transportprotein	Membran-gebundenes Protein, das bestimmte Stoffe durch die Membran transportiert
Transskription	Umschreibung des codogenen DNA-Stranges durch Synthese einer komplementären mRNA Sequenz bei der Proteinbiosynthese
Triazylglyzerin	Fettspeicherform
Tricalciumphosphat	Anorganisches Material des Knochens
Tripelhelix	Gewundene dreidimensionale Struktur
Trockensterilisator	Heißluftofen
Trophoblast	Peripher angeordnete Blastomere, die die Plazenta bilden
Trypanblau	Farbstoff, der nur in tote Zellen eindringt, nicht in lebende
Trypsin	Proteolytisches Enzym, Serinprotease
T-Tubulus	Einfaltung der Plasmamembran von Muskelfasern
Tubulin	Strukturprotein der Mikrotubuli
Tubuluszelle	Epithelzelle von röhrenartigen Gängen
Tumoren	Pathologische Zellvermehrung
TUNEL-Prinzip	Nachweis zur Apoptose
Tween 80	Detergenz
Tyrosinkinase	Enzym, das die Aminosäure Tyrosin phosphoryliert
Übergangsepithel	Schleimhaut des Harntraktes
Ubiquitin	Hochkonserviertes Protein, welches nach Bindung an andere Moleküle deren Abbau einleitet
Ulcus cruris	Geschwüre der Beine, die durch Gefäßerkrankungen entstanden sind
Ultradünnschnitt	Schnitte von einer Dicke zwischen 0,03–0,1 µm
Ultramikrotom	Gerät zur Anfertigung von Schnittpräparaten mit einer Dicke kleiner als 1 µm
Ungerührte Schicht	Ort geringer Durchmischung

Univakuolär	Ausbildung nur einer Vakuole
Up scale	In größerem Maßstab
Urniere	Vorrübergehend ausgebildetes Nierenorgan
Urogenitaltrakt	Harn- und Geschlechtstrakt
Uroplakin	Im Urothel exprimiertes Protein
Urothel	Epithel des Harntraktes
Vagina	Scheide
Vakuole	Bläschenförmiges Gebilde im Zytoplasma
Vakuumfiltration	Filtrationsmethode für kleine Volumina: Über eine Wasserstrahlpumpe wird ein Unterdruck erzeugt, der die zu filtrierende Flüssigkeit durch den Sterilfilter saugt
Vaskularisierung	Gefäßversorgung, Gefäßneubildung
Vaskulogenese	Gefäßneuentstehung
Vasopressin	Peptidhormon, welches die Wasserausscheidung in der Niere reguliert
VCAM	Zelladhäsionsmolekül in Gefäßen
VEGF	Angiogenetischer Wachstumsfaktor
Vektorieller Transport	Gerichteter Transport
Verankerungsproteine	Proteine, die vornehmlich Zellen auf Unterlagen verankern
Versican	Von Fibroblasten gebildetes extrazelluläres Molekül
Vesikel	Kleine membranumschlossene Zellkompartimente
Viabilität	Lebhaftigkeit
Vimentin	Zytoskelettprotein, Baustein einer Gruppe der Intermediärfilamente
Vinculin	Verankerungsproteine des Zytoskelettes
Viskosität	Zähe Fließeigenschaft
Viszeral	Die Eingeweide betreffend
Vitalfarbstoff	Farbstoff, der in die lebenden Zellen eindringen kann
Vitalitätstest	Test auf Lebensfähigkeit
Vitamine	Lebensnotwendige organische Verbindungen, die zum Teil vom Organismus synthetisiert werden müssen oder mit der Nahrung aufgenommen werden
Vitiligo	Weiße, pigmentfreie Hautflecken
Vitronektin	Sowohl auf Zelloberflächen als auch im Blutplasma vorkommendes Adhäsionsmolekül
Vliese	Fasermaterial
Volkmann-Kanal	Kanal, über den Gefäße in den Knochen eintreten
Von Willebrand Faktor	Von den Endothelzellen gebildeter Plättchenaggregationsfaktor
Vorderwurzel	Motorische Fasern, die das Rückenmark verlassen
Vorniere	Vorrübergehend ausgebildetes Nierenorgan
Wachstumsfaktoren	Substanzen, die das Wachstum und die Proliferation fördern
Wachstumshormon	Somatotropin, Größenwachstum förderndes Hormon
Western Blot	Nachweis von Antigenen durch elektrophoretische Auftrennung, Transfer der aufgetrennten Proteine auf einen inerten Träger und Immunreaktion mit spezifisch markierten Antikörpern

Wnt Protein	Differenzierungsfaktor
Wundheilung	Physiologischer Wundverschluss
Xenotransplantate	Von einem artfremden Spender stammende Organe oder Gewebe
Zahnschmelz	Anorganisches Material, welches die Zahnoberfläche bildet
Zeitfenster	Zeitperiode, in der bestimmte Moleküle während der Embryonalentwicklung ihre Wirkung entfalten können
Zelladhäsionsmoleküle	Moleküle, die die Anheftung der Zelle vermitteln
Zellbank	Sammlung von genetisch untersuchten Zellen, die bei Bedarf als Zelllieferant rekrutiert werden
Zellbanken	Sammlung von Zellen für die Kultur
Zellbiologie	Die Lehre von in Zellen ablaufenden molekularen Prozessen
Zelldebris	Zelltrümmer, Zellmüll
Zelldifferenzierung	Zellspezialisierung auf charakteristische Eigenschaften
Zelle	Grundeinheit von Lebewesen
Zellkern	Zellorganelle, in der der Code für die Bildung von zellulären Molekülen lokalisiert ist
Zellklon	Genetisch identische Zellen, die aus einer gemeinsamen Zelle hervorgegangen sind
Zellkontakte	Strukturen, die Zellen mechanisch oder funktionell miteinander verbinden
Zellkultur, kontinuierliche	Zellkultur, die mehr als 70 Male subkultiviert wurde
Zellkultur, primäre	Frisch isolierte Zellen ab der ersten Subkultivation
Zelllinie	Zellen, die aufgrund ihrer permanenten Zellteilungfähigkeit kultiviert werden können
Zellorganellen	Alle Zellstrukturen mit endergonem Energiestoffwechsel, von Membranstrukturen umgebene funktionelle Zellkompartimente
Zellpolarisierung	Kennzeichen von Epithelzellen, bei denen Auf- und Abgabeseite entgegengesetzt vorliegen
Zellstamm	Von einer Primärkultur oder kontinuierlichen Zelllinie abstammende Zellen, die auf spezifische Eigenschaften oder Marker hin selektiert oder kloniert wurden
Zellsuspension	Zellkultur, in der Zellen keinen Kontakt mit einer Unterlage haben und frei im Kulturmedium schwimmen
Zelltherapie	Behandlungsform, bei der Zellen als Therapeutikum angewendet werden
Zentrifugation	Auftrennung suspendierter Teilchen mit Hilfe der Zentrifugalkraft
Zitronensäurezyklus	Mit der Atmungskette verbundener Zyklus im Zentrum des Stoffwechsels für den energieliefernden, oxidativen Abbau von Kohlenhydraten, Fetten und Eiweiß
ZO-1	Ein Tight junction Protein
Zonula occludens	Tight junction
Z-Streifen	Grenze zwischen zwei Sarkomeren
Zwölffingerdarm	Abschnitt des Dünndarms, in den Verdauungssäfte von der Leber und der Bauchspeicheldrüse eingeleitet werden
Zygote	Befruchtete Eizelle
Zytokeratin 19	z. B. im renalen Sammelrohrepithel exprimiertes Intermediärfilament

Zytokine	Von Zellen gebildete Peptide mit Signalfunktion (z. B. Wachstumsfaktoren, Entzündungsmediatoren)
Zytoplasma	Membranfreie Substanz einer Zelle, bestehend aus Wasser, Proteinen und zahlreichen Ionen; im Zytoplasma liegen die einzelnen Zellorganellen
Zytoskelett	Gesamtheit der Skelettelemente einer Zelle. Die wichtigsten Bestandteile sind Aktinfilamente, Mikrotubuli und Intermediärfilamente
Zytotoxisch	Giftig, schädigend für die Zelle

Herstellerfirmen

ADVANCED SCIENTIFICS, INC.
163 Research Lane
Millersburg, PA 17061, USA
(717) 692-2104
(717) 692-2197
www.advancedscientifics.com

ALLCELLS, LLC
2500 Milvia Street, Ste. 214
Berkeley, CA 94704, USA
(510) 548-8908
(510) 548-8327
www.allcells.com

AMERICAN TYPE CULTURE
COLLECTION
10801 University Blvd.
Manassas, VA 20110-2209, USA
(703) 365-2700
(703) 365-2701
www.atcc.org

AMRESCO INC.
30175 Solon Industrial Pkwy.
Solon, Ohio 44139, USA
(800) 829-2802
(440) 349-1182
www.amresco-inc.com

AMS BIOTECHNOLOGY (EUROPE) LTD.
Centro Nord Sud
Stabile 2 Entrata E
Bioggio, Ticino Switzerland 6934
+41 91 604 5522
+41 91 605 1785
www.immunok.com

APPLIKON INC.
1165 Chess Dr., Suite G
Foster City, CA 94404, USA
(650) 578-1396
(650) 578-8836
www.applikon.com

B. BRAUN BIOTECH, INC.
999 Postal Rd.
Allentown, PA 18103, USA
(800) 258-9000
(610) 266-9319
www.bbraunbiotech.com

BECKMAN COULTER, INC.
4300 N. Harbor Blvd.
Fullerton, CA 92834-3100, USA
(714) 871-4848
(714) 773-8898
www.beckman.com

BECTON DICKINSON LABWARE
Two Oak Park
Bedford, MA 01730, USA
(800) 343-2035
(617) 275-0043
www.bd.com/labware

BEL-ART PRODUCTS
6 Industrial Rd.
Pequannock, NJ 07440-1992, USA
(973) 694-0500
(973) 694-7199
www.bel-art.com

BIO-RAD LABORATORIES, INC.
1000 Alfred Nobel Dr.
Hercules, CA 94547, USA
(510) 724-7000
(510) 741-1051
www.bio-rad.com

BIOCHROM KG
Leonorenstr. 2-6
D-12247 Berlin, Germany
+ 49 30 7799060
+ 49 30 7710012
www.biochrom.de

BIOCLONE AUSTRALIA PTY LTD.
54C Fitzroy St., Marrickville
Sydney, NSW Australia 2204
+ 61 2 517 1966
+ 61 2 517 2990
www.bioclone.com.au

BIOCON, INC.
15801 Crabbs Branch Way
Rockville, MD 20855, USA
(301) 417-0585
(301) 417-9238
www.bioconinc.com

BIODESIGN INC. OF NEW YORK
P.O. Box 1050
Carmel, NY 10512, USA
(845) 454-6610
(845) 454-6077
www.biodesignofny.com

BIOENGINEERING AG
Sagenrainstrasse 7
CH-8636 Wald, Switzerland
+ 41 55 256 8 111
+ 41 55 256 8 256
www.bioengineering.ch

BIOSOURCE INT'L INC.
Biofluids Division
1114 Taft St.
Rockville, MD 2085, USA
(301) 424-4140
(301) 424-3619
www.biofluids.com

BIOINVENT INT'L AB
Solvegatan 41
Lund, Sweden SE-223 70
+ 46 46 286 85 50
+ 46 46 211 08 06
www.bioinvent.com

BIOLOG LIFE SCIENCE INSTITUTE
Flughafendamm 9A
P.O. Box 107125
D-28071 Bremen, Germany
+ 49 421 591355
+ 49 421 5979713
www.biolog.de

BIOLOGICAL INDUSTRIES CO. LTD.
Kibbutz Beit Haemek
Israel 25115
+ 972 4 996 0595
+ 972 4 996 8896
www.bioind.com

BIOMEDICAL TECHNOLOGIES, INC.
378 Page St.
Stoughton, MA 02072, USA
(781) 344-9942
(781) 341-1451
www.btiinc.com

BIONIQUE TESTING
LABORATORIES, INC.
RR#1, Box 196, Fay Brook Drive
Saranac Lake, NY 12983, USA
(518) 891-2356
(518) 891-5753
www.bionique.com

BIORELIANCE
14920 Broschart Rd.
Rockville, MD 20850-3349, USA
(800) 553-5372
(301) 610-2590
www.bioreliance.com

BIOWHITTAKER, INC.
8830 Biggs Ford Rd.
Walkersville, MD 21793, USA
(301) 898-7025
(301) 845-8338
www.biowhittaker.com

BY-PROD CORP.
P.O. Box 66824
St. Louis, MO 63166, USA
(314) 534-3122
(314) 534-4422
www.bypcorp.com

CAMBIO
34 Newnham Rd.
Cambridge, U.K. CB3 9EY
+ 44 1223 366500
+ 44 1223 350069
www.cambio.co.uk

CELL WORKS INC.
University of Maryland
5202 Westland Blvd.
Baltimore, MD 21227, USA
(410) 455-5852
(410) 455-5851
www.cell-works.com

CELLEX BIOSCIENCES, INC.
8500 Evergreen Blvd.
Minneapolis, MN 55433, USA
(612) 786-0302
(612) 786-0915
www.cellexbio.com

CELLTECH GROUP plc
216 Bath Rd., Slough
Berkshire U.K. S11 9DL
+ 44 753 534655
+ 44 753 536632
www.celltechgroup.com

CELSIS INT'L PLC
Cambridge Science Park
Milton Rd.,
Cambridge, U.K. CB4 0FX
+ 44 01223 426008
+ 44 01223 426003
www.celsis.com

CHARLES RIVER TEKTAGEN
358 Technology Drive
Malvern, PA 19355, USA
(610) 640-4550
(610) 889-9028
www.tektagen.com

CLONETICS CELL SYSTEMS,
8830 Biggs Ford Rd.
Walkersville, MD 21793, USA
(301) 898-7025
(301) 845-8338
www.clonetics.com

COOK BIOTECH INC.
3055 Kent Avenue
W. Lafayette, IN 47906, USA
(765) 497-3355
www.cookgroup.com/cook_biotech

CORNING INC.
Science Products45
NAGOG PARK Division
Acton, MA 01720, USA
(978) 635-2200
(978) 635-2476
www.scienceproducts.corning.com

CSL LTD.
45 Poplar Rd., Parkville
Victoria Australia 3052
+ 61 3 93891389
+ 61 3 93891646
www.csl.com.au

CYMBUS BIOTECHNOLOGY LTD.
Unit J, Eagle Close, Chandlersford
Hampshire, U.K. S053 4NF
+ 44 8026 7676
+ 44 8026 7677
www.cymbus.co.uk

CYTOGEN RESEARCH AND
DEVELOPMENT, INC.
89 Bellevue Hill Rd.
West Roxbury, MA 02132, USA
(617) 325-7774
(617) 327-2405

CYTOVAX BIOTECHNOLOGIES INC.
8925 51 Avenue, Ste. 308
Edmonton, Alberta
Canada T6E 5J3
(780) 448-0621
(780) 448-0624
www.cytovax.com

DSM BIOLOGICS EUROPE
Zuiderweg 72/2, P.O. Box 454
Groningen, Netherlands 97+44 AP
+ 31 50 5222 222
+ 31 50 5222 333
www.dsmbiologics.com

EUROPEAN COLLECTION
OF CELL CULTURES
Porton Down, Salsbury
Wiltshire, U.K. SP4 OJG
+ 44 1980 612512
+ 44 1980 611315
www.ecacc.org

EXALPHA BIOLOGICALS, INC.
20 Hampden Street
Boston, MA 02119, USA
(617) 445-6463
(617) 989-0404
www.exalpha.com

EXOCELL, INC.
3508 Market Street, Suite 420
Philadelphia, PA 19104, USA
(215) 222-5515
(215) 222-5325
www.exocell.com

FORGENE, INC.
549 Eagle Street, P.O. Box 1370
Rhinelander, WI 54501, USA
(715) 369-8733
(715) 369 8737
www.insti-trees.com

GROPEP, LTD.
P.O. Box 10065, Gouger St.
Adelaide, South Australia 5000
618 8354 7709
618 8354 7777
www.gropep.com.au

HARLAN BIOPRODUCTS
FOR SCIENCE, INC.
P.O. Box 29176
Indianapolis, IN 46229, USA
(317) 359-1000
(317) 357-9000
www.hbps.com

HUMAN BIOLOGICS INT'L
7150 E. Camelback Rd., Suite 245
Scottsdale, AZ 85251, USA
(602) 990-2005
(602) 990-2155
www.humanbiologics.com

HYCLONE
LABORATORIES, INC.
1725 South HyClone Rd.
Logan, UT 84321, USA
(435) 753-4584
(435) 753-4589
www.hyclone.com

IDEXX LABORATORIES, INC.
One Idexx Dr.
Westbrook, ME 04092, USA
(207) 856-0300
(207) 856-0347
www.idexx.com

IGEN INT'L, INC.
16020 Industrial Dr.
Gaithersburg, MD 20877, USA
(301) 984-8000
(301) 208-3799
www.igen.com

IMCLONE SYSTEMS INC.
180 Varrick Street
New York, NY 10014, USA
(212) 645-1405
(212) 645-2054
www.imclone.com

IMMUNOVISION, INC.
1820 Ford Ave.
Springdale, AZ 72764
(800) 541-0960
www.immunovision.com

INFORS HT
Rittergasse 27, CH-4103 Bottmingen
Switzerland
+ 41 61 425 77 00
+ 41 61 425 77 01
www.infors.ch

INTERGEN CO. (EUROPE)
The Magdalen Centre
Oxford Science Park
Oxford, U.K. OX4 4GA
+ 44 1865 784647
+ 44 1865 784648

JOUAN, INC.
170 Marcel Dr.
Winchester, VA 22602, USA
(800) 662-7477
(540) 869-8626
(541) www.jouan.com

JRH BIOSCIENCES
13804 West 107 St.
Lenexa, KS 66215, USA
(913) 469-5580
(913) 469-5584
www.jrhbio.com

KRAEBER GmbH & CO.
Waldhofstr. 14, D-25474 Ellerbek
Germany
+ 49 4101 30530
+ 49 4101 305390
www.kraeber.de

KENDRO LABORATORY
PRODUCTS
31 Pecks Lane
Newtown, CT 06470-2337, USA
(203) 840-6040
(203) 270-2210
www.kendro.de

LIFE TECHNOLOGIES, INC.
9800 Medical Center Way
Rockville, MD 20850, USA
(800) 828-6686
(800) 352-1468
www.lifetech.com

MATRITECH INC.
330 Nevada St.
Newton, MA 02460, USA
(617) 928-0820
(617) 928-0821
www.matritech.com

MEDAREX, INC.
1545 Route 22 East
Annandale, NJ 08801, USA
(908) 713-6001
(908) 713-6002
www.medarex.com

MEDICORP INC.
5800 Royalmount
Montreal, Quebec
Canada H4P 1K5
(514) 733-1900
(514) 733-1212
www.medicorp.com

MICRODYN TECHNOLOGIES, INC.
P.O. Box 98269
1204 Briar Patch Lane
Raleigh, NC 27624, USA
(919) 872-9375
(919) 872-9375
www.microdyn.de

MINUCELLS and MINUTISSUE GmbH
Starenstrasse 2
D – 93077 Bad Abbach, Germany
+49 (0) 9405 962440
+49 (0) 9405 962441
www.minucells.de

MOLECULAR PROBES INC.
4849 Pitchford Ave.
Eugene, Oregon 97402, USA
(541) 465-8300
(541) 344-6504
www.probes.com

NEW BRUNSWICK SCIENTIFIC
(U.K.) LTD.
163 Dixons Hill Rd.
North Mymms
Hatfield, Herts, U.K. AL9 7JE
+ 44 1707 275733
+ 44 1707 267859
www.nbsc.com

NEW BRUNSWICK SCIENTIFIC
CO., INC.
P.O. Box 4005, 44 Talmadge Rd.
Edison, NJ 08818-4005, USA
(732) 287-1200
(732) 287-4222
www.nbsc.com

NEWPORT BIOSYSTEMS, INC.
1860 Trainor St.
Red Bluff, CA 96080, USA
(530) 529-2448
(530) 529-2648
www.newportbio.com

NORTHVIEW BIOSCIENCES, INC.
1880 Holste Rd.
Northbrook, IL 60062, USA
(847) 564-8181
(847) 564-8269
www.northviewlabs.com

NORTON PERFORMANCE PLASTICS
P.O. Box 3660
Akron, OH 44309-3660, USA
(216) 798-9240
(216) 798-0358
www.tygon.com

PAA LABORATORIES GmbH
Wiener Strasse 131
Linz, Upper Austria
Austria, A-4020
+ 43 732 33 08 90
+ 43 732 33 08 94
www.paa.at

PALL CORPORATION
2200 Northern Blvd.
East Hills, NY 11548, USA
(516) 484-5400
(516) 484-3637
www.pall.com

PHARMAKON
RESEARCH INT'L, INC.
P.O. Box 609
Waverly, PA 18471, USA
(717) 586-2411
(717) 586-3450
www.pharmakon.com

PROMOCELL BIOSCIENCE
ALIVE GmbH
Handschuhsheimer Landstr. 12
D-69120 Heidelberg, Germany
+ 49 6221 649340
+ 49 6221 6493440
www.promocell.com

Q-ONE BIOTECH LTD.
Todd Campus
West of Scotland Science Park
Glasgow, Scotland, U.K. G20 OXA
+ 44 141 946-9999
+ 44 141 946-0000
www.q-one.com

ROCKLAND IMMUNOCHEMICALS INC.
Box 316
Gilbertsville, PA 19525, USA
(610) 369-1008
(610) 367-7825
www.rockland-inc.com

SCHLEICHER & SCHUELL GmbH
Postfach 4
D-37582 Dassel, Germany
+ 49 5561 791 417
+ 49 5561 791 544
www.s-und-s.de

SEROLOGICALS CORP.
Fleming Road, Kirkton Campus
Livingston, U.K. EH54 7BN
+ 44 1506 404000
+ 44 1506 415210
www.serologicals.com

SEROTEC LTD.
22, Bankside, Station Approach,
Kidlington Oxford
U.K. OX5 IJE
+ 44 1865 852700
+ 44 1865 373899
www.serotec.co.uk

SIGMA CELL CULTURE
P.O. Box 14508
St. Louis, MO 63178, USA
(800) 521-8956
(314) 771-0633
www.sigma.com

SOLOHILL ENGINEERING INC.
4220 Varsity Dr.
Ann Arbor, MI 48108, USA
(313) 973-2956
(313) 973-3029
(314) www.solohill.com

SPECTRUM LABORATORIES, INC.
18617 Broadwick Street
Rancho Dominguez, CA 90220, USA
(310) 885-4600
(310) 885-4666
www.spectrumlabs.com

TCS CELLWORKS, LTD.
Botolph Claydon, Buckingham
Botolph Claydon, Buckingham
Bucks, U.K. MK18 2LR
+ 44 1296 71 3120
+ 44 1296 71 3122
www.tcscellworks.co.uk

TECHNE INC.
743 Alexander Rd.
Princeton, NJ 08540
(609) 452-9275
(609) 987-8177
www.techneusa.com

TEXAS BIOTECHNOLOGY CORP
7000 Fannin St., Suite 1920
Houston, TX 77030, USA
(713) 796-8822
www.tbc.com

WESTFALIA SEPARATOR AG
Werner-Habig-Str. 1
D-59302 Oelde, Germany
+ 49 2522 770
+ 49 2522 77 24 88
www.westfalia-separator.com

WHATMAN INC.
9 Bridewell Place
Clifton, NJ 07014, USA
(973) 773-5800
(973) 472-6949
www.whatman.com

WORTHINGTON BIOCHEMICAL CORP.
730 Vassar Ave.
Lakewood, NJ 08701, USA
(732) 942-1660
(732) 942-9270
www.worthington-biochem.com

YES BIOTECH LABORATORIES LTD.
7035 Fir Tree Dr., Unit 23
Mississauga, Ontario
Canada L5S 1V6
(905) 677-9221
(905) 677-0023
www.yesbiotech.com

ZEPTOMETRIX CORP.
872 Main St.
Buffalo, NY 14202, USA
(716) 882-0920
(716) 882-0959
www.zeptometrix.com

Weiterführende Literatur

1. **Principles of Tissue engineering**, 2nd edition, editors Robert P. Lanza, Robert Langer, Joseph Vacanti, Academic Press, 2000.
2. **Frontiers in Tissue engineering**, editors Charles W. Patrick jr, Antonios G. Mikos, Larry V. McIntire, Pergamon, 1998.
3. **Tissue engineering – Current perspectives**, editor Eugene Bell, Birkhäuser, 1993.

Orginalpublikationen und Übersichtsarbeiten – Stand Januar 2003

G.H. Altman, F. Diaz, C. Jakuba, T. Calabro, R.L. Horan, J. Chen, H. Lu, J. Richmond, D.L. Kaplan (2003). Silk-based biomaterials, Biomaterials 24: 401–416.

K.S. Kramer-Schultheiss, D. Schultheiss (2002). From wound healing to modern tissue engineering of the skin. A historical review on early techniques of cell and tissue culture. Hautarzt 53: 751–760.

S.M. Warren, K. Sylvester, C.M. Chen, M.H. Hedrick, M.T. Longaker (2002). New directions in bioresorbable technology. Orthopedics 25: 1201–1210.

S. Palla (2002). Molecular biology, tissue engineering and the future of dentistry. J Orofac Pain 74: 1422–1428.

L. Claes, A. Ignatius (2002). Development of new, biodegradable implants. Chirurg 73: 990–996.

M. Nomi, A. Atala, P.D. Coppi, S. Soker (2002). Principals of neovascularization for tissue engineering. Mol Aspects Med 23: 463.

B.A. Nasseri, J.P. Vacanti (2002). Tissue engineering in the 21st century. Surg Technol Int 10: 25–37.

T. Ushida, K. Furukawa, K. Toita, T. Tateishi (2002). Three-dimensional seeding of chondrocytes encapsulated in collagen gel into PLLA scaffolds. Cell Transplant 11: 489–494.

J. Jiang, N. Kojima, T. Kinoshita, A. Miyamjia, W. Yan, Y. Sakai (2002). Cultivation of fetal liver cells in a three-dimensional poly-l-lactic acid scaffold in the presence of oncostatin M. Cell Transplant 11: 403–406.

A. Atala (2002). Experimental and clinical experience with tissue engineering techniques for urethral construction. Urol Clin North Am 29: 485–492.

G. Hinterhuber, Y. Marquardt, E. Diem, K. Rappersberger, K. Wolff, D. Foedinger (2002). Organotypic keratinocyte coculture using normal human serum: an immunomorphoöogical study at light and electron microscopic levels. Exp Dematol 11: 413–420.

T. Chung, Y. Lu, S. Wang, Y. Lin, S. Chu (2002). Growth of human endothelial cells on photochemically grafted Gly-Arg-Gly-Asp (GRGD) chitosans. Biomaterials 23: 4803.

M. van Luyn, R. Tio, X. Galleo y van Seijen, J. Plantinga, L. de Leij, M. deJongste, P. van Wachem (2002). Cardiac tissue engineering: characteristics of in unison contracting two- and three-dimensional neonatal rat ventricle cell (co)-cultures. Biomaterials 23: 4793.

J. Sherwood, S. Riley, R. Palazzolo, S. Brown, D. Monkhouse, M. Coates, L. Griffith, L. Landeen, A. Ratcliff (2002). A three-dimensional osteochondral composite scaffold for articular cartilage repair. Biomaterials 23: 4793.

T. Ozawa, D.A. Mickle, R.D. Weisel, N. Koyama, S. Orawa, R.K. Li (2002). Optimal biomaterial for creation of autologous cardiac grafts. Circulation 106: 176–182.

S. Cebotari, H. Mertsching, K. Kallenbach, S. Kostin, O. Repin, A. Batrinac, C. Kleczka, A. Ciubotaru, A. Haverich (2002). Construction of autologous human heart valves based on a acellular allograft matrix. Circulation 106: 163–168.

C.S. Young, S. Terada, J.P. Vacanti, M. Honda, J.D. Bartlett, P.C. Yelick (2002). Tissue engineering of complex tooth structures on biodegradable polymer scaffolds. J Dent Res 81: 695–700.

R. Landers, U. Hubner, R. Schmelzeisen, R. Mulhaupt (2002). Rapid prototyping of scaffolds derived from thermoreversible hydrogels and tailored for applications in tissue engineering. Biomaterials 23: 4437–4447.

Y. Hori, T. Nakamura, D. Kimura, K. Kaino, Y. Kurokawa, S. Satomi (2002). Functional analysis of the tissue-engineered stomach wall. Artif Organs 26: 868–872.

G.N. Bancroft, V.I. Sikavitsas, J. van den Dolder, T.L. Sheffiled, C.G. Ambrose, J.A. Jansen, A.G. Mikos (2002). Fluid flow increases mineralitzed matrix deposition in 3D perfusion culture of marrow stromal osteoblastsa in a dose-dependent manner. Proc. Natl Acad Sci USA 99: 12600.

M. Pei, L.A. Solchaga, J. Seidel, L. Zeng, G. Vunjak-Novakovic, A.I. Caplan, L.E. Freed (2002). Bioreactors mediate the effictiveness of tissue engineering scaffolds. FASEB J 16: 1691–1694.

J. Burdick, M. Mason, A. Hinman, K. Thorne, K. Anseth (2002). Delivery of osteoinductive growth factors from degradable PEG hydrogels influences osteoblast differentiation and mineralization. J Control Release 83: 53.

M. Bucheler, C. Wirz, A. Schutz, F. Bootz (2002). Tissue engineering of human salivary gland organoids. Acta Otolaryngol 122: 541–545.

T.C. Grikscheidt, E.R. Ogilvie, E. Alsberg, D. Mooney, J.P. Vacanti (2002). Tissue-engineered colon exhibits function in vivo. Surgery 132: 200–204.

E. Alsberg, K.W. Anderson, A. Albeiruti, J.A. Rowley, D.J. Mooney (2002). Engineering growing tissues. Proc Natl Acad Sci USA 99: 12025.

J.M. Wozney (2002). Overview of bone morphogenic proteins. Spine 27: 2–8.

S.J. Hollister, R.D. Maddox, J.M. Taboas (2002). Optimal design and fabrication of scaffolds to mimic tissue properties and satisfy biological strains. Biomaterials 23: 4095.

T. Eschenhage, M. Didie, J. Heubach, U. Ravens, W.H. Zimmermann (2002). Cardiac tissue engineering. Transpl Immunol 9: 315–321.

Vats, N.S. Tolley, J.M. Polak, L.D. Buttery (2002). Stem cells: sources and applications. Clin Otolaryngol 27: 227–232.

T. Davisson, S. Kunig, A. Chen, R. Sah, A. Ratcliff (2002). Static and dynamic compression modulate matrix metabolism in tissue engineered cartilage. J Orthop Res 20: 842–848.

S. Shimmura, K. Tsubota (2002). Ocular surface reconstruction update. Curr Opin Ophthalmol 13: 213–219.

G. Pascual, F. Jurado, M. Rodriguez, C. Corrales, P. Lopez-Hervas, J.M. Bellon, J. Bujan (2002). The use of ischaemic vessels as protheses or tissue engineering scaffolds after cryopreservation. Eur J Vasc Endovasc Surg 24: 23–30.

M.V. Risbud, M. Sittinger (2002). Tissue engineering: advances in in vitro cartilage generation. Trends Biotechnol 20: 351–356.

H. Fansa, W. Schneider, G. Wolf, G. Keilhoff (2002). Influence of insulin-like growth factor-I (IGF-I) on nerve autografts and tissue-engineered nerve grafts. Muscle Nerve 26: 87–93.

A.E. Bishop, L.D. Buttery, J.M. Polak (2002). Embryonic stem cells. J Pathol 197: 424–429.

A. Haisch, S. Klaring, A. Groger, C. Gebert, M. Sittinger (2002). A tissue-engineered model for the manufacture of auricular-shaped cartilage implants. Eur Arch Otorhinolaryngol 259: 316–321.

K.A. Hildebrandt, F. Jia, S.L. Woo (2002). Response of donar and recipient cells after transplantation of cells to the ligament and tendon. Microsc Res Tech 58: 34–38.

B. Cheng, Z. Chen (2002). Fabricating autologous tissue to engineer artificial nerve. Microsurgery 22: 133–137.

J.E. Barralet, L. Grover, T. Gaunt, A.J. Wright, I.R. Gibson. Preparation of macroporous calcium phosphate cement tissue engineering.

Wissenschaftliche Basis

Die vorgestellten Daten basieren auf wissenschaftlichen Arbeiten, die in den letzten Jahren von uns durchgeführt wurden. Aus den gesammelten Fakten konnten wir die in diesem Buch gezeigte Erfahrung und das dargestellte Wissen generieren.

Originalpublikationen:

W.W. Minuth, U. Rudolph (1990) A compatible support system for cell culture in biochemical research. Cyto Technology 4: 181–189

W.W. Minuth, R. Dermietzel, S. Kloth, B. Hennerkes (1992) A new method culturing renal cell under permanent perfusion and producing a luminal-basal medium gradient. Kidney Int 41: 215–219.

W.W. Minuth, G. Stöckel, S. Kloth, R. Dermietzel (1992) Construction of an apparatus for cell and tissue cultures which enables in vitro experiments under natural conditions. Eur J Cell Biology 57: 132–137.

P. Herter, G. Laube, J. Gronczewski, W.W. Minuth (1993). Silver enhanced colloidal gold labelling of rabbit kidney collecting duct cell surfaces imaged by SEM. J Microscopy 171: 107–115.

W.W. Minuth, W. Fietzek, S. Kloth, G. Stöckl, J. Aigner, W. Röckl, M. Kubitza, R. Dermietzel (1993) Aldosterone modulates the development of PNA binding cell isoforms within renal collecting duct epithelium. Kidney Int. 44: 337–344.

W.W. Minuth, V. Majer, S. Kloth, R. Dermietzel (1994) Growth of MDCK cells on non-transparent supports. In vitro Cell Dev Biol 30: 12–14.

M. Sittinger, J. Buija, W.W. Minuth, C. Hammer, G.R. Burmester (1994) Engineering of cartilage tissue using bioresorbable polymer carriers in perfusion culture. Biomaterials 15: 451–456.

S. Kloth, A. Schmidbauer, M. Kubitza, W.W. Minuth (1994) Developing renal microvasculature can be maintained under perfusion culture conditions. Eur J Cell Biol 63: 84–95.

J. Aigner, S. Kloth, M. Kubitza, R. Dermietzel, W.W. Minuth (1994) Maturation of renal collecting duct cells in vivo and under perifusion culture. Epithelial Cell Biol 3: 70–78.

J. Buija, M. Sittinger, W.W. Minuth, C. Hammer, G. Burmester, E. Kastenbauer (1995) Engineering of cartilage tissue using bioresorbable polymer fleeces and perfusion culture. Acta Otolaryngol 115: 307–310.

S. Kloth, M. Kubitza, W. Röckl, A. Schmidbauer, J. Gerdes, R. Moll, W.W. Minuth (1995) Development of renal podocytes cultured under medium perifusion. Lab Invest 73: 294–301.

S. Kloth, C. Ebenbeck, M. Kubitza, A. Schmidbauer, H.A. Weich, W.W. Minuth (1995) Stimulation of renal microvasculature development under organotypical culture conditions. FASEB J 9: 963–967.

J. Buija, N. Rotter, W. Minuth, G. Burmester, C. Hammer, M. Sittinger (1995) Züchtung menschlichen Knorpelgewebes in einer dreidimensionalen Perfusionskulturkammer: Charakterisierung der Kollagensynthese. Laryngo Rhino Otol 74: 559–563.

J. Aigner, S. Kloth, W.W. Minuth (1995) Transitional differentiation patterns of Principal and Intercalated Cells during renal collecting duct development. Epith Cell Biol 4: 121–130.

M. Sittinger, J. Bujia, N. Rotter, D. Reitzel, W.W. Minuth, G.R. Burmester (1996) Tissue engineering and autologous transplant formation: practical approach with resorbable biomaterials and novel cell culture techniques. Biomaterials 17: 237–242.

W.W. Minuth, S. Kloth, J. Aigner, M. Sittinger, W. Röckl (1996) Approach to an organo-typical environment for cultured cells and tissues. Biotechniques 20: 498–501.

W.W. Minuth, J. Aigner, S. Kloth, P. Steiner, M. Tauc, M.L. Jennings (1997) Culture of embryonic renal collecting duct epithelia kept in a gradient container. Ped Nephrology 11:140–147.

W.W. Minuth, J. Aigner, B. Kubat, S. Kloth (1997) Improved differentiation of renal tubular epithelium in vitro: potential for tissue engineering. Exptl Nephrology 5:10–17.

P. Lehmann, S. Kloth, J. Aigner, R. Dammer, W.W. Minuth (1997) Lebende Langzeitkonservierung von humaner Gingiva in der Perfusionskultur. Mund Kiefer Gesichts Chir 1:26–30.

M. Sittinger, O. Schulz, W.W. Minuth, G.R. Burmester (1997) Artificial tissues in perfusion culture. Int J Artif Organs 20:57–62.

W.W. Minuth, P. Steiner, S. Kloth, M. Tauc (1997) Electrolyte environment modulates differentiation in embryonic renal collecting duct epithelia. Exptl. Nephrology 5:414–422.

R. Strehl, S. Kloth, J. Aigner, P. Steiner, W.W. Minuth (1997) $P_{CD}amp$ 1, a new antigen at the interface of the embryonic collecting duct epithelium and the nephrogenic mesenchyme. Kidney Int 52:1469–1477.

P. Steiner, R. Strehl, S. Kloth, M. Tauc, W.W. Minuth (1997) In vitro development and preservation of specific features of collecting duct epithelial cells from embryonic rabbit kidney are regulated by the electrolyte environment. Differentiation 62:193–202.

W.W. Minuth, M. Sittinger, S. Kloth (1998) Tissue engineering – Generation of differentiated artificial tissues for biomedical applications. Cell Tissue Res 291:1–11.

S. Kloth, J. Gerdes, C. Wanke, W.W. Minuth (1998) Basic fibroblast growth factor is a morphogenic modulator in kidney vessel development. Kidney Int 53:970–978.

S. Kloth, E. Eckert, St. J. Klein, C. Wanke, J. Monzer, W.W. Minuth (1998) Gastric epithelium under organotypic perfusion culture. In Vitro Dev Biol Animal 34:515–517.

W.W. Minuth, P. Steiner, R. Strehl, K. Schumacher, U. de Vries, S. Kloth (1999) Modulation of cell differentiation in perfusion culture. Exptl Nephrology 7:394–406.

K. Schumacher, R. Strehl, S. Kloth, M. Tauc, W.W. Minuth (1999) The influence of culture media on renal collecting duct differentiation. In Vitro Dev Biol Animal 35:465–471.

W.W. Minuth, K. Schumacher, R. Strehl, S. Kloth (2000) Physiological and cell biological aspects of perfusion culture technique employed to generate differentiated tissues for long term biomaterial testing and tissue engineering. J Biomater Sci Polymer Edn 11,5:495–522.

K. Schumacher, S. Klotz-Vangerow, M. Tauc, W.W. Minuth (2001) Embryonic renal collecting duct cell differentiation is influenced in a concentration dependent manner by the electrolyte environment. Am J Nephrol 21:165–175.

W.W. Minuth, R. Strehl, K. Schumacher, U. de Vries (2001) Long term culture of epithelia in a continuous fluid gradient for biomaterial testing and tissue engineering. J Biomater Sci Polymer Edn 12,3:353–365.

K. Schumacher, R. Strehl, U. de Vries, W.W. Minuth (2002) Advanced technique for long term culture of epithelia in a continuous luminal-basal medium gradient. Biomaterials 23,3:805–815.

R. Strehl, K. Schumacher, U. de Vries, W.W. Minuth (2002) Proliferating cells versus Differentiated Cells in Tissue Engineering. Tissue Engineering 8,1:37–42.

K. Schumacher, H. Castrop, R. Strehl, U. de Vries, W.W. Minuth (2002) Cyclooxygenases in the collecting duct of neonatal rabbit kidney. Cellular Physiology and Biochemistry 12:63–74.

K. Schumacher, R. Strehl, U. de Vries, H.J. Groene, W.W. Minuth (2002) SBA-positive fibers between the CD ampulla, mesenchyme and renal capsule. J Am Soc Nephrol 13:2446–2453.

W.W. Minuth, R. Strehl, K. Schumacher (2002) Tissue Factory – Conceptual design of a modular system for the in-vitro generation of functional tissues. Submitted

Buchbeiträge:

W.W. Minuth (1993) Die Kultur von Epithelzellen unter organtypischen Bedingungen. Alternativen zu Tierversuchen in Ausbildung, Qualitätskontrolle und Herz- Kreislaufforschung, Springer Verlag Wien–New York: pp 238–245.

W.W. Minuth (1994) MINUSHEET – Mehr Effizienz bei Zellkulturen. In Fremdstoffmetabolismus und Klinische Pharmakologie – Eds. Dengler und Mutschler, Gustav Fischer Verlag pp 197–205.

W.W. Minuth, J. Aigner, B. Kubat, S. Kloth, W. Röckl, M. Kubitza (1995) In vitro Alternativen zu Tierversuchen – Möglichkeiten und Probleme. PABST Verlag, pp 76–87.

W.W. Minuth, K. Schumacher, R. Strehl, U. de Vries (2002) Mikroreaktortechnik für Tissue engineering. In Medizintechnik mit biokompatiblen Werkstoffen und Verfahren von E. Wintermantel und Suk-Woo Ha, Springer Verlag, ISBN 3-540-41261-1, pp. 305–319.

W.W. Minuth, K. Schumacher, R. Strehl, U. de Vries (2002) Herstellung von Geweben und Organen mit kultivierten Zellen – vor kurzem noch Vision, heute schon Realität? Sonderausgabe der Deutschen Akademie für Transplantationsmedizin, Transplantationsmedizin 14:38–47.

W.W. Minuth, R. Strehl, K. Schumacher (2002) Von der Zellkultur zum Tissue engineering. PABST Verlag, ISBN 3-936142-32-7, 236 Seiten.

Entwicklung und Patente:

W.W. Minuth (1990) Patenterteilung – Methode zur Kultivierung von Zellen (DE-PS 3923279)

W.W. Minuth, G. Stöckl (1992/1995) Gebrauchsmuster- und Patenterteilung: Vorrichtung zur Behandlung, insbesondere zur Kultivierung von Biomaterial mit wenigstens einem Behandlungsmedium. G 9107 283.2 / DE 42 08 805 C2

W.W. Minuth (1993) US-Patenterteilung 5,190,878 – Apparatus for cultivating cells.

W.W. Minuth (1993) Gebrauchsmuster G 89 08 58.3 Träger für die Zellkultivation.

W.W. Minuth (1994) Patenschrift Zellträgeranordnung erteilt, P 42 00 446.

W.W. Minuth (1994) US-Patenterteilung 5, 316, 945 – Cell carrier arrangement.

W.W. Minuth (1995) Patenterteilung Nr. P 44 43 902: Kammer zur Kultivierung von Zellen, insbesondere Mikroskopkammer.

W.W. Minuth (1996) Patenterteilung Nr. 195 30 55.6: Verfahren zur Kultivation von Zellen, insbesondere Organzellen des menschlichen und tierischen Körpers.

W.W. Minuth (1997) US-Patenterteilung Nr. 5 665 599: Chamber for Cultivating Cells

W.W. Minuth (1998) Patenterteilung Japan Nr. 329 434/95: Kammer zur Kultivierung von Zellen, insbesondere Mikroskopkammer

W.W. Minuth (1999) Patenterteilung Nr. 196 48 876: Verfahren zum Herstellen eines natürlichen Implantates.

W.W. Minuth (2001) Patenterteilung Nr. US 6 187 053 Process for producing a natural implant.

W. W. Minuth (1999) Patentantrag Nr. 199 48 4780.8. System zur Kultivierung und/oder Differenzierung von Zellen und/oder Geweben.

Register

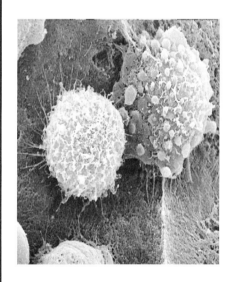